물리량 변화 측정을 위한

광섬유 센서의 기초와 응용

홍준희

지은이 홍준희
발행일 1판 1쇄 2024년 1월 11일 1판 2쇄 2025년 1월31일 **발행인** 김정겸
펴낸곳 충남대학교출판문화원 **주소** 대전광역시 유성구 대학로 99
전화 042-821-6045 **홈페이지** http://www.cnupress.co.kr **E-mail** cnupress@cnu.ac.kr

ISBN 979-11-6503-265-4 93550
정가 30,000원

물리량 변화 측정을 위한

광섬유 센서의 기초와 응용

홍준희

충남대학교출판문화원

머리말

1970년에 처음으로 저손실의 광섬유가 개발된 이래 계속 발전하여 극저손실이며 광대역 특성의 광섬유가 개발되어 왔다. 이러한 광섬유는 현재 계측 분야에서 센서로서 널리 이용되고 있으며 광섬유 센서라 한다.

광섬유 센서는 광섬유 내부 빛의 특성 변화를 검출하여 외부 물리량 측정이 가능하다. 즉, 광섬유 내부를 진행하는 빛의 특성(빛의 세기, 주파수, 위상, 편광 등)이 외부 물리량에 의해 변화되면 이를 광 검출기가 감지함으로써 외부 물리량 (변형률, 온도, 압력, 전류, 회전 등)에 대해 측정이 가능하게 된다. 이러한 광섬유 센서는 전원 공급이 필요하지 않아 강한 전자파의 간섭에 영향을 받지 않으며 극한 조건을 처리 할 수 있으며, 비접촉이고 비파괴적인 측정이 가능하다. 따라서 이러한 장점 때문에 많은 연구가 이루어졌으며 많은 산업 분야에서 선택되는 센서로 인기를 얻고 있다.

본서에서는 광섬유 센서에 사용되는 광의 기초적인 내용과 광원 및 광감지기 등으로 구성하였으며 센서 시스템의 구성 요소로서의 광섬유에 대한 여러 특성 등을 이해할 수 있도록 꾸몄다. 그리고 광섬유 내부 빛의 특성 변화를 검출하는 각종 광섬유 센서의 기본 원리 등을 이해함으로써 외부 물리량에 대한 센싱 원리를 이해할 수 있도록 구성하였다.

본서는 총 7장으로 구성하였으며 1장에서는 광의 기초 내용을 비롯하여 2장과 3장에서는 광원과 광 감지기에 대한 개략적인 내용으로 이루어졌으며 4장에서는 센서 시스템의 구성 요소로서의 광섬유에 관련된 내용, 5장에서는 광섬유로 센서를 구성하는데 필요한 광섬유 결합기와 커넥터의 내용, 6장에서는 여러 광섬유 센서의 기초적인 원리, 그리고 7장에서는 지금까지 연구 및 개발된 광섬유 센서에 대한 내용 중심으로 이루어졌다.

본서의 내용은 광섬유에 관한 많은 논문들과 참고서적들을 참고하여 되도록 이해하기 쉽게 서술하려 하였으나 다소 부족한 부분도 있으리라 생각된다. 넓은 아량을 베풀어 주시기 바라며 광섬유 센서를 연구하는 또는 광섬유 센서에 관심이 있는 사람들에게 조금이나마 도움이 되었으면 하는 바람이다.

이 책의 집필에 있어서 광섬유 센서의 많은 연구와 실용화의 성과를 인용하였으며 다수의 저서와 문헌도 참고하였다. 제자들을 포함한 연구자와 저자들에게 깊은 감사를 표한다.

끝으로 본서의 출판에 많은 도움을 준 충남대출판사 임직원 여러분께 진심으로 감사드린다.

2023년 가을에

저자 홍준희

CONTENTS

제 1 장
광의 기초

POINT

단순히 광속, 파 및 렌즈에 관한 2, 3의 기본 사항을 정리하고 고전 광학에서 이용 가치가 많은 분야에의 입문 내용에 대해 다루고자 한다.

chapter 1

광의 기초

1.1 광의 성질

1.1.1 광의 파동성

광이 극히 높은 진동 주파수 및 극히 짧은 파장을 가진 전자파인 것을 실감하지 않고도 많은 광 현상을 설명할 수 있다. 그림 1.1은 **전자파 스펙트럼**(electromagnetic spectrum)을 나타낸다. 자유 공간 파장 및 각종 주파수 범위에 대한 일반적 호칭을 그림으로 나타내었다. **광**(optic)(또는 **광선**(light))이라는 언어는 스펙트럼 가운데 적외(infrared), 가시(visable) 및 자외(ultraviolet) 부분을 의미한다. 이 광의 해석 기술 및 디바이스가 이 광의 범위에서 이용될 수 있기 때문이다.

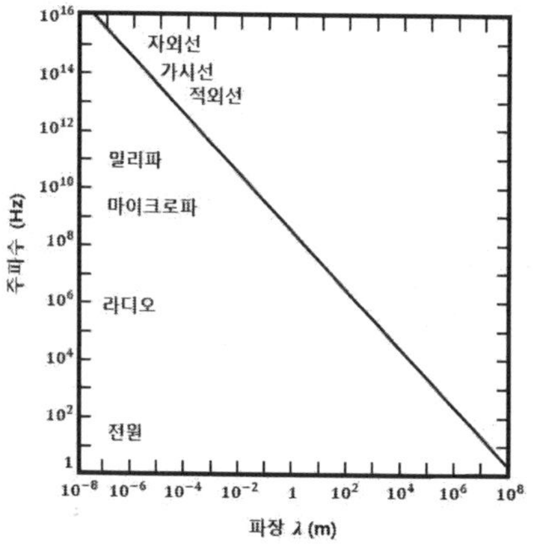

그림 1.1 전자파의 스펙트럼

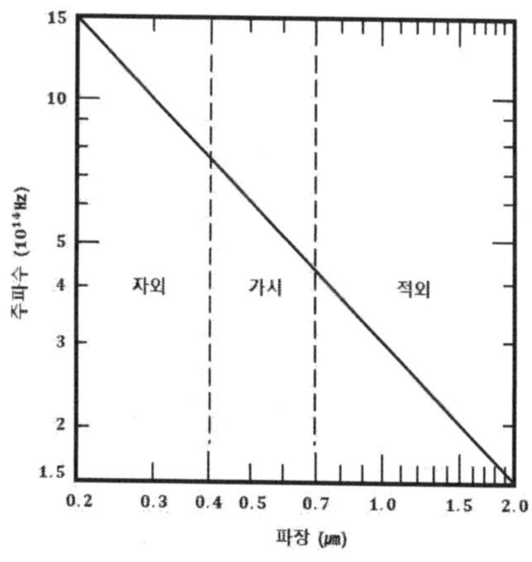

그림 1.2 광 스펙트럼의 일부

주로 흥미있는 주파수 범위(또는 파장)를 그림 1.2에 나타낸다. 가시광의 파장은 0.4㎛(청색)로부터 0.7㎛(적색)에 걸쳐 있다. 글라스 광섬유는 가시 영역에서는 특히 좋은 광의 전송로는 아니다. 글라스 광섬유는 광파를 감쇠시킴으로 짧은 전송 회선에서만 실용되고 있다. 적외에서의 손실은 더욱 크게 된다. 그러나 적외에서는 글라스의 전송 효율이 극히 좋게 되는 영역이 두 개 있다. 이들의 점은 0.85㎛ 근방 및 1.1~1.6㎛ 영역의 파장에서 일어난다.

광파는 무선 주파와 비교하면 높은 주파수이지만 무선 주파와 같은 법칙을 따르며 많은 특성도 서로 나누어 가지고 있다. 모든 전자파는 그들의 전계와 자계를 동반하며 상당히 고속으로 진행한다.

공기 중에서 전자파는 3×10^{8}㎧로 진행한다. c의 기호로 표현되는 이 속도는 대기를 전파하는 파에 대해서는 거의 같다. 고체 속에서 광속은 다르고 그 값은 재료 및 사용하는 도파로 구조에 따라 정해진다. 광 빔의 파장은 빔의 속도를 v로 하고 f를 그의 주파수라 하면 다음과 같이 주어진다.

$$\lambda = \frac{v}{f} \tag{1.1}$$

주파수는 발광 광원으로 정해지며 광이 하나의 매질로부터 다른 매질로 진행해도 변하지 않는다. 그 대신에 속도의 차이는 식 (1.1)에 따르며 파장의 변화를 가져온다. 특히 명시하지 않을 때 파장은 진공 속의 값을 가리키는 것으로 한다. 예를 들어 0.8㎛의 광을 생각한다. 식 (1.1)을 이용하면 $v=c$로 하면 주파수는 3.75×10^{14}Hz가 된다. 이 값은 상당한 빠르기의 진동이다. 이 진동의 주기(주파수의 역수)는 2.67×10^{-15}s라는 극히 짧은 시간 간격이다. 또한 광 빔의 파장은 가시 스펙트럼의 근방에서는 1㎛ 오더인 것에 주목해야 한다. 광의 파장은 상당히 작으므로 광섬유 시스템에 이용할 수 있는 대부분의 디바이스는 파장의 몇 배 치수이다. 이것은 디바이스의 치수가 1파장 또는 그것 이하가 되도록 한 저주파수에서의 상황과 다르다. 광의 파동성은 광 빔이 어떻게 광섬유 속을 진행하는지를 해석하는데 이용할 수 있다. 그 해석 결과는 광섬유에 의해 인도되는 광에 필요한 조건을 나타낸다. 또한 이들의 해석은 파가 진행하는 속도도 준다.

1.1.2 광의 입자성

지금까지 광을 파로서 기술해 왔다. 광은 자주 파와는 다른 듯한 거동을 하며 대신에 마치 **포톤**(photon)이라 불러지는 미립자로 되어 있는 듯한 거동을 한다. 단일 포톤의 에너지는 다음과 같다.

$$W = hf \tag{1.2}$$

여기서 h는 6.626×10^{-34}Js이며 **플랭크 정수**(Plank's constant)라 불러진다. 식 (1.2)로부터 결정되는 에너지는 줄(J)의 단위이다. 파를 포톤보다 작게 분할할 수 없다. 보통 광 빔에는 극히 다수의 포톤이 포함된다. 다음 예제가 이것을 잘 묘사하고 있다.

예제 1.1

광의 파워가 1㎽이고 파장이 0.8㎛로 할 때 매초 검출기에 입사되는 포톤의 수를 구하라.

풀이

식 (1.1) 및 식 (1.2)로부터 1개의 0.8㎛의 포톤의 에너지는 다음과 같이 나타낼 수 있다.

$$W_p = hf = hc/\lambda = 2.48 \times 10^{-19}\text{J}$$

파워는 에너지가 방출되는 비율이므로 전 에너지는 다음과 같이 나타낼 수 있다.

$$W = Pt$$

1㎼의 파워와 1초의 시간 간격의 곱을 취하면 1㎼의 에너지가 된다. 1㎼를 만드는데 요하는 포톤의 수는 다음과 같이 된다.

$$\frac{W}{W_P} = \frac{10^{-6} J}{2.48 \times 10^{-19} J/\text{포톤}} = 4.03 \times 10^{12}\text{포톤}$$

이 예에 있어서 관측 시간을 1ns까지 작게 해도 아직 4000개의 포톤을 수신하게 된다. 가장 고감도의 검출기에서는 불과 수개의 포톤이라도 그의 방사 존재를 검출할 수 있다.

에너지의 단위로서는 편리한 **전자볼트**(electron volt : eV)가 있다. 전자가 1볼트이 전위차로 가속될 때 전자가 얻는 운동 에너지이다. 전자볼트 eV와 줄(J) 사이의 관계는 다음과 같다.

$$1\text{eV} = 1.6 \times 10^{-19}\text{J}$$

앞의 예제에서 사용한 0.8㎛의 포톤은 다음과 같이 주어지는 에너지(eV)를 갖는다.

$$\frac{2.48 \times 10^{-19} J}{1.6 \times 10^{-19} J/eV} = 1.55\text{eV}$$

그림 1.3에는 포톤 에너지(J 및 eV) 및 상당 파장을 나타낸다.

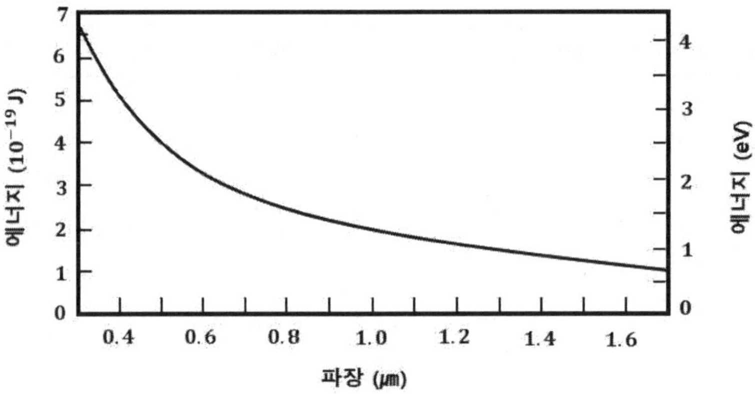

그림 1.3 포톤 에너지

입자 이론은 발광 다이오드, 레이저 및 레이저 다이오드와 같은 광원에 의한 광의 발생을 잘 설명할 수 있다. 또한 광의 방사로부터 전류에의 변환에 의한 광의 검출을 설명할 수 있다.

1.2 광학의 기초

1.2.1 광선 이론

수많은 광현상(특히 렌즈와 관련한 현상)은 폭이 좁은 광선으로서 보고 빛의 전파, 상의 형성 등을 기하학적으로 논하는 이론을 **기하광학**(geometrical optics)이라 하고 있다. 이들 광선은 간단한 법칙에 따른다.

① 진공 속에서는 광선은 $c = 3 \times 10^8$㎧의 속도로 진행한다. 그것 이외의 매질에서는 다음과 같은 속도로 진행한다.

$$v = \frac{c}{n} \tag{1.3}$$

이것은 진공에서보다 느린 속도로 진행한다.

인자 n은 매질의 **굴절률**(refractive index)이다. 공기이나 기체에서는 $n \simeq 1$이 되기 때문에 광선의 속도는 광속 c에 가깝게 된다. 표 1.1에 각종 매질의 굴절률을 열거하였다.

표 1.1 각종 매질의 굴절률

물질	굴절률	물질	굴절률
공기	1.0	게르마늄	4.0
탄산가스	1.0	사파이어	1.8
에틸알코올	1.36	형석	1.6
물	1.33	소금	1.54
용융석영	1.46	플루오르화마그네슘	1.38
유리	1.5	유화아연	2.3
폴리스틸렌	1.59	갈륨비소	3.35
실리콘	3.5	AlGaAs	3.6

② 매질의 변화에 의한 편향이 없는 한 광선은 직선 광로를 진행한다.

③ 두 개의 매질이 평면에서 경계를 이룰 때 그림 1.4에 나타냈듯이 광선은 입사각과 같은 각으로 반사된다. 각도는 경계면에서 수직, 즉 경계면에 직각한 방향으로부터 측정되는 것에 주의하자. 이것은 광학 분야에 있어서의 관습적인 표시이다. 그림을 참조하면 다음과 같다.

$$\theta_r = \theta_i \tag{1.4}$$

여기서 θ_i는 입사각이며 θ_r은 반사각이다.

④ 경계면을 파워가 가로지를 때는 투과광의 방향은 **스넬의 법칙**(Snell's law)으로 다음과 같이 주어질 수 있다.

$$\frac{\sin\theta_t}{\sin\theta_i} = \frac{n_1}{n_2} \tag{1.5}$$

여기서 θ_t는 투과각 또는 굴절각이며 n_1 및 n_2는 각각 입사 및 투과영역의 굴절률이다.

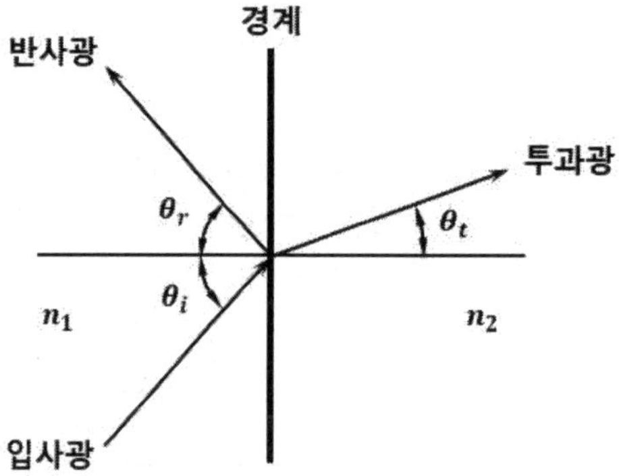

그림 1.4 두 개의 매질 경계에 있어서의 입사 반사 및 투과광

물리적으로 의미가 있는 각은 0~90°이다. 그림 1.5에 삼각의 정현 함수를 0~90° 범위 안에서 나타내었다. n_1이 n_2보다 작을 때는 스넬의 법칙으로부터 $\sin\theta_t < \sin\theta_i$를 얻는다. 그림 1.5는 보다 작은 각일수록 작은 정현 함수 값이 되는 것을 나타내고 있다. 즉, 이 예에서는 $\theta_t < \theta_i$, 투과각 쪽이 입사각보다 작게 된다. 하나의 매질로부터 다른 매질에의 광선의 궤적을 따라갈 때 이 결과를 생각해 내면 편리하다. 요약하면 다음과 같이 된다.

① 낮은 굴절률의 매질로부터 높은 굴절률의 매질로 진행할 때 투과광은 보다 수직 측으로 꺾어진다.

그림 1.6은 공기로부터 유리섬유로 입사하는 광의 모양을 나타낸 것이다. $n_1 > n_2$이면 스넬의 법칙으로부터 $\sin\theta_t > \sin\theta_i$, 즉 $\theta_t > \theta_i$이다. 광선은 그림 1.7에 나타낸 것처럼 수직선으로부터 멀어지듯이 굽어진다. 요약하면

② 투과광은 높은 굴절률 매질로부터 낮은 굴걸률 매질로 진행할 때 수직선 측으로부터 멀어지듯이 굽어진다.

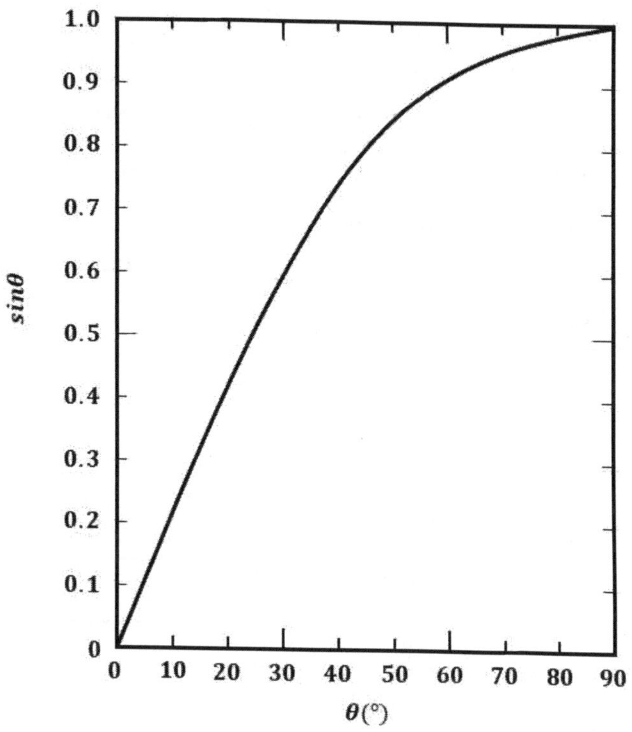

그림 1.5 정현 함수

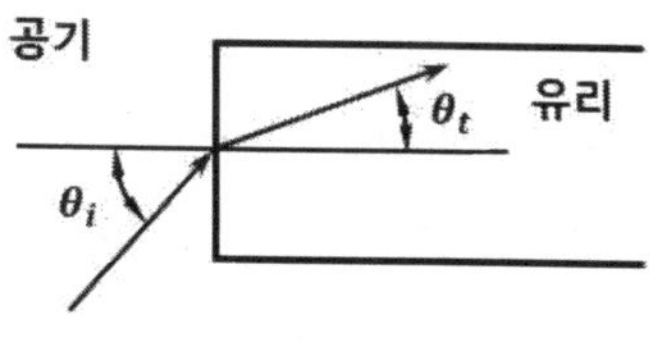

그림 1.6 유리섬유에의 입사 광선 모습

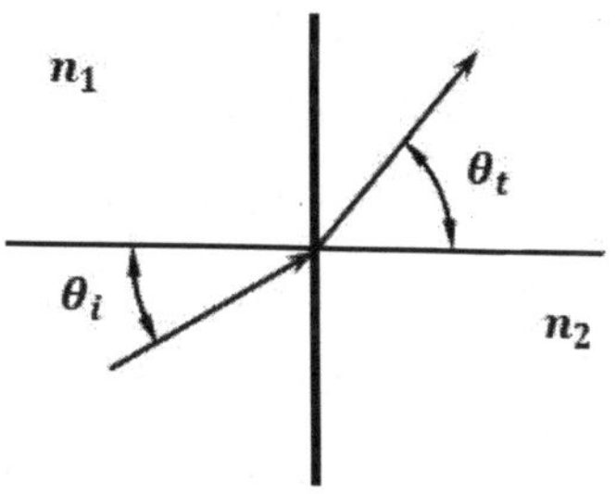

그림 1.7 $n_1 > n_2$일 때의 광선 진행 모습

1.2.2 렌즈

광섬유는 그 속으로 가시광 빔을 보내는 것에 의해 검사할 수 있다. 가장 간단한 검사에는 연속성에 관한 검사(광섬유의 파손 검사) 및 미소 손실을 발생시키는 물리적인 손상에 관한 검사가 있다. 연속성 검사는 광섬유 끝단으로부터 광이 나오는지를 관측하는 것에 의해 행해진다. 케이블이 내장되어 있지 않은 알맹이 광섬유에 있어서의 균열이나 불균질성은

광섬유가 만들어내는 산란광을 관측하는 것에 의해 그 위치를 알 수 있다. 그 출력 빔은 ㎜ 단위의 직경(그리고 광섬유는 훨씬 작다)을 갖고 있기 때문에 그림 1.8에 나타낸 것과 같이 광을 광섬유의 끝단에 집속하는데 렌즈가 사용된다. 여기서는 얇은 렌즈만을 생각하기로 하는데 이 렌즈의 두께가 얇으므로 통과에 따른 위치 어긋남이 무시될 수 있고 이러한 렌즈를 **얇은 렌즈**(thin lens)라 한다. 바꿔 말하면 광선의 출입 위치는 근사적으로 렌즈 축으로부터 같은 위치가 된다. 처음에 여기서 다루는 렌즈는 흡수 손실도 반사 손실도 없는 이상적인 것이므로 아무런 수차도 없는 것으로 가정한다. 뒤에서 이들이 중요하게 될 때는 고려하기로 한다.

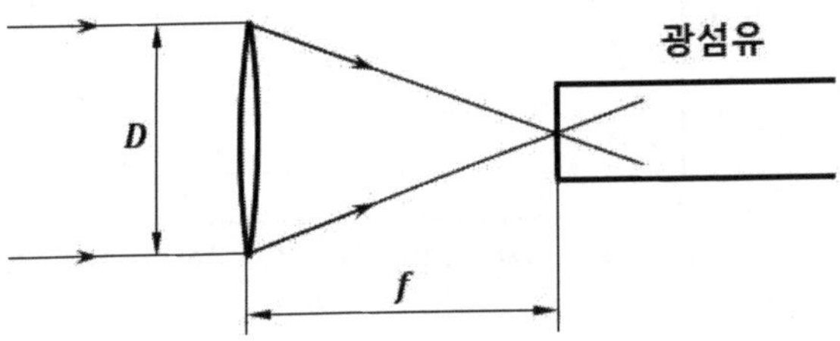

그림 1.8 광섬유에의 광 빔의 집속

그림 1.8에 있어서 **조준 빔** 또는 **평행광 빔**(collimated beam)은 일정하게 수속되며 렌즈 축에 평행하게 진행한다. 입사광은 다수의 평행 광선으로 되어 있다. 그림 1.8에는 두 개의 가장 외측 광선만을 나타내고 있다. 모든 광선은 **초점**(focal point)로서 알려져 있는 위치에 모아진다. 그 점은 렌즈로부터의 거리 f (초점 거리; focal length)에 있다. 초점을 통과하고 렌즈 축에 수직한 면을 **초점면**(focal plane)이라 한다. 렌즈 그 자체는 두 개의 구면을 갖고 있다. 두 개의 입체 유리구의 정점부를 접합하여 만든 렌즈를 생각한다. 이들 구의 반경(또는 곡률)은 R_1 및 R_2이며 렌즈는 직경 D 및 굴절률 n을 갖고 있다. 이 경우 초점 거리는 다음과 같이 나타낸다.

$$\frac{1}{f} = (n-1)\left(\frac{1}{R_1} + \frac{1}{R_2}\right) \tag{1.6}$$

f/D의 비를 렌즈의 ***f* 수**(f-number)라 한다.

긴 초점 거리는 큰 곡률(R_1 및 R_2), 즉 렌즈에 상당히 평평한 표면을 갖게 하는 것보다

용이하게 얻을 수 있다. 작은 초점 거리의 렌즈는 곡률이 작으므로 결과적으로 작은 렌즈가 되기 때문에 설계가 보다 어렵게 된다. 한정된 경우에 따른 문제를 묘사해 보기로 한다. 완전한 글라스 구로 된 렌즈를 생각하자. 렌즈의 직경이 고정되면 이 설계는 가능한 최소 곡률을 주어지므로 가능한 최소 초점 거리를 주게 되는 것이다. 이 예에서는 구의 반경은 렌즈의 곡률이 되고 렌즈의 직경은 곡률의 2배가 된다. 즉, $R_1 = R_2 = D/2$이 된다. 식 (1.6)에 이들의 값을 넣으면 다음과 같이 된다.

$$f = \frac{D}{4(n-1)} \tag{1.7}$$

$n = 1.5$에서는 렌즈의 f수는 $f/D = 0.5$이므로 작은 초점 거리를 얻으려 하면 렌즈의 직경은 작게 된다. 이와 같은 렌즈는 구면 수차가 크게 되고 그림 1.8의 초점 스폿은 상당히 흐려지게 된다. 이 문제를 수정하기 위해 거의 모든 렌즈의 f수는 0.5이상으로 선택하므로 점점 짧은 초점 거리를 갖는 것이 어렵게 된다.

렌즈 축에 대해 어떤 각도로 입사하는 평행 광선은 그림 1.9에 나타냈듯이 초점면에 집속된다. 초점의 위치는 초점면과 중심 광선의 교점으로 결정된다. **중심 광선**(central ray; 렌즈의 중심으로 향하는 광선)은 광선이 거의 평행한 표면으로 출입하므로 얇은 렌즈에 의해 위치 어긋남을 일으키는 경우가 없다.

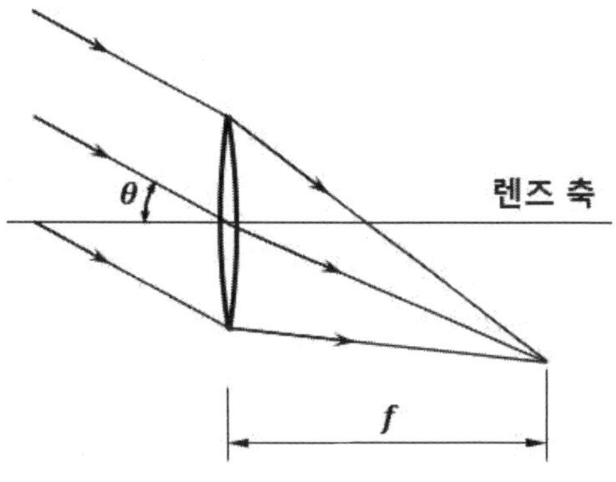

그림 1.9 축 어긋남 빔의 집속

그림 1.10에 나타냈듯이 얇은 렌즈는 1점으로부터 나오는 빔을 평행광선으로 할 수가 있다. 광원이 초점에 있을 때에 투과 빔은 렌즈 축과 평행하게 진행한다. 광원이 초점면의 어

느 곳에 있어도 투과빔은 재차 평행 광선이 되지만 그 방향은 다르다. 그림 1.11에 나타냈듯이 이 빔은 광원을 렌즈 중심에 맺어지는 광선 방향으로 진행한다.

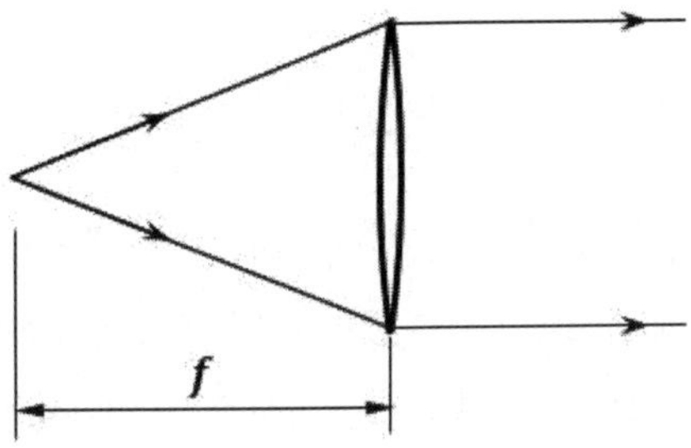

그림 1.10 퍼짐 빔의 평행 광선

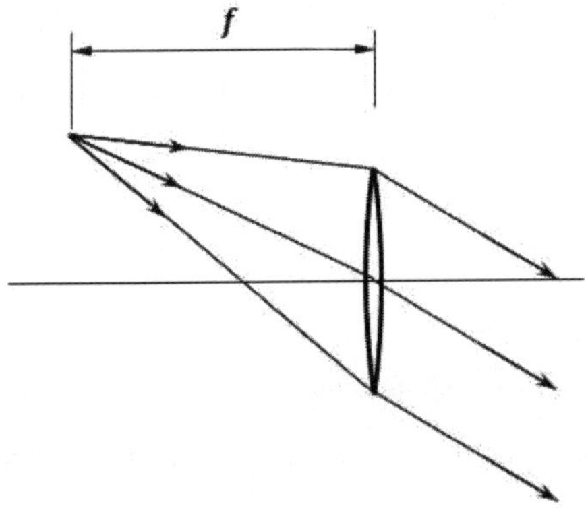

그림 1.11 축 어긋난 점광원의 평행 광선화(조준)

얇은 렌즈를 통과하는 광선의 궤적을 더듬어 찾아가기 위한 규칙을 그림 1.12에 나타낸다. 즉, 다음과 같다.

① 렌즈의 중심을 통과하여 진행하는 광선은 변위를 받지 않는다.

② 렌즈 축에 평행하게 진행하는 입사 광선은 렌즈를 나온 후 초점을 통과한다.

③ 중심 광선과 평행하게 진행하는 입사 광선은 렌즈를 통과 후 초점면에서 그의 광선과 초점면에서 교차한다.

④ 초점을 통과하는 입사 광선은 렌즈로부터 나온 후 렌즈 축과 평행하게 진행한다.

이들의 규칙은 얇은 렌즈를 이용하여 집광 평행광화(조준) 및 결상을 위해 광선의 궤적을 더듬어 찾아갈 때에 도움이 된다.

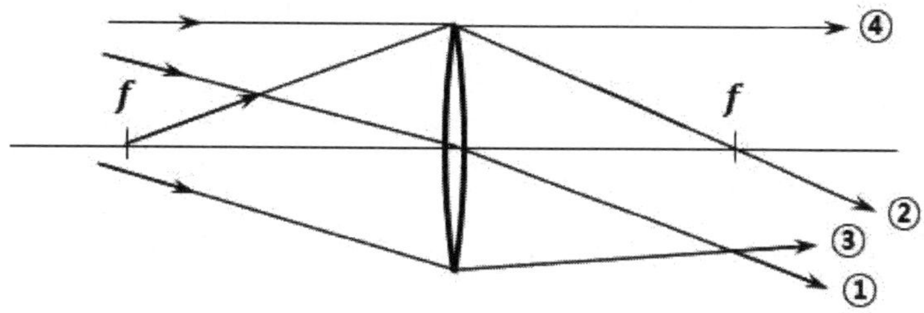

그림 1.12 얇은 렌즈를 통과한 광선의 궤적

원통 렌즈(cylindrical lens)는 그림 1.13에 나타냈듯이 원통의 일부를 이루는 표면을 갖고 있다. 이것은 한 방향으로만 광선을 편향시킨다(그림 1.13에서는 수직방향으로 편향을 시킨다). 원통 렌즈는 구면 렌즈의 1차원적인 형태이다. 사실 식 (1.6)은 R_1과 R_2를 원통면의 곡률로 하면 원통 렌즈에 대해서도 성립한다. 초점 거리 f는 원통 표면의 축에 평행한 하나의 선(초점 선) 상에 위치하며 렌즈로부터 거리 f만큼 떨어진 점으로 그림 1.13과 같이 렌즈 축을 통과한다. 초점 선에 연해 위치한 선 광원으로부터의 광은 렌즈에 의해 평행 광선이 된다. 이 광선의 광로를 그림 1.14에 나타내었다. 마찬가지로 렌즈에 들어와서 렌즈 축과 평행하게 진행하는 평행 광선 빔은 렌즈로부터 초점거리만큼 떨어진 선상에 집속된다.

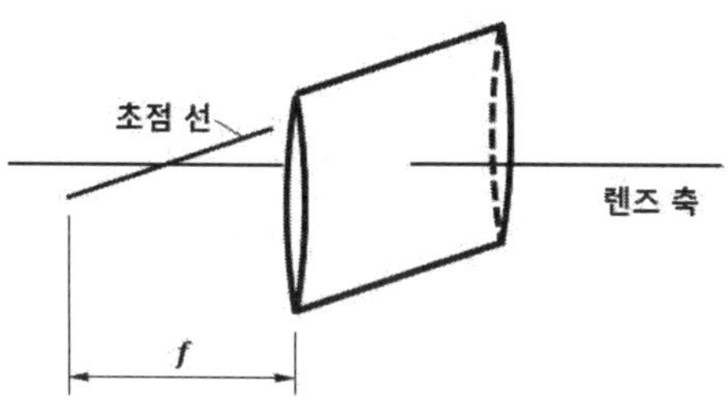

그림 1.13 원통 렌즈

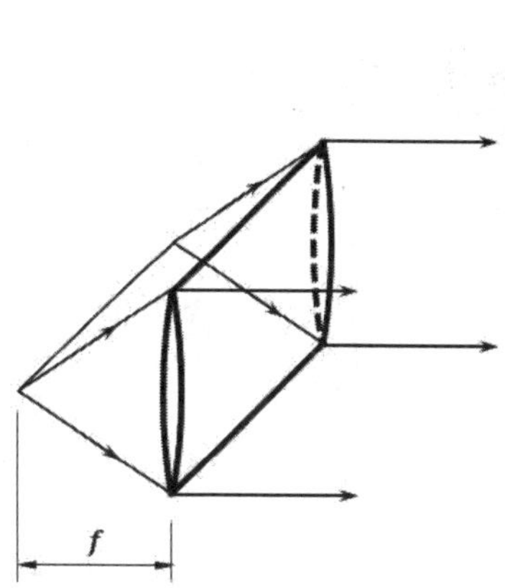

그림 1.14 선 광원의 평행 광선화

초점 선에 연해 위치한 점광원에 미치는 원통 렌즈의 효과를 생각하는 것은 흥미롭다. 렌즈로부터 나온 광은 수직 방향에는 평행 광선이 되지만 수평 방향으로는 퍼짐이 계속된다. 그림 1.15에 이 모양을 나타내었다. 원통 렌즈는 한 방향에 대해서는 구면 렌즈에 유사한 동작을 하지만 그것과 수직 방향에는 어떤 역할을 갖지 않는다는 것에 주의할 필요가 있다. 이 성질은 레이저 다이오드나 LED로부터 방출되는 광이 자주 비대칭인 패턴을 갖고 있으므로 광섬유 광학에서는 이용 가치가 높다. 즉, 발광 빔은 타 방향(수평 방향)보다도 한 방향(수직 방향)으로 급속히 퍼진다. 원통 렌즈에 의해 2개의 퍼짐 각 중에서 큰 쪽을 감소함으로써 빔 퍼짐을 보다 대칭으로 할 수 있다. 이 모양을 그림 1.16에 나타내었다. 발광 광원의 한 방향의 빔의 퍼짐은 무시할 수 있을 정도로 작다.

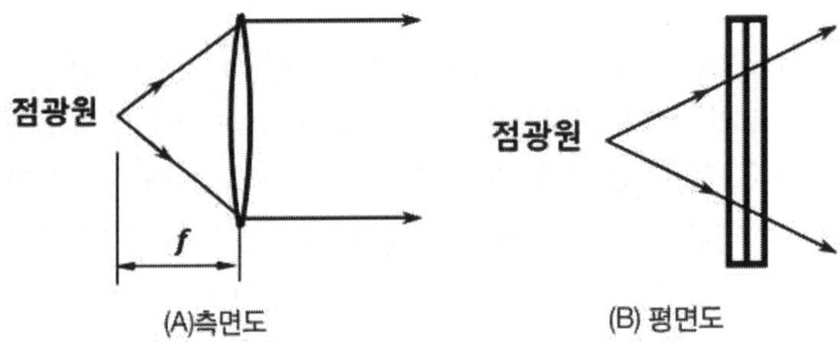

그림 1.15 점광원 및 원통 렌즈

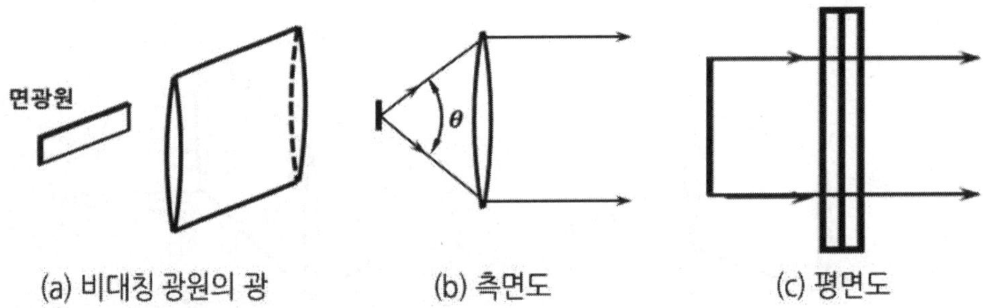

그림 1.16 면광원 및 원통 렌즈

GRIN(graded-index) **로드 렌즈**는 각종 수법으로 광섬유에 응용되고 있는 기술이다. GRIN 로드 렌즈는 로드의 축으로부터의 거리와 함께 감소하는 굴절률을 갖고 있다. 이것에 의해 광선은 정현적인 그림 1.17과 같이 광로를 진행한다. 완전한 1사이클 길이를 **렌즈 피치**(pitch) P라 부르고 있다. 로드 길이가 1/4피치(quater pitch)가 되도록 했을 때 어떠한 일이 벌어지는지에 주목하기 바란다. 이 로드의 중심에 위치한 점광원으로부터의 광은 그림 1.17 (b)에 나타냈듯이 평행 광선화 된다. 이 렌즈에 들어오는 평행 광선은 그림 1.7 (c)와 같이 집속된다.

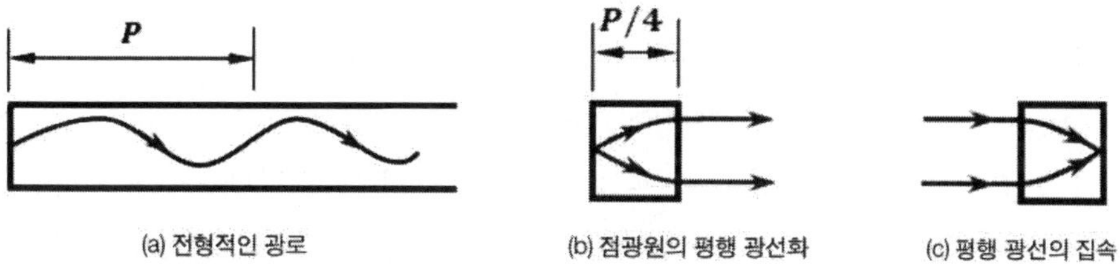

그림 1.17 GRIN 로드 렌즈의 평행 광선화 및 평행 광선의 집속

GRIN 로드 렌즈는 확실히 종래의 구면 렌즈와 공통된 집속 및 평행 광선화의 성질을 갖고 있다. 또한 GRIN 로드 렌즈는 결상을 위해서도 이용할 수 있다. 작은 초점 거리를 얻는 데는 GRIN 로드 렌즈가 바람직하며 그 때문에 짧고 견고한 광학 구조를 갖게 할 수 있다. 예를 들어 광섬유의 종단으로부터 나오는 광은 그림 1.18 (a)의 종래의 렌즈 또는 그림 1.18 (b)의 GRIN 로드 렌즈에 의해 평행 광선으로 할 수 있다. 구면 렌즈를 이용하면 광섬유와 렌즈 사이에 공기 갭이 존재하지만 GRIN 로드 렌즈에서는 이러한 갭이 없어지고 만다. 광섬유는 GRIN 로드 렌즈에 고정시킬 수 있으므로 연속적인 견고 구조로 할 수 있다.

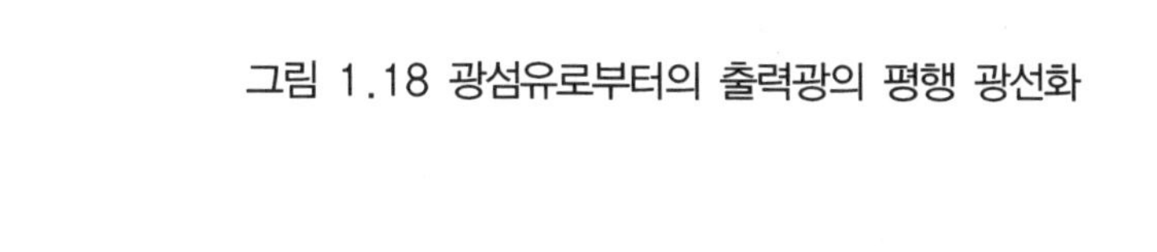

그림 1.18 광섬유로부터의 출력광의 평행 광선화

1.2.3 결상

얇은 렌즈에 의한 결상 모양을 나타낸 것이 그림 1.19이다. 물체는 렌즈로부터 거리 d_o의 위치에 있고 높이 O의 화살표이다. 상은 높이 I의 화살표이며 렌즈로부터 d_i의 거리에 생긴다. 상의 위치는 물체의 선단으로부터 나오는 광선의 궤적을 더듬어 찾아가는 것에 의해 발견된다. 하나의 광선은 렌즈의 중심을 통과한다. 궤적의 규칙 ①을 따르면 이 광선은 어떤 변위를 받지 않는다. 제 2의 광선은 렌즈 축에 평행하게 진행하고 규칙 ②에 따라서 렌즈를 나오면 초점을 통과하도록 진행한다. 이들 두 개의 광선의 교점이 물체의 선단에 상당하는 집속된 결상 점을 결정한다. 일반적으로 동일점으로부터 출발한 두 개의 광선의 교점은 그 점의 결상 위치를 결정한다. 단일 렌즈는 물체를 반전시킨다는 것에 주의하자.

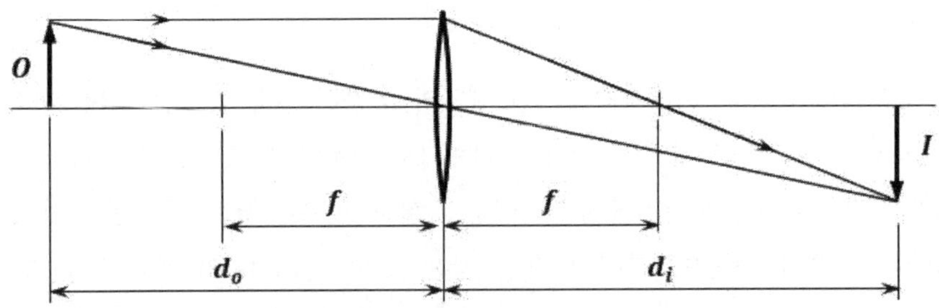

그림 1.19 얇은 렌즈에 의한 상의 형성

물체 및 집속 상의 위치는 **얇은 렌즈의 방정식**(thin-lens equation)에 의해 다음의 관계를 지을 수 있다.

$$\frac{1}{d_o}+\frac{1}{d_i}=\frac{1}{f} \tag{1.8}$$

배율 M(magnification)은 상의 치수 대 물체의 치수의 비이며 다음과 같이 주어진다.

$$M=\frac{d_i}{d_o} \tag{1.9}$$

배율은 1보다 크거나, 같거나, 또는 작은 어느 것이다.

예제 1.2

배율이 1일 때 물체 및 상의 거리를 구하라.

풀이

$M=1$이므로 식 (1.9)에 의해 $d_i=d_o$가 되며 얇은 렌즈의 방정식 (1.8)에 의해 다음과 같이 된다.

$$d_o=2f\text{ , 따라서 } d_i=2f\ .$$

식 (1.8)과 (1.9)를 조합하면 배율과 물체의 거리의 관계를 직접 구할 수 있다.

$$M=\frac{1}{\dfrac{d_o}{f}-1} \tag{1.10}$$

식 (1.10)의 관계를 그림 1.20에 나타내었다.

그림 1.20에서 1보다 큰 배율을 얻기 위해서는 물체 위치는 다음의 범위에 있어야 한다.

$$1<\frac{d_o}{f}<2 \tag{1.11}$$

광을 광섬유에 결합하기 위해서 렌즈를 이용할 때는 광선이 진행하는 각도에 걸쳐서 공간을 확보하는 것이 중요하다.

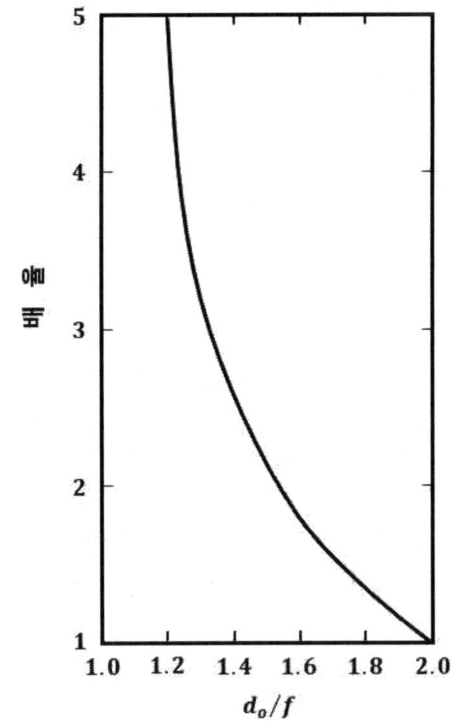

그림 1.20 물체 위치를 함수로 한 배율

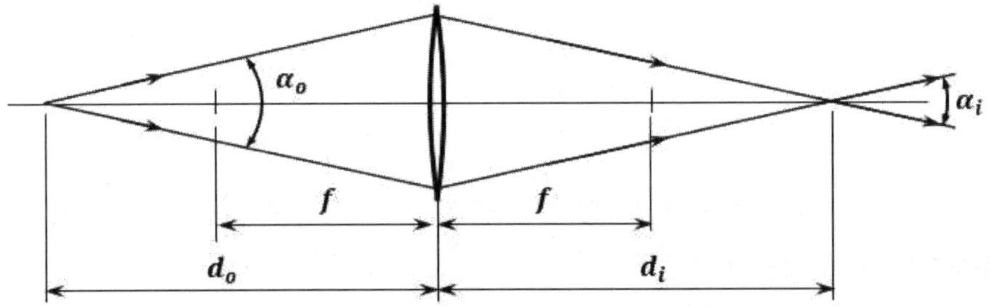

그림 1.21 결상에 의한 각도 변화

그림 1.21은 그림 1.19와 같지만 치수 변화보다 오히려 각도 변화를 생각하고 있는 점이 다르다. 얇은 렌즈의 방정식으로부터 상의 위치는 물체의 거리 및 렌즈의 초점 거리에 의해 예측할 수 있는 삼각함수를 이용하면 다음과 같이 된다.

$$\frac{\tan(\alpha_i/2)}{\tan(\alpha_o/2)} = \frac{1}{M} \tag{1.12}$$

$\tan(\alpha/2)$의 함수를 그림 1.22에 나타내었다.

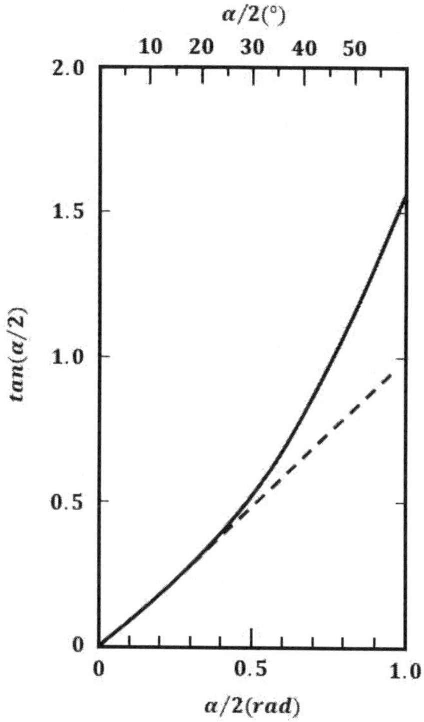

그림 1.22 $\tan(\alpha/2)$의 함수

라디안 단위이며 각도가 미소할 때는 $\tan x$는 x에 근사할 수 있다는 것에 주의하자. 이 근사는 4% 이하의 오차이며 20°(0.35rad)까지 충분히 사용할 수 있다. 라디안(rad)과 도(°)의 변환에는 1rad=57.3°의 관계를 이용하면 된다. 각도가 작을 때는 식 (1.12)의 $\tan(\alpha/2)$를 $\alpha/2$로 근사할 수 있으므로 다음과 같이 나타낼 수 있다.

$$\frac{\alpha_i}{\alpha_o} = \frac{1}{M} \tag{1.13}$$

식 (1.13)은 **콘 반각**(cone half angle)이 20°이하, 즉 전체 빔 퍼짐 각(α_i 또는 α_o)를 40°까지 이용할 수 있다. 식 (1.13)에서는 α_i 및 α_o를 라디안 단위로 나타내고 있지만 α_i 및 α_o를 각도로 나타내도 좋다.

식 (1.13)로부터 배율에 의한 물체 치수의 증가는 빔 퍼짐의 감소를 동반한다. 결상 렌즈는 물체로부터 방사되는 광선을 평행 광선으로 한다. 레이저 다이오드 및 LED는 광을 큰 각도로 방사하고 광섬유는 미소 각도에서만 광선을 받게 되므로 렌즈를 이용함으로써 광선과 광섬유의 결합 효율은 증대한다.

예제 1.3

광원은 40°의 전체 콘각을 가진 영역에서 일정 모양으로 광을 방사한다. 광원은 한쪽 20㎛ 짧은 형태의 평면 발광기이다. 빔 퍼짐을 10°의 콘으로 감소시키도록 렌즈시스템을 설계하라. 또한 상의 치수를 결정하라.

풀이

결상계는 그림 1.21에 나타낸 것과 동일하다. 이 예에서는 $\alpha_o = 40°$ 및 $\alpha_i = 10°$이다. $\alpha_o/2 = 20°$이므로 식 (1.13)의 근사식을 이용하면 된다. 식 (1.13)로부터 배율은 4이며 한쪽 $4 \times 20 = 80$㎛의 평면상의 상이 된다. 배율 4에서는 식 (1.10) 또는 그림 1.20은 $\alpha_o/f = 1.25$, 초점 거리 10㎝의 렌즈를 선택하면 $d_o = 12.5$㎝가 된다. 식 (1.9)에 의해 $d_i = Md_o = 50$㎝가 된다.

위의 예에 있어서 짧은 초점 거리를 선택하면 보다 컴팩트한 계의 구성도 가능하다. $f = 1$㎜로 하면 물체 및 결상 거리는 각각 1.25㎜ 및 5㎜가 된다. 코어 직경 100㎛ 또는 그 이상의 광섬유에 광을 결합하고자 하면 광원의 치수를 20㎛로부터 80㎛로 증가시키는 것도 가능하다.

광원이 광섬유보다도 큰 경우의 결합은 중요한 문제이다. 광원의 치수를 축소($M < 1$)하고자 하면 식 (1.13)에서 예측되도록 한 각도 퍼짐은 크게 된다. 광섬유는 이 퍼진 광을 받을 수가 없다.

1.2.4 개구수

광학계의 중요한 특성의 하나는 넓은 각도 범위에 걸쳐 어느 정도 집광할 수 있는가의 능력이다. 그림 1.23은 렌즈와 광학 검출기로 구성된 광수신기를 나타낸다. 렌즈는 검출기 표면보다 훨씬 크므로 검출기 그 자체가 수광하는 것보다 훨씬 많은 광을 받을 수 있다. 렌즈는 이 광을 검출기에 집광한다. 렌즈와 검출기가 조합되어 보다 효율적인 집광계를 형성한다. 광선 궤적의 규칙 ①에 따라 광이 집속하는 위치에 검출기를 놓는 것은 용이하다. 그림에 나타냈듯이 검출기에 부닥치기까지 입사광을 렌즈의 중심을 통과하여 단순히 연장시키면 된다. 이 규칙을 그림 1.20에 적용하면 큰 각으로 입사하는 광선은 검출기에 들어오지 않고 손실이 된다.

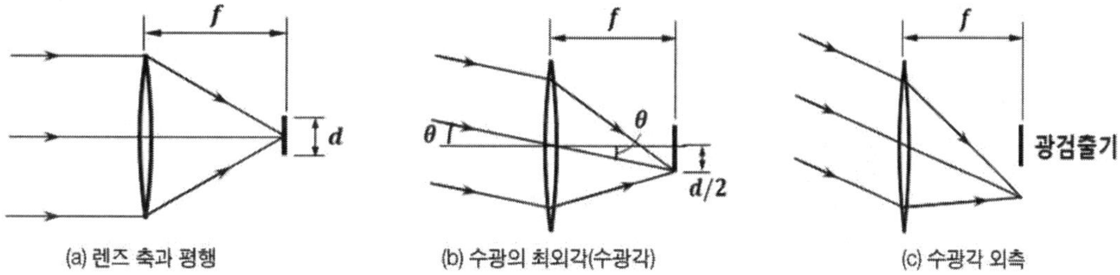

그림 1.23 렌즈의 초점면에 놓인 광검출기에 의한 광수신기

그림 1.23을 참고하면 **최대 수광각**(maximum acceptance angle)은 다음과 같이 결정된다.

$$\tan\theta = \frac{d}{2f} \tag{1.14}$$

여기서 d는 원형 광검출기 표면의 직경이며 f는 렌즈의 초점 거리이다. 수광기는 원 대칭이므로 반각 θ의 콘 내의 입사광을 검출할 수 있다. **개구수**(numerical aperture: NA)는 다음과 같이 정의된다.

$$NA = n_o \sin\theta \tag{1.15}$$

여기서 n_o는 렌즈와 광검출기 사이의 매질의 굴절률이며 θ는 식 (1.14)로 주어진다.

예제 1.4

광수신기는 10㎝의 초점 거리, 1㎝의 광검출기 직경을 가지며 렌즈와 검출기 사이에는 공기가 채워져 있다고 한다. 광수신기의 NA를 구하시오.

풀이

$d/2f$는 작으므로 $\sin\theta = \tan\theta$의 미소각 근사를 이용할 수 있다(θ가 20°이하에서는 오차가 6%이하이다). 이 경우 $n_o = 1$로서 식 (1.15)에 의해 다음과 같다.

$$NA = \sin\theta = \frac{d}{2f} = 0.05$$

이것은 2.87°의 수광각 θ에 상당한다. 전체 콘 각은 이 값의 2배, 즉 5.74°가 된다.

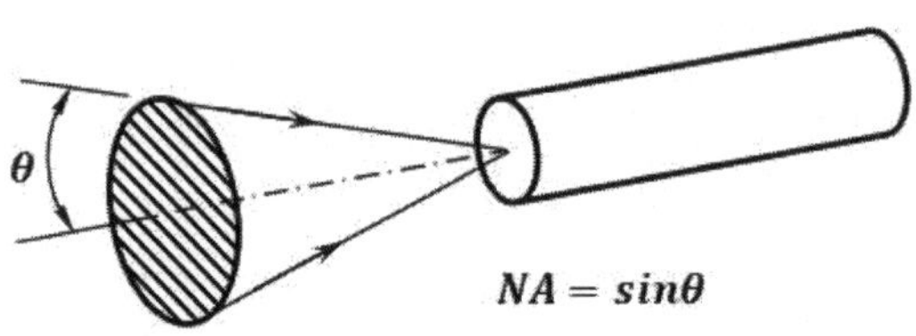

그림 1.24 광섬유는 반각의 콘 내에 입사하는 광선만 수광

식 (1.15)에 나타낸 개구수의 정의는 광학계를 포함한 모든 집광 계에 적용된다. 광섬유를 위한 집광 콘을 그림 1.24에 나타낸다. 이 콘의 외측 각으로 입사하는 광선은 광섬유를 전파하지 않고 급속히 감소한다. 개구수는 통상 광섬유의 전방에 공기가 있다고 하여, 즉 $n_o = 1$로 하여 식 (1.15)로 측정된다. 따라서 다음과 같다.

$$NA = \sin\theta \tag{1.16}$$

이 식의 모양을 그림 1.25에 나타낸다. 작은 NA는 미소한 수광각을 나타낸다. 이 때문에 작은 NA의 광섬유 결합은 보다 어려우며(기계적인 축 맞춤이 미소하게 된다) 또한 큰 NA의 광섬유의 결합에 비하면 효율이 나쁘다(광선이 있는 부분은 수광각의 외측에 온다). 렌즈는 처음에 나타낸 것과 같이 빔 퍼짐을 감소시키는데 이용할 수 있으므로 결합 효율을 개선할 수 있다.

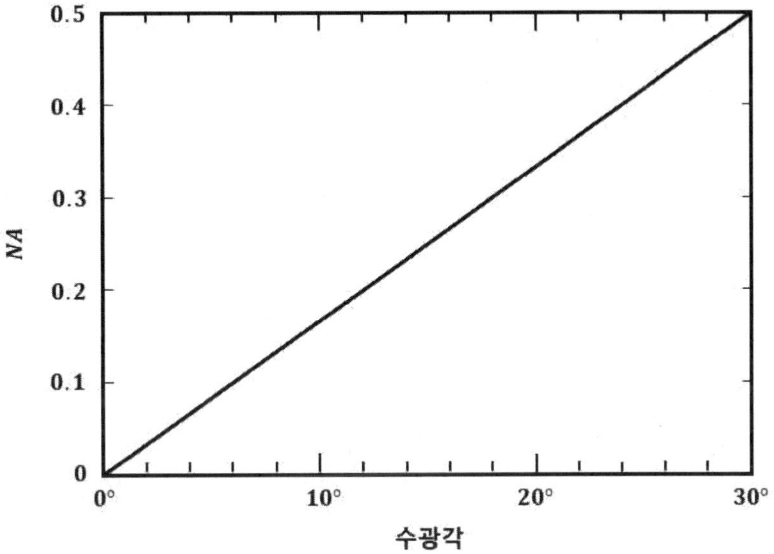

그림 1.25 개구수와 수광각

1.2.5 회절

어떤 실험에서 기하광학(광학이론)에 의해 대략적인 결과를 예측할 수 있지만 상세한 관측과는 반드시 일치하지 않는다. 실험에 의해서는 대략적인 움직임조차 오차를 발생하는 경우가 있다. 이들 경우에는 관측된 현상을 설명하기 위해서는 광의 파동설에 기인한 보다 완전한 이론이 필요하게 된다. 이 이론은 **회절** 또는 **물리광학**(diffraction or physical optics)이라 부른다. 회절은 기하광학의 예측으로부터의 어긋남을 나타내고 있다고 할 수 있다. 회절 해석을 필요로 하는 두세 개의 중요한 예를 아래에 서술하기로 하자.

그림 1.8은 렌즈가 일정 모양인 광 빔을 한 점으로 집속하는 것을 나타내었다. 회절 이론이나 엄밀한 실험에 의해 빔은 한 점에 집속하지는 않고 중심의 스폿 주위에 서서히 강도가 감소해 가는 링으로 되어 있다는 것을 나타낼 수 있다. 중심의 스폿 직경은 다음과 같

이 주어진다.

$$d = 2.44\frac{\lambda f}{D} \tag{1.17}$$

여기서 λ는 파장, f는 초점 거리 및 D는 렌즈의 직경이다. 그림 1.26에 이 모양을 나타내었다. 중심 스폿은 통상 극히 작다. 예를 들어 $f = 2D$에서 파장이 1㎛로 하면 식 (1.17)에 의해 스폿의 직경은 4.88㎛가 된다. 용도에 따라서는 기하광학적 취급으로 충분한 경우도 있으므로 그 때에는 이것은 무시해도 좋다. 그 밖에 이 빔과 렌즈를 이용하여 직경 4㎛ 이하의 직경을 갖는 광섬유(그림 1.27과 같이) 또는 4㎛ 이하의 두께를 갖는 유리 얇은 막에 광을 결합하는 것을 생각하기로 한다. 초점의 스폿이 광섬유(또는 박막)보다 크므로 결합 효율은 나쁘게 된다. 이들의 실험 결과를 증명하는 데는 명확하게 회절 이론이 필요하다.

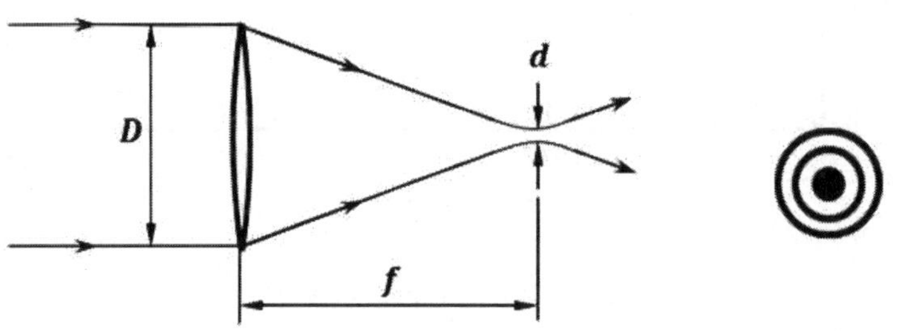

(a) 실험에서 얻는 일정 모양 광 빔　　　(b) 초점에서 광 분포

그림 1.26 회절에 의한 광 빔과 초점에서 광 분포

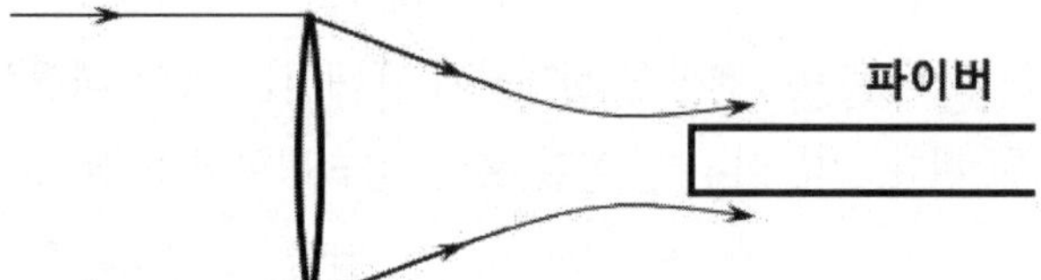

그림 1.27 작은 광섬유에의 빔 집속(결합 효율이 나쁨)

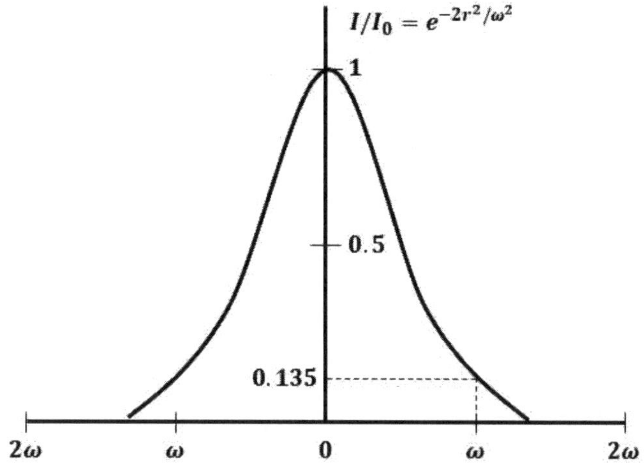

그림 1.28 가우스형 강도 분포

파의 진행방향과 수직인 면은 **횡방향 단면**(transverse plane)이라 부른다. 실제의 광원은 종종 일정하지 않은 빔을 내는 경우가 많다. 강도는 횡단면 상에서 변동한다. 특히 중요한 **횡방향 패턴**(transverse pattern)은 **가우스 분포**(Gaussian distribution)를 하고 있다. 이것은 그림 1.28에 나타냈듯이 잘 알려진 벨 형상을 하고 있다. 거의 기체 레이저나 그 밖에 특별히 설계된 레이저 다이오드는 이 패턴으로 발광한다. 상당히 가는 광섬유(수 ㎛ 정도의 직경)는 이와 같은 가우스형의 광분포를 가진다. 가우스형 강도 분포는 수학적으로는 다음과 같이 주어질 수 있다.

$$I = I_0 e^{-2r^2/\omega^2} \tag{1.18}$$

$e = 2.718$은 자연 대수의 밑이다. $e^0 = 1$이므로 I_0는 빔의 중심($r = 0$)에 있어서의 강도이다. 눈으로 보면 이 패턴은 원형의 광으로 보인다. 스폿의 반경은 빔 강도가 그 피크값 I_0의 $1/e^2 = 0.135$배로 저하할 때까지의 중심으로부터의 거리로서 정의된다. 이 반경을 **스폿 사이즈**(spot size)라 부른다. 식 (1.18)로 주어진 빔에서는 스폿 사이즈는 ω이다.

그림 1.29와 같이 렌즈에 의해 가우스형 광 빔을 집속시키면 초점면에서도 가우스형의 광분포를 얻을 수 있다. 일정 모양의 빔을 집속시킬 때 나타나는 주위의 링은 가우스 빔에서는 생기지 않는다. 초점면에서의 스폿 사이즈는 다음과 같으며 이 때 강도 분포는 $I = I_0{}' \exp(-2r^2/\omega^2)$이다.

$$\omega_0 = \frac{\lambda f}{\pi\omega} \tag{1.19}$$

집속된 가우스 스폿의 사이즈는 일정 모양의 빔을 집속하여 얻어지는 중심 스폿의 사이즈와 크게는 다르지 않다. 이것은 식 (1.19)를 식 (1.17)과 같은 형식으로 해 봄으로서도 알 수 있다. 지금 집속된 스폿 직경을 $d = 2\omega_0$로 정의하고 입사 빔의 스폿 직경을 $D = 2\omega$로 놓아 본다. 식 (1.19)에 이들의 치환을 행하면 $d = 4\lambda f/\pi D = 1.27\lambda f/D$가 되므로 식 (1.17)과 거의 같은 정도로 된다. 즉, 입사 빔의 형상은 집속하고자 하는 광에 그다지 변화를 주지 않는 것을 의미한다.

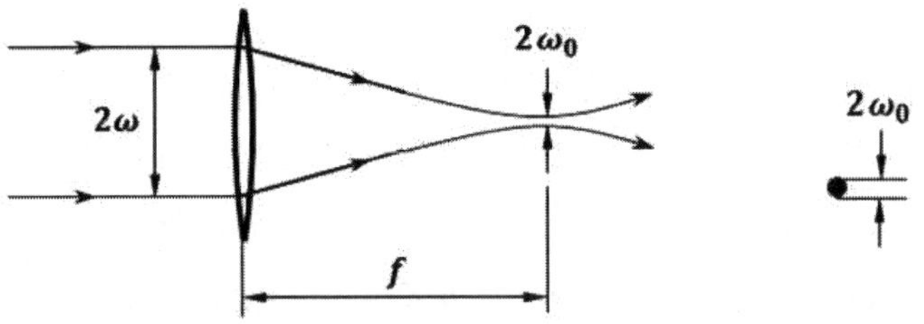

(a) 가우스형 빔의 집속 (b) 스폿

그림 1.29 가우스 빔

다음에 빔을 조준할 때 광선 이론에 어떠한 보정이 필요로 되는지를 조사해보자. 그림 1.30을 참조로 하면 미소한 광원이 렌즈의 초점에 놓여져 있다. 광선 이론에서는 평행한 광 빔이 렌즈로부터 나오는 것이 예측된다. 광의 분포가 가우스 형이면 렌즈의 바로 오른쪽 빔은 $I = I_0 \exp(-2r^2/\omega^2)$으로 주어진다. 관측점을 렌즈에 가까운 영역으로 제한하면 회절 이론은 조준(평행 광선화) 때의 기하광학적 예측과 잘 일치한다. 긴 거리에 있어서는 회절 이론에 의해 빔은 다음과 같은 일정한 전각 θ로 퍼져간다. 여기서 θ는 라디안 단위이다. 이것은 실제로 증명되고 있다. 방사의 전계 패턴은 $\omega_0 = \lambda z/\pi\omega$로서 $I = I_0' \exp(-2r^2/\omega^2)$로 표현된다.

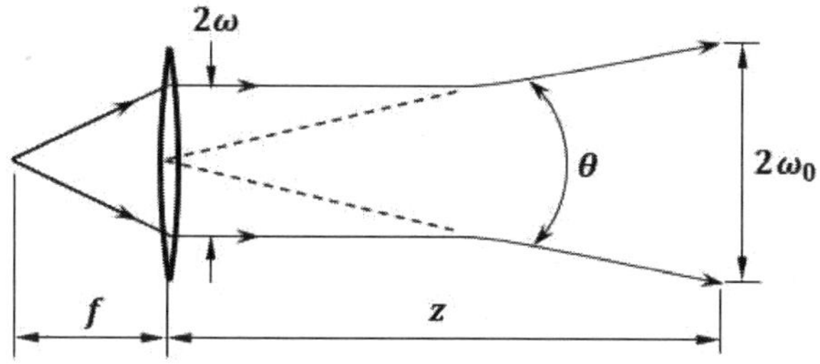

그림 1.30 가우스형 빔의 조준

예제 1.5

조준되었을 때의 스폿 사이즈가 1㎜의 가우스형 빔을 생각하자. 파장은 0.82㎛이다. 퍼짐 각을 계산하라. 또한 10m, 1㎞ 및 10㎞에서 스폿 사이즈를 구하라.

풀이

퍼짐각은

$$\theta = \frac{2(0.82\times 10^{-6})}{\pi(10^{-3})} = 0.55\times 10^{-3}\text{rad}$$

또는 $\theta = 0.032^{\circ}$ 이다. 10m의 스폿 사이즈는

$$\theta = \frac{10(0.82\times 10^{-6})}{\pi(10^{-3})} = 2.6\times 10^{-3}\text{m} = 2.6\,\text{mm}$$

마찬가지로 1㎞에서는 260㎜, 10㎞에서는 2.6m로 된다.

전술의 식과 예제는 많은 흥미 있는 결과를 포함하고 있다. 식 (1.19)는 스폿 사이즈가 파장보다 훨씬 컸을 때는 퍼짐 각이 극히 작게 되는 것을 나타내고 있다. 광의 파장이 짧으므로 이 조건은 용이하게 달성된다.

1.3 광파의 기초

1.3.1 전자파

전계와 자계로 구성되는 광은 1014Hz 오더의 높은 속도로 진동하고 있다. 이들의 전자계는 빠른 속도로 파와 같이 진행한다. z방향으로 진행하는 전자파의 모양을 그림 1.31에 나타내었다. 전계를 3개의 시간으로 나타내고 그 파의 진행 모양을 나타내었다. 어떤 고정점에 있어서도 전계의 진폭은 광의 주파수로 변화한다. 진폭은 진동의 한 주기 후에 반복하고 같게 된다. 그림 1.31에서 주목해야 하는 것은 파가 어느 고정 시간에서 거리 λ의 후에 공간적으로 같은 파를 반복하는 것이다. 이 거리를 **파장**(wave length)이라 한다. 그의 역수 $1/\lambda$가 **파수**(wavenumber)이다.

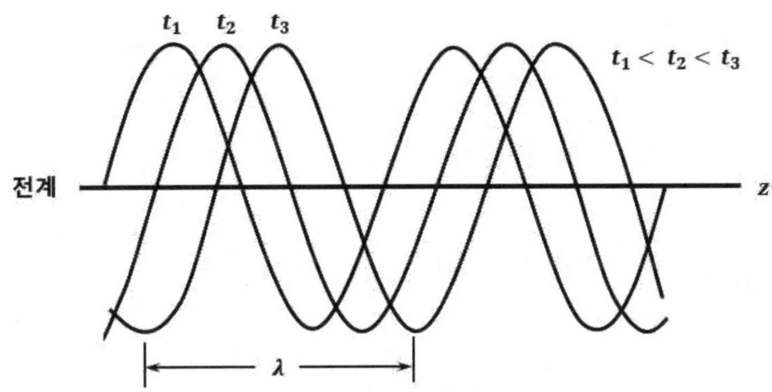

그림 1.31 z방향으로 진행하는 파의 전계

그림 1.31에 나타낸 파의 전계는 다음과 같이 쓸 수 있다.

$$E = E_0 \sin(\omega t - kz) \tag{1.20}$$

여기서 E_0는 피크의 진폭, $\omega = 2\pi f$[rad/s]이며 f는 주파수(Hz)이다. ω는 각주파수라 한다. k는 **전파 정수**(propagation factor)이며 v는 파의 속도라고 하면 다음과 같다.

$$k = \frac{\omega}{v} \tag{1.21}$$

식 (1.20)에서 $(\omega t - kz)$는 파의 위상(phase)이며 kz는 길이 z로 진행하는 것에 의한 위상 시프트(phase shift)이다. 평면파(plane wave)에서는 그의 위상이 평면상에서 같게 되도록 한 파이다. 이 예에서는 위상은 z의 고정값에 의해 결정되는 모든 면에서 같으므로 식 (1.20)은 평면파를 나타낸다. 만약 시간을 일정하게 하면 식 (1.20)은 전계가 정형적인 공간 변화를 나타낸다. 예를 들어 $t = 0$이면 $E = E_0 \sin(-kz) = -E_0 \sin kz$로 된다. 반면 위치가 고정되면 식 (1.20)은 전계가 정현적으로 시간 변화한다는 것을 나타낸다. 고정 위치로서 $z = 0$의 원점을 취하면 $E = E_0 \sin \omega t$가 된다.

굴절률 n을 이용하면 속도는 $v = c/n$이므로 전파 정수 k는 다음과 같이 나타낼 수 있다.

$$k = \frac{\omega n}{c} \tag{1.22}$$

자유 공간 중의 전파 정수를 k_0로 나타내면 자유 공간에서는 $n = 1$이므로 다음과 같이 나타낼 수 있다.

$$k_0 = \frac{\omega}{c} \tag{1.23}$$

식 (1.22)과 식 (1.23)을 합치면 다음과 같이 된다.

$$k = k_0 n \tag{1.24}$$

광의 파장은 $\lambda = v/f$이므로 이것을 식 (1.22)에 대입하면 다음과 같이 된다.

$$k = \frac{2\pi}{\lambda} \tag{1.25}$$

식 (1.23)은 매질 속의 전파 정수를 그의 매질 속의 파장에 연관시킨 것이다. 자유 공간 파장은 $\lambda_0 = c/f$이고 어떤 매질의 파장은 $\lambda = v/f$가 되므로 다음과 같이 된다.

$$\frac{\lambda_0}{\lambda} = \frac{c}{v} = n \tag{1.26}$$

굴절률은 1보다 크므로 매질 속의 파장은 자유 공간 속의 파장보다도 짧게 된다.

광 빔의 파워는 광의 강도(intensity)에 비례한다. 강도는 방사 조도(irradiance) 또는 파워 밀도에 비례한다. 방사 조도의 단위는 W/㎡이다.

광이 전파할 때 에너지를 잃지 않게 하면 식 (1.22) 및 그림 1.25의 기술은 적절하다. 감쇠가 중요할 때에는 이 식과 그림은 다소 수정할 필요가 있다. 정확한 식은 다음과 같다.

$$E = E_0 e^{-\alpha z} \sin(\omega t - kz) \tag{1.27}$$

여기서 ω와 k는 식 (1.22)에 있어서와 같다. α는 **감쇠 계수**(attenuation coefficient)이며 이 값은 손실 매질을 진행할 때 전계가 감소하는 비율을 결정한다. 감쇠는 지수적이기는 하지만 예를 들어 장거리에서도 고품질 광섬유 속의 감쇠는 상당히 작으므로(~0.5㏈) 이 계수도 극히 작다. 손실 매질에서 전계는 그림 1.32와 같이 된다. 그림의 파선은 $\exp(-\alpha z)$의 인자를 나타내는 곡선이고 식 (1.27)의 손실을 나타내고 있다.

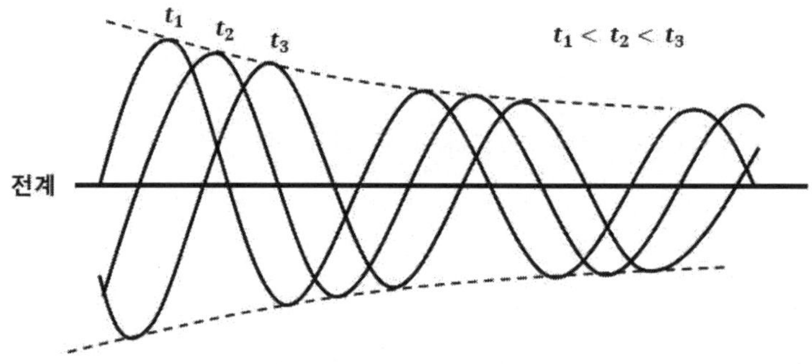

그림 1.32 진행파의 감쇠

1.3.2 분산, 펄스 왜곡과 정보 속도

지금까지는 광섬유 시스템의 광원은 단일 파장의 광을 발생하는 것으로 가정하여 왔다. 그런데 이런 것은 없고 실제 광원은 어떤 파장의 범위에서 광을 발생한다. 이 범위의 것을 광원의 **라인 폭**(line width) 또는 **스펙트럼 폭**(spectral width)이라 한다. 라인 폭이 좁으면 좁을수록 광원 보다 **코히런트**(coherent)이다. 완전히 코히런트 한 광원은 단일 파장의 광을 내므로 그 라인 폭은 0이며 완전히 **단색**(monochromatic)이다. 잘 이용되는 광원의 전형적인 라인 폭을 표 1.2에 열거했다. 파장의 스펙트럼 폭 $\Delta\lambda$와 주파수 대역폭 Δf 사이의 변환은 다음과 같이 행할 수 있다.

$$\frac{\Delta f}{f} = \frac{\Delta\lambda}{\lambda} \tag{1.28}$$

여기서 f는 중심 주파수, λ는 중심 파장이며 Δf는 방사의 주파수 범위이다.

표 1.2 광원의 전형적인 스펙트럼 폭

광원	라인 폭
발광 다이오드	20~100㎚
레이저 다이오드	1~5㎚
Nd : YAG 레이저	0.1㎚
He-Ne 레이저	0.002㎚

이 변환은 단순히 수학적인 표현이며 파장 퍼짐을 근거로 하든지 주파수 퍼짐을 근거로 하든지 산출되는 퍼짐 폭은 같다.

그림 1.33에는 대표적인 LED(발광 다이오드)의 방사 파워의 파장 분포를 나타내었다. 신호의 파장 또는 주파수 성분을 **스펙트럼**(spectrum)이라 한다. 그림의 LED에서는 중심 파장은 820㎚(0.82㎛)이고 라인 폭은 통상 반 전력 점의 폭으로 나타내며 이 예에서는 $\Delta\lambda = 30$㎚(805~835㎛)이다. 중심 파장에 대한 이 폭은 30/820=0.037 또는 3.7%이다.

표 1.2로부터 레이저 다이오드는 LED보다 상당히 코히런트하다. (Nd : YAG) 레이저나 He-Ne 레이저는 더욱 코히런트가 좋다. 그러나 LED나 LD 광원이 다른 발광 소자보다 훨씬 폭이 넓은 라인 폭을 갖고 있는데도 소전력이고 저전력 동작의 필요조건을 만족하기 때문에 광섬유 시스템에 취하며 보다 실용적이라고 간주되고 있다.

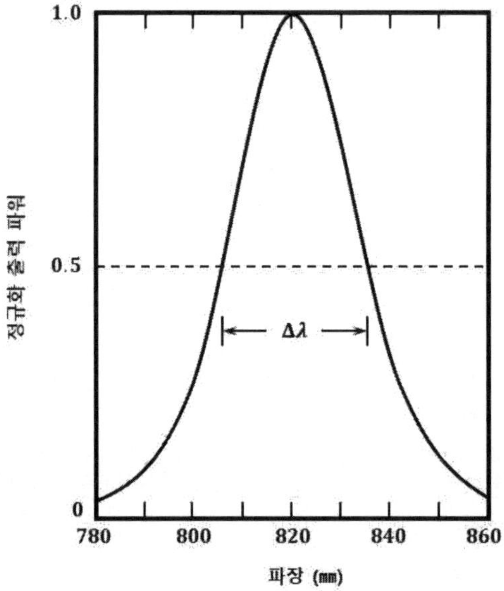

그림 1.33 발광 다이오드의 스펙트럼

가. 재료 분산 및 펄스 왜곡

파의 속도 v와 굴절률 n의 관계는 $v = c/n$이다. 광섬유에 이용되는 글라스(유리)에 대해서는 굴절률은 파장과 함께 변한다. 따라서 파의 속도도 파장과 함께 변한다. 분산(dispersion)은 파장과 함께 변하는 속도의 성질에 관한 용어이다. 이 예와 같이 속도의 변화가 재료의 성질에 기인하는 경우 그 효과를 **재료 분산**(material dispersion)이라 한다. 광섬유나 다른 도파로에서의 분산은 구조 그 자체에 의해 발생되는데 이 경우가 **도파로 분산**(waveguide dispersion)이다.

실제적인 광원(대역폭이 0이 아님)에서 펄스광이 분산을 갖는 글라스 광섬유에 입사했다면 어떻게 될까를 생각해 보자. 처음의 펄스는 파장이 다른 것을 제외하면 동일 펄스군의 합으로 되어 있다. 이것을 3개의 광원 파장에 대해 그림 1.34에 나타낸다. 수 개의 펄스가 다른 속도로 진행하면 광섬유의 종단에서는 조금 다른 시간으로 도달한다. 출력 단에서 합을 취하면 펄스는 가산되므로 입력 신호보다 폭이 넓은 펄스 출력으로 나온다. 이것은 그림에 있어서 어떻게 분산이 펄스를 왜곡시키는 지를 나타내고 있다. 더구나 펄스가 진행하면 퍼짐은 더욱 커지게 된다.

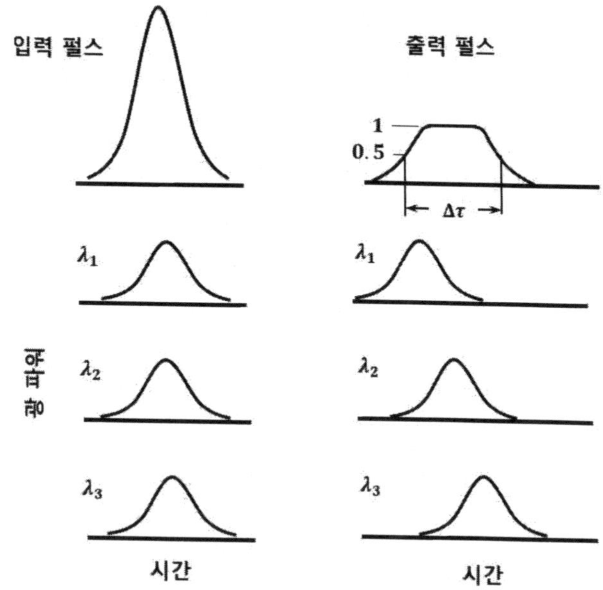

그림 1.34 분산 매질을 전파하는 것에 의해 생기는 펄스 퍼짐

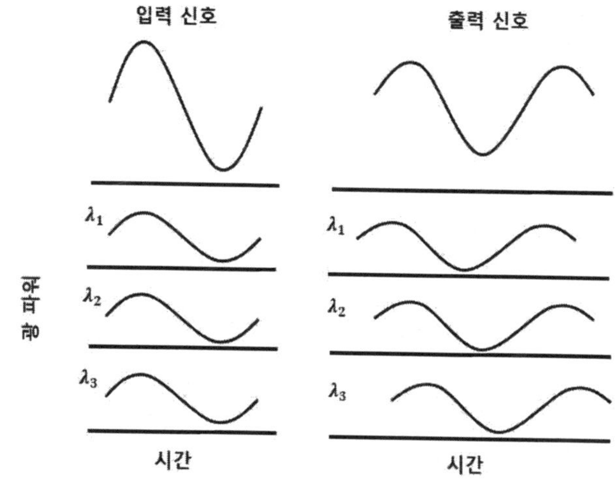

그림 1.35 분산이 가져오는 아날로그 신호의 진폭 소실

또한 분산은 아날로그 신호도 왜곡시킨다. 그림 1.35는 3개의 다른 파장으로 전파한 아날로그 파형을 나타내고 있다. 분산 매질을 진행한 후 이들의 파장은 함께 가산된다. 수신 신호의 변화는 입력 신호의 변화에 비례하며 진폭이 작게 된다. 분산에 의해 평균 파워 또는 변조 주파수는 변화하지 않지만 신호의 변화는 열화 된다. 송신 정보는 이 변화 속에 포함

되어 있으므로 이 변화의 열화는 곤란한 문제가 된다. 이 결과를 신호 피크의 퍼짐(진폭의 저하) 및 골의 상승(골 부분 밑의 상승)으로 취해질 수 있다. 필요 이상의 퍼짐은 신호 변화의 결락도 일으킨다.

재료(또는 도파로)에 의해 생기는 왜곡은 보다 좁은 대역의 광원, 즉 보다 코히런트 한 발광 소자를 이용함으로써 감쇠시킬 수 있다. 이 관점에서 레이저 다이오드는 LED보다 우수하다. 분산 왜곡은 원리적으로는 송수신기에서 광 빔을 필터 함으로써 감쇠시킬 수 있으므로 극히 좁은 파장대만이 광검출기에 도달할 수 있다. 이 방법은 충분히 유효한 만큼 좁은 대역파 특성의 필터를 구성할 수 없다는 것이나 좁은 폭 필터를 이용하면 불필요한 파장의 광을 제거함으로써 상당히 광파워가 저하한다는 것의 두 가지의 결점을 갖고 있다.

글라스의 분산은 용이하게 관측되는데 이것은 글라스의 굴절률의 파장 의존성에 의해 설명된다. 입사광은 스넬의 법칙에 의해 굽어진다. 각각의 색에 대해 굴절률이 다르므로 색이 다르면 다른 각도로 굽어진다. 광 필터에 이용되는 순수 석영(SiO_2) 글라스의 굴절률은 그림 1.36에 나타낸 파장 의존성을 갖고 있다. 굴절률은 파장의 증가와 함께 감소하므로 그림 1.36 (a)의 곡선 기울기는 음(-)이다. 이 기울기의 크기는 파장과 함께 변화한다. 특정 파장(그림의 λ_0)에 굴절률 곡선의 변태점이 있다. 기울기의 크기는 그림 1.36 (b)에 나타냈듯이 이 파장에서 최소가 된다. 이 때문에 곡선 (b)의 기울기는 λ_0에서 0이 된다. 곡선 (b)의 기울기는 그림 1.36 (c)와 같이 된다. 최후의 그림 1.36 (c)는 파장에 관한 2차 미분 계수이다. 순수 석영에서는 굴절률은 1.45에 가깝고 1.3㎛ 근방에서 변태점을 갖는다. 다른 재료(예를 들어 GeO_2)를 SiO_2에 미소 도프(dope)하면 굴절률 곡선은 약간 시프트 된다.

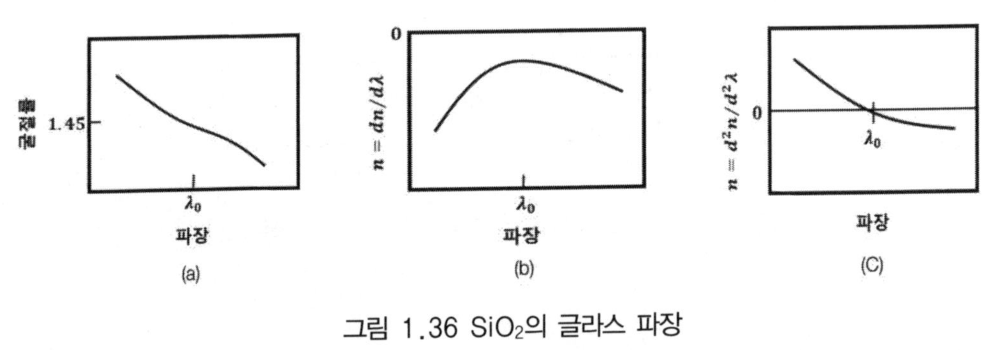

그림 1.36 SiO_2의 글라스 파장

그러면 분산이 어떻게 글라스 속을 전파하는 신호를 왜곡시킬까를 정성적으로 알아보았지만 얼마나 퍼짐이 생기고 이 퍼짐이 전송해야 하는 정보량과 어떻게 관계하고 있는지를 명확하게 하지 않으면 안 된다.

τ를 길이 L의 광로를 진행하는 펄스 시간으로 하자. 그림 1.31에 파장을 함수로 한 단위 길이 당 진행시간(τ/L)을 나타내었다. 그림 1.37 (a)는 분산이 없는 매질의 예이고 진행시간은 파장과 무관계이다. 그림 1.37 (b)에서는 분산 매질에 있어서의 진행시간을 나타내며 파장에 의존하는 것을 나타내고 있다. 그러면 펄스가 최단 및 최장 λ_1 및 λ_2을 갖는다고 하고 이 펄스의 퍼짐을 조사해 보도록 한다.

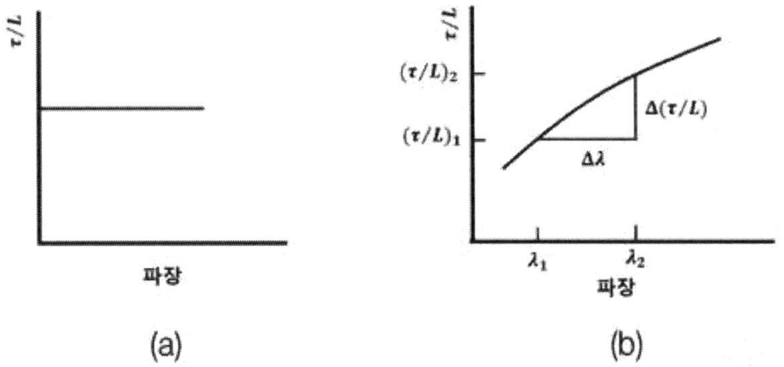

그림 1.37 단위 길이당의 진행시간

두 개의 파장은 광원으로부터 나온 파장대의 양단의 파장으로 생각할 수 있다. 바꿔 말하면 $\lambda_2 - \lambda_1 = \Delta\lambda(\Delta\lambda$: 광원의 스펙트럼 폭)으로 놓는다. λ_1와 λ_2 사이의 모든 파장은 λ_1보다는 빠르고 λ_2보다는 늦게 도달한다. 단위 길이 당 진행시간은 직접적으로 중요하지 않다. 중요한 양은 두 개의 양단 파장에 대한 단위 길이당의 진행시간의 양이다. 이 양을 $\Delta(\tau/L)$으로 나타내기로 하면 다음과 같다.

$$\Delta(\tau/L) = (\tau/L)_2 - (\tau/L)_1 \tag{1.29}$$

여기서 $(\tau/L)_1$ 및 $(\tau/L)_2$는 각각 λ_1 및 λ_2에 상당하는 값이다. $\Delta(\tau/L)$을 **단위 길이 당 펄스 퍼짐**(pulse spread per unit length) 혹은 약해서 **펄스 퍼짐**(pulse spread)이라 한다. $\Delta\tau = \tau_2 - \tau_1$은 실제의 펄스 퍼짐이다. 물론 $\Delta\tau = L\Delta(\tau/L)$이다.

실제로 펄스는 그 시작과 끝을 명확히 정하지 않는 경우가 많다. 그림 1.34에 나타냈듯이 천천히 피크로 향해 증대하며 마찬가지로 감소해 간다. 펄스 지속 시간의 값은 그 시작 및 끝 점의 확인에 의해 결정된다. 각종의 정의가 이용되고 있지만 어느 것도 펄스가 그 피크에 대해 어떤 이미 정해진 값에 도달하는 시간을 바탕으로 정하고 있다. 여기서는 펄스 지속 시간을 광 파워 피크의 2/1 값으로 상승하는 시간과 피크의 1/2로 하강하는 시간의 간격으로 정의한다. 이 정의는 **반치전폭**(full duration half maximum : FDHM) 지속 시간으로 부른다. 이것을 그림 1.34의 출력 펄스에 대해 나타내고 있다.

그림 1.37 (b)로부터 알 수 있듯이 $(\tau/L)'$로 나타낸 (τ/L)의 기울기는 다음과 같다.

$$(\tau/L)' = \frac{\Delta(\tau/L)}{\Delta\lambda} \tag{1.30}$$

또는 다음과 같이 나타낸다.

$$\Delta(\tau/L) = (\tau/L)'\Delta\lambda \tag{1.31}$$

해석에 의하면 $(\tau/L)'$는 다음과 같이 된다.

$$(\tau/L)' = -\frac{\lambda}{c}\frac{d^2n}{d\lambda^2} = -\frac{\lambda}{c}n'' \tag{1.32}$$

그림 1.36 (c)를 보면 n''로 나타낸 이 항목이 어떻게 변하는가를 알 수 있다. 식 (1.31) 및 식 (1.32)를 조합하면 $\Delta(\tau/L) = -\lambda n''\Delta\lambda/c$가 되며 펄스의 퍼짐이 어떻게 굴절률의 행동에 관계하는지를 짐작해 볼 수 있다. 재료 분산(material dispersion)을 $M = \lambda n''/c$로 정의하면 편리하다. 단위 길이 당 펄스 퍼짐은 다음과 같다.

$$\Delta(\tau/L) = -\frac{\lambda}{c}n''\Delta\lambda = -M\Delta\lambda \tag{1.33}$$

순수 석영의 재료 분산을 그림 1.38에 나타내었다.

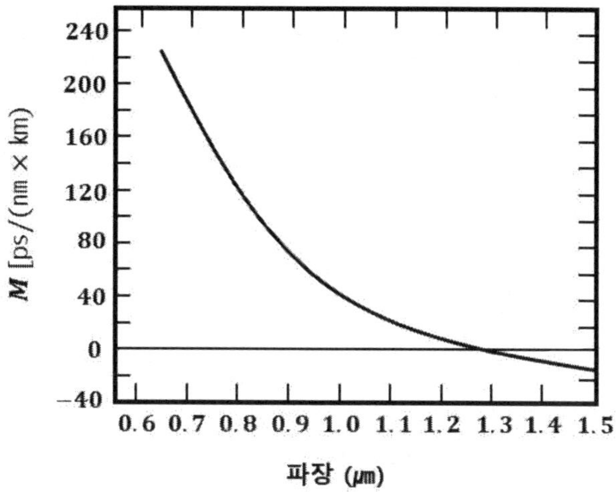

그림 1.38 순수 석영의 재료 분산

M은 n''에 비례하므로 M의 곡선은 그림 1.36 (c)의 곡선과 매우 잘 근사하고 있다. M의 단위는 ps/(nm×km)이다. 이것은 광원의 스펙트럼 폭 nm 및 광로장 km당 피코초 단위의 펄스 퍼짐의 읽기이다. 식 (1.33)의 부호가 부(-)가 되는 것에 주의하기 바라며 $\Delta\lambda$는 항상 정(+)이므로 이 식은 M이 정(+)일 때에는 펄스 퍼짐이 부(-)가 되는 것을 나타내고 있다. 이것은 $(\tau/L)_1 > (\tau/L)_2$, 즉 단파장 λ_1의 진행 시간 쪽이 장파장 λ_2의 진행 시간보다 길다는 것을 의미하며 장파장 일수록 보다 빨리 진행한다. 그림 1.38에 의하면 순수 석영에서는 M이 부(-)가 되는 1.3㎛ 이하의 파장역이 이 경우에 해당한다. M이 부(-)일 때에는 펄스 퍼짐은 정(+)이 되고 짧은 파장은 장파장보다도 빠르게(진행시간이 짧게) 진행한다. 이것은 순수 석영에서는 1.3㎛ 이상의 파장역에서 일어난다. 계산에서는 펄스 퍼짐양만이 중요하다. 이들 경우에는 그림 1.38의 부호를 무시한다.

1.3㎛에 있어서 순수 석영의 재료 분산은 0이다. 이 파장에서는 재료 분산에 의한 펄스 퍼짐은 없게 된다. 도핑(석영 외에 다른 재료를 미소 첨가 한 것)을 행함으로써 0분산 파장을 약 0.1㎛만큼 어긋나게 할 수 있다.

예제 1.6

0.82㎛로 동작하고 스펙트럼 폭 20㎚를 가진 LED 광이 순수 석영을 통과할 때 펄스 퍼짐량을 구하시오. 단, 광로장은 10㎞로 한다. 그리고 λ=1.5㎛ 및 $\Delta\lambda$=50㎚일 때의 펄스 퍼짐량을 구하시오.

풀이

그림 1.38에 의해 0.82㎛에서는 m=110ps/(nm×km)이다. 식 (1.33)에 의해 펄스 퍼짐량은 다음과 같이 된다.

$$\Delta(\tau/l)=110\times20=2200\,\text{ps/km}=2.2\,\text{ns/km}$$

즉, 10km 뒤에서는 퍼짐이 22ns가 된다. 또한 파장을 1.5㎛로 바꾸면 재료 분산은 15ps/(nm×km)이고 식 (1.33)로부터 $\Delta(\tau/l)$=750ps/km가 된다. 즉, 10km 뒤에서는 퍼짐이 7.5ns가 된다. 이 결과로부터 광원의 대역폭이 증가해도 퍼짐은 장파장에서 저감된다.

예제 1.7

광원이 1nm의 스펙트럼 폭을 가진 레이저 다이오드일 때 예제 1.6의 조건에서 펄스 퍼짐량을 구하시오.

풀이

식 (1.33)로부터 광원의 스펙트럼 폭이 어느 양 감소하면 동일 양만큼 펄스 퍼짐도 감소하게 된다. 그러므로 10km에서의 펄스 퍼짐은 0.82㎛에서는 22/20=1.1ns, 1.5㎛에서는 7.5/50=0.15ns가 된다. 보다 코히런트 한 광원을 이용하면 재료 분산은 저감된다.

나. 정보 속도

펄스 퍼짐이 일어나면 아래에 서술하듯이 전송시스템의 정보 용량은 제한을 받는다. 수치 계산을 위해서는 재료 분산으로 만들어진 퍼짐을 이용하는 것으로 한다. 구해진 식은 왜곡의 원인에 관계없이 적용할 수 있다. 아날로그 및 디지털 회선의 쌍방에 대해서 그의 한계를 조사해 보자. 번잡하게 길게 도출하지 않음에는 정확한 결과를 얻을 수가 없다. 그러나 직관적인 근사 해석을 바탕으로 해도 타당한 한계를 용이하게 얻을 수 있다. 여기서 얻은 결과는 1차 설계를 위해서는 간편하며 정보 전달을 위한 광섬유 회선의 가능성을 보다 깊이 이해하기 위해서도 충분하다.

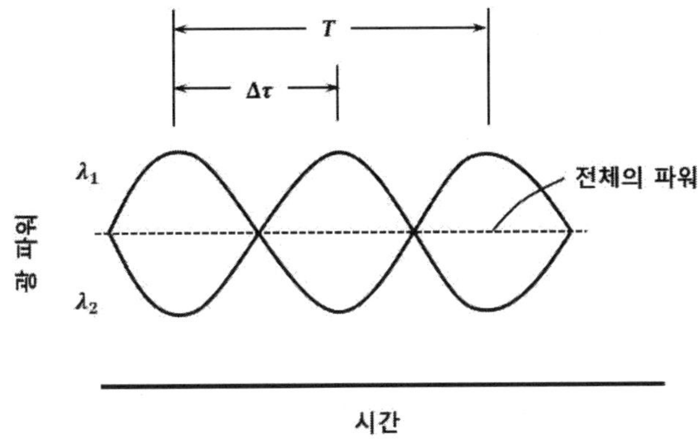

그림 1.39 변조 파형의 지워짐

우선 그림 1.39에 나타낸 것처럼 정현적으로 변조된 광 빔을 생각하기로 하자. 변조 주파수는 f이고 주기는 $T=1/f$이다. 광원은 λ_1와 λ_2 사이에서 광로장을 방출하고 있는 것으로 가정한다. 최고 속도의 파장과 최저 속도의 파장 사이에 어느 정도의 지연이 허용되는 것일까. 그림 1.39는 지연이 변조 주기의 1/2, 즉 다음과 같을 때의 λ_1과 λ_2의 수신 파워를 나타낸다.

$$\Delta\tau = T/2 \tag{1.34}$$

이 크기의 지연이 있으면 두 개의 파가 합성될 때 변조는 완전히 지워져 버린다. λ_1과 λ_2 사이에 어떤 파장으로 운반되는 변조 파워는 $T/2$보다는 작은 지연이 되므로 부분적인 지워짐이 생기며 결과적으로는 수신기에 있어서 미소한 신호 변화가 나타난다. 최대 허용 펄스 퍼짐으로서 식 (1.34)(즉, $\Delta\tau < T/2$)을 이용하면 변조 주파수는 다음과 같이 제한된다.

$$f = \frac{1}{T} \le \frac{1}{2\Delta\tau} \tag{1.35}$$

이 식에서 결정된 주파수 상한은 3dB 대역폭(신호 파워가 1/2만큼 감소한 변조 주파수)을 위한 좋은 근사를 준다. 보다 정확한 해석적 수법은 $f=1/(2.27\Delta\tau)=0.44/\Delta\tau$가 된다. 이 결과에서는 특정의 임펄스 응답성(가우스형)을 가정하고 실제의 광섬유의 거동에 좋은 근사를 준다. 이 가정에 의해 초기의 시스템 설계에는 거의 차이가 없으며 같은 결과가 된다. 어쨌든 실제의 광섬유로 가정한 광섬유 응답 사이의 차를 고려하여 대역폭에 여유를 갖게 할 필요가 있다. 그러면 3dB의 광 대역폭은 $f_{3-dB} = (2\Delta\tau)^{-1}$이고 주파수 길이의 한계는 다음과 같다.

$$f_{3-dB} \times L = \frac{1}{2\Delta(\tau/L)} \tag{1.36}$$

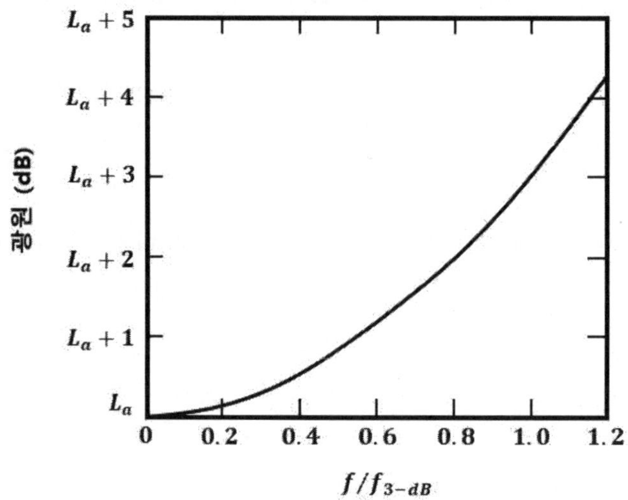

그림 1.40 손실의 변조 주파수에의 의존성

그림 1.40에 변조 주파수를 함수로 한 전달 매질의 감쇠를 나타낸다. 전 손실(dB)은 $L_a + L_f$이다. 여기서 L_a는 고정 손실(주로 흡수 및 산란에 의한)이고 L_f는 변조 주파수에 의존하는 손실(펄스 퍼짐에 의한)이다. 가우스형 응답에 대해서 L_f는 다음과 같이 놓을 수 있다.

$$L_f = -10\log\exp\left[-0.693(f/f_{3-dB})^2\right] \tag{1.37}$$

$f \ll f_{3-dB}$일 때에는 L_f는 무시할 수 있다.

식 (1.37)로부터 결정할 수 있듯이 손실은 $0.71 f_{3-dB}$의 주파수에서 1.5dB이다. 즉, $f_{1.5-dB} = 0.71 f_{3-dB}$이다. 1.5dB의 광 대역폭은 수신기에서의 전기적 파워가 1/2로 감소하는 주파수에 해당하므로 중요한 의미를 갖고 있다. 따라서 광학적인 1.5dB 대역폭(optic 1.5

dB bandwidth)은 전기적인 3dB 대역폭(electric 3dB bandwidth)과 같다. 이것을 수식으로 표현하면 다음과 같다.

$$f_{1.5-dB}(\text{광}) = f_{3-dB}(\text{전기}) = 0.71 f_{3-dB}(\text{광}) \tag{1.38}$$

$f_{3-dB}(\text{광}) = (2\Delta\tau)^{-1}$이므로

$$f_{3-dB}(\text{전기}) = \frac{0.35}{\Delta\tau} \text{ 및 } f_{3-dB}(\text{전기}) \times L = \frac{0.35}{\Delta(\tau/L)} \tag{1.39}$$

다음에 그림 1.41에 나타낸 것처럼 **영 귀환**(return-to-zero : RZ) 디지털 신호를 생각하자. 각각의 비트에 시간 T를 할당한다. 데이터 속도는 $R = 1/T$bps이다. 이 방법에서는 펄스는 시간 슬롯(대)의 반쪽을 점유하므로 펄스폭은 $T/2$이다. 이들의 펄스 스펙트럼(주파수 성분)도 그림에 나타내었다. RZ 신호는 대부분의 신호 파워가 이 주파수 이하에 포함되므로 $1/T$Hz의 대역을 갖는 시스템에 의해 적절히 전송된다. 마찬가지 결론은 RZ 신호를 정현파로 근사해도 얻을 수 있다. 이 정현파를 통한 시스템은 큰 왜곡을 주는 것 없으며 실제의 펄스를 통과시킬 것이다. 그림 1.38에 나타냈듯이 정현파에 의한 근사는 $1/T$의 주파수를 가지므로 대역폭의 필요조건을 만족하게 된다.

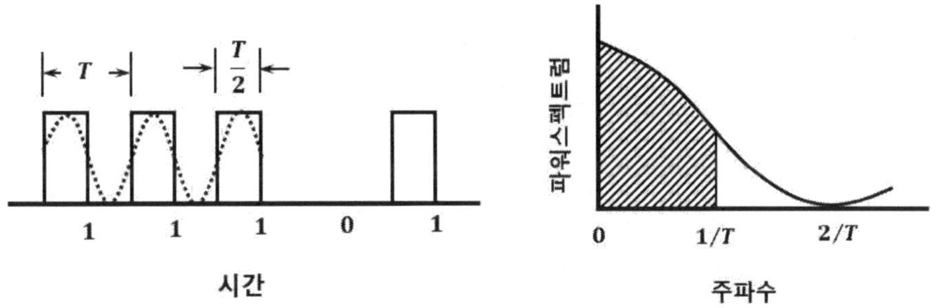

그림 1.41 영 귀환 신호와 그의 파워 스펙트럼

편의상 시스템의 대역폭으로서 전기적 3dB 주파수를 이용하는 것으로 한다. 식 (1.39)을 적용하면 다음과 같이 된다.

$$R_{RZ} = \frac{1}{T} = f_{3-dB}(\text{전기}) = \frac{0.35}{\Delta\tau}$$

또는 다음과 같이 된다.

$$R_{RZ} \times L = \frac{0.35}{\Delta(\tau/L)} \tag{1.40}$$

이 결과는 허용 펄스 퍼짐을 펄스폭의 70%로 놓음으로서도 얻을 수 있다. RZ 펄스 지속 시간은 반복 주기의 절반이므로 이 조건으로부터 $\Delta\tau$=0.7T/2=0.35T를 얻을 수 있다. 그러므로 $R = 1/T = 0.35/\Delta\tau$이다. 인접 펄스는 펄스 퍼짐을 시간 슬롯의 35% 이하로 함으로써 마침 좋게 분리할 수 있다. 이것이 잘 되지 않으면 펄스의 일부가 인접 시간 슬롯에 퍼져 **부호간 간섭**(inter-symbol interference)을 일으키며 검출 오차 확률을 증대시키게 된다.

마지막으로 그림 1.42에 나타낸 **비영 귀환**(NRZ) 디지털 신호를 생각하자.

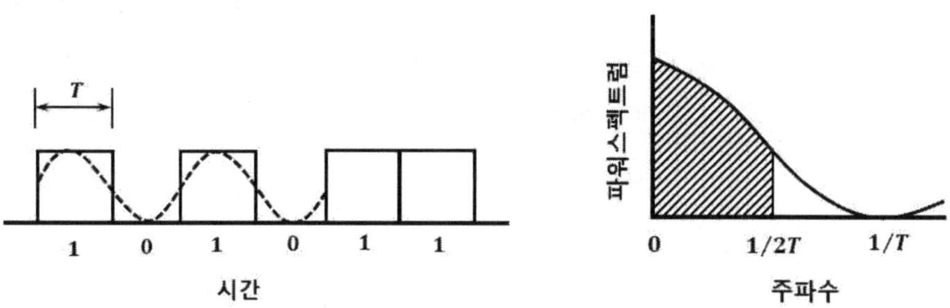

그림 1.42 비영 귀환 신호와 그의 파워 스펙트럼

각 비트의 할당 시간은 T이고 데이터 속도는 $1/T$이다. 필요로 하는 전송 대역폭은 RZ 시스템의 딱 절반인 $1/2T$이다. 이것은 NRZ 펄스는 RZ 펄스의 2배 만큼 길고 펄스의 대역폭은 펄스 지속 시간에 반비례한다는 것으로부터 얻을 수 있다. NRZ 신호를 근사하는 정현파가 1과 0을 상호적으로 취하는 경우를 나타내었다. 이 상황은 가장 빠른 변화, 즉 최고 주파수에 상당한다. 근사의 정현파는 주기 $1/2T$ 및 주파수 $1/2T$를 가지므로 대역폭에 필요한 조건을 만족하고 있다. 그러므로 최대 허용 데이터 속도는 $R = 1/T = 2f$가 된다. 여기서 f는 시스템의 대역폭이다. 식 (1.39)로부터 3dB 전기적 대역폭을 이용하면 다음과 같다.

$$R_{NRZ} = 2f_{3-dB}(\text{전기}) = \frac{0.7}{\Delta\tau}$$

또는

$$R_{NRZ} \times L = \frac{0.7}{\Delta(\tau/L)} \tag{1.41}$$

허용할 수 있는 펄스 퍼짐은 NRZ 펄스열에서는 펄스 주기 T의 70%이다.

1.3.3 편광

광 빔의 전계는 그가 향하는 쪽에 따라 여러 방향을 취한다. 진행 방향에 대해서는 이미 전파파의 위상, 파장, 속도 및 감쇠를 언급했다. 그 외의 방행으로서 전계 벡터 그 자체가 갖는 방향이 있다. 그림 1.37은 단순한 평면파에 대한 벡터 E와 진행방향의 관계를 나타낸다. 파는 z방향으로 진행하지만 전계 벡터는 x방향을 향하고 있다. 이와 같이 1방향을 향하고 있는 전계는 항상 동일 선상에 있으므로 **직선 편광**(linearly polarized)이라 부른다.

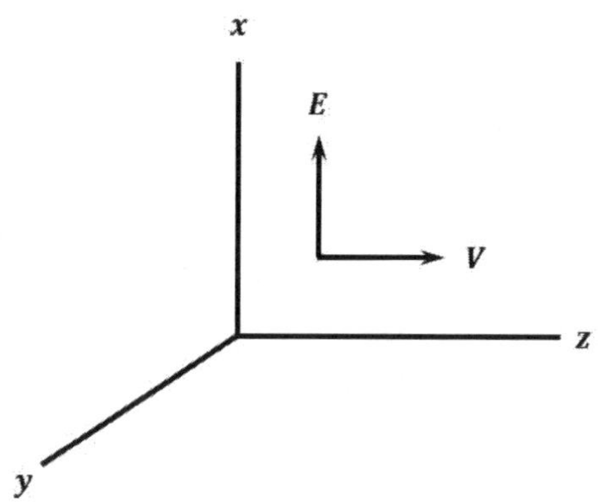

그림 1.43 x방향에 편광 전계를 갖고 z방향으로 진행하는 파

전계 벡터는 무한의 매질 속을 진행하는 평면파의 진행 방향과 항상 직각을 이룬다. 이것으로부터 그림 1.43의 전계는 z방향으로 향하는 파에 대해서는 y방향을 취할 수 있다. 실제의 편광 방향은 광원의 편광 및 빔이 통과하는 편광에 민감한 소자에 의해 결정된다. 또한 z방향으로 향하는 파에 대해서는 동시에 두 개의 방향 즉 x편광과 y편광이 가능하다.

이들 두 개의 파는 서로 직교 편광이기 때문에 독립이다. **모드**(mode)라는 용어는 주어진 방향에 파가 진행할 수 있는 경우를 나타내는 별도의 표현이다. 여기서 서술한 두 개의 독립인 파는 무한 매질에 있어서의 두 개의 평면파 모드이다. x 또는 y축으로부터 어떤 각도를 갖는 xy면상의 편광을 갖는 것이 가능할 것이라는 의문을 갖고 있는 사람도 있을지 모른다. 어떠한 전계도 x 및 y 성분에 분해 가능하므로 이와 같은 전계는 이미 서술한 두 개의 모드의 단순한 조합에 지나지 않는다.

파의 전계 벡터의 방향이 임의로 변화도록 했을 때에는 파는 편광하지 않는다 또는 **자연 편광**(unpolarized)이라 한다. 많은 광섬유 속의 파는 자연 편광이다.

광섬유와 같은 도파 구조에서는 다수의 모드가 존재한다. 편광은 도파로 속의 모드 사이에 있는 다른 한 형태이기도 하다. 모드에 대해서는 다음 항에서 다루기로 하자.

1.3.4 공진기

무선 주파의 발진기는 증폭기, 동조 회로 및 피드백 기구로 구성되어 있다. 피드백은 증폭기의 출력을 입력으로 되돌리고 주기적으로 증폭기를 통과할 때 신호를 증폭시킨다. 스위치를 넣고 나서 짧은 시간 후에 정상상태에 도달한다. 그 상태에서는 시스템의 손실은 증폭기에 의한 이득으로 조달할 수 있다. 이 상태에 도달하면 발진기는 일정의 출력 파워를 지속한다. 동조 회로는 발진 주파수를 결정한다.

레이저는 극히 고주파의 발진기이다. 정확히는 **광발진기**(optic oscillator)라 불러야 한다. 이 구성 부분은 저주파발진기 구성 부분과 같은 기능을 갖는다. 그림 1.38에 나타낸 레이저는 양단에 미러(mirror)를 갖는 원통상 매질로 되어 있다. 이 매질이 증폭 기능을 준다. 광은 다음 장의 광원에서 서술하는 기구에 의해 이 매질 속에서 증폭된다. 매질의 성질은 레이저의 출력 주파수와 스펙트럼 폭을 결정한다.

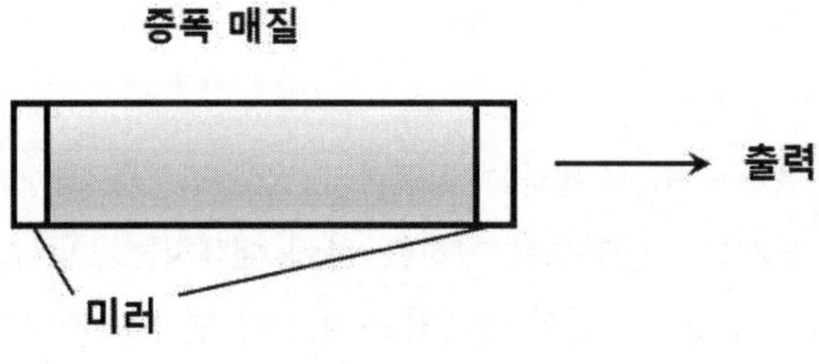

그림 1.44 증폭 매질과 2장의 미러로 구성된 레이저

여기서는 주로 미러의 역할에 대해 다루기로 한다. 미러는 광을 증폭 매질 속에서 좌우로 반사시킴으로써 광발진기를 위한 피드백 기능을 행한다. 발진 출력은 일부 투과성의 한 쪽 미러로부터 나온다. 레이저에 따라서는 양단의 미러에 투과성을 갖게 하고 양쪽의 미러로부터 파워가 나오게 한 것도 있다. 이 구조는 광섬유 시스템의 레이저 다이오드에서는 편리하다. 한 쪽의 출력 단으로부터의 광은 전송 광섬유에 결합되어 다른 단으로부터의 광은 광원의 양상을 모니터하기 위해 사용된다. 광원의 파워 변동은 신속히 검출되어 구동 회로의 자동 보정에 의해 레이저를 소망의 출력 레벨로 유지한다.

그림 1.44의 두 장의 미러는 좌우로 진행하는 두 개의 파가 존재하도록 한 공진기를 형성한다. 이들의 파는 그림 1.45에 공진기장 L로서 각종 시간에 대해서 나타내었다. 상단 그림은 오른쪽으로 진행하는 파를 나타내며, 중단의 그림은 왼쪽으로 진행하는 파를 나타낸다. 공진기 내의 전체 전계는 두 개의 파의 합으로 주어지며 특정 시간에 있어서의 파형을 하단 그림에 나타내었다. 이들의 그림은 전자파가 서로 간섭하고 있는 것을 나타내고 있다. 파가 같은 상이라면 서로 더해진다. 이것은 그림의 시간 t_1과 t_3의 조건에 해당한다. 전체의 전계는 그 어느 것의 성분보다도 크다. 시간 t_3와 같이 파가 180° 상이 이동했을 때에는 그것들은 서로 소멸된다. 똑같은 진폭의 파가 서로 소멸되면 전체 전계는 0이 된다. 이것은 광의 파동적 거동의 한 예이다. 전체의 파를 모든 시간 주기에 대해서 같은 그림으로 나타내면 진폭이 피크와 0을 반복하는 패턴이 된다. 이것은 그림 1.45에 나타낸 것처럼 정상적인 정재파 패턴(standing-wave pattern)이 된다. 어떤 점에서는 전계는 항상 0이며 다른 점에서는 그림에 나타낸 포락선 내에서 진동한다. 포락선 자체는 정상적이다. 이것은 양단 고정의 현을 튕겼을 때에 일어나는 현상과 동일하다. 그 진동은 현의 길이에 따라서 피크와 0을 갖는 정재파 패턴을 형성한다.

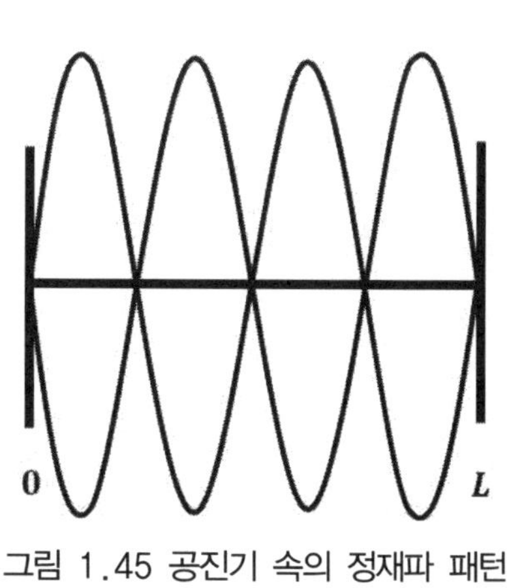

그림 1.45 공진기 속의 정재파 패턴

정상적인 정재파 패턴을 만들기 위해서는 공진기는 1/2 파장의 정수배 길이가 되어야 한다. 즉, 다음과 같다.

$$L = \frac{m\lambda}{2} \tag{1.42}$$

여기서 λ는 공진기 내의 매질 속에서 측정한 파장이며 m은 정(+)의 정수이다. 그림 1.44는 공진기 길이에 두 개의 파장 주기가 있으므로 2파장의 길이를 갖는 공진기에 해당한다. $L = 2\lambda$이므로 식 (1.42)에서 $m = 4$이다. 식 (1.42)을 만족하는 파장만이 정상상태에서 공진기에 존재할 수 있다. 공진기에 들어온 다른 파장의 파는 미러 사이를 전후로 왕복할 때 서로 소멸되도록 간섭한다. 이들의 파는 급속히 감쇠한다. 공진기는 식 (1.42)을 만족하는 파장으로 **공진상태**(resonant)에 있다고 한다. 이들의 파장은 다음과 같다.

$$\lambda = \frac{2L}{m} \tag{1.43}$$

식 (1.43)은 패턴이 반복되기 위해서는 공진기를 1왕복 할 때의 위상 시프트가 2π라디안의 정수배 이어야 한다는 것으로부터 도출할 수 있다. 식 (1.27)로부터 위상 시프트는 kz이다. 여기서 k는 $2\pi/\lambda$이고 z는 광로장이다. 완전한 1왕복에서는 공진기 조건은 $k2L = m2\pi$가 되며 직접 식 (1.42)를 얻는다.

식 (1.42)에 의하면 공진기는 다수의 파장 또는 주파수로 공진한다. 공진 주파수는 $v = c/n$의 관계를 이용하여 식 (1.43)과 식 (1.1)을 조합함으로써 구할 수 있다. 그러므로 다음과 같이 된다.

$$f = \frac{mc}{2nL} \tag{1.44}$$

여기서 n은 공진기 내의 물질의 굴절률이다. 그림 1.46에 나타낸 각종 공진기 파수는 공진기의 **축 모드**(longitudinal modes ; **종 모드**라고도 함)이다. 인접 공진기 축 모드 사이 간격은 다음과 같다.

$$\Delta f_c = c/2nL \tag{1.45}$$

상당하는 자유공간의 파장 퍼짐 $\Delta\lambda_c$를 알 필요가 있다. 이것은 λ_0를 자유공간의 평균파장으로 하고 f를 그의 평균 주파수로 하면 $\Delta f_c/f = \Delta\lambda_c/\lambda$의 관계로부터 구할 수 있다. $f = c/\lambda_0$이므로 다음과 같이 된다.

$$\Delta\lambda_c = \frac{\lambda_0^2}{c}\Delta f_c \tag{1.46}$$

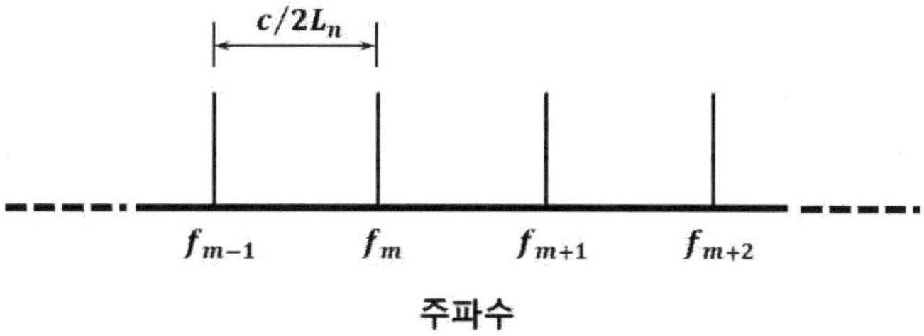

그림 1.46 공진기의 공진 주파수

예제 1.8

길이가 0.3㎜이고 AlGaAs로 충진된 공진기의 축 모드 간의 주파수 퍼짐 및 파장 간격을 구하시오. 이 구조는 평균(중심) 파장이 0.82㎛, 굴절률이 3.6인 AlGaAs 레이저 다이오드의 전형적인 것이다.

앞에서 레이저 다이오드의 스펙트럼 폭은 1~5㎚인 것을 서술했으며 앞의 예에서 스펙트럼 폭을 2㎚로 하면 이것은 AlGaAs 매질이 그림 1.47과 같이 819㎚와 821㎚ 사이에서 레이저 발진을 위해 필요한 증폭을 행하는 것을 의미하고 있다. 공진기는 이 파장 범위 내에서만 공진 가능한 파를 존재시킨다. 공진은 0.311㎚만큼 간격을 갖고 있으므로 출력에 $\Delta\lambda/\Delta\lambda_c = 2/0.311 \cong 6$개의 분리한 파장이 나온다. 그림 1.47에 6개의 축 모드와 2㎚의 전 스펙트럼 폭을 갖는 레이저 다이오드의 출력 파워(실선)를 나타낸다. 미러가 완전히 반사하는 경우에는 개개의 모드 스펙트럼 폭은 0이 된다. 이것은 실제상 불가능하므로 그림 1.47의 모드는 약간 퍼짐을 갖고 그려져 있다. 재료 분산에 의해 생기는 펄스 왜곡은 주로 광원으로부터 나오는 최대 파장과 최소 파장 사이의 퍼짐에 의해 결정되므로 축 모드 간의 정확한 파워 분포는 그다지 문제되지 않는다. 그러나 하나의 축 모드만이 존재하도록 공진기를 설계하면 광원의 출력 대역폭은 상당히 축소되어 펄스 퍼짐도 경감할 수 있다. 그와 같은 단일 모드(single-longitudinal-mode) 레이저를 만들기 위해서는 여러 방법이 있다.

풀이

식 (1.45)로부터 모드 간격은 다음과 같으며

$$\Delta f_c = \frac{3\times10^8}{2(0.3\times10^{-3})(3.6)} = 139\times10^9\,\text{Hz}$$

식 (1.46)으로부터 파장 간격은 다음과 같다.

$$\Delta\lambda_c = \frac{(0.82\times10^{-6})^2(139\times10^{-10})}{3\times10^8} = 3.11\times10^{-10}\,\text{m}$$

또는

$$\Delta\lambda_c = 0.311\,\text{nm}$$

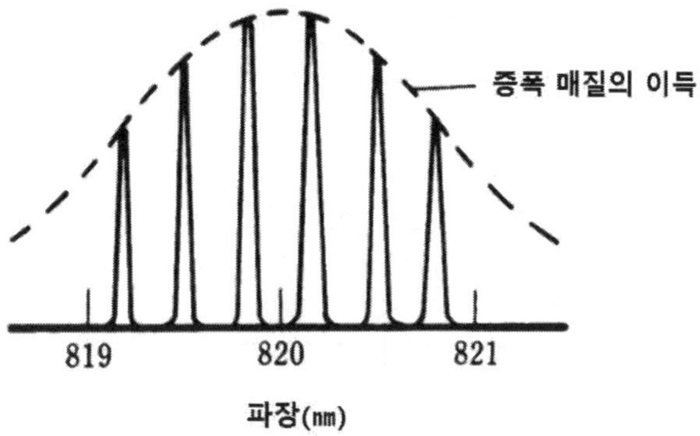

그림 1.47 레이저 다이오드의 출력 파워(실선)

1.3.5 평면 경계에 있어서의 반사

두 개의 유전체 간의 경계 상에서의 광 반사량에 관한 문제는 광학을 연구할 때나 그것을 실제로 사용할 때에 중요한 부분이다. 이들 문제는 특히 광섬유 시스템의 설계나 해석에 있어서 빼놓을 수 없다. 이와 같은 상황에 있어서의 반사면을 그림 1.48에 나타내었다. 이것을 정리하면 다음과 같다.

(1) 광원으로부터 광섬유에 광이 결합된 공기-글라스 경계

(2) 광섬유의 코어와 그의 주변 층 사이에 접합

(3) 두 개의 광섬유를 접속할 때에 생기는 에어 갭(air-gap)에 의한 두 개의 공기-글라스 경계

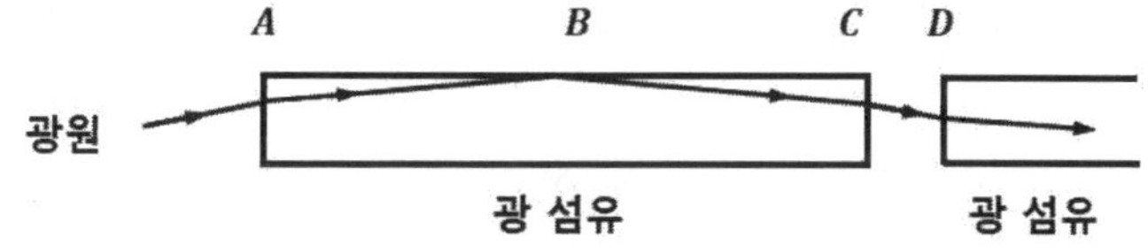

그림 1.48 광섬유 시스템의 반사면

이력 및 커넥터 간극에서의 반사는 투과광을 줄어들게 함으로 이들은 적극적으로 작게 해야 한다. 전체 시스템의 파워 계산에는 이들의 손실을 포함할 필요가 있다. 한편 광섬유 내에서 광을 가두기 위해서 코어 경계에 있어서의 내부 반사(그림 1.49의 B점)은 높은 것

이 필요하다. 여기서는 이 반사량을 구해보도록 한다.

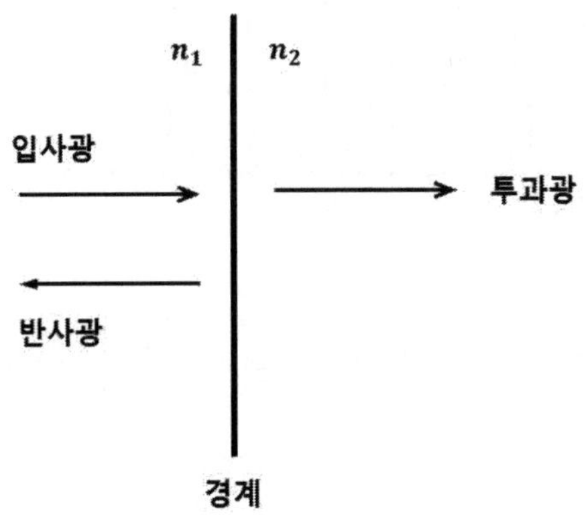

그림 1.49 2개의 유전체(굴절률 n_1과 n_2) 사이의 평면 경계

이 반사 손실의 가장 간단한 계산은 그림 1.49와 같이 경계에 수직으로 입사하는 경우의 계산이다. **반사계수**(reflection coefficient) ρ는 반사 전계대 입사 경계의 비로 주어진다. 수직 입사에서는 ρ는 다음과 같다.

$$\rho = \frac{n_1 - n_2}{n_1 + n_2} \tag{1.47}$$

여기서 n_1은 입사영역의 굴절률이며 n_2는 투과영역의 굴절률이다. $n_2 > n_1$일 때 반사계수는 부(-)가 된다. 이것은 입사전계와 반사전계 사이에 180°의 위상 시프트가 있다는 것을 나타낸다.

반사율(reflectance) R은 반사 빔 강도와 입사 광 빔 강도의 비이다. 광 빔의 강도는 전계의 2승에 비례하므로 반사율은 반사계수의 2승에 비례한다. 즉, 다음과 같다.

$$R = \left(\frac{n_1 - n_2}{n_1 + n_2}\right)^2 \tag{1.48}$$

예제 1.9

공기-글라스 경계면에 대해 반사 및 투과 파워량을 계산하시오. 또한 dB 단위로 투과 손실을 구하시오. 글라스의 굴절률은 1.5로 한다.

풀이

식 (1.48)로부터 반사율은 다음과 같다.

$$R = \left(\frac{1-1.5}{1+1.5}\right)^2 = 0.04$$

그러므로 4%의 광이 반사된다. 나머지 96%는 투과한다. dB 단위로 나타내면 투과손실은 $-10\log_{10}0.96 = 0.177\,\text{dB}$이 된다.

대략적으로 말하면 광이 공기로부터 글라스로 입사할 때 약 0.2dB의 손실이 생긴다. 식 (1.48)의 대칭성 때문에 광이 글라스로부터 공기에 역방향으로 들어가도 만찬가지 손실이 발생한다.

앞의 절에서 입사파의 임의 방향에 대해 입사, 반사 및 투과각 사이의 관계를 배웠다. 그림 1.4에 그 모양을 도시하였다. 기준으로서 경계면에의 수직과 입사파의 진행방향과 이루는 면을 입사면(plane of incidence)으로 정의한다. 그림 1.4에 있어서 입사면은 그림의 지면 그 자체이다. 반사광의 비율은 입사각 및 입사면에 대한 전계의 편광에 따라 다르다. 전계 벡터가 진행방향에 대해 수직을 이루는 것은 이미 서술했다. 반사 계수는 전계가 입사면에 수직인지 평행인지에 따라 결정된다. 수직파를 **s 편광**이라 부르며 평행파를 **p** 편광이라 부르고 있다. 그림 1.50은 이 두 가지 경우를 나타낸다. 어떠한 입사 빔도 p 및 s 편광 성분으로 분해할 수 있다. p 및 s 편광에 대한 반사 계수는 **프리넬의 반사법칙**(Fresnel's law of reflection)으로 알려져 있으며 각각 다음 식으로 주어진다.

$$\rho_p = \frac{-n_2^2\cos\theta_i + n_1\sqrt{n_2^2 - n_1^2\sin^2\theta_i)}}{n_2^2\cos\theta_i + n_1\sqrt{n_2^2 - n_1^2\sin^2\theta_i)}} \quad : \text{평행 편광} \tag{1.49}$$

$$\rho_s = \frac{n_1\cos\theta_i - \sqrt{n_2^2 - n_1^2\sin^2\theta_i)}}{n_1\cos\theta_i + \sqrt{n_2^2 - n_1^2\sin^2\theta_i)}} \quad : \text{수직 편광} \tag{1.50}$$

외견적으로는 약간 복잡한 식으로 보이지만 이들 식은 두 개의 굴절률, 입사각 및 편광이 이미 알려져 있으면 용이하게 평가할 수 있다. 유전체 광섬유에 의해 광을 유도하도록 한 현상을 예측할 때 식 (1.45) 및 식 (1.50)의 중요성은 크다.

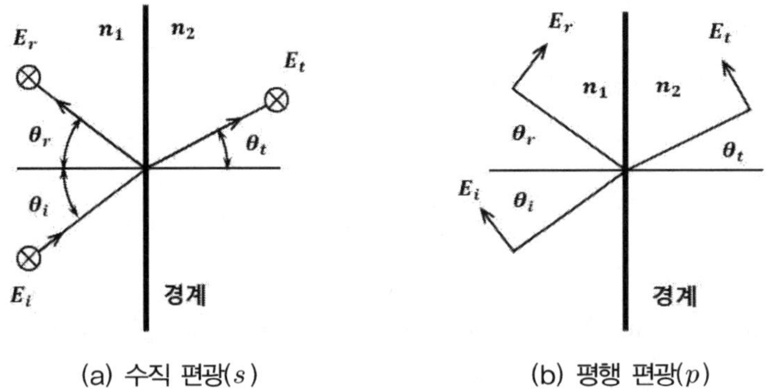

그림 1.50 경계의 반사

반사율은 반사 계수를 제곱함으로써 구한다. 즉, $R = |\rho|^2$이다. 그림 1.51에는 공기-글라스 경계의 결과를 나타내며 그림 1.52는 글라스-공기 경계의 경우를 나타낸다. 어떠한 두 개의 유전체 사이에 반사가 생기면 그림처럼 일반적인 특성이 생긴다. 필시 예측할 수 없다고 생각할 수 있는 흥미로운 특성에 주목해 보자. 이들 특성으로서 다음 세 가지 사항이 있다.

① 반사율은 입사각이 0 근방에서는 그다지 크게 변하지 않는다. 공기-글라스의 경계면에서는 수직 입사에 대해 반사율은 4%가 되며 이것은 20° 근방의 각도까지 좋은 근사를 나타낸다.

② 어떤 입사각 및 편광 상태에서는 반사율은 0이 되므로 전체 투과를 의미한다.

③ 입사각이 어떤 범위에서는 반사율은 1이 되고 전체 반사율을 나타낸다.

우선 반사가 0의 경우를 생각해 보자. 그림 1.51 및 그림 1.52는 이것이 평행 편광에서만 일어난다는 것을 나타낸다. 반사 계수 ρ_p(따라서 반사율 $|\rho|^2$)은 식 (1.49)의 분자가 0일 때 0이 된다. 이것은 다음을 만족하는 **브루스터각**(Brewster angle)이라 불러지는 입사각 θ_B에서 일어난다.

$$\tan\theta_B = \frac{n_2}{n_1} \tag{1.51}$$

식 (1.50)의 ρ_s가 0이 되도록 한 각도는 존재하지 않는다. 브루스터각은 반사 손실 없이 유전체에 또는 유전체로부터 빔을 투과시키는 데 편리하다.

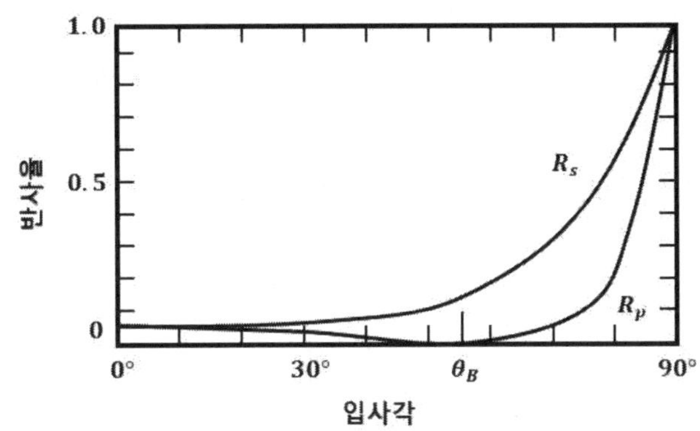

그림 1.51 공기-글라스 경계에서의 반사

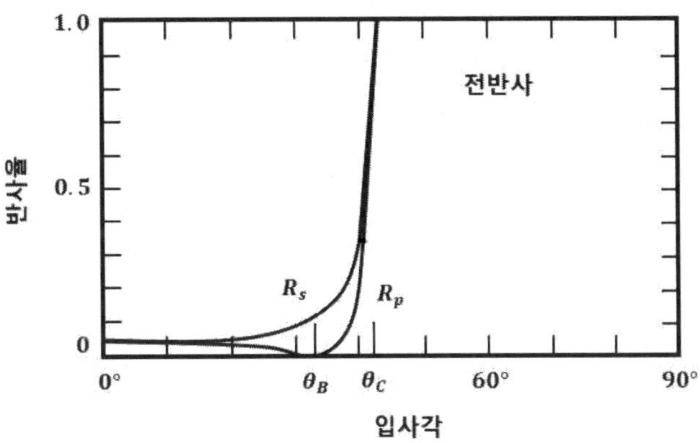

그림 1.52 글라스-공기 경계에서의 반사

그림 1.53은 브루스터각으로 취부한 He-Ne 기체 레이저의 양단 글라스창의 특수한 응용 예를 나타낸다. 평행 편광의 광 빔만이 창에서 손실을 받지 않고 미러 사이를 좌우로 통과할 수 있다.

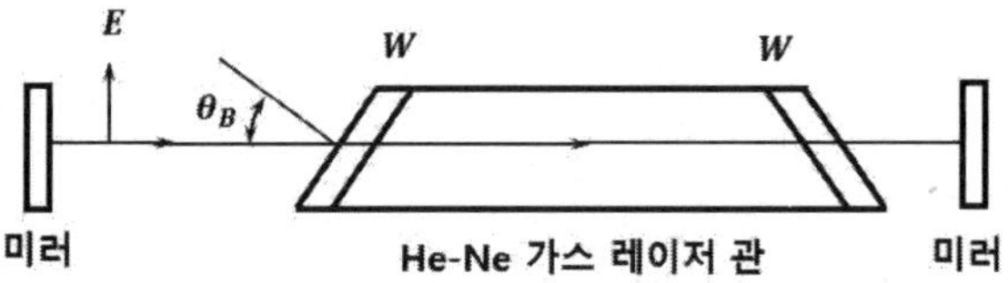

그림 1.53 He-Ne 레이저 관의 양단의 브루스터 창

경계면이 매끄러우면 지금까지의 해석은 바르며 매끄러운 면으로부터의 반사는 경면 반사이다. 이 사실은 평활도로부터의 표면의 요철이 입사광의 파장에 비해 작을 때에 일어난다. 표면이 거칠 때에는 입사광은 넓은 범위의 방향으로 산란된다. 이것은 확산(diffuse) 반사에 해당한다. 확산 반사는 굴절에 관한 스넬의 법칙이나 반사에 관한 프리넬의 법칙에도 따르지 않는다.

1.3.6 임계각 반사

그림 1.52에 나타냈듯이 θ_c의 기호를 나타낸 특정의 값 이상 입사각에서 전반사가 일어난다. θ_c는 **임계각**(critical angle)이라 부르고 있다. $n_2^2 - n_1^2 \sin^2\theta_i = 0$일 때 $|\rho_p| = 1$ 및 $|\rho_s| = 1$에 주목하면 이 각은 식 (1.49) 및 식 (1.50)으로부터 용이하게 구할 수 있다. 이 식을 만족하는 각도는 임계각으로 다음과 같이 된다.

$$\sin\theta_c = \frac{n_2}{n_1} \tag{1.52}$$

각도의 정현은 1이상에서는 되지 않으므로 $n_1 > n_2$일 때, 즉 광파가 높은 굴절률로부터 낮은 굴절률의 영역으로 진행할 때에만 임계각 반사가 일어난다는 것을 알 수 있다. 이것은 그림 1.52(글라스-공기의 경계)에서 임계각의 존재를 나타내고 있지만 그림 1.51(공기-글라스의 경계)에서는 존재하지 않는 것을 나타내고 있다. 식 (1.52)이 파의 편광에 무관계하다는 것을 강조하고자 한다. 즉, 전계 벡터가 입사면에 평행 및 수직 방향의 쌍방의 파에 대해서 성립한다.

임계각 보다 큰 각에 대해서는 $\sin\theta_i$는 $\sin\theta_c$보다 크게 되므로 $n_1^2\sin^2\theta_i > n_2^2$이다. 식 (1.45) 및 식 (1.46)의 평방근 부호는 부(-)가 된다. 부(-)의 평방근은 허수이므로 ρ_p 및 ρ_s

의 쌍방 모두 다음의 형을 취한다.

$$|\rho| = \frac{|A - jB|}{|A + jB|}$$

여기서 A 및 B는 실수이며 j는 허수항을 나타낸다. $A - jB$와 $A + jB$의 절대값은 쌍방 모두 $\sqrt{(A^2 + B^2)}$ 이므로 ρ의 절대값은 1이다. 반사율 $R = |\rho|^2$은 $\theta_i \geq \theta_c$를 만족해야 하는 각으로 1이 된다.

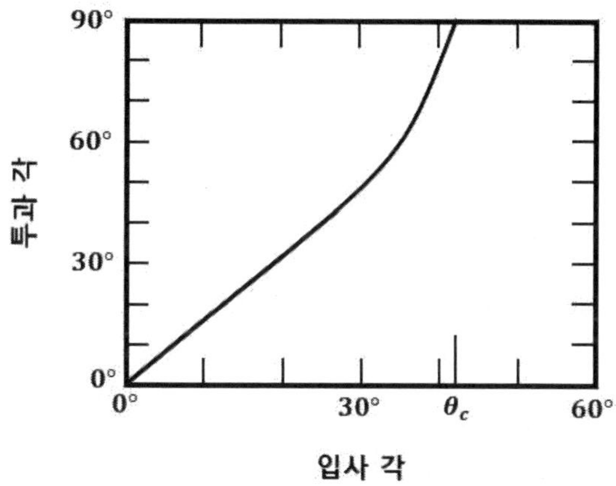

그림 1.54 글라스-공기 경계에 대한 투과각

전반사에 관한 별도의 전개에서도 스넬의 법칙을 표현할 수 있다. 글라스-공기의 경계를 생각하여 식 (1.5) $\sin\theta_t = (n_1/n_2)\sin\theta_i$로부터 모든 입사각에 대한 투과각을 구해보자. 결과를 그림 1.54에 나타내었다. 그림에 나타냈듯이 투과각은 입사각보다도 빠르게 증가한다. 그리고 $\sin\theta_i = n_2/n_1$일 때 정확히는 임계각 조건 식 (1.52)일 때 90°에 달한다. 그림 1.55를 참조하면 90°의 투과각을 갖는 의미는 명확하다. 즉, 투과파는 이미 제 2의 매질로 전파하지 않는다. 결론으로서 광은 이미 제 1의 매질에 반사하여 돌아오지 않게 된다. 유전체-유전체의 경계에서의 완전 반사는 **내부 전반사**(total internal reflection)라 불러진다.

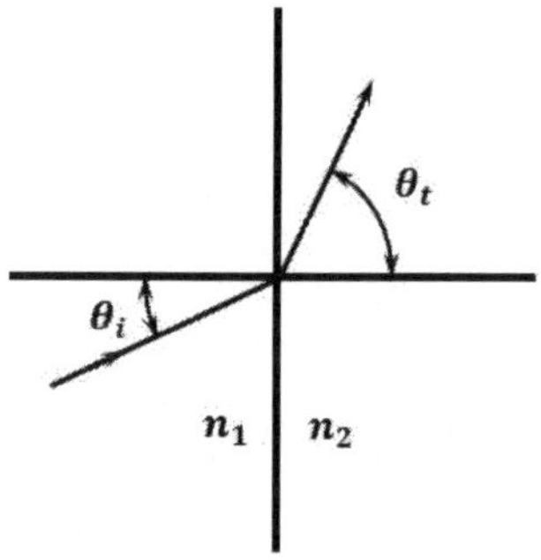

그림 1.55
$n_1 > n_2$일 때의 굴절각

표 1.10 임계각

경계	n_1	n_2	θ_c
글라스-공기	1.5	1.0	41.8°
플라스틱-플라스틱	1.49	1.39	68.9°
글라스-플라스틱	1.46	1.4	73.5°
글라스-글라스	1.48	1.46	80.6°

표 1.10에 여러 재료의 조합에 대해 식 (1.52)로부터 얻은 임계각 θ_c를 열거했다. 표의 플라스틱-플라스틱의 경계는 코어와 외측 클래딩이 다른 굴절률을 갖는 플라스틱 광섬유의 대표 예이다. 글라스-글라스 경계는 코어와 클래딩이 약간 다른 조성, 즉 약간 다른 굴절률을 갖는 글라스 광섬유의 대표 예이다. 이들의 광섬유에서는 그 경계에 부딪히는 광을 전반사시키고 광을 유도한다. 임계각 또는 그 이상의 각에서는 광은 손실 없이 도파되어야 한다.

그림 1.56에 나타냈듯이 입사파와 반사파 사이의 간섭에 의해 입사 영역에 정재파가 만들어진다. 파워는 모두 반사되지만 전계는 그대로 제 2의 매질에 존재한다. 이 전계의 진폭은 도시와 같이 경계로부터 거리와 함께 감소해 간다. 전반사에서는 파워는 제 2의 매질에 전파하지 않으므로 이 결과는 전반사로는 모순이다. 바로 감소해버린다면 파워를 운반하지 않는 듯한 전계의 것을 **에바네센트**(evanescent)라 한다. 에바네센트 전계는 $e^{-\alpha z}$와 같이 지수적으로 감쇠한다. 여기서 감쇠 계수 α는 다음과 같다,

$$\alpha = k_0\sqrt{n_1^2\sin\theta_i - n_2^2)} \tag{1.53}$$

여기서 k_0는 자유공간의 전파 정수이다. 임계각에서는 $\sin\theta_i = n_2/n_1$이고 $\alpha = 0$로 된다. 전계의 감쇠는 전혀 없다. θ_i가 증가하여 θ_c를 넘기면 α는 보다 크게 되고 전계는 보다 빠르게 감쇠한다. 그러므로 다음과 같은 중요한 결론을 얻을 수 있다. 임계각에 가까이가 그것보다도 큰 각에서 입사하는 광원은 에바네센트 파를 만들어내며 그것은 완만하게 감쇠하여 제 2의 매질에 깊게 침투해 간다. 그러나 임계각보다 훨씬 큰 각에서 입사하는 광원은 제 2의 매질에 약간 침투한 후에 소멸되어 버린다.

식 (1.45) 또는 식 (1.46)으로부터 계산되는 반사 계수는 $\theta_i < \theta_c$일 때 절대값과 각도를

갖는 복소량이다. 이미 절대값은 1이 되는 것을 나타내었다. 각도는 입사파에 대한 반사파의 위상 시프트를 나타낸다. 이 값은 입사각과 함께 변화한다.

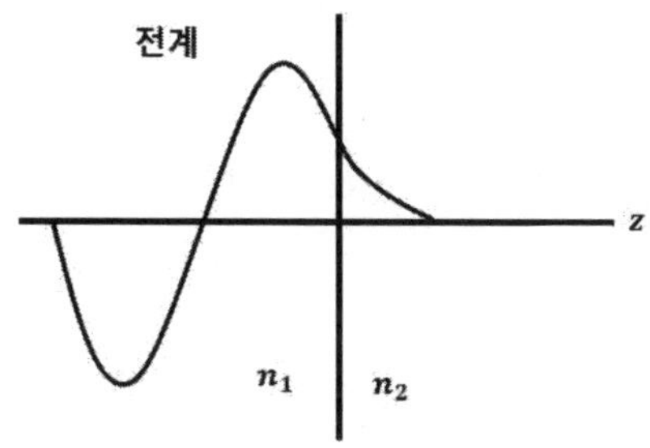

그림 1.56 전반사 경계면의 반대측의 정재파와 에바네센트파

제 2 장

광 원

POINT

광섬유 시스템에 있어서 광원에 의해 발생한 관 빔은 정보를 전송한다. 레이저 다이오드와 발광다이오드가 가장 널리 이용되는 광원이다. 이들의 치수가 작은 것은 직경이 작은 광섬유와 매우 적합하지만 그들의 견고한 구조나 저파워 동작은 최신의 고체 일렉트로닉스와 매우 적합할 수 있다. 많은 시스템에서는 광원의 입력 전류를 변조하는 것에 의해 정보가 빔에 주어질 수 있다. LED나 레이저 다이오드에서는 그들의 동작원리, 변환 특성 및 변조에 대해 서술한다. 2개의 광원의 상이함과 어떠한 조건이 그들에 요구되는가에 대해 접하는 것으로 한다.

chapter 2

광원

2.1 발광 다이오드

2.1.1 LED 원리

빛의 발생에 대한 이론은 1913년 덴마크의 보어(N. Bohr)에 의해서 확립되었다. 보어는 전자가 핵 주위를 돌 때 아무 곳에서나 있을 수 있는 것이 아니고 특별히 안정된 궤도가 있어서 전자는 그 궤도에서만 존재할 수 있으며 어떤 궤도에서 핵에 더 가까운 궤도로 전자가 떨어지면 전자의 에너지가 줄어드는데 줄어든 에너지양만큼 빛으로 방출된다는 사실을 알아낸 것이다. 마치 물이 높은 곳에서 낮은 곳으로 떨어지면 물의 위치에너지가 감소하고 감소한 양만큼 에너지를 운동에너지로 변하는 것과 유사하다. 특정 궤도에서만 안정적으로 존재할 수 있는 전자는 음전기를 띠고 있으므로 양전기의 핵으로부터 항상 인력을 받고 있다.

인력을 받고 있다고 해서 가까운 궤도로 마음대로 떨어질 수 없는데 그 이유는 각 궤도마다 전자가 있을 수 있는 수가 제한되어 있기 때문이다. 이것을 **파울리(Pauli) 배타율**이라고 하며 핵에 가까운 궤도가 채워져 있을 때는 아래 궤도로 전자가 떨어질 수 없고 제한된 수보다 전자가 적어 자리가 비워져 있을 때만 전자가 떨어질 수 있다. 떨어질 때는 앞서의 보어이론 대로 빛이 발생됨은 물론이다. 이때 빛의 에너지는 $E = h\nu$이다. 이 과정에서 빛이 발생하는 것을 **자발 방출**(spontaneous emission, **자연 방출** 이라고도 함) 이라고 하고 레이저 빛이 아닌 모든 빛은 이 과정에 의한 것이다. 자발 방출에서는 이웃한 원자(또는 분자)끼리 아무런 영향이 없이 독자적으로 빛을 방출함으로 이 때 발생하는 빛은 위상이 제각기 다르게 된다.

LED는 발광 다이오드(Light Emitting Diodes)의 약자로서 화합물 반도체의 특성을 이용해 전기 에너지를 광 에어지로 변환시켜 주는 반도체 소자를 말한다.

LED의 특징은 ① 발광 효율이 높고 저전류에서 고출력을 얻을 수 있음, ② 응답 속도가 빠르고 펄스 동작 고주파에 의한 변조가 가능함, ③ 광 출력을 전류 제어로 용이하게 변화시킬 수 있음, ④ 소형, 경량, 장수명이며 소비 전력이 적음, ⑤ 작동 온도 범위가 -200℃~200℃로 극단적인 곳에 사용 가능, ⑥ 다양한 색상 연출 가능, ⑦ 수은을 사용하지 않는 환경 친화적 광원 등을 들 수 있다.

이러한 LED의 원리에 대해 알아보기로 한다.

그림 2.1과 같이 LED 전극에 순방향 전압(P층: +, N층: -)을 가하면 전도대의 전자가 가전대의 정공과 재결합을 위해 천이될 때 그 에너지(W_g)만큼 빛으로 방출한다. 그림 2.1에는 에너지 W_g를 갖는 금지대(밴드 간극) 만큼 떨어진 두 개의 허용 에너지 밴드를 나타낸다. 상위 에너지 준위는 **전도대**(conduction band)라 불러지며, 개개의 원자는 속박되지 않는 전자가 자유롭게 움직일 수 있다. 가전자대라 불러지는 하위 준위에서는 속박되지 않은 홀(정공)이 자유롭게 움직일 수 있다. 홀은 정(+) 전하를 갖는다. 홀은 중성원자로부터 전자가 빠져나간 위치에 있으며 원자에 정전하를 갖게 한다. 홀과 재결합할 수 있으며 그 결과 원자는 원래의 중성 상태로 돌아간다. 이것이 일어나면 에너지가 방출된다. 그림 2.1에 나타냈듯이 n형 반도체는 다수의 자유 전자를 갖고 있고 p형 반도체는 다수의 자유 홀을 갖는다. p형과 n형 재료가 접합하면 그림과 같이 에너지 장벽이 만들어진다. n영역의 자유 전자는 이 장벽을 넘을 만큼의 에너지가 없으며 p형 영역에 이동할 수 없다. 마찬가지로 홀도 이 장벽을 넘을 만큼의 에너지가 없다. 전자의 위치 에너지와는 역으로 홀의 위치 에너지는 그림의 하방으로 증가한다. 다이오드에의 인가전압이 0일 때 전하의 이동은 없으며 순방향 전압은 장벽을 감소시키기 때문에 n측의 위치에너지를 상승시켜 p측의 위치에너지를 저하시킨다. 그림 2.1에 나타냈듯이 자유 전자와 자유 홀은 접합 영역으로 움직일 만큼의 에너지를 충분히 갖고 있다. 자유 전자가 자유 홀과 만나면 전자는 가전자대로 강하하며 홀과 재결합할 수 있다. 천이로 상실한 에너지는 포톤의 형에서 광 에너지로 변환된다. 포톤의 가장 간단한 형으로서 LED로부터의 방사는 순방향 바이어스 전압에 의해 접합부로 주입된 홀과 전자의 재결합에 의해 생긴다.

포톤 에너지와 주파수는 $W_g = hf$로 관계 지을 수 있으므로 방사 파장(λ)은 에너지 간극을 줄(J), 파장을 m로 나타내면 다음과 같이 주어질 수 있다.

$$\lambda = \frac{hc}{W_g} \tag{2.1}$$

여기서 h는 플랑크 상수($h = 6.6260755 \times 10^{-34} Js$), c는 빛의 속도이다. 간극 에너지를 eV, 파장을 ㎛로 나타내면 윗 식은 다음과 같이 된다.

$$\lambda = \frac{1.24}{W_g} \tag{2.2}$$

W_g는 반도체 결정의 재료 및 농도 등에 의해 차이를 가짐에 따라 방출 주파수나 파장이 달라진다. 표 2.1에 잘 이용되는 에미터 재료, 동작 파장 및 대략의 밴드 간극 에너지를 나타낸다. 실리콘에 대해서는 표시하지 않는다. 실리콘의 홀과 전자는 직접 재결합 하지 않으므로 발광 효율이 낮다. 동작 파장은 구성 원자의 비율에 따라 변할 수 있으며 각각의 $AlGaAs$, $INGaAs$ 및 $INGaAsP$ 소자에 대해 선정할 수 있다. 이것은 밴드 간극 에너지를 바꾸게 되므로 식 (2.2)에 따라 발광 파장이 변한다.

표 2.1 발광 반도체

재료	파장 범위(㎛)	밴드 간극(eV)
$GaAs$	0.9	1.4
$AlGaAs$	0.8~0.9	1.4~1.55
$INGaAs$	1.0~1.3	0.95~1.24
$INGaAsP$	0.9~1.7	0.73~1.35

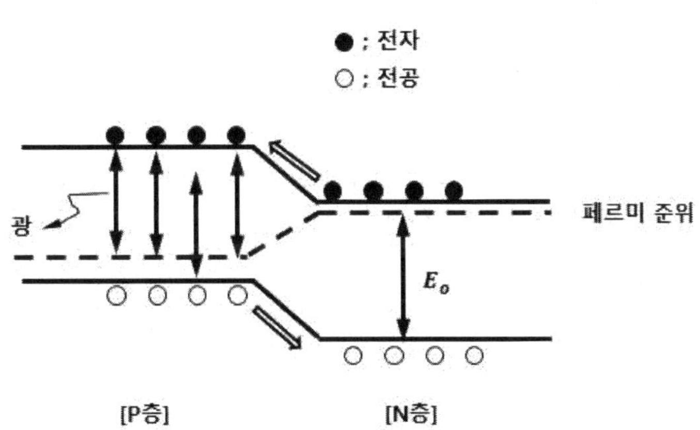

그림 2.1 빛의 방출

그림 2.1은 단일 반도체로 된 **호모 접합**(homojunction)의 pn접합이다. 호모 접합의 LED는 발광 방사를 잘 가둘 수 없다. 포톤은 접합 엣지에 맞닿는 큰 선 표면으로부터 방사한다. 이 때문에 작은 파이버에의 결합 효율은 낮다. 이런 행동에 대해서는 두 가지 이유가 있다. 우선 전하 캐리어가 넓은 면적에 존재하므로 광범위하며 재결합과 방출이 발생하기 때문이다. 다음에 포톤이 만들어진 후, 그들은 광로에 제한 없이 퍼지기 때문이다. 이들 문제는 그림 2.2에 나타낸 헤테로 접합 LED에 의해 해결된다. **헤테로 접합**(heterojunction)은 이종의 반도체로 형성된 접합이다. 두 개의 재료는 다른 밴드 간극 에너지와 다른 굴절률을 가진다. 밴드 간극 에너지가 다르면 홀과 전자에 대해 포텐셜의 장벽을 만든다. 자유 전하는 폭이 좁고 제한된 활성 영역에서만 마주침 재결합을 한다. 활성 영역은 양측의 재료보다도 높은 굴절률로 되어 있으므로 광학적인 도파로로서 작동한다. 이것은 정확히 유전체 슬래브 도파로 이며 임계각 반사는 활성 영역에 포톤을 가두므로 미소 면적에 높은 강도를 얻을 수 있다. 가둠 방출에 의해 이것에 작은 파이버에 대해서 결합 효율이 개선된다.

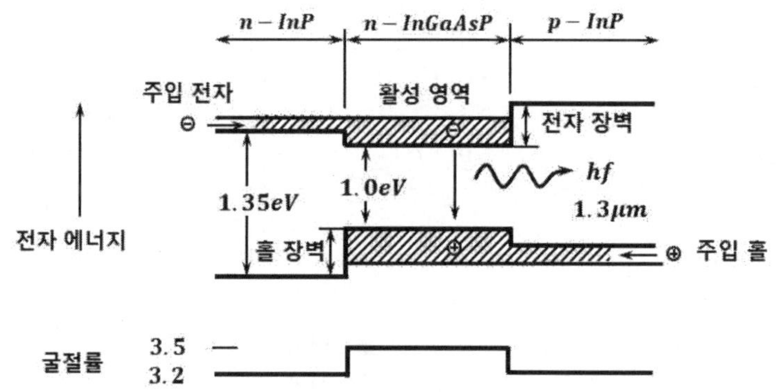

그림 2.2 헤테로 접합의 발광 소자

파워는 방출 층의 선형 표면 또는 그 엣지로부터 파이버에 결합된다. 가장 효율적인 면 결합기는 그림 2.3에 나타낸 **버러스**(Burrus) 또는 **엣칭 시킨 우물**(etched-well) 구조이다. 도시한 $AlGaAs$ 다이오드는 전형적으로 0.82㎛ 광을 방출하고 이 파장에서는 글라스 파이버의 손실은 적다. 다이오드의 아래 부분에 절연 SiO_2층과 금속 콘덴서가 설치되어 있는 것에 주의하자. 금속 접촉면은 원형이며 SiO_2층의 구멍으로 퍼지고 있다. 이 구조에 의해 주입된 전하는 다이오드의 작은 중앙부에 갇혀진다. 발광 면적은 한정 되므로 50㎛의 작은 광섬유를 그림 2.4와 같이 단면 처리하여 비교적 결합 효율 좋게 장착할 수 있다. 방출된 방사의 대부분은 적어도 광섬유 코어에 입사한다. 개구수가 제한되므로 모든 파워가 광섬유에 집속되지 않는다.

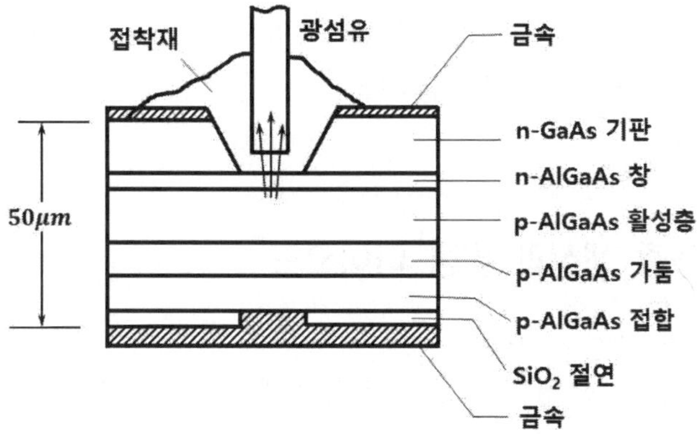

그림 2.3 엣칭 시킨 우물을 갖는 표면방출 LED

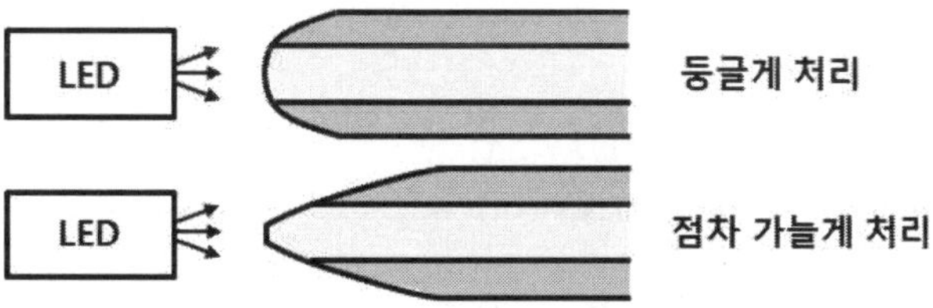

그림 2.4 결합 효율을 높이기 위한 광섬유의 단면

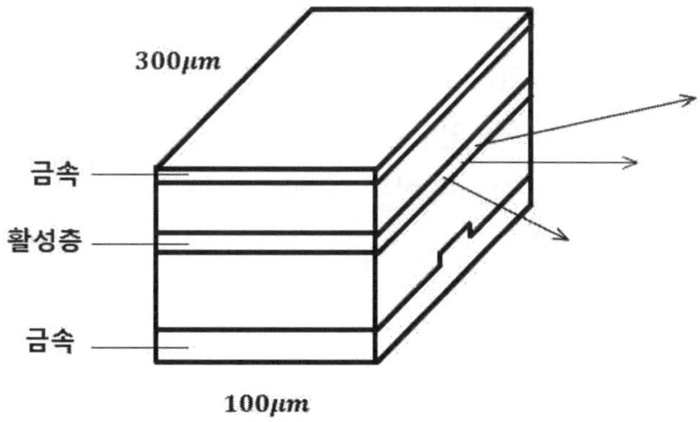

그림 2.5 엣지 발광 다이오드

그림 2.5에 엣지 발광 다이오드를 나타낸다. 이 소자는 버러스 다이오드보다 더욱 작은 콘 내로 발광한다. 발광 면적은 원형보다 오히려 직사각형이다. 발광 영역에서의 두께는 수 ㎛의 오더이며 그 폭은 수십 ㎛이다. 간단을 위해 각종의 층은 그림 2.5에서 명확히 나타내고 있지 않다. 금속의 띠상 접촉에 의해 횡방향에의 전하 캐리어를 제한하며 헤테로 접합에 의해 캐리어는 수직방향으로 갖춰진다. 헤테로 접합의 도파로는 LED의 발광 엣지로 유도하며 선상 표면으로부터 누설을 방지하고 있다.

2.1.2 자발 방출광 생성과 발광 다이오드

레이저 다이오드와 마찬가지로 발광 다이오드 또한 레이저와 같은 율 방정식을 만족한다고 볼 수 있다. 다만 유도 방출이 발광 다이오드에도 존재하지만 자발 방출에 비해 매우 작은 영향을 미치므로 보통 무시할 수 있다. 역으로 생각해보면 레이저 다이오드가 임계 전류 아래서 발광 다이오드로 기능한다고 보면 된다. 레이저의 율 방정식에서 운반자 밀도에 대한 식에서 정상 상태($dN/dt = 0$)를 고려하고 유도 방출 항을 무시하게 되면 다음과 같이 정리된다.

$$0 = \frac{dN}{dt} \approx \frac{\eta_i I}{qV} - \frac{N}{\tau} \tag{2.3}$$

$$\frac{\eta_i I}{qV} = \frac{N}{\tau} = R_{sp} + R_{nr} + R_l \tag{2.4}$$

자발 방출광의 출력 P_{sp}는 단위 체적, 단위 시간 당 발생하는 광자의 수인 R_{sp}와 광자 당 에너지 $h\nu$ 그리고 능동 매질의 체적인 V를 곱한 양과 같아진다. 식 (2.4)에서 R_{sp}를 구할 수 있으나 R_{nr}과 R_l의 전류 값 I에 대한 의존성을 알 수 없기 때문에 **발광 효율**(radiative efficiency)이라고 부르는 인수를 도입하여 광 출력과 전류 사이 관계를 표현한다. 발광 효율 η_r은 전체 운반자 결합률과 발광 결합률 사이의 비율을 나타낸다.

$$\eta_r = \frac{R_{sp}}{R_{sp} + R_{nr} + R_l} \tag{2.5}$$

$$P_{sp} = h\nu V R_{sp} = \eta_i \eta_r \frac{h\nu}{q} I \tag{2.6}$$

식 (2.6)은 자발 방출광 생성률 R_{sp}를 식 (2.4)과 발광 효율을 나타내는 식 (2.5)을 이용하여 표현한 것이다.

그러나 이렇게 생성된 자발 방출광은 모두 검출기에 도달하지 못한다. 보통 소자의 굴절률이 공기보다 매우 크기 때문에 내부 전반사에 의해 소자 내를 돌아다니다가 재 흡수되어 열로 소모되거나 발광다이오드 바깥쪽으로 나가더라도 사방으로 퍼지기 때문에 일정한 입체각에 해당하는 광자들만이 광 검출기에 도달하는 것이다. 검출기가 멀리 떨어져 있으면 있을수록 검출기에 도달하는 비율은 줄어들게 된다. 발광 다이오드로부터 일정한 수광 구경(receiving efficiency) 내로 들어오는 생성 된 자발 방출광 출력의 비율을 **수집 효율**(collection efficiency)라고 하며 η_c로 나타낸다. 보통 발광 다이오드에서는 이 값이 10% 이하로 작아서 여러 가지 방법을 사용하여 수광 효율을 높이려고 시도한다. 예를 들어 표면을 거칠게 하여 내부 반사 전반사 비율을 높이기도 하며 적색 발광 다이오드 같은 경우는 웨이퍼 접합법 또는 역피라미드 구조를 사용하기도 한다. 그림 2.6에 수집 효율의 이해를 돕기 위해 개념도를 나타내고 있다.

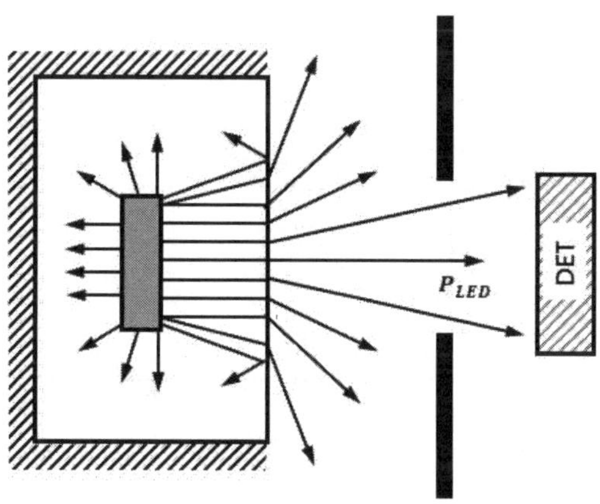

그림 2.6 발광 다이오드의 광 수집 효율

발광 다이오드의 광 출력을 수집 효율을 고려하여 표현하면 다음과 같아진다.

$$P_{\leq D} = \eta_c \eta_i \eta_r \frac{h\nu}{q} I = \eta_{ex} \frac{h\nu}{q} I \tag{2.7}$$

여기서 η_{ex}는 **외부 양자 효율**이라고 부르며 전류 값 I에 대해 변하지 않는 상수라고 보통 가정한다. 식 (2.7)로부터 발광 다이오드의 광 출력이 전류 I에 직접 비례함을 알 수 있다. 또한 발광 다이오드는 자발 방출 결합률 R_{sp}에 비례해서 광 출력을 증가시키기 때문에 빛의 세기를 높이기 위해서는 진성 영역에 있는 운반자 밀도를 계속 증가시켜야 한다. 레이저에서 임계 전류 이상에서 운반자 밀도가 고정되어 있다는 점을 상기하면 이러한 운반 밀도의 계속된 증가는 중요한 차이점이라고 볼 수 있다.

2.1.3 LED의 동작 특성

발광 다이오드(LED: Light Emitted Diode)에서 발광되는 광 파워는 순방향의 구동 전류에 정비례한다. 그림 2.7에 전형적인 파워 대 전류 곡선을 나타낸다.

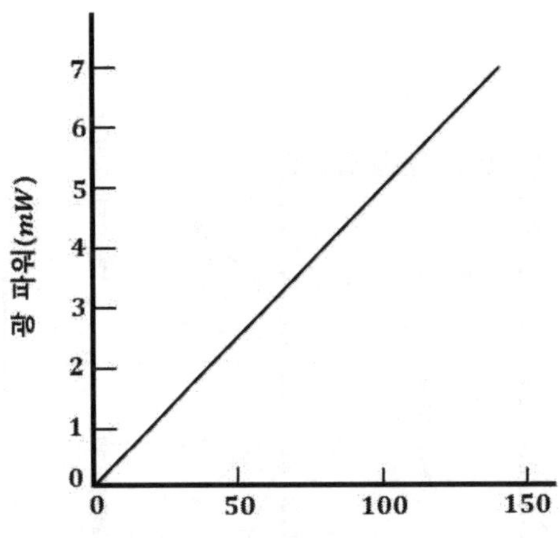

그림 2.7 LED의 파워 대 전류 관계

직선 관계는 다음의 설명으로 이해할 수 있다. 전류 i는 매초당 주입 전하이다. 전하의 수/초는 $N = i/e$(e: 전자의 전하)이다. 재결합하여 포톤을 만드는 이들 전하의 일부를 η로 하면 광 파워 출력은 다음과 같이 된다.

$$P = \eta N W_g = \frac{n W_g}{e} i \tag{2.8}$$

광 파워와 전류는 직선 관계를 나타내는 것을 알 수 있다. 여기서 간극 에너지는 줄(J)이다. eV로 나타내면 윗 식은 다음과 같이 간단히 된다.

$$P = \eta i W_g \tag{2.9}$$

직선성으로부터의 어긋남에 대해서는 다음 항에서 다룬다. 그림 2.7의 파워는 광섬유 내에서 이득되는 파워가 아니다. 광섬유가 갖는 제한된 개구수에 의해 결합 파워는 현저하게 낮아진다. 5장에서 결합 효율을 결정하는 것으로 하자. 각종 LED가 이용되고 있으며 대표적인 것은 50~100mA에서 동작하고 1.2~1.8V의 전압을 필요로 한다.

그림 2.8에 디지털 변조 모양을 나타낸다. 다이오드는 전류에 의해 단순히 LED를 온(ON) 또는 오프(OFF)시키고 변조된다. 그림 2.9의 아날로그 변조에서는 상시 순방향으로 전 전류를 유지하기 위한 DC 바이어스가 필요하다. DC 전류가 없으면 신호 전류가 부(-)로 들어올 때 다이오드가 역바이어스로 되어서 다이오드는 오프(OFF)가 되어 버린다.

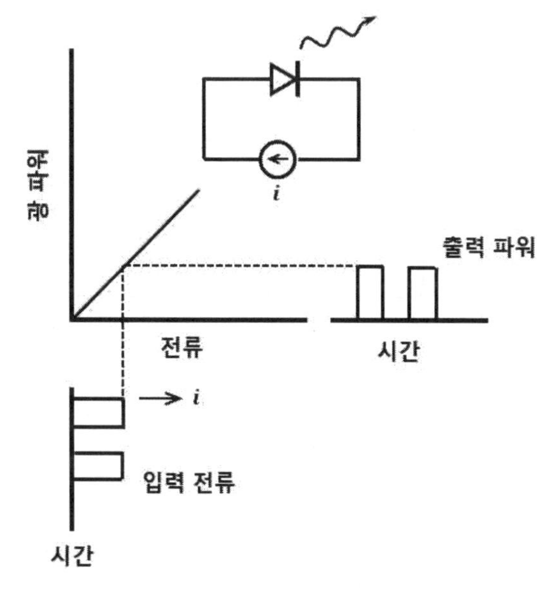

그림 2.8 LED의 디지털 변조

다이오드의 전 전류는 다음과 같다.

$$i = I_{DC} + I_{SP}\sin\omega t \tag{2.9}$$

그리고 상당하는 광 파워 출력은 P_{SP}를 피크 신호 파워로 하면 다음과 같다.

$$P = P_{DC} + P_{SP}\sin\omega t \tag{2.10}$$

윗 식에서 두 번째 항을 AC **파워**라 한다. 입력 전류 변화의 형상이 직선적인 파워 대 전류 관계에 의해 어떻게 광파워 파형으로 재현되고 있는지에 주목하자. 직선성으로부터의 어긋남 때문에 신호는 왜곡한다. 왜곡을 가능한 한 작게 억제하기 위해서는 이용한 광원의 직선성을 음미하지 않으면 안 된다.

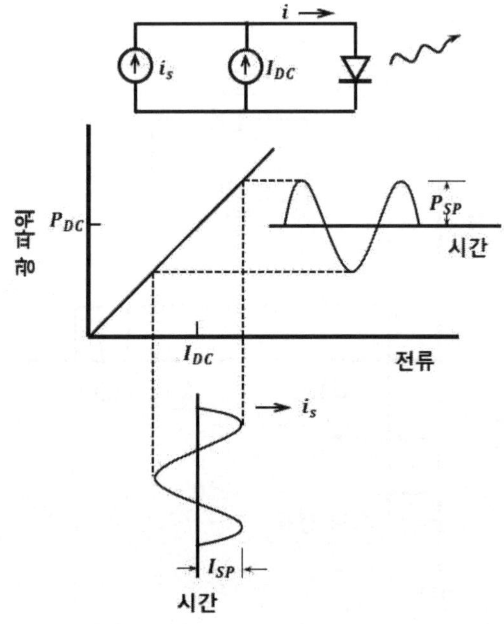

그림 2.9 LED의 아날로그 변조

광원은 시스템의 용량을 제한한다. 낮은 변조 주파수에서는 $P_{SP} = \alpha I_{SP}(\alpha = \Delta P/\Delta i)$

(그림 2.9의 곡선 구배). 높은 변조 주파수에서는 급속히 변화하는 전류는 접합 및 부유 용량에 의해 단락되므로 AC 파워 값은 감소한다. 따라서 고주파수의 변조에 있어서의 주된 제약은 **캐리어 수명**(carrier lifetime) τ, 즉 재결합에 요하는 주입 전하의 평균 시간이다. 변조 전류는 τ에 비교해서 천천히 변화시키지 않으면 안 된다. 각주파수 ω의 전기 신호에 대한 LED의 캐리어 수명에 의해 제한되는 응답은 다음과 같다.

$$P_{SP} = \frac{\alpha I_{SP}}{\sqrt{1+\omega^2\tau^2}} \tag{2.11}$$

윗 식을 그림으로 나타내면 그림 2.10과 같이 된다.

주파수 $\omega = 1/\tau$에서는 AC 파워는 0.707배 만큼 감소한다. 수신기측의 검출기에서 발생하는 전류는 광 파워에 비례한다. 그러므로 AC 파워가 0.707배 만큼 감소하면 검출된 AC 전류도 그만큼 저하하며 수신기의 전기적 파워(전류의 제곱에 비례한다)는 0.7072=0.5에 감소한다(3dB 저하). 이것으로부터 $1/\tau$를 LED의 **3dB 변조 대역폭**(modulation bandwidth) 또는 **3dB 전기적 대역폭**(electrical bandwidth)이라 부른다. Hz의 단위에서는 3dB 대역폭은 다음과 같다.

$$f_{3-dB} = \frac{1}{2\pi\tau} \tag{2.12}$$

면 발광 소자에서는 300MHz의 변조 대역폭도 얻어지고 있지만 많은 상용 LED에서는 이것보다도 대역폭이 좁다. 전형적인 값으로 1~100MHz의 범위를 취한다.

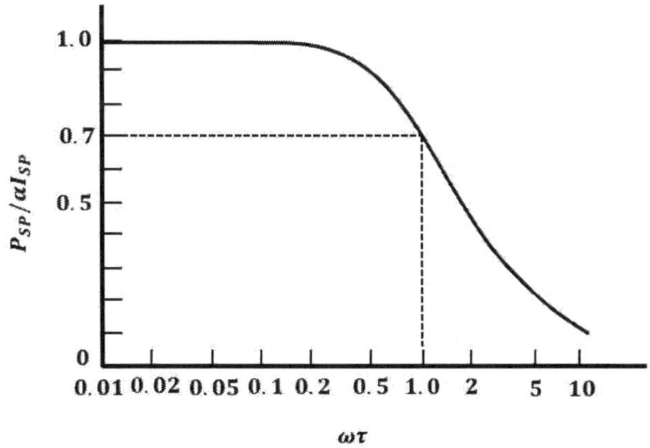

그림 2.10 변조 주파수 ω를 갖는 AC 광 파워의 변화

광원의 상승시간(rise time) t_r은 입력에 계단 전류가 들어왔을 때 출력이 최종 값의 10%로부터 90%까지 변화한 시간을 말한다. 상승시간을 그림 2.11에 나타낸다. 입력 전류에 의해 광 파워는 0으로부터 최종의 정상 값으로 향해 증가한다.

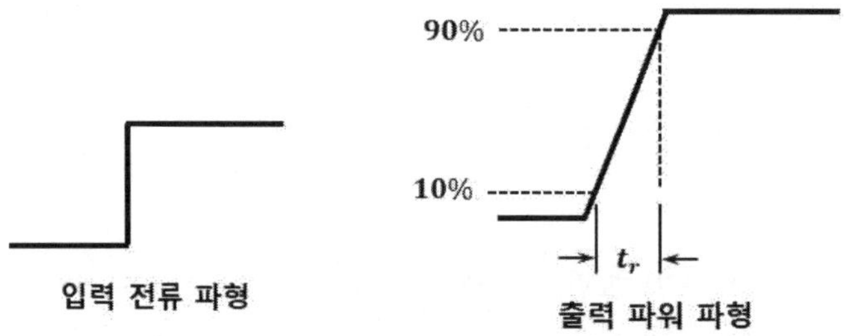

그림 2.11 광원의 상승시간

그림 2.11에 나타낸 출력은 이 파워를 측정하는 데 이용한 검출기에서 발생한 전류 파형이다. 상승시간과 3㏈ 전기적 대역폭은 다음의 관계를 지을 수 있다.

$$f_{3dB} = \frac{0.35}{t_r} \tag{2.13}$$

전형적인 LED의 상승시간은 수 ns로부터 250ns의 범위이다.

이미 주지했듯이 광원의 스펙트럼은 직접 재료 및 도파로의 분산에 영향을 준다. 이들의 원인에 의한 펄스 퍼짐은 광원의 스펙트럼 폭과 함께 직선적으로 증가한다. 0.8~0.9㎛영역에서 동작하는 LED는 일반적으로 20~50㎚의 폭을 가지며 이것보다 장파장 영역에서 발광하는 LED는 50~100㎚의 폭을 갖는다. 장파장 발광 소자의 큰 스펙트럼 폭은 이 영역에서는 재료 분산 M이 감소하므로 상당히 보상된다.

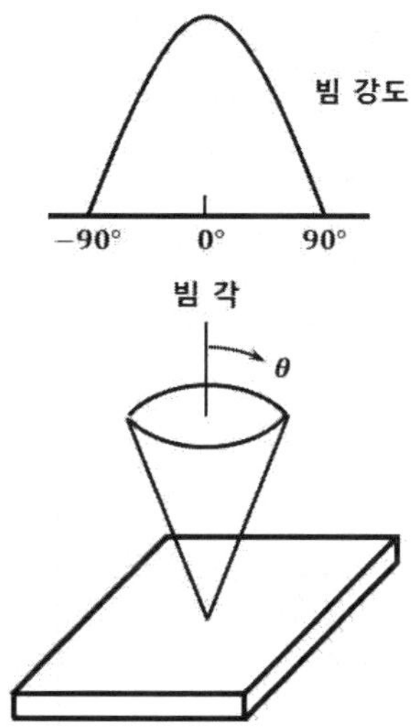

그림 2.12 면 발광 소자로부터의 램버트형 방사

결합 효율은 발광 소자의 방사 패턴에 크게 의존한다. 면 발광 소자는 **램버트형**(Lambertian) 패턴으로 불러지는 패턴으로 방사한다. 이 패턴(그림 2.12)에서는 파워는 $\cos\theta$ (θ : 관측 방향과 면의 수직선이 이루는 각)와 함께 감소한다. 발광 면은 똑같이 밝지만 발광 범위는 관측 각이 변화하면 $\cos\theta$로 감소하는 램버트형의 파워 분포가 된다. $\theta = 60°$ 일 때 파워는 피크의 50%로 저하한다. 그러므로 반전력 빔 전폭(FWHM)은 램버트형 발광 소자에서는 120°가 된다. 광섬유에 입사하는 광원 가운데 수광각의 이측에 있는 광은 결합되지 않는다. 개구수 $NA = 0.24$의 광섬유에 대한 수광각은 약 14°(전 콘각 28°)에 지나지 않으므로 면 발광 소자에서 발생하는 대부분의 파워는 결합되지 않게 된다.

엣지 발광 소자에서는 면 발광 소자에 비하면 어느 정도 방사광이 집속하고 있으므로 결합 효율이 개선된다. 그 전형적인 패턴을 그림 2.13에 나타낸다.

빔은 접합면에 평행한 면에서는 램버트형을 하고 있지만 접합면에 수직한 면에서는 보다 완만하게 퍼진다. 이 면에서는 슬래브 도파로(수직 방향에 있어서의 굴절률 변화로 형성됨)가 빔의 퍼짐을 제한한다. 평행 평면 내에서는 빔의 갇힘은 없고 방사는 램버트형이 된다. 이용 가능한 출력 파워를 최대로 하기 위해 발광 엣지의 반사측의 다이오드 끝에 반사기를 설치할 수도 있다. 또한 반도체와 공기의 경계에서의 반사를 줄이기 위해 발광 엣지에 반사 방지막을 붙임으로써 출력을 증대시킬 수도 있다.

발광 다이오드는 카탈로그에 의해 지정된 파워, 전압, 전류 및 온도 내에서 동작시키는 한 극히 신뢰성이 있으며 장시간 동작이 가능하다. 시간이 경과함에 따라 LED 출력 파워는 감소한다. 파워 초기치의 1/2로 저하하기까지의 시간을 **수명**(lifetime)이라 한다. 양호한 LED의 수명은 통산 105시간(약 11년) 혹은 그 이상이다. 접합 온도의 상승에 따라 출력 파워가 감소하지만 다이오드에 따라서는 -30~85℃의 동작 온도에 견딘다. 파워 변동은 1%/℃로 작다. 예를 들어 온도가 20℃로부터 70℃로 상승하면 파워 감소는 1/2가 되며 출력 파워는 구동 전류를 증가하는 것에 의한 온도 상승의 전에 나타내고 있던 값으로 되돌아갈 수도 있다.

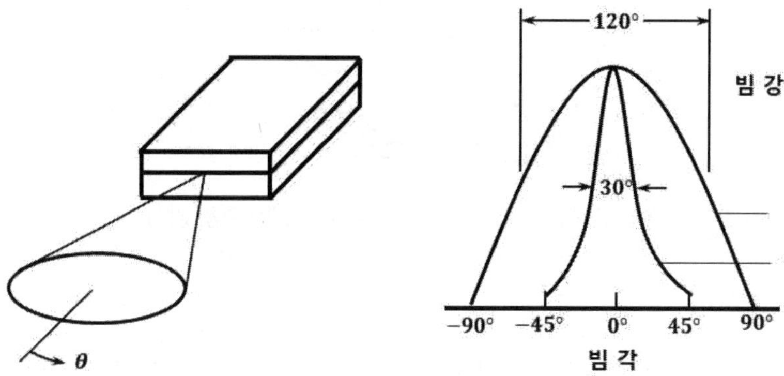

그림 2.13 엣지 발광 LED로부터의 비대칭 방사

2.1.5 발광 다이오드의 변조 및 회로

가. 아날로그 변조

그림 2.9에 LED의 아날로그 변조를 위해 필요한 기본 사항을 나타내었다. 그림 2.14에 나타낸 전체의 변조 전류 및 그 결과 얻어지는 광 파워는 다음과 같다.

$$i = I_{DC} + I_{SP}\cos\omega t \tag{2.14}$$

또는

$$P = P_{DC} + P_{SP}\cos\omega t \tag{2.15}$$

변조도(modulation factor) m'는 평균 전류로 나눈 평균 전류에 대한 피크의 어긋남이며 다음과 같다.

$$m' = \frac{I_{SP}}{I_{DC}} \tag{2.16}$$

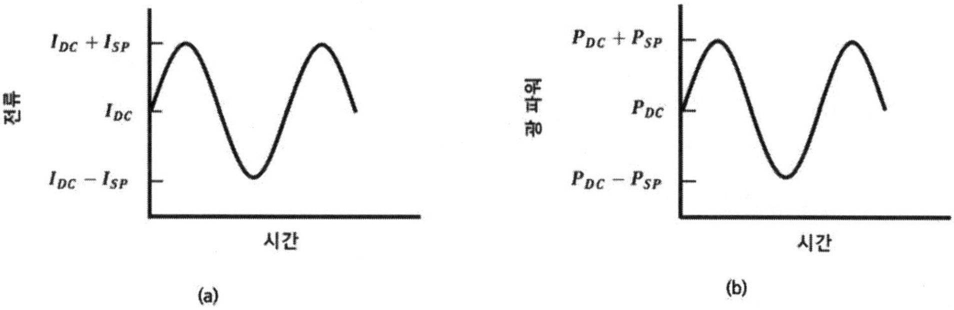

그림 2.14 LED 구동 전류 및 광 출력 파워

전체의 피크 및 최소 전류는 각각 $I_{DC}+I_{SP}$ 및 $I_{DC}-I_{SP}$이므로 DC바이어스가 최대 허용 다이오드 전류의 1/2이면 신호 진폭 I_{SP}는 최대치가 된다. 이 경우 $I_{SP}=I_{DC}$로 놓으면 최소치는 0이며 피크 점류 $2I_{DC}$를 얻을 수 있으므로 변조도는 1이 된다.

광의 파워로 **광 변조도**(optic modulation)를 정의한다. 즉, 광 변조도 m은 다음과 같이 정의한다.

$$m = \frac{P_{SP}}{P_{DC}} \tag{2.17}$$

그러므로 식 (2.17)에 의해 광 파워를 다음과 같이 표현할 수 있다.

$$P = P_{DC}(1+m)\cos\omega t \tag{2.18}$$

식 (2.16) 및 식 (2.17)과 식 (2.11)을 조합 하면 다음과 같이 된다.

$$m = \frac{m'}{\sqrt{1+\omega^2\tau^2}} \tag{2.19}$$

식 (2.19)를 보면 광 변조도는 주파수와 함께 감소하는 것을 알 수 있다. $\omega\tau \ll 1$일 때 (LED의 3dB 대역폭보다 충분히 작은 변조일 때)에는 $m = m'$이다.

LED를 위한 각종 아날로그 변조 회로가 고안되어 있다. 그림 2.15에 나타낸 가장 간단한 트랜지스터 증폭기에 대해 설명해 보자. 트랜지스터의 컬렉터 전류 i_c는 LED의 구동 전류이다. 보통의 증폭기로서 이용할 때에는 회로의 LED를 부하 저항과 바이어스 저항 R_e을 콘덴서로 교체하면 된다. 그림 2.16의 트랜지스터 특성을 이용하면 변조기의 동작을 이해할 수 있다. 저항 R_a 및 R_b와 함께 공급 전압 V_{DC}는 DC 바이어스 전류 I_B(여기서 대문자는 DC량을 표시한다)를 준다. I_B는 베이스-이미터 접합부에 순방향 바이어스를 주어 트랜지스터를 온(ON)한다(컬렉터 전류를 흘린다). 그 결과 컬렉터 전류는 $I_C = \beta I_B$(β : 트랜지스터의 전류 증폭률)이다. I_C는 LED의 바이어스 전류이며 식 (2.14)에서는 I_{DC}로 표시되어 있다. 입력 신호가 없을 때는 트랜지스터는 그림 2.16의 Q점에서 동작한다. 이것은 Q점이 컬렉터 전류의 컷오프보다도 충분히 큰 조건으로 정의되는 A급 증폭인 것을 나타내고 있다. 베이스 전류가 0이 되면 컷오프가 된다.

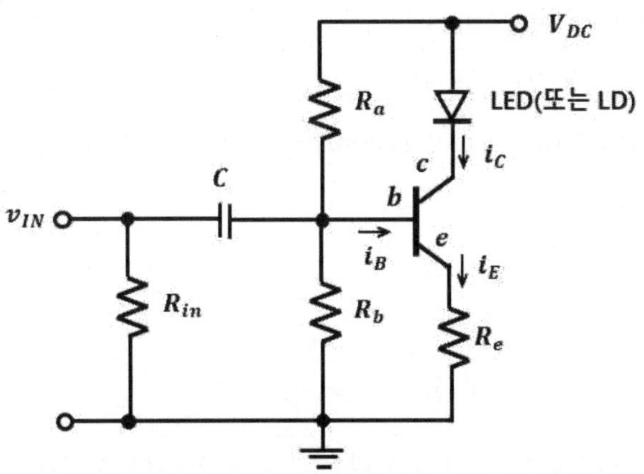

그림 2.15 아날로그 변조기

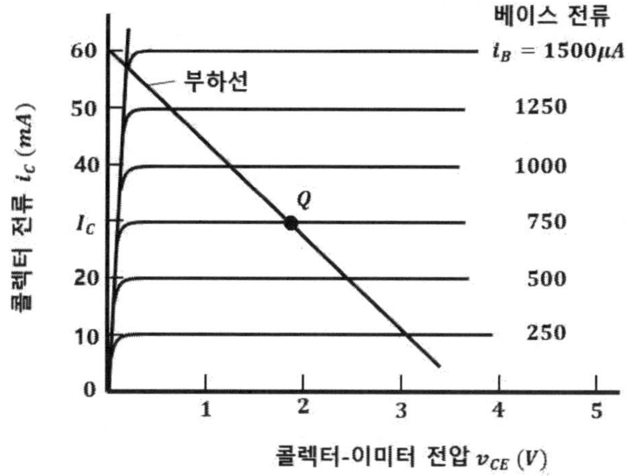

그림 2.16 트랜지스터의 특성

신호 v_{in}은 시간적으로 변화하는 베이스 전류를 발생시키고 I_B에 더해진다. 시간 변화하는 컬렉터 전류는 AC 베이스 전류가 증가된 형태가 된다. Q점은 전체의 베이스 전류가 부(-)의 주기 간 트랜지스터를 오프로 동작시키지 않도록 또는 정(+)의 주기 간 트랜지스터를 포화시키지 않도록 설정된다. 저항 R_e는 동작점을 안정시킨다.

아날로그 변조기의 설계의 한 예를 나타내자. 그림 2.16에 나타낸 특성을 갖는 실리콘 트랜지스터를 이용하는 것으로 한다. 또한 $V_{DC} = 5\text{V}$, $R_a = 2\,\text{k}\Omega$, $R_b = 5\,\text{k}\Omega$, $R_{IN} = 50\,\Omega$ 및 $R_e = 60\,\Omega$으로 한다. 그림 2.16로부터 β는 약 40이 된다. 순방향 베이스-이미터 접합부의 전압 V_0는 실리콘에 대해서는 약 0.6V(게르마늄에서는 0.2V)이다. R_a와 R_b의 등가 병렬 저항은 다음과 같다.

$$R_1 = \frac{R_a R_b}{R_a + R_b} \tag{2.20}$$

이들 2개의 저항은 공급 전압을 분압하고 트랜지스터의 베이스에서 다음과 같이 된다.

$$V_1 = \frac{R_b}{R_a + R_b} V_{DC} = 3.6\text{V} \tag{2.21}$$

DC 컬렉터 전류는 다음과 같다.

$$I_C = \frac{\beta(V_1 - V_0)}{R_1 + (1+\beta)R_e} = 31\,\text{mA} \tag{2.22}$$

DC 베이스 전류는 $I_B = I_C/\beta = 760\mu\text{A}$이다. 부하선은 폐루프의 다음의 식으로부터 구한다.

$$i_C R_e + v_{CE} + v_d = V_{DC} \tag{2.23}$$

여기서 v_d는 다이오드 전압이며 R_e를 흐르는 미소한 베이스 전류는 무시하고 있다(즉, $i_E = i_C$). 다이오드 전압은 수mA 이상의 순방향 전류에 대해서는 거의 일정하다. 이 예에서는 1.4V로 하면 부하선은 다음과 같다.

$$i_C R_e + v_{CE} = 3.6\text{V} \tag{2.24}$$

윗 식에서 $v_{CE} = 0$일 때 $i_C = 3.6/60 = 60\,\text{mA}$이고 부하선 상의 상한의 점을 부여한다. Q 점에서는 $I_C = I_{DC} = 31\,\text{mA}$이므로 $v_{CE} = 3.6 - 0.031(60) = 1.7\text{V}$이다. 그림 2.16으로부터 컬렉터 전류를 포화시키지 않기 위해서는 베이스 전류는 1400μA를 넘어서는 안 된다. 이 때 최대 컬렉터 전류는 55mA에 상당한다. 그러므로 피크 다이오드 신호 전류는 $I_{SP} = 55 - 31 = 24$ mA 정도가 되고 변조도 $m' = 24/31 = 0.80$이 된다. 이 회로는 약 80%의 변조도로 동작한다.

아날로그 변조기는 될 수 있는 한 입력 전압(또는 전류)에 닮은 광 파워 변화를 발생시키지 않으면 안 된다. 광원의 파워 대 전류 특성이 완전히 직선이 아니면 왜곡이 생긴다. 접합부의 온도 상승이 LED의 비직선성의 주된 원인이 된다.

LED의 비직선성을 다음과 같다고 하자.

$$P = P_{DC} + a_1 i + a_2 i^2 \tag{2.25}$$

윗 식의 출력 특성에 의해 모델화 하고 검토를 부가하는 것으로 한다. 여기서 i는 신호 전류이며 P_{DC}는 DC 전류에 의해 만들어 지는 일정 전류이다. 최후의 항은 LED의 직선성으로부터의 어긋남을 나타낸다. 더구나 정도를 높이고 싶을 때에는 전류에 관한 고차의 항을 부가할 필요가 있다.

단일의 정현파 입력 $i = I\sin\omega t$를 식 (2.25)에 대입하면 다음과 같이 된다.

$$P = P_{DC} + 0.5a_2 I^2 + a_1 I sin\omega t - 0.5a_2 I^2 \cos 2\omega t \quad (2.26)$$

신호의 2배 주파수이며 진동하는 최후의 항은 제 2 고주파 왜곡이다.

수신기의 전기적 파워에 의해 전체의 주파수 왜곡(total harmonic distortion : THD)을 다음과 같이 정의한다.

$$THD = \frac{\text{고주파의 전기적 파워}}{\text{기본파의 전기적 파워}} \quad (2.27)$$

전기적 파워는 입력광 파워의 제곱에 비례하기 때문에 THD는 다음과 같이 주어질 수 있다.

$$THD = \frac{(\text{고주파의 광 파워})^2}{(\text{기본파의 광 파워})^2} \quad (2.28)$$

dB로 나타내면

$$THD_{dB} = -10\log THD \quad (2.29)$$

단일 정현파 입력에 대해서는 식 (2.26)을 이용하면 $THD = 0.25(a_2 I/a_1)^2$가 된다. 비직선성의 양은 이용하는 LED에 따라 꽤 차이가 있다. 왜곡은 통상 신호 레벨보다 30~60dB 작다.

두 개의 주파수를 포함한 입력 전류 $i = I_1 \sin\omega_1 t + I_2 \sin\omega_2 t$에서 출력 파워는 다음과 같이 된다.

$$\begin{aligned} P = P_{DC} &+ 0.5a_2(I_1^2 = I_2^2) + a_1(I_1 \sin\omega_1 t + I_2 \sin\omega_2 t) \\ &- 0.5a_2(I_2^2 \cos 2\omega_1 t + I_2^2 \cos 2\omega_2 t) \\ &+ a_2 I_1 I_2 [\cos(\omega_1 - \omega_2)t - \cos(\omega_1 + \omega_2)t] \end{aligned} \quad (2.30)$$

고주파에 더하여 파워 스펙트럼에는 입력 주파수의 혼합 성분(이 예에서는 합 및 차)이 포함된다. 이들의 혼합은 **변조간의 왜곡**(intermodulation distortion)을 나타낸다.

광 검출기는 극히 양호한 직선성을 갖고 상당히 직선성이 좋은 트랜지스터 송수신기를 설계할 수 있으므로 광원의 비직선성의 대부분은 광섬유 시스템에서 생긴다.

나. 디지털 변조

아날로그 변조와 달리 디지털 LED 구동기에는 DC 바이어스 전류가 불필요하다. 디지털 회로는 단순히 LED를 온(ON) 또는 오프(OFF) 한다. 오프 상태에서는 LED의 광 방출은 작고, 큰 온-오프 파워 비를 얻을 필요가 있다. 온 상태에서는 구동 전류는 입력 신호의 크기에 무관한 것이 바람직하다. 이 때 일련의 입력 신호가 어느 정도 변화해도 출력 파워는 어떤 펄스 입력에 대해서도 동일하게 된다.

그림 2.17의 회로에 상술의 필요 사항을 만족하는 두 개의 구조를 나타낸다. 그림 2.17 (a)의 직렬 회로에서는 스위치가 닫혔을 때 전류는 흐르지 않고 LED를 오프로 한다. 스위치가 닫히게 되면 전류는 다음만큼 흐른다.

$$I=\frac{V_{DC}-v_d}{R} \tag{2.31}$$

여기서 v_d는 다이오드의 순방향의 전압 강하이다. 저항 R과 공급 전압은 주어진 다이오드의 전류를 결정한다. 이상적인 스위치(저항은 무시할 수 있으므로 닫혔을 때 전압 강하를 무시할 수 있다)는 전류 진폭에 영향을 미치지 않는다. 저항 R은 리미터로서 작동하므로 과잉전류로부터 다이오드를 보호한다. 그림 2.17 (b)의 병렬 스위치형 변조기는 직렬 회로와 마찬가지의 기능을 한다. 스위치가 닫히면 전류는 접지에 바이패스하므로 LED는 오프로 된다. 스우치가 열리게 되면 LED 측에 전 전류가 흐르고 LED는 온이 된다.

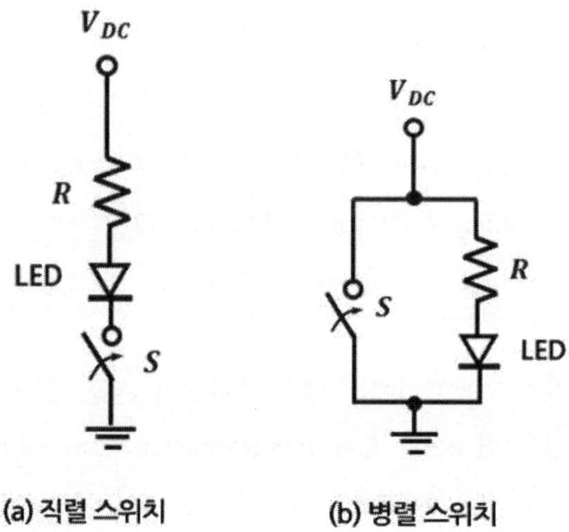

(a) 직렬 스위치 (b) 병렬 스위치

그림 2.17 디지털 변조기의 계통도

실제 회로에서는 트랜지스터는 종종 스위치의 동작을 한다. 그림 2.18은 트랜지스터화 된 직렬 스위치형 변조기이다. 그림 2.19의 트랜지스터 특성은 베이스 전류가 0(개 스위치에 상당한다)일 때 컬렉터 전류는 작고 베이스 전류가 클 때(폐 스위치에 상당한다) 컬렉터-이미터 전압은 작게(≦0.3V) 되는 것을 나타내고 있다. 온 조건에 있어서 전류는 다음과 같다.

$$I_C = \frac{V_{DC} - v_d - 0.3}{R} \tag{2.32}$$

이것은 식 (2.31)의 이상적인 경우에 가깝다. 트랜지스터는 스위치 작용을 나타낼 뿐만 아니라 증폭 작용도 행한다. 작은 입력 전류(~1㎃)에 의해 LED에서 필요로 되는 큰 전류(50~100㎃)를 제어할 수 있다. 그림 2.18의 R_1과 R_2는 신호원이 트랜지스터와 임피던스를 정합하도록 선정된다. 필요에 따라 입력 콘덴서 C는 회로의 응답 속도를 높인다. 이 변조기는 30㎒까지 동작할 수 있다.

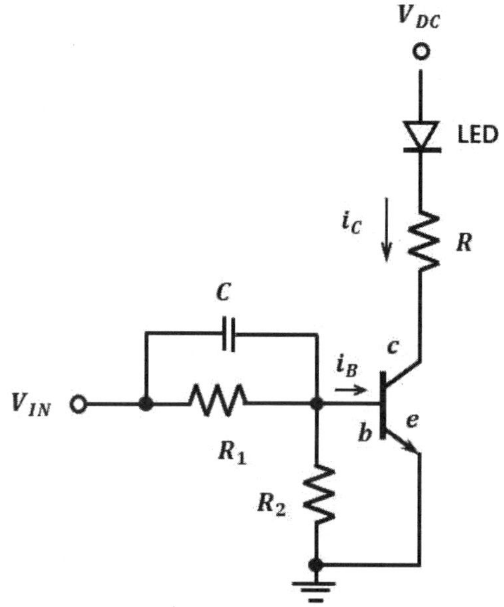

그림 2.18 트랜지스터 스위치 LED 디지털 변조기

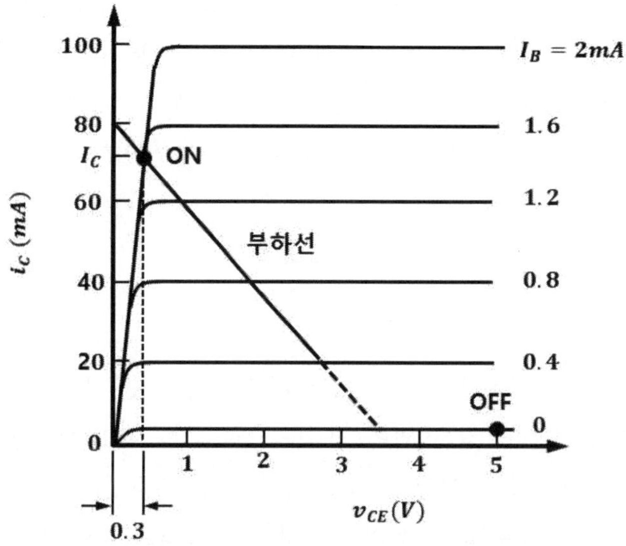

그림 2.19 트랜지스터의 스위치 특성

2.2 레이저 다이오드

2.2.1 서론

레이저 다이오드(laser diode)란 말 그대로 다이오드 구조에서 레이저가 나온다는 의미이다. 다이오드는 반도체 소자이며 이러한 이유에서 레이저 다이오드를 **반도체 레이저**(semiconductor laser)라고도 한다. 오늘날의 인터넷 및 무선 휴대폰 기기로 대변되는 정보통신사회는 IC, 컴퓨터, 그리고 반도체 레이저를 광원으로 사용하는 광섬유 통신 기술이 개발되지 않았으면 아마 실현되지 않았을 것이다. 이와 같이 반도체 레이저는 정보화 사회를 지탱하는 기반기술로 이미 자리를 잡고 있다. 이외에도 레이저 포인터, 프린터, 디스플레이, 디지털 오디오/비디오 기기, 의료용 기기, 계측기 등 우리 생활에 넓게 사용되어지고 있다.

레이저 다이오드에 사용되는 반도체는 주기율표 상에서 Si, Ge와 같은 Ⅳ족 원소에 Ⅲ족과 Ⅴ족을 도핑하여 만든다. 레이저 다이오드는 전류를 빛으로 바꾸어 주는 광원으로 반도체 소자로서 광소자 응용분야에 가장 많이 사용되는 소자이다. 그러면 실제 가장 많이 사용되는 레이저 다이오드가 우리 생활주변에 어느 정도 사용되고 있는지를 주요한 응용 범위를 정리하여 표 2.2에 정리한다.

표 2.2 레이저 다이오드 주 응용 분야

구분	레이저 다이오드의 주 응용 분야
1	광 저장 매체(CD, DVD)
2	광 통신
3	고체 레이저 광펌핑용
4	의료
5	이미지 기록용(레이저 프린터)
6	오락, 표시소자 검사, 바코드 스캐너 등 일반 가전제품
7	정밀 측정 등

이러한 레이저 다이오드의 광범위한 응용은 어떤 특징에서 기인한 것일까? 레이저 다이오드의 장점들을 나열하면 표 2.3과 같다.

표 2.3 레이저 다이오드의 여러 장점

장점	설명
소형	▪ 에지 에미터 : 길이 수 100㎜정도, 폭 5㎜정도 ▪ 종 공진 표면광 레이저 : 길이 10㎜정도, 지름 20㎜정도
저가격	▪ CD, 포인터, 장난감용 레이저 : 생산 단가 1$정도
고효율	▪ 30%~60% 정도 ▪ 대부분의 고체 레이저/ 기체 레이저에 비해 10이상 큰 정도
긴 수명	▪ 보통 수만 시간~백만 시간 이상

이러한 레이저 다이오드의 장점들은 기체 레이저나 고체 레이저들이 가지기 힘든 특성들이기 때문에 레이저 다이오드가 각 응용 분야에 있어 상대적으로 강점을 발휘하는 이유이다. 표 2.4는 반도체 레이저와 고체/기체 레이저들의 장단점을 서로 비교한 것이다.

표 2.4 반도체 레이저 대 기체/고체 레이저의 일반적 특성 비교

	장점	단점
기체/고체 레이저	다양한 종류와 응용분야 ■ UV레이저(리소그래피) ■ 대출력(CO2레이저) ■ Ultra short pulse	■ 고가격 ■ 넓은 설치 장소 요구 ■ 저효율, 큰 전력 소모 ■ 대형 냉각장치 요구
반도체 레이저	■ 소형 ■ 대량 생산에 의한 저가격 ■ 고효율, 저소비 전력 ■ 긴 수명	■ 장시간에 걸친 소재 개발 및 대규모 시설투자 요구 - 반도체 결정 성장 기술 - 반도체 공정

반도체 레이저는 지난 50여 년 동안 반도체 재료, 구조, 제조 공정, 성능, 응용적 측면에서 꾸준한 연구 개발이 이어져 왔다. 발진파장 범위는 300nm~20 μm, 최대 광출력은 약 50W, 최소 발진 개시 전류는 수μA, 최소 주파수 선폭은 50kHz, 최대 파장가변 범위는 30nm, 동작 수명 십만 시간 이상 등 괄목할 만한 성능을 얻고 있다. 여기서는 반도체 레이저의 역사, 동작원리, 재료, 구조, 레이저 광의 특징, 응용에 대하여 소개하고자 한다.

2.2.2 반도체 레이저의 발전

반도체 레이저의 기술적 역사를 표 2.5에 나타내었다. SiC 반도체에서의 발광 현상이 1907년 Henry Joseph Round에 의하여 우연히 발견된 이래 103년이 지났다. 1958년 Schawlow-Townes에 의해 레이저의 기본이론이 구축되고 1960년 He-Ne 레이저 발진이 확인된 직후인, 1962년 최초의 반도체 레이저인 GaAs 레이저로 저온에서 발진이 관측되었다.

이후 광섬유 통신용 및 광디스크용 광원으로서 사용되게 됨에 따라 괄목할 만한 기술적 및 산업적 진보를 달성하게 되었다.

기술적인 측면에서 발광소자의 개발은 크게 다음과 같이 나누어 이해할 수 있다. 화합물 반도체에 관한 물성과 발광소자로서의 다이오드 기본 특성은 1960년대 들어서 서서히 이해되기 시작하였다. 이종접합구조의 도입으로 처음으로 반도체 레이저가 상온에서 연속 발진이 가능하게 되었으며 실용화에 큰 진보를 이루었다. 1970년대에서는 주로 문턱전류 저감 및 횡모드 제어를 위한 기술들이 개발되었으며, 1980년대에 들어와서 종모드 제어에 관한 기술들이 확립되었다. 1990년대 들어서서 반도체 재료 및 결정성장 기술의 향상으로 활성층

에 양자우물구조 도입에 의한 성능향상 및 대량생산을 위한 기반을 갖출 수 있었다. 1990년대 중반부터는 GaN계 반도체 레이저가 연구되기 시작하여 성능이 우수한 자색, 청색 레이저를 만들 수 있게 되었으며, 최근에는 500㎚~600㎚ 영역의 녹황색 반도체 레이저도 상온 발진에 성공하였다는 보고가 있다.

표 2.5 반도체 레이저의 기술적 역사

연도	재료	기술
1962-1970	GaAs/GaAs	■ LPE ■ homojunction ■ direct modulation
1970-1975	GaAs/GaAlAs	■ heterojunction ■ transverse mode
1975-1985	1㎛ InGaAsP	■ lateral mode ■ longitudinal mode
1985-1990	■ 0.78㎛ GaAlAs ■ 1㎛ 밴드 InGaAsP	■ 저 노이즈 ■ 고 코히런스
1990-1995	■ 0.6㎛ AlGaInP ■ 0.4㎛ UV/blue InGaN	■ MOCVD ■ strained QW ■ surface emitting
1995-	■ 1㎛ InGaAsP ■ 0.5㎛ InGaN	■ wavelength tuning ■ integration ■ nano-technology

2.2.3 레이저의 동작 원리

가. 반도체 레이저의 동작 원리

반도체 레이저는 말 그대로 반도체가 레이저를 빛을 내는 소자이다.

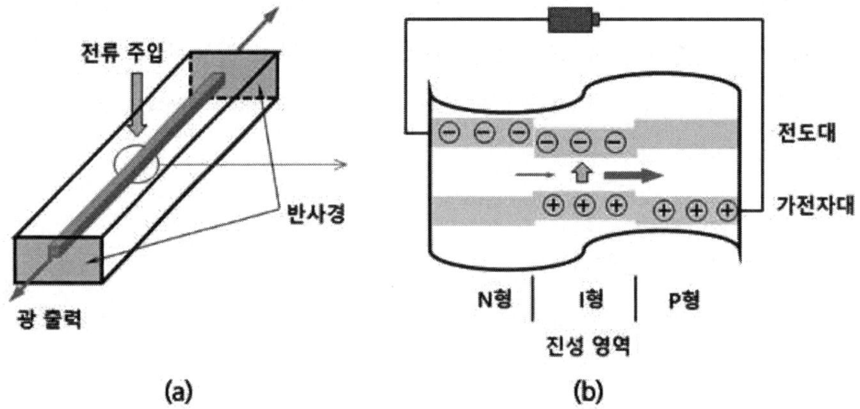

그림 2.20 반도체 레이저의 동작 원리

그림 2.20 (a)는 전류 입력부와 광 출력부가 표시되어 있다. 전류 입력부는 그림 2.20 (b)처럼 PIN 다이오드에 순방향 전압을 걸어 줌으로써 진성 영역에 전자와 정공을 공급하게 된다. 전자와 정공이 진성 영역에서 모여 있게 됨으로 해서 서로 결합하여 밴드 갭 에너지 차이에 해당하는 만큼의 광자(photon)을 발생하게 된다. 전자와 정공이 결합한다는 것은 전자가 정공에 해당하는 비어 있는 에너지 상태로 천이한다는 것을 의미한다. 그 에너지 차이에 해당하는 빛을 내게 된다. 반도체 레이저의 광 출력 부의는 반사경으로 이루어져 있고 반사경은 레이저 공진기를 구성하는 주요 요소이다. 진성 영역에서 발생하는 빛의 반사경 사이를 왕복 진행하면서 광 증폭이 되고 그 일부를 반사경 밖으로 출력하는 것이다. 따라서 반사경은 100% 반사율보다는 작게 되고 투자율이 0% 이상이어야 한다.

나. 레이저의 원리

레이저(laser)란 "Light Amplification by Stimulated Emission of Radiation"이란 영어의 각 단어 머리글자를 따서 조합한 합성어로서 우리말로 하면 "유도 방출 과정에 의한 빛의 증폭"이란 뜻이 된다. 일반적으로 레이저란 말은 레이저 빛을 발생하는 장치를 지칭하기도 한다. 가장 중요한 개념은 Stimulated Emission으로 원자와 빛의 상호작용에 의한 현상이다. 먼저 원자와 빛의 상호 작용은 분류하면 표 2.6과 같다.

표 2.6 빛과 원자의 상호 작용

	관련된 광학 현상
공진(resonance)	흡수(absorption), 방출(emission)
비공진(non-resonance)	산란(scattering), 분산(dispersion) 굴절(refraction), 반사(reflection)

빛과 원자의 상호 작용을 크게 나누면 공진 현상과 비공진 현상으로 구분할 수 있다. 공진 현상은 빛의 주파수와 원자의 전자 에너지 공진 주파수가 같은 경우를 말하며, 빛의 흡수와 방출 같은 현상이라고 볼 수 있다. 기본적인 역학적 모델을 예로 들면 용수철의 진동을 들 수 있다. 용수철의 자연 공명 주파수와 외부에서 흔들어 주는 주파수가 일치하면 외부에서 가하는 에너지가 용수철로 흡수되어 용수철의 진폭이 늘어나게 된다. 여기서 용수철에 해당하는 것이 원자에 구속된 전자라고 할 수 있으며 외부 힘이 광자를 기술하는 전자기파라고 할 수 있다. 비공진 현상은 빛의 주파수와 원자의 전자 에너지 공진 주파수가 같은 경우를 말한다. 이 경우, 빛이 주파수가 원자 공명 주파수에서 충분히 떨어져 있어서 에너지가 흡수 되지는 않지만 일단 원자에 있는 전자를 진동시켰다가 이 전자가 다시 에너지를 사방으로 다시 방출하기 때문에 빛의 방향이나 위상이 바뀌는 결과를 낳는다. 이렇게 빛의 일부가 산란되면 고체에서는 원래 진행하는 파의 파장이 달라지거나 진행방향을 바꾸며 이를 우리는 굴절, 반사, 분산과 같은 여러 가지 형태의 광학 현상으로 관찰하게 된다.

이 가운데 레이저를 설명하기 위한 유도 방출 개념은 **공진 현상**에 속한다. 앞서 설명한 방출과 흡수가 서로 반대 과정으로 생각하기 쉽지만 엄밀한 의미에서 흡수의 정확한 역과정은 **유도 방출**이다. 그림 2.21에서는 원자 내 궤도를 돌고 있는 전자와 광자의 상호 작용을 보이고 있다. 흡수가 광자와 전자가 만나서 저 에너지 궤도 전자가 고에너지 궤도로 천이하는 것을 보여준다. 방출은 고 에너지 궤도에 있던 전자가 스스로 저 에너지 궤도로 이동하면서 빛을 생성하는 것을 보이고 있다. 그림 2.21에서 보이고 있는 빛의 방출은 발생 시점에서 광자에 의한 자극이 필요하지 않고 스스로 일어나기 때문에 **자연방출**(spontaneous emission, **자발적 방출** 이라고도 함) 이라고 하고 레이저 빛이 아닌 모든 빛은 이 과정에 의한 것이다. 자연방출에서는 이웃한 원자(또는 분자)끼리 아무런 영향이 없이 독자적으로 빛을 방출함으로 이 때 발생하는 빛은 위상이 제각기 다르게 된다. 흡수 확률이 전자와 광자가 만나는 확률의 곱에 비례하는 반면에 자발 방출은 전자의 밀도에만 비례하는 과정이다. 이에 반해 유도 방출은 외부의 광자와 전자가 만나서 높은 에너지 준위에 있는 전자가 낮은 에너지 준위로 이동하는 현상을 말한다. 따라서 유도 방출 확률은 전자 밀도 곱하기 광자 밀도에 비례하며 흡수의 정확한 역과정이라 할 수 있다. 흡수와 유도 방출의 차이는 흡수가 잘 일어나기 위해서는 에너지 낮은 쪽 전자가 높은 쪽 전자 수보다 많아야 하고 유도 방출은 그 반대라고 생각하면 된다. 실제로 이러한 조건은 레이저 발진에서 중요한 조건 중에 하나이다.

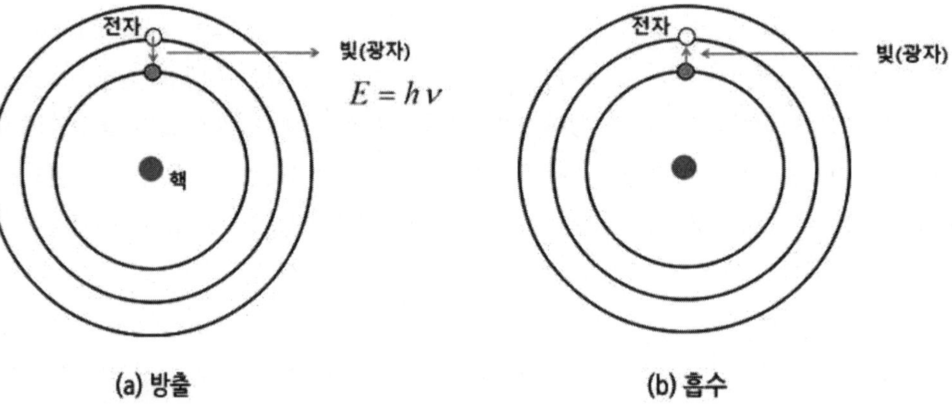

그림 2.21 원자와 빛의 상호 작용 : 방출과 흡수

그림 2.22에는 두 에너지 준위 사이에 빛과 전자 간에 일어나는 흡수, 유도방출 그리고 자연방출을 나타내고 있다. 두 에너지는 E_c와 E_v로 표기 되어 있는데 반도체의 경우 전도대와 가전자대에 해당하며 두 에너지 사이는 에너지 상태가 존재하지 않는 에너지 밴드 갭에 해당한다. 유도 방출의 경우 하나의 광자가 입사해서 두 개의 광자가 나오고 있는데 추가로 발생하는 광자는 입사한 광자와 같은 주파수와 위상을 가지는 것으로 원 광자의 복사본이라 할 수 있다. 유도 방출이라는 용어 또한 입사한 광자가 전자를 자극(simulate)시켜서 순간적으로 전자가 빛의 공진 주파수에 해당하는 밴드 갭 에너지 아래의 비어 있는 전자 상태로 천이한다는 뜻을 내포하고 있다. 이에 비해 자연방출광은 스스로 일정 시간 후에 아래 에너지 상태로 떨어지기 때문에 유도 방출에 비해 시간이 더 걸리게 된다. 실제로 이 차이는 LED(Light Emitting Diodes)와 LD(Laser Diode) 사이의 입력 전기 신호에 대한 광출력의 반응속도 차이로 나타나게 된다. 따라서 Gbps(Giga bit per second)이상의 고속 변조 광원에서는 LED를 사용할 수 없고 주로 반도체 레이저를 사용하게 되는 물리적 원인을 제공한다.

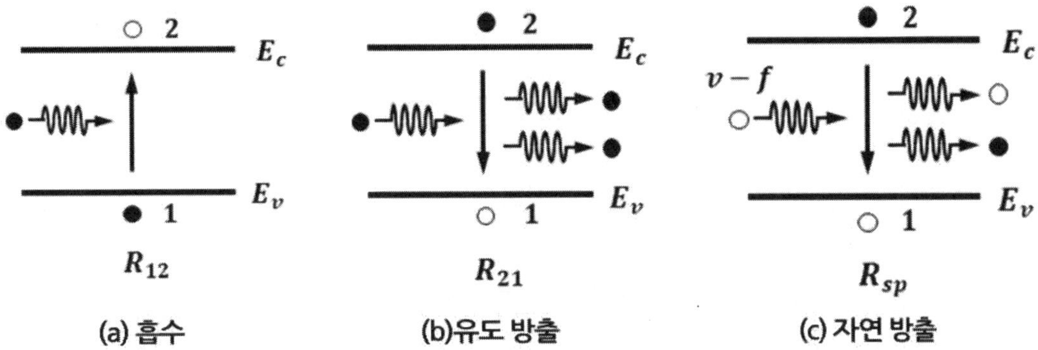

그림 2.22 흡수와 유도 방출

유도 방출에 대한 개념이 어느 정도 정리된 상태이므로 여기서 수학적으로 위의 두 현상을 구체적으로 알아보기로 한다.

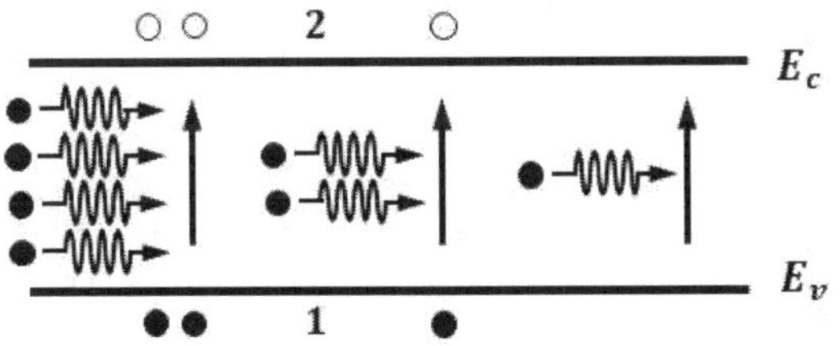

그림 2.23 흡수 계수

그림 2.23은 빛이 진행됨에 따라 물질 내에서 흡수되는 것을 도식적으로 나타낸 것이다. 이 물질은 균일한 물질로 구성되어 있어서 흡수 특성이 균일하다고 가정한다. 처음에 광자 4개가 출발하여 그 가운데 일부(여기서는 50%)가 가전자대 전자 2개를 끌어 올려도 광자 2개가 사라진다. 첫 번째 흡수 후에 남은 2개의 광자는 두 번째 흡수에서 첫 번째 흡수 때와 같은 거리를 진행하는 동안 다시 절반이 흡수되어 최종적으로 1개만 남는다. 이렇게 일정 거리 dx를 진행하는 동안에 흡수되는 광자의 개수는 흡수 계수 α에 비례한다. 그리고 x 위치에서의 광자 개수 N에 비례한다. 이 구간 동안 변화한 광자의 개수를 dN이라 하면 $dN = \alpha N dx$로 나타낼 수 있다. 양변을 dx로 나누면 미분 방정식 형태로 되며 다음과 같이 표현된다. 여기서 I는 빛의 세기로 광자수 N에 비례하는 값이다.

$$\frac{dI}{dx} = -\alpha I \tag{2.33}$$

$$I(x) = e^{-\alpha x} \tag{2.34}$$

미분방정식 (2.33)의 해를 구하기 위해 양변을 적분하면 식 (2.34)와 같은 지수함수를 얻을 수 있다. 이 결과를 물리적으로 해석하면 일정한 흡수 계수 α인 물질을 빛이 통과할 때 빛의 세기는 진행거리가 증가함에 따라 지수 함수적으로 감소함을 의미한다.

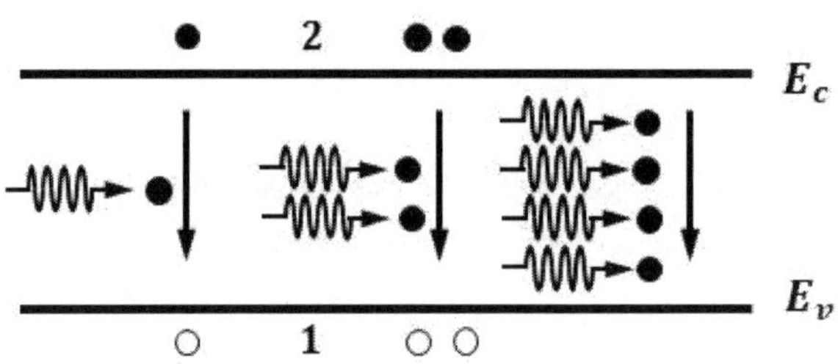

그림 2.24 광 이득

그러면 흡수의 반대인 유도 방출의 경우에 빛의 세기는 거리에 따라 어떻게 변화할까? 그림 2.24에 유도 방출의 경우를 보여주고 있다. 광자 1개가 출발해서 일정 구간을 지난 후에 전자 1개를 떨어뜨리며 자기와 같은 광자 1개를 더 만든다. 2개가 된 광자는 다시 동일한 거리를 진행하며 전자 2개를 떨어뜨려 숫자가 2배인 4개로 된다. 거리 dx를 진행하는 동안에 늘어나는 광자의 개수 dN은 현재의 광장 개수에 비례하는데 이때 비례계수를 물질의 광이득 값 g로 나타낸다. 흡수계수를 기술할 때와 마찬가지로 광자의 개수와 빛의 세기 I가 비례한다고 가정하면 다음과 같은 식으로 표현된다.

$$\frac{dI}{dx} = gI \tag{2.35}$$

$$I(x) = e^{gx} \tag{2.36}$$

흡수계수와 마찬가지로 미분 방정식 (2.35)을 풀어보면 빛의 세기 I는 식 (2.36)과 같이 지수 함수적으로 증가하는 것을 알 수 있다. 이때 지수 함수내의 계수는 광 이득 값이 사용되고 있다. 식 (2.34)와 식 (2.36)을 비교하면 두 식이 부호가 다를 뿐 같은 모양의 함수라는 것을 알 수 있다. 결국, 이들 두 과정을 나타내는 흡수 계수와 광 이득 값은 부호만 다를 뿐 같은 수학적 표현을 따른 다는 것을 알 수 있다.

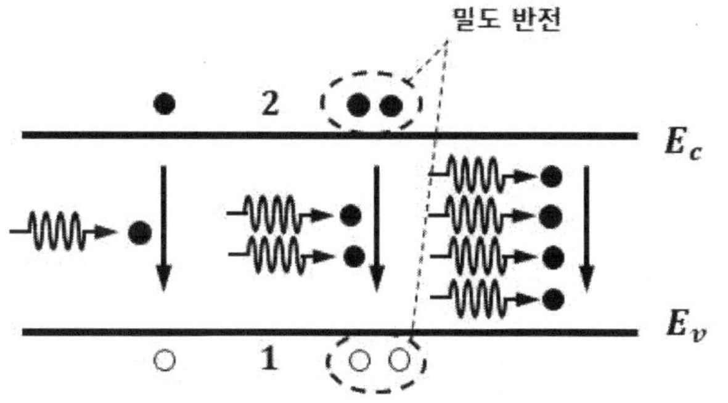

그림 2.25 유도 방출과 밀도 반전

광 이득을 얻기 위해서는 여기 된 전자와 비어 있는 낮은 에너지 준위들이 있어야 한다. 이를 **밀도 반전**(population inversion)이라 하며 그림 2.25와 같이 레이저에서 유도 방출을 일으키기 위한 가장 중요한 두 가지 조건 중 하나이다. 반도체 레이저의 경우 광 이득은 대략 전하 운반자 밀도 N에 비례하고 조금 더 엄밀하게 기술하면 오프셋 N_{th}를 가진다.

$$g \propto N \tag{2.37}$$

$$g \propto (N - N_{th}) \tag{2.38}$$

앞에서도 설명한 것처럼 광 흡수와 유도 방출은 물리적으로 서로 역 과정이며 빛의 에너지가 전자 에너지 준위 간의 차이와 같을 때 일어나는 **공명 현상**이다. 따라서 외부 빛의 자극에 의해 일어나는 동일한 현상이지만 일어나는 확률은 아래 에너지 상태에 전자가 비어 있을 확률과 위 에너지 상태에 전자가 채워져 있을 확률에 따라 결정된다. 위 에너지 상태보다 아래 에너지 상태에 더 많은 전자가 있다면 아래서 위로 천이하는 전자들 수가 많아서 유도 방출 보다는 흡수가 주로 일어나게 되고 아래 에너지 상태보다 위 에너지 상태에 더 많은 전자가 있다면 유도 방출이 주로 일어나게 된다. 따라서 레이저 작동을 위해서는 밀도 반전이 반드시 필요하다. 그러나 보통 열적 평형 상태에서 전자들은 식 (2.39)과 같은 Fermi-Dirac**분포**(그림 2.26)를 따르게 되어 아래 에너지 상태에 더 많은 전자들이 위치하게 된다.

$$F(E) = \frac{1}{1 + e^{(E - E_F)/kT}} \tag{2.39}$$

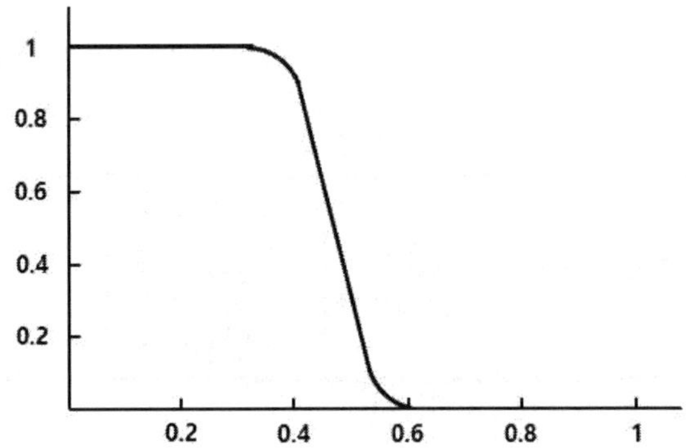

그림 2.26 Fermi-Dirac분포

따라서 자연 상태에서는 유도 방출 보다는 광 흡수가 많이 일어나므로 레이저를 동작시키기 위해서는 비평형 상태를 만들어 주어야 한다. 일반적으로 레이저 개발 초기에 고체 레이저나 기체 레이저의 밀도 반전은 광펌핑 방법에 의존한다. 광펌핑은 플래시램프를 사용하여 레이저 능동 매질에 있는 전자를 레이저 발진 파장보다 더 높은 에너지 상태로 올려주는 방법으로 광 흡수 원리를 사용했다. 그림 2.27에 광펌핑의 원리를 도식적으로 나타내고 있다. 여기서는 에너지 준위 3개를 이용한 것을 예로 들어 설명한다. 보통 사용하는 에너지 준위 개수에 따라 3준위 광펌핑, 4준위 광펌핑 등으로 불리고 있으나 기본 원리는 비슷하다고 보면 된다. 램프에서 나오는 빛은 레이저에서 나오는 빛의 에너지보다 커서 1번 에너지 상태에 있는 전자를 3번 에너지 준위까지 올려놓는다. 3번에 도착한 전자는 다양한 원인(주로 열 방출)에 의해 에너지를 잃어버리면서 2번 에너지 상태에 도달하고 상대적으로 긴 시간동안 머무르며 공직에서 생성된 광자가 와서 유도 방출이 될 때까지 기다린다. 물론 이들 중 일정 부분은 공진기의 광자와 만나지 못하고 자연 방출을 함으로써 레이저 동작에 기여하지 않는다. 이러한 방식으로 광펌핑은 1번 에너지 상태와 2번 에너지 상태에서 전자의 분포가 밀도반전을 이루며 레이저 발진 조건을 형성하게 된다. 이러한 광펌핑은 플래시램프의 에너지 변환 효율, 에너지 1번과 3번 사이의 흡수 효율, 3번과 2번 사이의 에너지 천이, 2번 에너지 준위에서 전자의 수명 등에 의존하며 다단계를 거치기 때문에 전체 효율이 매우 작다. 전체 공급한 에너지 가운데 열에너지로 변환되는 비율이 크기 때문에 시스템의 냉각에 많은 노력을 기울여야 하며 따라서 부피도 커지게 된다.

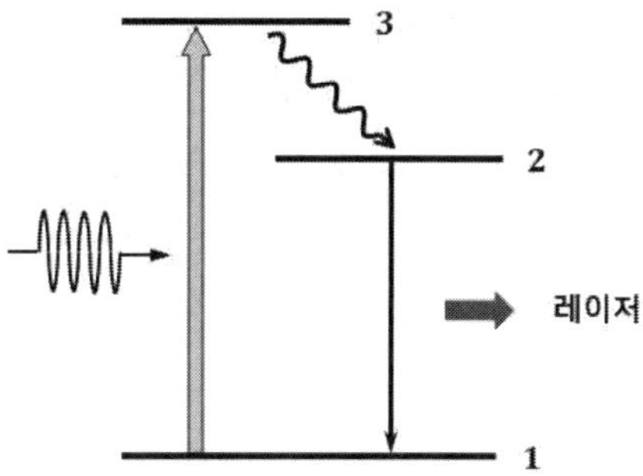

그림 2.27 광펌핑

다. 반도체 레이저의 밀도 반전

그러면 반도체 레이저의 밀도 반전은 어떻게 만들어 낼지에 대해 알아보도록 한다. 반도체 레이저는 보통 다이오드처럼 PN접합 다이오드로 만들어져 있고 순방향 전압을 걸면 전류가 흐르게 되어 있다. 이렇게 전류를 흘리는 과정 자체가 접합 부분에서 전자와 정공이 만나는 물리적 과정을 포함하고 있기 때문에 밀도 반전이 자연스럽게 이루어진다. 전자와 정공이 같은 공간에 존재하면 정공은 전자가 비어있는 상태이기 때문에 아래 에너지 상태에는 전자가 비게 되고 위 에너지 상태에는 전자가 채워지게 되어서 밀도 반전이 일어난다. 그림 2.28과 그림 2.29에 이 과정을 조금 더 자세히 나타내었다.

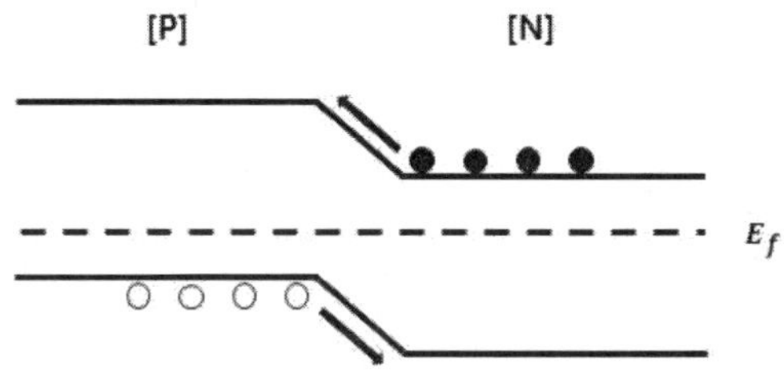

그림 2.28 평형 상태의 반도체 레이저

그림 2.28은 평형 상태에 있는 전자의 에너지 준위를 공간상 위치에 따라 보여주고 있다. 반도체 내에서 전자의 에너지 상태는 **밴드 갭**(에너지가 존재하지 않는 에너지 대역)의 존재로 인해 밴드 갭 아래쪽이 **가전자대**와 **전도대**로 나누어진다. 밴드 갭은 에너지가 존재하지 않는 에너지 대역을 나타내며 자세한 내용은 뒤에서 설명하기로 한다. 따라서 반도체 내의

전자 에너지 준위를 전도대와 가전자대에 해당하는 두 에너지 준위로 보통 표현하며 공간에 따라 이 두 에너지 준위의 변화를 나타낸 것이 그림 2.28과 같은 개념도이다. n형 반도체는 자유전자가 주요 전하 운반자이며 따라서 전도대에 많은 전자를 포함하고 있다. p형 반도체는 정공이 주요 전하 운반자이며 따라서 가전자대에 많은 정공을 포함하고 있다. 정공은 사실 전자 입장에서 보면 전자가 비어 있는 상태를 의미한다. 열적 평형 상태에서는 에너지가 높은 상태에 전자가 채워져 있을 확률이 작으며 이는 식 (2.39)에 표현된 것과 같이 페르미 에너지의 위치에 따라 다르게 된다. 다이오드는 n형 반도체와 p형 반도체를 결합시킨 것으로 **p-n접합 다이오드**라고 불린다. 열적 평형 상태에서는 위치에 상관없이 페르미 에너지는 일정한 값을 유지해야 한다. 그렇지 않으면 통계학적으로 전체 자유 에너지를 감소하려는 방향으로 입자들이 이동하게 되는데 이는 평형 상태에 있다는 가정에 위배 되므로 이런 일은 일어나지 않는다. p형 반도체 경우에는 페르미 에너지 준위가 가전자대와 가까이 있어야 정공의 밀도가 높아지므로 전체적인 에너지 준위가 올라간 모양을 취하고 있다. 반대로 n형 반도체의 경우에는 자유전자의 밀도가 높아야 하므로 전도대가 페르미 준위와 가깝게 붙어 있다. 따라서 n형의 전체적인 에너지 밴드는 아래로 내려와 있는 모양이 된다. 이 중간 접합부는 **공핍층**(depletion region)이라고 불리는 부분으로 자유 전하 운반자가 없어 이온들만 남아 있어 전기장이 걸려 있는 부분이다. 이 전기장으로 인해 두 이형 반도체 사이의 위치 에너지 차이를 연결해 주고 있다. 기본적으로 오른쪽에 있는 n형 반도체의 자유 전자는 **에너지 장벽**(potential barrier)으로 인해 왼쪽 p형 영역으로 넘어가지 못하고 있으며 왼쪽에 있는 정공 또한 에너지 장벽으로 인해 오른쪽 영역으로 넘어가고 있지 못하고 있다. 정공 입장에서 보면 에너지가 낮은 쪽으로 이동할 때 장벽으로 느껴진다. 이것은 그림 2.28에 나와 있는 에너지 개념도가 전자 입장에서 기술되어졌기 때문이다. 정공이 오른쪽으로 이동한다는 것은 다시 말해 오른쪽 가전자대에 있던 전자가 왼쪽으로 이동하여 정공이 있던 빈자리를 채운다는 것을 의미하는데 전자 입장에서는 에너지가 증가하여야 이 이동이 가능하다. 전자는 에너지 장벽으로 인해 p형 쪽으로 가지 못하고 정공도 마찬가지로 n형 쪽으로 가지 못한다. 이때는 두 운반자가 결합하지 않아 전류가 흐르지 않는다. 따라서 pn접합 다이오드 양단에 전압을 걸지 않고 평형 상태를 이룬 경우에 전류는 거의 흐르지 않는다고 보아도 무방하다.

pn접합 다이오드에 순방향 전압을 가해주면 p형 반도체 끝에 n형 반도체 끝보다 높은 전압을 걸어 준다는 의미가 되고 전자 입장에서 보면 p형 반도체는 n형에 비해 낮은 에너지 상태로 변하게 된다. 그림 2.29에 순방향 전압 인가 시 변화한 에너지 개념도를 보이고 있다.

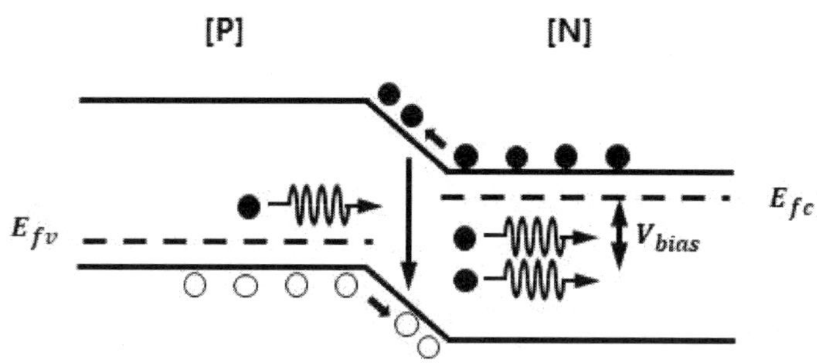

그림 2.29 순방향 전압을 인가할 때 반도체 레이저의 밀도 반전

p형의 에너지가 상대적으로 낮아지는 이유는 에너지가 전하×전압인데 전자의 경우 전하가 음의 부호를 가지기 때문이다. 결국 순방향 전압은 두 이형 반도체간의 에너지 장벽을 줄여주는 역할을 한다. 에너지 장벽이 줄어들면 n형의 전자가 p형 쪽으로 가고 p형의 정공은 n형 쪽으로 이동하면서 중간에서 전자와 정공이 공존하는 영역이 발생한다. 전자와 정공이 공존하는 영역은 위쪽 에너지 상태에 전자가 있고 아래쪽 에너지 상태에는 전자가 비어있다는 뜻이며 이는 밀도 반전 상태에 해당한다. 반도체 레이저에서 밀도 반전은 단순히 pn접합 다이오드에 순방향으로 전압을 인가하여 전류를 흘리면 이루어진다. 따라서 반도체 레이저는 전체 입력 전력 대비 광 출력이 높은 고출력 레이저가 되는 셈이다. 그림 2.29는 이렇게 밀도 반전 되어 있는 부분을 공진기 내에서 생성된 광자가 진행하며 유도 방출을 일으키는 상황을 보여주고 있다.

pn접합 다이오드에서 순방향 전압을 걸었을 때 접합 부분은 밀도 반전과 더불어 두 전하 운반자가 같은 장소에 공존하게 되면 서로 결합할 확률이 커지게 된다. 전도대 전자와 가전자대 정공이 결합한다는 것은 다시 말해 위 쪽 에너지 상태에 있던 전자가 비어 있던 아래쪽 에너지 상태로 이동한다는 것을 의미하며 이 과정에서 빛이 발생한다. 이렇게 발생하는 빛은 자연 방출광이며 전자와 정공이 결합하는 시간은 수ns 정도로서 빛이 나오는 pn접합 다이오드를 우리는 LED라고 부른다. 사실 LED는 레이저 다이오드에서 반사경으로 이루어진 공진기 구조가 없어서 레이저 발진을 하지 않을 뿐 기본적인 구조는 같다고 할 수 있다. 그리고 주로 레이저의 간섭성이나 직진성을 이용하는 것이 아니고 방출되는 광량을 최대화하여 표시등, 디스플레이, 조명용 광원으로 사용하는데 목적이 있기 때문에 이에 맞게 구조가 최적화 되어 있다. 반도체 다이오드에서 나오는 자연방출광은 레이저 발진 이전에 항상 존재하며 실제로 레이저가 발진한 후에도 일정량 나오기 마련이다. 단지 임계 전류 이상에서 나오는 레이저 출력이 상대적으로 크게 증가하기 때문에 무시될 뿐이다.

이 절에서 설명한 pn접합 다이오드의 동작원리는 실제 레이저 다이오드에서 일어나는 일을 쉽게 설명하기 위한 단순 모델이다. 실제로 레이저 다이오드는 pn접합이 아니라 좀 더 엄밀하게 말해서 pin 다이오드로서 중간 부분이 **진성 영역**(intrinsic region)으로 보통 만들어져 있다. 진성 영역은 불순물이 도핑되어 있지 않아 전자와 정공이 조금 더 오랜 시간동안 상호 결합하지 않고 머물 수 있으며 그만큼 밀도 반전을 효율적으로 지속시킬 수 있다. 또한 진성 부분은 p형이나 n형 반도체에 비해 밴드 갭이 작은 물질로 이루어져 있어서 한번 전하 운반자가 들어가면 포텐셜 우물에 갇히는 효과를 가져와 중간 부분에서 공유시간이 길어진다. 이것을 **이종접합 반도체 레이저**(hetero-junction semiconductor laser)라고 부르며 반도체 레이저의 급격한 효율 증가를 가져왔으며 오늘날 레이저 다이오드가 실용화 되는 계기가 되었다.

라. 레이저 공진기

앞 절에서 주로 반도체 레이저의 전기적 특성에 의해 어떻게 밀도 반전이 일어나는지 알아보았다. 이 절에서는 밀도 반전으로 형성 된 광 이득을 이용하여 반도체 레이저의 공진기에서 어떻게 레이저 발진이 일어나는 조건을 만족하게 되는지에 대해 간단히 설명한다.

그림 2.30에는 **레이저 공진기**의 개념도를 나타내고 있다. 레이저를 만들기 위해서는 밀도 반전과 더불어 거울로 이루어진 공진기가 있어야 한다. 공진기가 없다면 레이저 다이오드는 밀도 반전을 광 증폭에 사용하지 못하고 자연 방출광으로 모두 소모하며 단순한 LED 기능만을 수행할 것이다. 과연 공진기란 무엇이며 왜 거울을 필요로 하는지 알아보기로 한다. 그림 2.30과 같이 레이저는 회로 입장에서 보면 하나의 피드백 루프라고 볼 수 있다. 밀도 반전이 일어난 광 이득 매질은 증폭기 역할을 하고 공진기는 이 증폭기를 입력과 출력을 서로 연결하여 양 피드백(positive feedback)회로를 완성함으로써 계속 위상과 파장이 같은 빛을 생성할 수 있게 해준다. 광학에서 피드백 회로를 만들기 위해서는 단순히 반사경 두 개를 서로 마주보게 만들면 빛이 계속 반사하며 무한 루프를 돌게 된다.

그림 2.30에는 양쪽에 반사율 R_1, R_2인 거울 2개가 놓여 있다. 왼쪽에서 빛의 세기 I_0인 빛이 오른쪽으로 진행한다고 가정하면 이 빛이 진행하면서 광 이득 물질에 의해 빛의 세기가 $\exp[g\,L]$만큼 감소하게 된다. 거울에 도착한 빛의 세기에 따라서 $I_o \exp[g\,L] \exp[-a\,L]$이 된다.

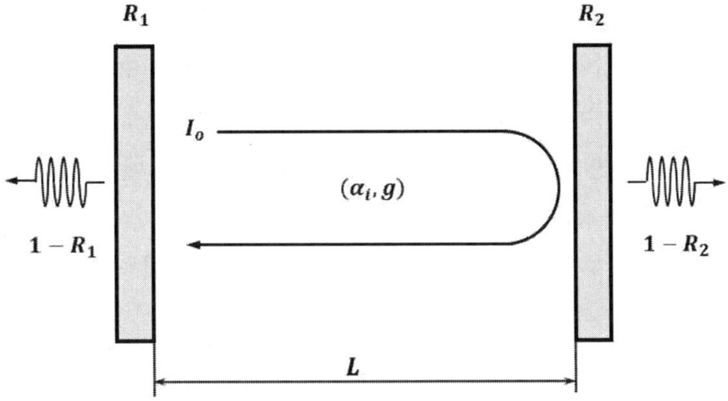

그림 2.30 레이저 공진기

오른쪽 반사경에서 반사 한 후 빛의 세기는 앞의 세기 R_1에 해당하고 다시 왼쪽 거울까지 진행하는 동안 $\exp[g\,L]\exp[-a\,L]$배 증가한다. 왼쪽 반사 후 빛의 세기는 $I_o\exp[2(g-a)\,L]\,R_1R_2$로 변화하게 된다. 그런데 레이저가 정상 상태에 도달하게 되면 한 바퀴 돌아 제자리로 돌아 왔을 때 빛의 세기는 원래 빛의 세기인 I_0와 같아야 한다. 같지 않다면 반복 횟수를 증가함에 따라 또는 시간이 지남에 따라 점점 감소하거나 증가하는 양상을 보이므로 정상 상태라는 가정에 모순이 생긴다. 실제로 레이저가 발진하기 이전 상태에서는 광 손실 a가 광 이득 g보다 크기 때문에 반복함에 따라 빛의 세기는 감소하고 한 지점에서 발생한 광자가 계속 증폭되지 못하고 사라져 버리게 된다. 이것은 결국 유도 방출이 시간적으로 지속되지 못하는 것을 의미하며 유한한 길이를 진행한 후에 급속히 사라짐을 나타낸다. 반도체 레이저의 광 이득은 식 (2.37), 식 (2.38)에서 나타낸 것처럼 pn접합 부위에 전하 운반자 밀도 N에 비례해서 커진다. 전류가 증가함에 따라 광 이득 값이 증가하여 레이저 내부 광 손실과 반사경 광 손실을 상쇄하게 됨으로써 레이저 발진 조건을 만족하게 된다.

$$I_{roundtrip} = I_0\exp(-\alpha_i + g)2L\,R_1R_2 = I_0 \tag{2.40}$$

$$g = \alpha_i + \left(\frac{1}{2L}\right)\ln\left(\frac{1}{R_1R_2}\right) \tag{2.41}$$

앞서 설명한 정상 상태에서 레이저 발진 조건을 수식으로 정리하면 식 (2.40)과 식(2.41)로 표현할 수 있다. 식 (2.40)은 한 번 왕복했을 때 빛의 세기가 원래 값을 회복해야 한다는 것을 보여주는 조건이고 이 조건으로부터 레이저 발진이 되기 위해 광 이득 값이 도달해야 하는 수치를 보여주는 것이 식 (2.41)에 나온 결과이다. 결국 광 이득은 내부 손실 α_i와 함께 반사경에서 손실되는 빛의 양을 보충해야 정상 상태를 유지할 수 있게 된다. 식 (2.41)에서 두 번째 항은 **반사경 손실**(mirror loss)라고도 하며 실제로 반사경이 한 번 왕복 경로에서 두 번 손실을 발생하지만 이것은 공진기 길이 L의 두 배 또는 왕복 거리에서 균일하게 손실이 난다고 가정한 흡수 계수에 해당한다. 공진기 길이가 길고 반사율이 1에 가까울수록 반사경 손실은 0에 가까워짐을 알 수 있다. 레이저 발진을 잘 일어나도록 하기 위해서는 고반사율 반사경을 사용할수록 유리할 수 있다. 그러나 이것은 단점도 포함하고 있는데 반사율이 너무 커지면 그 만큼 레이저에서 나오는 출력도 작아지게 된다. 레이저에 존재하는 광자의 밀도 가운데 반사경 손실에 해당하는 만큼이 바깥으로 나오기 때문이다. 반사경 손실은 공진기 입장에서 보면 손실이지만 사실 내부 광자 입장에서 보면 **투과율**이라 볼 수도 있다. 반사경의 투과율은 (1-반사율-흡수율)이 정확하게 투과율이 된다. 보통 금속 증착 반사경은 흡수율이 0이 아니고 유전체 코팅으로 만든 반사경일 경우 흡수율은 0에 가깝다고 본다. 그러나 유전체 반사경도 표면에서의 산란 손실이 있을 경우나 이러한 손실이 레이저 발진에 민감할 경우는 작은 양이라도 따로 고려해야 한다.

실제 반도체 레이저의 일종인 에지 에미터 레이저의 경우, 공진기를 구성하는 가장 단순한 반사경은 결정의 쪼개진 면(cleaved facet)을 이용한 것이다. 결정은 특별한 면으로 쪼개지면 결합 에너지가 큰 안정된 표면을 드러내는데 반도체 레이저도 결정으로 구성되어 있어서 웨이퍼를 쪼개면 아주 판판한 면이 나타난다. 반도체의 굴절률은 3.0 정도로 비교적 크기 때문에 공기와의 굴절률 차이에 의해 약 30% 정도의 반사율이 얻어진다. 반사율을 높이기 위해서 쪼개진 면에 고반사율 코팅을 하면 99% 이상의 반사율도 얻을 수 있다.

광 이득의 레이저 발진 이외에 레이저 공진기 내에서 빛의 파동성으로 인해 파장이 만족해야 할 조건이 있다. 그림 2.31은 레이저 내에서 파동의 모양을 보이고 있다. 빛도 전자기파의 일종으로 파동성을 띠고 있기 때문에 서로 다른 방향으로 진행하는 파가 중첩되면 그림 2.31과 같은 정상파가 발생한다. 예를 들어 레이저에 금속 반사경을 사용했다면 금속 표면에서는 전자기파의 세기가 급격히 감소하므로 표면에서 빛의 세기는 거의 없다고 볼 수 있다. 따라서 고정단 반사에 해당하여 공진기 내에서 정상파를 형성하게 되고 이때 공진 파장 λ는 공진기 길이 L과 $L = m\lambda/2$(m은 정수) 관계를 만족해야 한다. 이는 레이저가 임의의 파장에 존재할 수 없고 특별한 파장만 존재함을 말해 준다. 이는 레이저 **종모드**(longitudinal mode)를 결정하는 식이기도 하다. 더 일반적으로 레이저 파장은 공진기 내 빛의 횡방향 분포와도 상관하며 이는 3차원 파동 방정식을 이해해야 하지만 여기서는 설명을 생략하기로 한다.

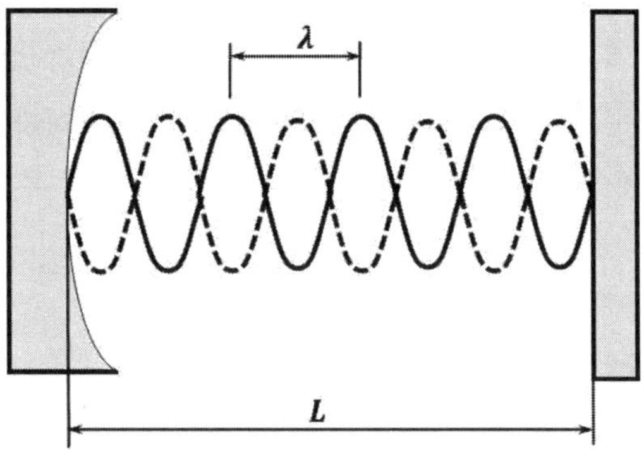

그림 2.31 레이저 공진기 내의 정상파

마. 레이저 발진 조건의 의미

반도체 레이저에서 레이저 발진시 나타나는 3가지 특징을 정리하면 다음과 같다.

㉠ 정상 상태의 유지

레이저의 발진 조건은 다시 말해 빛이 양쪽 거울로 형성된 무한 반복 경로에서 한 주기에 해당하는 거리(one round trip)를 진행하고 나서 다시 자기 자신의 상태를 회복해야 한다는 것을 의미한다. 이것은 물리적으로 정상 상태를 유지하기 위한 조건으로 이 조건이 만족되지 않으면 레이저는 광자의 개수가 무한으로 증폭되어야 하는 모순에 도달한다. 결국 공진기 내의 광자의 개수가 시간에 변함없이 일정 수준을 유지하기 위해서는 한 주기에서 손실되는 광자의 수와 증폭되는 광자의 수가 같아야 한다.

㉡ 광 이득 값의 고정

일단 발진 조건이 만족하면 전류를 더 흘려도 광 이득 값은 고정된다. 그렇지 않으면 광 이득이 손실보다 커져서 빛이 여러 번 왕복할수록 빛의 세기는 급속히 커지게 된다. 레이저 발진이 시작할 때의 광 이득 값을 **임계 광 이득**(threshold gain)이라고 하며 식 (2.41)로부터 광 이득값이 고정되면 전하 운반자 밀도 또한 고정됨을 알 수 있다. 이때 전하 운반자 밀도를 **임계 전하 운반자 밀도**(threshold carrier density)라고 부른다. 따라서 증가된 전류는 전하 밀도를 증가시키지 않고 모두 레이저 빛으로 변환된다.

㉢ **광 위상의 주기성**

공진기 한 주기 진행 후에 광자의 개수(빛의 세기) 뿐만 아니라 빛의 위상도 유지해야 하는데 이것은 공진기 길이가 반 파장의 정수배가 되는 조건을 강제한다. 사실 이것은 전자기파의 경계 조건에 해당하는 것으로 좀 더 자세한 내용은 광 모드 이론 부분을 참조하기 바란다.

2.2.4 레이저 다이오드의 동작특성

그림 2.32는 레이저 다이오드의 순방향 입력전류에 대한 광출력 특성을 나타내고 있다. 이 다이오드의 임계값 전류는 75㎃이며 이 전류 이하에서는 구동 전류가 증가하더라도 광출력은 조금 밖에 증가하지 한다. 이것은 재결합층에 있어서의 자연 방출로 생기는 비코히런트 방사이다. 스펙트럼 측정을 행하면 전류가 임계값을 넘음과 동시에 스펙트럼 폭은 급격히 좁아진다. 임계값 전류는 대부분의 다이오드에서 30~250㎃ 이며 이때 전압은 1.2~2V이다. 그림 2.33에 나타냈듯이 다이오드에서 순방향 전류는 전압이 증가함에 따라 급격히 커지므로 임계값을 약간 넘는 전압이 갖는 전류를 동작점으로 잡을 수 있다. 연속파(Continuous Wave: CW) 레이저의 출력파워는 대체적으로 1~10㎽이다. 낮은 반복 주기에서 동작하는 펄스 레이저는 보다 큰 피크 파워를 용이하게 발생할 수 있지만 고속 온-오프할 수 있는 CW 레이저 쪽이 통신용으로서는 이용 가치가 크다. 동작 전류는 일반적으로 임계값 전류보다 약 20~40㎃ 큰 값으로 이용할 수 있다.

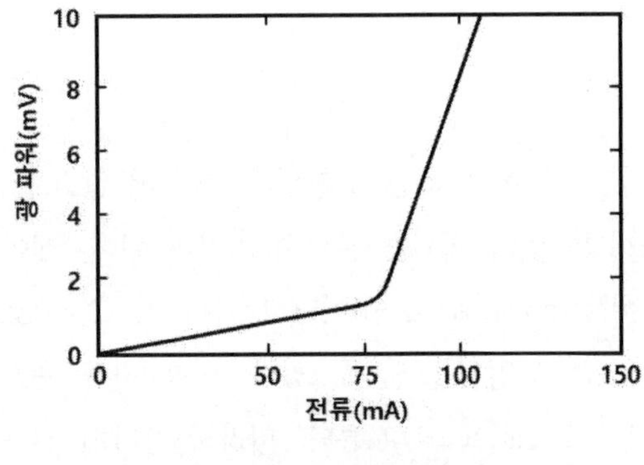

그림 2.32 레이저 다이오드의 파워 대 전류 관계

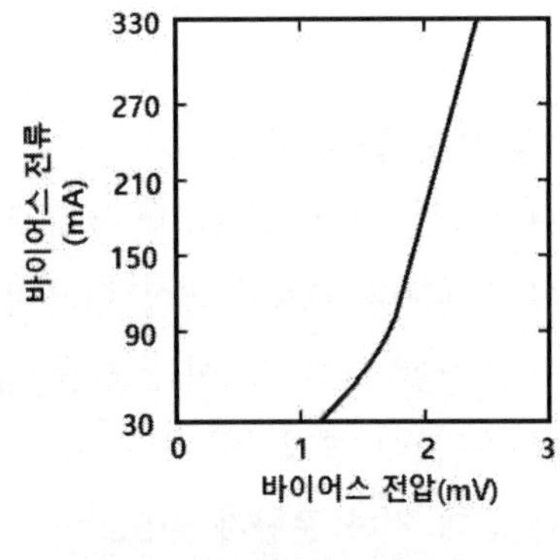

그림 2.33 레이저 다이오드의 전압 대 전류 특성(V)

그림 2.34에 나타낸 레이저 다이오드의 디지털 변조는 LED 디지털 변조와는 다르다. DC 바이어스 전류 I_{DC}는 신호 전류 i_s가 0이 되는 임계값에 전류를 세트 하도록 억제된다. 그림 2.34와 같이 신호 전류가 정(+) 펄스일 때 2진수 1이 발생한다. 임계값에 가깝게 바이어스를 걸면 다이오드는 보다 쾌속하게 온(ON)이 되고 바이어스 없을 때보다도 신호 전류는 작아서 좋다.

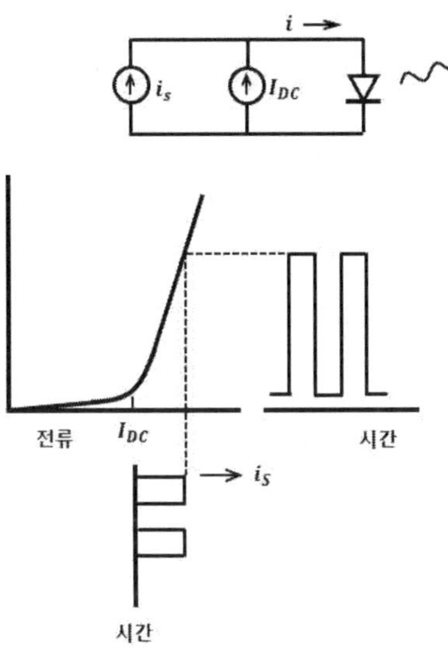

그림 2.34 레이저 다이오드의 디지털 변조

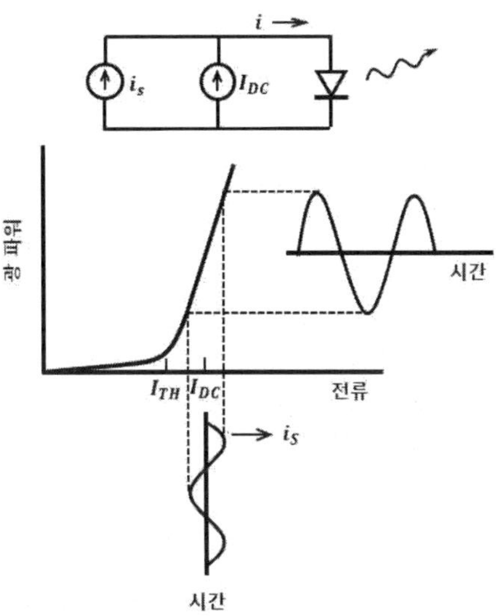

그림 2.35 레이저 다이오드의 아날로그 변조

아날로그 변조(그림 2.35)에서는 DC 바이어스는 임계값보다 크게 되며 파워 대 전류 특성 곡선의 직선 부분에서 동작시킨다. 아날로그 신호를 작은 고주파 왜곡에서 재생할 필요가 있을 때에는 레이저 다이오드의 직선성을 신중히 고려할 필요가 있다.

레이저 다이오드는 민감한 온도 특성을 갖는다. 그림 2.36은 다이오드 온도 특성을 보여주고 있다. 온도가 상승하면 다이오드의 이득이 떨어져 많은 전류가 있어야 발진을 시작할 수 있다. 즉, 임계값 전류가 약 1.5%/°C로 증가하게 된다. 따라서 온도가 올라가면 레이저의 고정된 전류에서 출력이 감소하므로 이러한 출력 변화를 시스템 설계할 때 고려해야 한다.

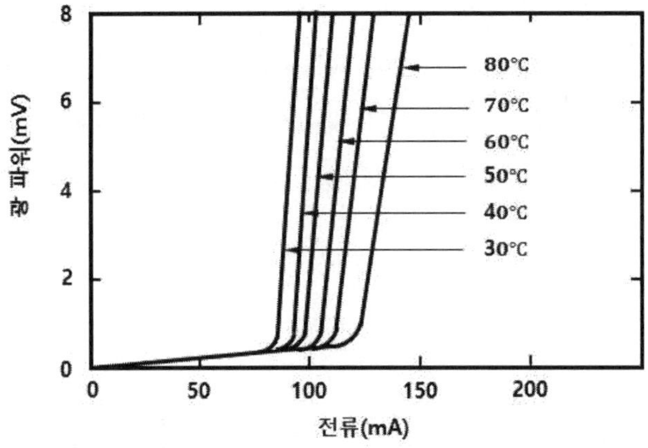

그림 2.36 레이저 다이오드의 온도 특성(㎽)

이 문제를 극복하기 위한 두 가지 방법은 열전 효과에 의해 다이오드를 냉각시키거나 바이어스 전류를 변화시켜 임계값 전류를 보상하는 방법이다. 첫 번째로 전류의 방향에 따라 온도를 변화시키는 기능을 갖는 반도체 소자인 열전 냉각기 위에 레이저 다이오드를 장착하여 온도가 변하면 열 검출기가 이를 감지하여 열전 냉각기를 지나는 전류를 변화시킬 수 있는 다이오드 온도의 안정화 회로를 구성하는 방법이다. 두 번째 전력 안정화 방법으로 레이저 다이오드 뒷면에서 복사되는 광을 광 검출기로 검사하여 출력의 실제 변화를 알아낸 후 DC 전류를 변화시켜 출력을 원하는 값으로 회복시킬 수 있다.

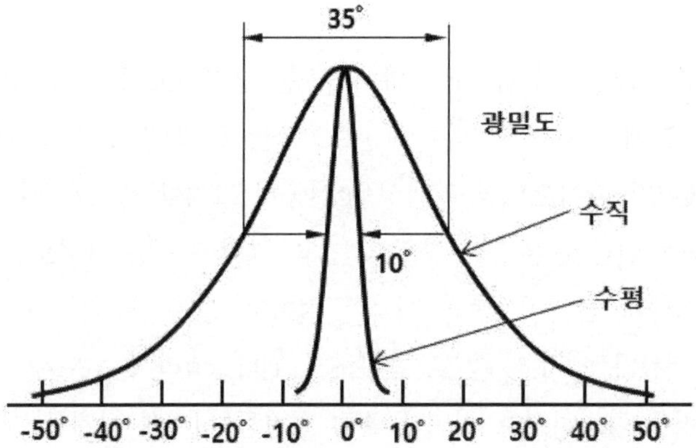

그림 2.37 레이저 다이오드의 복사 패턴

그림 2.37에서 레이저 다이오드는 수직과 수평 방향의 복사 패턴이 대칭적이지 않다. 그러나 이러한 광 분포는 LED와 비교해 볼 때 레이저 다이오드의 출력 광이 훨씬 좁은 영역에서 방출하므로 광섬유를 효율적으로 결합할 수 있다.

2.2.5 레이저 다이오드의 현상학적 이해

가. 능동 매질에서의 운반자 생성과 결합

지금까지는 반도체 레이저를 설명하기 위해 수식의 사용을 제한하고 서술함으로써 기술하였다. 이러한 설명은 대략적인 개념을 이해하는 데는 도움이 되지만 자세한 내부 동작을 파악하기 위해서는 수학의 사용을 피할 수 없게 된다. 레이저를 이해하는데 처음 만나게 되는 방정식의 하나가 바로 **율 방정식**(Rate equation)이다. 이는 공진기 내에 존재하는 여기 된 전자 밀도 또는 운반자 밀도와 광자 밀도 간의 상호 작용을 기술하는 미분 방정식이다. 운반자 밀도는 광 이득 값을 조절하여 광자 밀도의 증감에 영향을 미치고, 광자 밀도는 유도 방출을 일으킴으로써 운반자의 수를 감소시킨다. 이렇게 상호 작용하며 **정상 상태**(steady state)를 이루면서 레이저의 물리적 상태는 유지된다.

운반자 생성과 결합을 다루기 전에 레이저 다이오드의 구조에 대하여 좀 더 알아보자. 앞 절에서는 단순한 pn접합 다이오드로 밀도 반전을 설명하였으나 요즘 대부분의 레이저 다이오드는 이종 접합 pin 다이오드라고 언급한 바 있다. 이러한 다이오드 구조에서 전자와 정공이 중간에 있는 진성 영역에 모여 있는 모습을 밴드 도식으로 그림 2.38에 표시하였다.

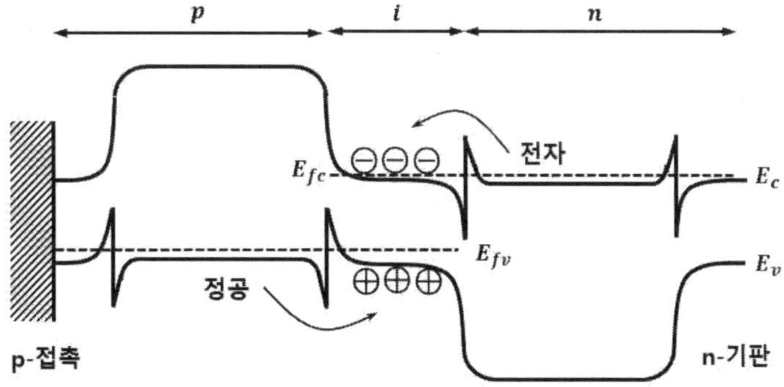

그림 2.38 순방향 전압 걸린 이중 이종 접합구조 다이오드의 밴드 개념

위의 밴드 개념도에서 눈여겨보아야 할 곳은 중간 부분인 진성 영역 부분으로, 여기서 전자와 정공이 모여서 밀도 반전과 레이저 다이오드의 광 이득이 일어나게 된다. 이 부분을 레이저 관점에서는 레이저 **능동 매질**(active medium)이라고 부른다. 레이저 율 방정식은 이 레이저 능동 매질에서 일어나는 운반자와 광자의 상호 작용을 기술하게 된다.

율 방정식에서는 여기 된 전자 밀도는 전자나 정공과 같은 전하 운반자의 밀도 N으로 나타내고, 광자 밀도는 N_p로 나타낸다. 광자 밀도 N_p는 소자에 따라 방출하는 모든 광자를 포함하기도 하고, 특정 모드에 포함된 광자의 숫자를 의미하기도 하므로 율 방정식 상의 초기 정의에 주의를 기울여야 한다. N과 N_p의 동역학적 기술은 결국 시간에 따른 두 인수의 변화를 미분 방정식으로 나타내며 간단한 언어로 기술하면 식 (2.42)와 식 (2.43)처럼 표현 가능하다. 여기서 광자 밀도 N과 N_p는 레이저 능동 매질에서의 운반자 밀도와 특정 광 모드에 속하는 광자 밀도를 나타내는 양으로 가정한다.

$$\frac{dN}{dt} = Carrier\,Generation - Carrier\,Recombination \tag{2.42}$$

$$\frac{dN_p}{dt} = Photon\,Generation - Photon\,Loss \tag{2.43}$$

위의 두 식을 차례로 살펴보자면 첫 번째 식은 운반자의 단위 시간당 증가량이 운반자 생성 속도에서 운반자 결합 속도를 뺀 값으로 정의 되어 있다. 직관적으로도 너무 당연한 얘기를 하고 있다. 생성률은 당연히 운반자 증가에 기여하고 운반자 결합률은 전자와 정공이 결합함으로써 자유전자와 정공의 숫자가 감소하기 때문이다. 두 번째 식인 식 (2.43) 또한 식 (2.42)와 마찬가지로 광자의 증가율은 광자의 생성률 빼기 광자의 소멸률인 단위 시간당 광자 손실 속도와 같은 양이다. 당연한 수식인 것 같지만 이를 기초로 복잡한 두 인수 간의 상호 작용이 이루어지게 된다.

$$Carrier\,Generation = \frac{\eta_i I}{qV} \tag{2.44}$$

$$Carrier\,Recombination = R_{sp} + R_{nr} + R_l + R_{st} \equiv R_{rec} \tag{2.45}$$

식 (2.44)는 다이오드에 흐르는 전류와 능동 매질에서 발생하는 전하 운반자 생성률 사이의 관계를 보이고 있다. 여기서 η_i는 **내부 양자 효율**(internal quantum efficiency)라는 인수로 다이오드에 흐르는 전류 중에 레이저 능동 매질에서 운반자 밀도로 변화되는 효율을 말하고 있다. 내부 양자 효율이 1인 경우 전체 전류 I가 능동 매질의 체적 V에서 운반자로 모두 변화되므로 단위 시간당 생성되는 전자나 정공의 밀도는 I/qV와 같아져 식 (2.44)의 결과와 일치함을 알 수 있다. 전체 전류가 모두 능동 매질에서 전하 운반자로 바뀌지 못하는 이유는 여러 가지가 있으며 예를 들어 레이저 소자에서 절연 구조의 이상으로 전류가 레이저 능동 매질로 공급되지 않고 바로 p형에서 n형으로 넘어가는 전류 통로(shunt path)가 존재한다면 레이저의 광자 생성에 기여하지 못하는 전류가 될 것이다. 그러나 보통 좋은 반도체 레이저에서 내부 양자 효율은 1에 매우 가까운 값을 가지고 있다.

식 (2.44)가 운반자의 생성을 나타내는 반면, 식 (2.45)는 운반자의 소멸 속도를 보이고 있다. 여러 가지 물리적 과정에 의해서 전자와 정공은 결합하게 되는데, 식 (2.45)는 그 중에서 중요한 요소들을 묶어서 네 개의 항으로 표시하고 있다. 첫째 항 R_{sp}는 자발 방출 광을 내는 전하 운반자의 결합을 나타내고 이를 **쌍분자 결합**이라고도 한다. R_{nr}은 비 발광 결합을 나타내는 것으로 빛을 생성하지 않고 전자와 전공이 결합하는 속도이다. R_l은 누수(leakage)를 나타내며 전류 누수(current leakage)와는 다른 값으로 레이저 능동 매질에서 벗어난 전하 운반자의 결합률을 말한다. 마지막으로 R_{st}는 유도 방출 결합률이다.

자발 방출광은 말 그대로 전도대 전자가 높은 에너지 상태에 있다가 정공을 만나서 낮은 에너지 상태로 천이하면서 빛을 내는 과정으로 유도 방출에 의한 과정이 아니므로 이 빛이 바로 레이저 출력에 기여하는 비율은 매우 작지만 레이저의 발진 조건과 밀접한 관련을 갖는 양이 된다. 자발 방출 결합률은 쌍분자 결합이라고도 부르는데 이는 전자와 정공이 만나서 빛을 방출하기 때문이다. 따라서 결합률은 두 운반자의 밀도에 비례하므로 두 운반자 밀도의 곱에 비례하게 된다. 일반적으로 레이저 다이오드의 능동 매질에서 이 두 운반자의 밀도는 같기 때문에 결합 확률은 운반자 밀도의 제곱에 비례한다. 따라서 운반자 결합 속도 또한 운반자 밀도 제곱에 비례하는 양이 된다.

두 번째 항인 비 발광 결합은, 전자가 아래쪽 에너지 상태로 천이하면서 빛을 내지 않는 경우인데 보통 에너지 밴드 사이에 중간 에너지 상태가 존재하여 두 번에 걸쳐 에너지를 방출하며 밴드 갭 파장과는 다른 파장의 빛을 내거나 열에너지를 방출하는 경우가 대부분이다. 결국 이러한 비 발광 결합은 중간 에너지 상태가 존재할 경우에 일어나는데 중간 에너지 상태는 불순물이나 **결함 밀도**(defect density)에 비례하게 된다. 결함 밀도는 다른 용어로 **함정 밀도**(trap density)라고 부르기도 한다. 이 결정 결함이 운반자와 결합하는 확률이 비 발광 결합률을 결정하므로 비 발광 결합률은 결함 밀도와 운반자 밀도의 곱에 비례하는 양이 된다. 보통 결함 밀도는 결정이 성장되면 변하지 않는다고 가정한다면 비 발광 결합은 대략적으로 운반자 밀도에 비례한다고 볼 수 있다.

세 번째 항인 누설 결합률은 앞서 간단히 설명한 것처럼 일단 능동 매질에 생성된 전하 운반자가 유도 방출이 될 때 까지 기다리지 못하고 전자의 경우 p형 반도체 쪽으로 넘어가게 되면 거기서 비 발광 결합을 하게 되거나 광 모드와 상관없이 발광 결합을 하게 된다면 광자 밀도에 영향을 미치지 못하게 된다. 보통 이중 이종접합 구조에서 진성 영역 과 p형 다이오드 사이의 에너지 밴드 갭 차이가 크면 에너지 장벽의 높이가 높아서 이러한 누설은 작지만, 에너지 장벽이 작은 경우에는 소자 온도의 증가에 따라 누설양이 커지게 된다. 마지막으로 유도 방출 결합률은 능동 매질 내의 광 이득 값과 광자 밀도의 곱에 비례하는 양이다. 유도 방출로 생성되는 광자 수만큼 운반자는 소모되기 때문이다.

앞서 설명한 것처럼 운반자 결합 속도는 원인에 따라 운반자와의 상관관계가 다르므로 운반자 소멸 속도를 운반자 밀도의 함수로 나타내면 운반자 밀도의 다항식으로 표현되며 이를 식 (2.46)에 나타내었다.

$$R_{rec} = BN^2 + (AN + CN^3) + R_{st} \tag{2.46}$$

$$\begin{cases} R_{sp} \approx BN^2 \\ R_{nr} + R_l \approx (AN + CN^3) \end{cases}$$

B는 **쌍분자 결합 계수**라고 불리며, A의 비 발광 결합과, C의 오제(Auger) 결합과 관계하는 계수이다. 오제 결합이 운반자 밀도에 세제곱에 비례하는데 이것은 세 개의 입자가 동시에 만나야 오제 결합이 일어나기 때문이다.

위의 식 (2.46)을 살펴보면 처음 세 항은 자연적인 또는 광자에 의해 자극 받지 않는 운반자 밀도의 감쇠 과정과 관련한 결합률을 나타낸다. 일단 레이저 능동 매질에 전하 운반자가 생성되었을 때 공진기가 없다면 유도 방출이 일어나지 않고 자연 감쇠 과정에 의해서 운반자의 수명이 결정이 된다. τ는 전하 운반자 수명(carrier lifetime)이라고 부르며 하나의 전하 운반자가 레이저 다이오드 내에 있을 때 운반자 결합 과정에 의해 소멸되는 시간을 의미한다. 이것은 앞서 나온 율 방정식에서 전류 주입이 갑자기 끊겼을 때 운반자의 감쇠 시간 상수와 같다. 운반자 수명에 대한 정의에 따르면 $(1/\tau)dt$는 dt동안 운반자가 없어질 확률이 된다. 따라서 능동 매질에 운반자 밀도가 N개 있으면 $(N/\tau)dt$의 운반자가 dt동안 사라지게 되며 단위 시간당 감소하는 운반자의 개수는 N/τ라고 할 수 있다. 이를 수식으로 표현하면 식 (2.47), 식 (2.48)과 같이 나타낼 수 있다.

$$1/\tau = A + BN + CN^2 \tag{2.47}$$

$$R_{rec} = \frac{N}{\tau} + R_{st} \tag{2.48}$$

전하 운반자의 전류 주입에 의한 생성과 결합에 의한 소멸을 포함하여 정리하면 다음과 같은 시간 변화 미분 방정식을 얻게 된다.

$$\frac{dN}{dt} = \frac{\eta_i I}{qV} - \frac{N}{\tau} - R_{st} \tag{2.49}$$

식 (2.49)을 얻어냄으로써 율 방정식에서 다루는 두 방정식 중의 하나인 운반자 밀도에 대한 변화율을 완성하였다.

나. 공진기 내의 광자 생성과 손실

율 방정식의 두 번째 식은 광자 밀도의 시간 변화율에 관한 것이다. 운반자 밀도와 마찬가지로 생성 속도에서 광 손실에 의한 소멸 속도를 빼준 값이 광자 밀도의 시간 변화율로서 식 (2.50)에 나타나 있다. 이때 광자 밀도를 N_p라고 하는데 레이저에서는 특정 모드 내의 광자 밀도를 의미한다. 따라서 이 모드 내의 빛의 생성률은 유도 방출에 의한 항과 자발 방출 항으로 나뉘게 된다. 또한 공진기 내 광자의 손실은 광자 수명으로 운반자 결합 손실과 마찬가지로 표현한다.

$$\frac{dN_p}{dt} = \Gamma R_{st} + \Gamma \beta_{sp} R_{sp} - \frac{N_p}{\tau_p} \tag{2.50}$$

Γ는 **감금 인자**(confinement factor)라고 부르는 값으로 전체 광자의 중에 레이저 능동 매질을 지나가는 광자의 비율이다. 이는 능동 매질에 속한 광자들만이 유도 방출에 관여하여 특정 모드에 속한 광자 밀도를 증가시키기 때문이다. 능동 매질 외의 부분 경우 광자는 존재하지만 밀도 반전이 이루어지지 않아 빛이 지나가도 유도 방출에 의해 광자 수가 증폭되지는 않는다. 두 번째 항에 나오는 β_{sp}는 **자발 방출 인자**라고 부르며, 자발 방출광 중 N_p로 기술되는 레이저 모드로 결합하는 비율을 나타낸다. 일반적으로 자발 방출광은 모든 방향으로 방출되기 때문에 특정 레이저 모드로 결합하는 효율은 매우 작은 값이다(1/1000 이하). 단, 광 결정과 같이 3차원적으로 광 모드가 잘 구속된 경우에는 1에 근접하는 값을 보일 수도 있다. 자발 방출광 항에도 감금 인자 Γ가 더해지는데 이것은 유도 방출이나 자발 방출이나 모두 능동 매질에서만 일어나고 광자는 능동 매질 범위를 넘어가 더 큰 체적 V_p를 차지하는 경우가 많기 때문이다. 실제로 모드에 속한 광자의 전체 개수는 $N_p V_p$라고 할

수 있으며 능동 매질에서 발생하는 자발 방출광에 의한 광자 수의 증가량은 $\beta_{sp}R_{sp}V_p$이기 때문에 전체 방정식을 V_p로 나누어 주면 식 (2.50)과 같은 관계를 가지게 된다.

마지막으로, 세 번째 항은 광자 수의 감소를 나타내는 양으로서, 공진기의 손실에 기인한다. 레이저 공진기는 광 경로에서 흡수나 산란에 의한 손실, 반사경에서의 투과에 의한 손실과 같은 여러 종류의 손실이 존재한다. 따라서 광자 한 개가 공진기내에 갇혔을 경우, 자연 상태에서는 지수 함수적으로 감소하며 시간 τ_p 이후에 공진기 내부에 존재할 확률은 $1/e$로 감소하게 된다. 임계 광이득 $g_{th} = \alpha_i + \alpha_m$에 빛의 속도를 곱하면 단위 시간 당 공진기 광 손실이 구해지는데 이 광 손실은 광자 수명 τ_p의 역수에 해당한다고 볼 수 있다.

결국 식 (2.49)과 식 (2.50)이 함께 레이저 내의 운반자 밀도와 광자 밀도의 동역학적 변화를 기술하는 율 방정식을 구성한다. 자세히 보면 두 변수가 서로 상호 작용하는 연결 항을 볼 수 있는데 식 (2.49)과 식 (2.50)에서 보이는 유도 방출 항과 식 (2.50)에서 보이는 자발 방출 항이 그것이다. 유도 방출 항은 실제로 운반자 밀도와 광자 밀도의 곱으로 표현되기 때문에 두 주요 변수를 연결하는 역할을 한다. 자발 방출 항은 운반자 밀도에 비례하는 항으로서 광자의 밀도에 영향을 주고 있다. 이러한 연결항의 존재는 레이저 내부 동력학을 복잡하게 만드는 요소이기도 하다.

그럼 가장 중요한 유도 방출 항에 대해 자세히 살펴보자. 이해를 돕기 위해 그림 2.39에 유도 방출에 의한 광 증폭 현상을 도식화 하여 보이고 있다. 이 그림에서는 공진기 내에 손실이 없고 순수 광 이득만이 존재 할 때에 광자 수의 시간적 증가를 보이고 있다. 식 (2.50)에서 첫째 항인 유도 방출 항만 존재하고 나머지 두 항은 없다고 가정한 것이며 이렇게 단순화된 상황에서 유도 방출 항 R_{st}의 의미를 좀 더 명확히 이해할 수 있을 것이다.

그림 2.39에서는 초기 광자 밀도 ΔN_p의 빛이 광 이득 값이 g인 레이저 능동 매질 영역 Δz를 지나가며 $N_p + \Delta N_p$로 증폭되는 모습을 보이고 있다. 앞서 설명한 광 이득 식 (2.35)과 식 (2.36)에 의하면 $N_p + \Delta N_p$는 $N_p \mathrm{Exp}[g\Delta z]$와 같게 된다. 식 (2.51)에 이 관계를 보이고 있으며 지수 함수 $\mathrm{Exp}[x]$는 x가 1보다 매우 작을 때 근사적으로 $1+x$에 가까워지므로 $\mathrm{Exp}[g\Delta z] \fallingdotseq 1 + g\Delta z$로 표현 되며 Δz는 빛의 진행 속도와 시간 Δt의 곱으로 표현할 수 있다. 여기서 v_g는 빛의 그룹 속도를 나타낸다.

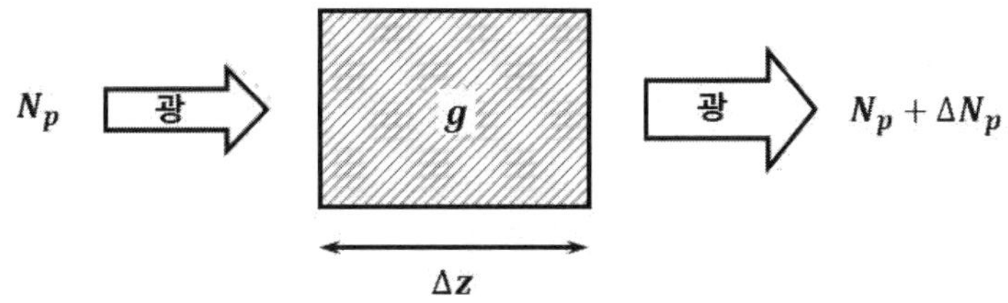

그림 2.39 공진기 내의 광자 증폭

$$N_p + \Delta N_p = N_p e^{g\Delta z} \tag{2.51}$$

$$\begin{cases} e^{g\Delta n} \approx (1 + g\Delta z) \\ \Delta z = v_g \Delta t \end{cases}$$

식 (2.51)를 정리하면 광자 생성률에 해당하는 미분 방정식이 얻어지며, 식 (2.52)과 같아진다.

$$\left(\frac{dN_p}{dt}\right)_{\geq n} = R_{st} = \frac{\Delta N_p}{\Delta t} = v_g g N_p \tag{2.52}$$

식 (2.52)을 자세히 보면 식 (2.35)의 다른 표현에 불과하다는 것을 알 수 있다. 식 (2.35)에서 빛의 세기 I는 빛의 세기는 단위 시간당 단위 면적에 쏟아지는 빛의 에너지를 나타내므로 실제로 광자의 총수 N_p와 개별 광자의 에너지 $h\omega$ 그리고 빛의 속도 v_g의 곱과 같다. 따라서 I는 N_p에 비례하고 $dx = v_g dt$이므로 결국 식 (2.52)은 식 (2.35)의 시간 변수에 대한 표현일 뿐이다.

다. 반도체 레이저의 율 방정식

앞 절에서 살펴본 운반자의 변화율과 광자의 변화율에 대한 미분 방정식을 정리하면 레이저 공진기의 율 방정식이 얻어지며 다음과 같이 정리할 수 있다.

$$\frac{dN}{dt} = \frac{\eta_i I}{qV} - \frac{N}{\tau} - v_g g N_p \tag{2.53}$$

$$\frac{dN_{ph}}{dt} = \Gamma R_{st} + \Gamma \beta_{sp} R_{sp} - \frac{N_p}{\tau_p} \tag{2.54}$$

식 (2.53)에서 광 이득 값은 반도체 레이저 경우 운반자 밀도 N과 다음과 같은 관계를 갖는다.

$$g \approx a(N - N_{tr}) \tag{2.55}$$

광 이득 값은 일반적으로 운반자 밀도 증가에 따라 비선형적으로 증가한다. 그러나 운반자 밀도의 변화가 특정 동작 점 중심으로 조금 변한다고 가정하면 국부적으로 선형 관계를 가진다고 볼 수 있다. 따라서 식 (2.55)과 같은 선형 관계로 표현가능하다. N_{tr}은 **투명 운반자 밀도**(transparent carrier density)에 해당한다. 투명 운반자 밀도에서는 흡수도 없고 광 이득도 없는 광학적으로 투명한 상태에 도달하기 때문에 붙여진 이름이다. 이 선형 모델에서는 운반자 밀도가 0일 경우, 광 이득 값이 음의 부호를 가지는데 이것은 능동 매질이 흡수 매질로 작용하면 빛의 세기는 지수 함수적으로 감소함을 말한다. 이것은 능동 매질이 순방향 전류가 흐르기 이전에 능동 매질에서 밀도 반전이 일어나지 않기 때문에 낮은 에너지 상태에 보다 많은 전자가 채워져 있어 유도 방출이 일어나기 보다는 흡수가 일어나기 때문이므로 물리적으로 합리적인 결과라고 볼 수 있다.

식 (2.53)과 식 (2.54)을 정리함으로써 레이저의 율 방정식을 얻어냈다. 나머지 할 일은 미 분 방정식을 푸는 일 뿐이다. 단순한 작업은 아니지만 두 개의 연결된 일차 미분 방정식을 푸는 일은 비교적 잘 알려진 알고리즘이 많이 존재하므로 염려할 만한 사항은 아니다.

라. 감금 인자의 수학적 정의

$$\Gamma = \frac{\int_{active} |\Psi|^2 dV}{\int |\Psi|^2 dV} \tag{2.56}$$

여기서 $|\Psi|^2$는 광자 밀도에 해당하는 광 모드 전기장 분포의 제곱이다. 분자에 있는 적분은 레이저 능동 매질에 적분 범위를 제한하고 있다. 보통 광 모드 분포는 $|\Psi|^2$는 균일하지 않지만, 광 모드의 유효 두께, 폭, 길이를 도입하여 균일하게 분포한다고 가정하면 광 모드 체적 $V_p = d_{eff} \cdot W_{eff} \cdot L$로 표현되고, 레이저 능동 매질 폭, 두께, 길이를 각각 d, W, L_a이라 할 때, 감금 인자는 다음과 같이 표현된다.

$$\Gamma = \Gamma_x \Gamma_y \Gamma_z \tag{2.57}$$

$$\Gamma_x = d/d_{eff},\ \Gamma_y = w/w_{eff},\ \Gamma_z = L_a/L \tag{2.58}$$

감금 인자는 식 (2.56)에 정의된 바와 같이 3차원 체적 적분을 통해 정밀하게 구할 수 있다. 식 (2.57)와 식 (2.58)은 유효 광 모드의 3차원적 크기 d_{eff}, W_{eff}, L로서 간단화한 경우이다.

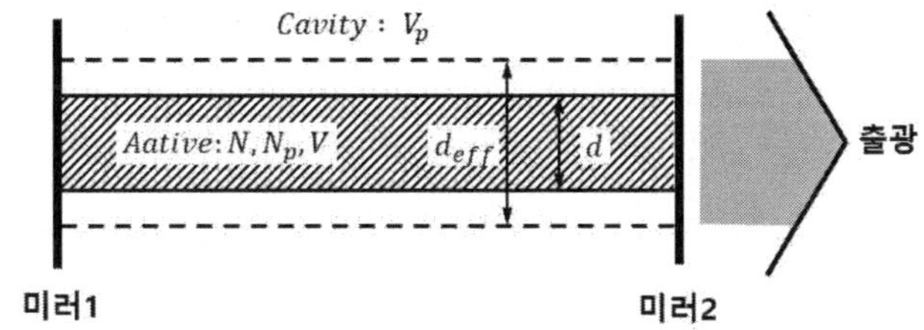

그림 2.40 면내 레이저에서 감금 인자

그림 2.40은 에지 이미팅 레이저(edge emitting laser) 또는 면내(in-plane) 레이저의 단면을 보여 주며 감금 인자의 적용 예를 설명하고 있다. 레이저 다이오드 단면에서 광 모드는 유효 두께 d_{eff}에 걸쳐 퍼져 있고, 그 바깥에서는 없어진다고 가정한다. 결국 전체 광자 수는 광자 밀도를 전체 체적에 대해 적분한 양이고 이 값은 (N_p, d_{eff}, W_{eff}, L)과 같아야 한다. 광 모드의 유효 두께와 유효 폭은 결국 실제 광 모드의 능동 매질 내 평균 밀도가 유지 된다고 가정할 때 전체 광자 수 보존을 만족하기 위한 두께와 폭, 길이에 해당한다. 결국 두께 방향으로의 감금 인자인 Γ_x는 d/d_{eff}에 해당하게 된다.

레이저의 발진 조건은 식 (2.41)은 감금 인자를 고려할 때 다음과 같이 바뀐다.

$$g = \alpha_i + \left(\frac{1}{2L}\right)\ln\left(\frac{1}{R_1 R_2}\right) \tag{2.59}$$

$$\Gamma g = \alpha_i + \left(\frac{1}{2L}\right)\ln\left(\frac{1}{R_1 R_2}\right) = \alpha_i + \alpha_m = \frac{1}{v_g \tau_p} \tag{2.60}$$

광 이득은 감금 인자만큼 감소하지만 반사경 손실은 능동 매질 부분의 광 모드 뿐 아니라, 바깥쪽으로 퍼진 광 모드에 대해서도 그대로 적용되므로 감금 인자가 곱해지지 않는다.

마. 임계(threshold) 전후 특성

반도체 레이저에 계속 주입 전류를 증가시키면 광 이득 값이 광 손실을 상쇄하면서 레이저가 발진 조건에 도달한다. 이를 임계점(threshold)라고 하며, 레이저 특성 분석 시 크게 임계 하(below threshold) 현상과 임계 후(above threshold) 현상으로 구분 지을 수 있다. 임계점의 가장 큰 특징 중 하나는 운반자 밀도가 고정되는 현상이다. 광 이득 값은 공진기 광 손실 보다 커지지 않는다. 만약 커지게 되면 광 경로를 따라 빛이 진행하면서 계속 증폭되어 왕복할 때 마다 빛의 세기가 지수 함수적으로 증가하며 레이저 내 정상 상태가 유지되지 않는다. 정상 상태를 유지하기 위해서는 공진기 내의 한 점에서 빛의 세기가 시간에 따라 일정한 값을 유지하고 있어야 한다. 따라서 임계 전류에 도달하면 레이저가 발진하기 시작하고, 전류를 더 이상 증가시켜도 광 이득 값은 늘어나지 않으므로 운반자 밀도 또한 고정되어야 한다. 광 이득은 운반자 밀도에 비례하기 때문에 광 이득이 고정된다고 하는 것은 운반자 밀도 또한 고정된다는 것을 의미한다. 따라서 레이저 율 방정식은 임계 전류 이상에서는 운반자 밀도가 증가하지 않고 주입된 전류가 광자 밀도의 증가에만 사용되도록 시스템을 조절하게 된다. 레이저는 임계 전류 이상에서 자발 방출 광량은 고정하면서 유도 방출 출력을 급격히 늘이는 셈이다. 이렇게 임계 전류 이상에서 광 이득이 일정하게 유지되고 운반자 밀도가 고정되는 현상을 **광 이득 고정**(gain clamping)이라고 부른다. 그림 2.41에 운반자 밀도에 따른 광 이득 변화 곡선을 보이고 있으며, 그림 2.42에서는 임계 전류 이상에서 운반자 밀도의 고정을 보이고 있다.

$$g(I > I_{th}) = g_{th} \qquad (steady\,state) \tag{2.61}$$

$$N(I > I_{th}) = N_{th} \qquad (steady\,state) \tag{2.62}$$

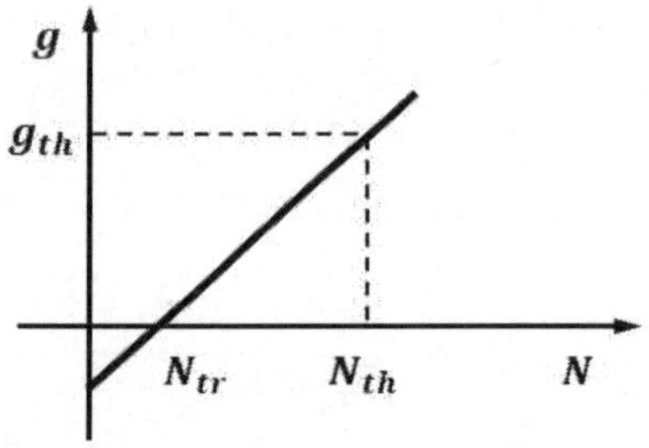

그림 2.41 운반자 밀도 대 광 이득

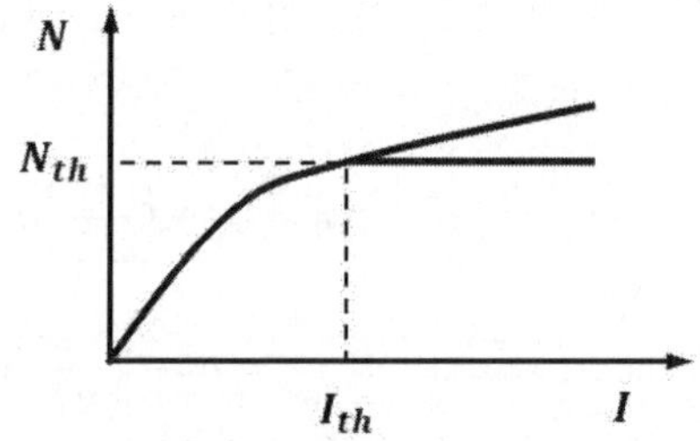

그림 2.42 주입 전류 대 운반자 밀도

바. 전류 대 광 출력 특성

반도체 레이저가 발진하는 것을 가장 쉽게 확인할 수 있는 특성 곡선은 전류 값과 광 출력 값을 나타내는 LI곡선(Light-current curve) 이다. 여기서 L은 광 출력을 나타내고 I는 전류값을 의미한다. 아래에 전형적인 LI곡선을 보이고 있으며 광 출력이 임계점 위에서 갑자기 높은 기울기를 가지고 증가하는 것을 볼 수 있다. 이것은 임계점 위에서 대부분 전기 에너지가 특정 모드의 광자를 복사하는데 사용되기 때문이다. 결국 레이저는 전기 에너지를 특정한 모드의 빛 에너지로 전환하는 장치인 셈이다. 이렇게 특정 모드로 빛 에너지가 집중하면 보통 소자 면에 수직하여 에너지 방출하는 분포가 높아진다. 따라서 렌즈로 모아 주면 레이저의 상당 부분 에너지는 광 검출기로 들어가게 된다. 반면에 자발 방출광은 사방으로 퍼지기 때문에 렌즈의 개구수(numerical aperture) 안으로 들어가는 비율만 검출기로 들어가는데, 보통의 렌즈를 사용한다면 이 값은 매우 작다. 또한 임계 전류 이상에서 레이저의 출력은 유도 방출 증가와 함께 계속 증가하는 반면, 자발 방출 광 출력은 운반자 밀도가 고정되어 있기 때문에 그 값이 거의 일정하다. 따라서 실제 광 검출기에 도달하는 레이저 광과 자발 방출광의 비율은 레이저 출력이 증가함에 따라 더욱 커지게 된다. 실제로 개구율이 높은 렌즈를 사용하거나 자발 방출 인자가 높은 공진기 경우 출력되는 빛에서 자발 방출광의 비율은 상당하며 전류 대 광 출력 곡선의 기울기 변화도 심하지 않다.

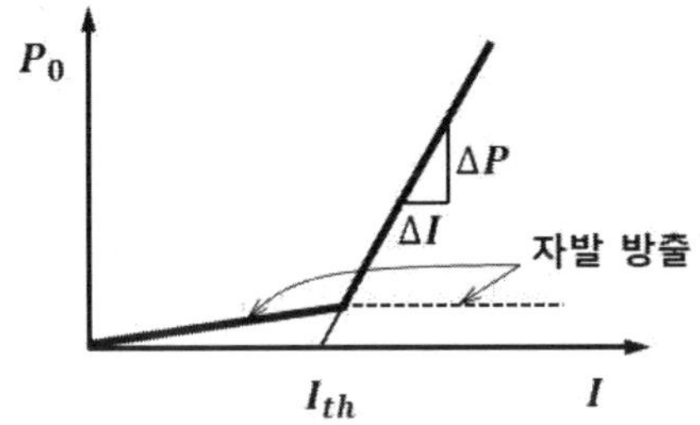

그림 2.43 전류 대 광 출력 곡선

그림 2.43에서는 임계 전류 이상에서 자발 방출광의 세기가 일정하게 유지됨을 도식적으로 보여 주고 있다. 개념적으로는 상수를 유지하고 있으나 실제로는 홀-버닝(hole-burning) 효과, 열 렌즈(thermal lens) 등 여러 가지 효과에 의해 임계 광 이득 값이 변하기 때문에 임계 운반자 밀도 또한 어느 정도 요동치게 된다. 그러나 대략적으로는 일정하다고 보아도

레이저 다이오드 기초를 배우는 사람들에게는 무방하리라고 생각된다. 그래프의 또 하나 중요한 특징은 임계 전류 이상에서 그래프의 기울기인 dP/dI이다. 이 값은 단위 전류 당 변환되는 광 출력에 해당하는데 레이저 다이오드의 총체적인 효율과 관계되는 값이다. 단위는 ㎽/㎃ 또는 W/A라고 표시된다.

사. LI 곡선과 율 방정식

LI곡선의 기본적 특징은 율 방정식으로부터 이해할 수 있다. 앞에서 힘들게 유도한 율 방정식의 유용성을 확인할 수 있는 좋은 기회인 셈이다, 아래에 율 방정식인 식 (2.53)을 다시 나타내었다. 임계점까지는 유도 방출 효과가 작기 때문에 운반자 밀도 관련한 식 (2.53)로 부터 마지막 항은 무시할 수 있다. 따라서 임계 전류 이하에서는 식 (2.53)에서 세 번째 항을 무시한 방정식을 사용하여도 큰 오차가 발생하지 않으므로 이 식으로부터 임계 전류를 구하는 식 (2.63)을 얻어낼 수 있다.

$$0=\frac{dN}{dt}\approx\frac{\eta_i I_{th}}{qV}-\frac{N_{th}}{\tau} \qquad (I\approx I_{th}) \tag{2.63}$$

$$0=\frac{dN}{dt}=\frac{\eta_i(I-I_{th})}{qV}-v_g g N_p \qquad (I>I_{th}) \tag{2.64}$$

임계 전류 이하의 정상 상태에서는 운반자 밀도가 시간에 따라 변하지 않기 때문에 $dN/dt=0$이라고 가정하였다. 식 (2.63)로부터 임계 전류와 임계 운반자 밀도 사이의 관계를 얻어낼 수 있다. 자발 방출광의 세기는 임계 운반자 밀도 N_{th}에 의해 고정된다. 반대로 임계점 위에서는 유도 방출이 지배적이므로 식 (2.63)의 두 번째 자발 방출 항은 고려되지 않으며 식 (2.64)와 같은 관계식을 얻는다. 여기서도 마찬가지로 정상상태 조건을 사용하였고, 광자 밀도 N_p와 주입 전류 사이의 관계를 알 수 있다. 또한 운반자 밀도 N은 임계 전류 이상에서 N_{th}값으로 고정되기 때문에 앞서 식 (2.63)에서 구한 임계 전류와 임계 운반자 밀도 사이의 관계를 사용하여 간단히 표시하였다. 결국 식 (2.64)은 주입 전류와 임계 전류의 차이가 광자 밀도의 증가로 이어짐을 보여 주고 있다. 이 관계로부터 광자 밀도에 대해 정리하면 식 (2.65)을 얻게 된다.

$$N_p=\frac{\eta_i(I-I_{th})}{qv_g g_{th}V} \qquad (steady\,state) \tag{2.65}$$

$$P_0=v_g\alpha_m N_p h\nu V_p \tag{2.66}$$

일단 공진기 내의 광자 밀도가 구해지면 광 출력을 구할 수 있으며, 이것은 식 (2.66)에 나온 바와 같다. 식 (2.66)을 좀 더 자세히 살펴보자. 식 (2.33)에서 보면 흡수 계수가 α인 매질에서 단위 길이 당 흡수되는 광자의 수는 αN_p이다. 반사경의 유효 흡수율이 α_m이므로 반사경에 의해서 손실 되는 광자의 숫자는 $\alpha_m N_p$이다. 이 손실된 광자들은 공진기 입장에서 보면 손실이지만 사실은 공진기 밖으로 빠져나가는 레이저의 출력에 해당한다. 공진기 내의 전체 광자의 수는 $N_p V_p$이고, 빛의 그룹 속도가 V_s일 때 단위 시간당 광자가 진행하는 거리는 V_s이므로 단위 시간 당 손실 되는 전체 광자 숫자는 단위 길이 당 손실되는 광자 수 $\alpha_m N_p V_p$ 곱하기 단위 시간당 진행 거리 V_s이다. 여기에 광자 하나의 에너지 $h\nu$를 곱하면 레이저의 출력 P_0가 식 (2.66)과 같이 구해진다. N_p는 식 (2.65)에서 주입 전류로 표현할 수 있으므로 레이저 광 출력을 주입 전류의 함수로 구할 수 있다, 이 결과를 식 (2.67)에 나타내었다.

$$P_o = \eta_i\left(\frac{\alpha_m}{\alpha_i + \alpha_m}\right)\frac{h\nu}{q}(I - I_{th}) \quad (I > I_{th}) \tag{2.67}$$

$$\eta_d = \eta_i\left(\frac{\alpha_m}{\alpha_i + \alpha_m}\right) \tag{2.68}$$

식 (2.67)은 임계 전류 이상에서 전류 대 광 출력의 관계를 표시하고 있다. 가장 유용한 정 보중의 하나는 LI곡선에서 기울기에 해당하는 **전력 변환 효율**(Wall-plug efficiency)이다. 이 전력 변환 효율은 다시 미분 양자 효율(differential quantum efficiency) η_d와 $h\nu/q$로 나누어진다. 미분 양자 효율은 식 (2.68)에 정리 되어 있다.

식 (2.67)의 기울기 부분에서 $h\nu/q$를 제외한 인자에 해당하는 수식을 묶어 놓은 것인데 그 안을 들여다보면 내부 양자 효율 η_i와 (반사경 손실/공진기 손실) 비율의 곱으로 되어 있음을 알 수 있다. 결국 주입된 전류 중에 레이저 능동 매질에서 운반자로 바뀌는 비율과 전체 손실 중에 반사경을 통해 외부로 투과하는 비율이 미분 양자 효율을 규정하고 있음을 알 수 있다. 미분 양자 효율과 더불어 $h\nu/q$는 광자의 에너지와 전하의 비율로서 운반자 하나가 완전히 광자 하나로 바뀔 경우, LI곡선 상에서 기울기로 변환되는 값을 나타내고 있다. 물론 미분 양자 효율 만큼 실제 기울기는 감소하게 될 것이다. 결국 임계 전류 I_{th}에 이를 때 까지는 유도 방출에 의한 레이저 광 출력은 0이라고 가정하고 임계 전류 이상부터 미분 양자 효율에 해당되는 만큼 전하가 광자로 변환되며 광 출력이 증가함을 보여주고 있다. 공진기 내의 광자들은 단위 길이 당 $(\alpha_m + \alpha_i)$ 해당되는 비율로 손실이 일어난다. 이중에 α_m에 해당하는 만큼은 레이저 출력에 기여하므로 결국 생성되는 광자의 $\alpha_m/(\alpha_m+\alpha_i)$ 만큼 빛으로 나오게 된다는 얘기이다. 따라서 식 (2.68)은 레이저 LI곡선의 물리적 의미와 합치하며 매우 실용적인 정보를 제공하고 있다. 율 방정식이 복잡해 보이지만 이와 같이 실제적으로 레이저 다이오드 내부 동작 원리를 이해하는데 유용한 정보를 상대적으로 쉽게 설명하고 있는 것이다.

$$P_o = \eta_d \frac{h\nu}{q}(I - I_{th}) \quad (I > I_{th}) \tag{2.69}$$

$$\eta_d = \left[\frac{q}{h\nu}\right]\frac{dP_0}{dI} \tag{2.70}$$

식 (2.67)을 미분 양자 효율을 이용하여 표현하면 식 (2.69)과 같이 간단하게 표현할 수 있다. 여기서 미분 양자 효율을 LI곡선 상의 기울기인 dP/dI를 사용해서 다시 정리하면 식 (2.70)이 얻어진다. 실제로 미분 양자 효율을 실험적으로 구할 때에는 식 (2.70)의 관계식을 이용하여 먼저 LI곡선을 측정한 다음에 기울기 dP/dI를 추출한 뒤 광자 전하 전환 인자인 $q/h\nu$를 곱해주면 되는 것이다. 이런 방법을 사용하면 미분 양자 효율에 대한 두 가지 표현인 식 (2.68)과 식 (2.70)으로부터 관계식을 추출할 수 있으며 측정값과 비교하여 반사경 손실 U_m을 레이저 설계에서 미리 알고 있을 경우 레이저 공진기의 전체 손실 양 $(\alpha_m+\alpha_i)$을 유추할 수 있다. 이 값은 또한 레이저의 임계 전류 광 이득과 일치하므로 레이저 공진기의 광 이득을 실험적으로 얻어 낼 수 있는 방법을 제공한다.

레이저의 LI곡선에서 기울기를 측정함으로서 레이저 다이오드의 임계 광 이득값을 측정할 수 있는데 이 임계 광 이득 값을 얻기 위해서는 능동 매질 내 운반자 밀도가 일정량만큼 증가해야 한다. 이 값은 레이저 다이오드를 구성하는 반도체의 종류에 따라 다르고 물질의 품질 특히 결정 성장의 수준 또는 소자 구조에 따라 달라진다. 같은 운반자 밀도에서 더 높은 광 이득을 낸다면 그 만큼 레이저 발진이 용이해지기 때문이다. 따라서 실제 레이저 제작하는 사람들은 성장된 결정의 품질을 파악하기 위해서 레이저 제작 후 운반자 밀도와 광 이득 사이의 실험적 데이터를 얻고 싶어 한다. 예를 들어 다양한 길이의 에지 에미팅 레이저를 만들면 식 (2.70)의 결과에 따라 반사경 손실에 변화를 줄 수 있으며 각각의 레이저 LI곡선에서 다양한 광 이득 값을 측정하게 된다. 각 레이저의 임계 광 이득 값은 각각 다른 전류 밀도에서 나온 것이므로 전류 밀도에 따른 광 이득 변화를 실험적으로 측정할 수 있는 방법을 제공한다.

2.2.6 레이저 다이오드의 임계 전류 이하 특성

레이저는 임계 전류 이하에서 자발 방출 광이 주도 하고 있다. 이 영역에서는 레이저 다이오드가 발광 다이오드처럼 동작하고 있으나 발광 다이오드가 전체 광량에 관심이 있는데 반해 레이저에서는 자발 방출 광이 특정 레이저 모드의 광 출력에 기여하고 레이저 발진 조건 및 동역학에 미치는 영향에 더 관심을 두고 있다. 여기서는 이러한 특성을 율 방정식을 통해 접근하고자 한다.

$$0 = \frac{dN_{ph}}{dt} \approx \Gamma\beta_{sp}R_{sp} - \frac{N_p}{\tau_p} \tag{2.71}$$

$$N_p = \Gamma\beta_{sp}R_{sp}\tau_{sp} \qquad (I < I_{th}) \tag{2.72}$$

식 (2.33), 식 (2.34)이 발광 다이오드에서 주입 전류와 운반자 밀도 사이의 관계에서 결과를 정리하면 다음과 같다.

$$P_0(I < I_{th}) = \eta_r\eta_i\left(\frac{\alpha_m}{\alpha_i + \alpha_m}\right)\frac{h\nu}{q}\beta_{sp}I \tag{2.73}$$

η_i, η_r은 각각 **내부 양자 효율**(internal quantum efficiency)과 **발광 효율**(radiative efficiency)라고 부른다. 결국 레이저는 발진 전에는 LED로 동작하며 아래 식 또한 LED 광 출력을 기술하는 식이 된다. 아래서 볼 수 있듯이 전류에 비례하지만 비례상수가 레이저에 비해 매우 작다. 이것은 β_{sp}가 매우 작기 때문이다. 여기에서 구한 광 출력은 P(LED) 비해 많이 다르게 보인다. 실제로 특정한 모드에 결합하는 자발 방출광 만의 광 출력이 렌즈 계를 통해 검출기로 모아진다면 이것은 $\alpha_m\beta_{sp}/(\alpha_m + \alpha_i) = \eta_c$라는 관계를 만족해야 한다. 그러나 보통 일정 개구수(NA)의 렌즈를 사용할 경우에 특정한 모드만 분리해 내기는 매우 힘들다. 이것은 광학 모드들의 세기 분포가 각도에 따라 서로 겹쳐져 있기 때문이다. 보통 가운데 부분으로 기본 모드의 영향이 크기 때문에 레이저 기본 모드의 자발 방출광을 실험적으로 비슷하게 측정할 수는 있지만 식 (2.73)의 유용성은 주로 이론적인 면이 더 많다.

2.2.7 레이저 다이오드의 변조 및 회로

레이저 다이오드는 회로 설계자에 따라 LED보다도 많은 문제를 안고 있다. 그 문제점은 다음과 같다.

① 임계값(스레쉬홀드) 전류의 존재

② 임계값 전류의 경년 의존성

③ 임계값 전류의 온도 의존성

④ 방출 파장의 온도 의존성

디지털 시스템은 일반적으로 오프 상태의 임계값(I_{TH}) 이하에서 동작한다. 그림 2.34에 나타냈듯이 DC전류는 $I_{DC} \simeq I_{TH}$이다. 임계값 근방에서 동작시키면 스위치 온(ON) 시간 지연은 최소가 된다. 아날로그 시스템에서는 그림 2.35에 나타냈듯이 선형 동작을 얻는 데에는 임계값 전류 외에 바이어스 전류가 필요하다. 경년 변화나 온도 상승에 기인한 임계값 전류의 증가는 전류를 일정하게 하면 출력 파워의 감소를 불러온다.

레이저의 온도 의존성은 다이오드를 냉각함으로써 극복할 수 있다. 이 방법에는 적당한 냉각액을 이용하는 것과 열전기 냉각에 의한 것이 있다. 임계값 변동은 레이저 특성의 온도에 의한 변화 또는 경년 변화를 보상하기 위해 DC 전류를 증감해서 보정된다. 그러나 자동적으로 귀환 제어를 이용하는 방법에서는 온도 의존의 파장 시프트는 해결되지 않는다.

가. 아날로그 변조

그림 2.35의 회로(LED 변조기)는 레이저 다이오드의 아날로그 변조에도 적합해 있다. 그림 2.35의 회로(LED 변조기)에서 트랜지스터의 DC 전류는 31㎃ 정도 공급되는 것을 알았지만 레이저 다이오드(LD)는 전형적으로 75㎃의 임계값을 가지며 임계값보다 25㎃ 만큼 큰 바이어스를 필요로 하므로 100㎃의 DC 전류가 필요하다. 추가 전류는 직접 다이오드에 접속된 고 임피던스의 DC 전류원(그림 2.35의 트랜지스터의 컬렉터 단자에)에 의해 공급된다. 이 전원과 직렬로 된 코일에 의해 AC회로와 DC회로의 결합은 없어진다.

LED 시스템과 마찬가지로 고품질의 레이저 다이오드의 아날로그 회선에서는 직선성을 고려하지 않으면 안 된다. 접합부의 가열에 의해 임계값 이상에서는 파워-전류 특성의 직선성은 나쁘게 된다. 양호한 레이저 다이오드에 있어서의 왜곡은 신호에 비해 30㏈ 정도 작은 값을 취한다.

나. 디지털 변조

n채널의 $GaAs$ MESFET를 이용하는 그림 2.44의 회로는 고속 디지털 변조에 적합하다. 1Gbps 이상의 속도를 얻을 수 있다. 그림의 회로는 병렬 스위치형 변조기의 한 예이다.

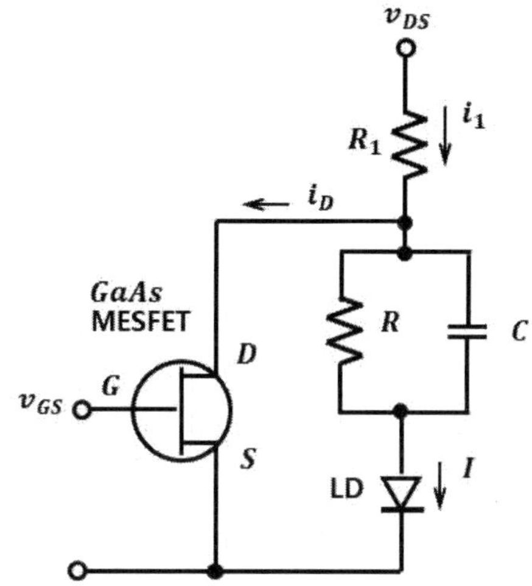

그림 2.44 레이저 다이오드의 디지털 변조기

MESFET의 게이트 전압 v_{GS}는 회로의 전류를 제어한다. v_{GS}가 작을 때는 트랜지스터의 드레인-소스 간의 채널 저항은 작지만 큰 부(-)의 게이트 전압이 들어오면 채널 저항은 커지게 된다. 변조기의 오프 상태에서는 게이트 전압은 낮으므로 일부의 전류가 저항 R_1을 지나 레이저를 포함한 측을 바이패스하고 트랜지스터에 흐른다. 게이트 전압은 다이오드의 전류가 임계값이 되도록 조정된다. 게이트 전압이 증가(보다 부로) 하면 레이저는 온이 된다. 그러면 MESFET의 고저항 때문에 거의 모든 공급 전압은 다이오드를 흐른다.

다이오드 전압은 MESFET의 동작에 필요한 드레인-소스 전압 v_{DS}보다 작다. 다이오드와 직렬의 저항 R에 의해 v_{DS}는 온 및 오프 상태에서 충분히 큰 값으로 유지된다. 콘덴서 C는 회로의 스위치 속도를 개선한다.

레이저 다이오드 특성의 직선성은 디지털 변조에서는 문제가 되지 않는다. 따라서 변조 회로에 의해 다이오드의 구동 전류(및 전송 광 파워)가 각각의 온 펄스에 대해 확실히 같게 되도록 고려하지 않으면 안 된다. 그림 2.44의 회로에서 이런 것이 행해진다. v_{GS}가 클 때는 드레인 전류 i_D는 너무나도 작으므로 레이저 전류 I의 값에는 영향을 주지 않는다. v_{DS}에서 공급되는 거의 모든 전류가 다이오드를 흐른다. 이들의 조건 하에서는 공급 전압 및 저항 R_1과 R이 레이저 전류를 결정한다. 즉, 이 v_{GS}가 어떤 최소 레벨보다 위에 있는 한 다이오드를 온 하는 전류는 신호 전압 v_{GS}에는 무관하게 된다.

제 3 장

광 검출기

POINT

광은 눈으로 검출할 수 있다. 눈의 응답은 늦고 낮은 레벨의 신호에 대해 감도가 나쁘며 더구나 증폭, 해독이나 그의 타신호 처리를 위해 전기적인 수신기에 용이하게 접속할 수 없으므로 최근 광섬유 계측 등에 눈을 이용할 수 없는 이유이다.

더구나 눈의 스펙트럼 응답은 광섬유가 큰 손실을 나타내는 0.4~0.7㎛의 파장에 한한다. 그럼에도 불구하고 광섬유를 가시광에서 검사할 때는 눈은 매우 편리하다. 산란광을 육안 관측하면 파손이나 균열을 볼 수 있다. 적외 발광 소자를 부착하기 전에 가시광원을 이용하여 결합기나 컨넥터 등의 소자를 육안에 의해 축 결합할 수 있다.

여기서는 광섬유를 이용하여 광을 수광하여 직접 전기 신호로 변환하고 광의 파워 레벨에 신속히 응답할 수 있는 소자에 대해 서술한다.

chapter 3

광 검출기

3.1 광 검출기의 원리

두 종류의 광 검출 기구를 알아보도록 하자. 첫 번째 기구는 외부 광전 효과(external photoelectric effect)이며 입사 포톤류를 흡수한 에너지에 의해 전자가 금속 표면으로부터 해방된다. 진공을 이용한 광전관이나 광전자 증폭관은 이 효과를 이용한다. 두 번째 그룹의 광 검출기는 반도체의 접합 소자이며 이 소자에서는 자유 전하의 캐리어(전자와 정공)는 도래 포톤을 흡수함으로써 생성된다. 이 기구는 **내부 광전 효과**(internal photoelectric effect)라 불러진다. 이 현상을 이용한 3개의 대표적인 소자에는 pn접합 포토다이오드, PIN 포토다이오드 및 애벌란시 포토다이오드가 있다.

검출기의 중요한 성질로서는 감도 응답, 스펙트럼 응답 및 상승 시간(rise time)이 있다. 감도 응답(responsivity) ρ는 검출기의 출력 전류대 광의 입력 파워비이다. 즉,

$$\rho = \frac{i}{P} \tag{3.1}$$

여기서 감도 응답의 단위는 A/W이다. 검출기의 구성에 따라서는 전기적 출력은 전압이며 이 경우 감도 응답은 입력 파워의 W당 전압(V/W)의 단위가 된다. 스펙트럼 응답은 파장을 함수로 한 검출기의 응답 곡선인 것이다. 파장과 함께 감도 응답이 급속히 변화함으로 파이버 손실이 작은 2개의 광 스펙트럼 창에서는 서로 다른 검출기를 이용해야 한다. 수신기를 설계할 때 어느 창에서도 광원에서 발광하는 특정 파장에 감도 응답을 갖는 검출기가 이용된다.

상승 시간 t_r은 광 입력 파워의 변화가 계단상일 때 최종 값의 10%로부터 90%에의 변화에 대해 검출기의 출력 전류가 요하는 시간이다. 이것은 광원의 상승 시간의 정의와 동일하다. 검출기의 상승 시간을 그림 3.1에 나타낸다. 검출기의 3dB 변조 대역폭은 다음과 같다.

$$f_{3-dB} = \frac{0.35}{t_r} \tag{3.2}$$

이 주파수에서는 수신기의 전기 신호 파워는 어느 경우에도 검출기에의 입사 신호 파워가 같다고 하면 상당히 낮은 변조 주파수로 얻을 수 있는 파워의 절반이다.

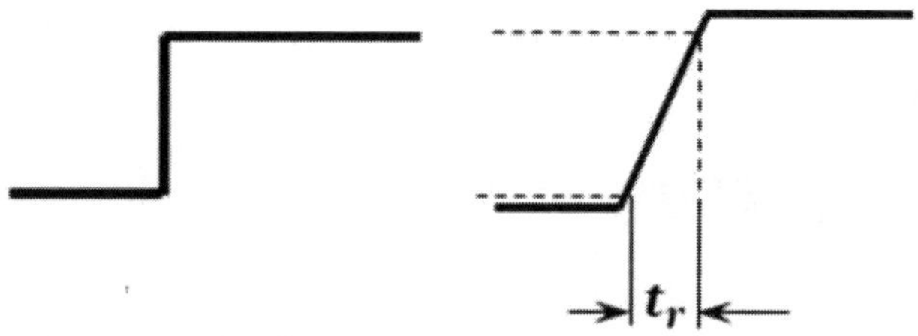

그림 3.1 광 검출기의 동작 시작 시간

3.1.1 광전 효과

물질에 광을 쏘였을 때 그의 전기적 성질이 변화하는 것을 광전 효과라 한다. 이 광전 효과를 이용하는 양자 효과는 크게 분류하면 다음의 3가지로 나눌 수 있다.

1) 광도전 효과
2) 광기전력 효과
3) 광전자 방출효과
4) 뎀버 효과
5) 광전자 효과

가. 광도전 효과

광을 반도체 결정에 조사하면 광을 흡수하고 전자 불순물 준위나 가전자대로부터 도전대나 불순물 준위에 여기 된다. 전자가 빠져나간 후는 정공이 되므로 전자 및 정공이 자유롭게 움직일 수 있게 된다. 그림 3.2에 나타낸 바와 같이 반도체에 전압을 인가해 놓고 결정에 광을 조사하면 전류가 증가한다. 이것이 **광도전효과**(photoconductive effect)라 불려진다. 또한 이 효과를 나타내는 물질을 **광도전체**라 한다.

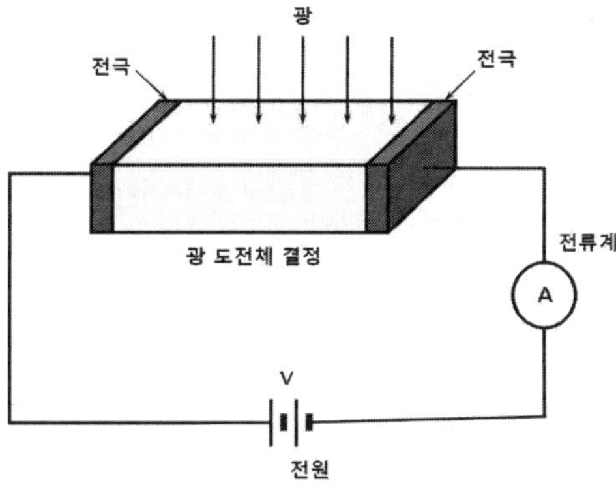

그림 3.2 광도전 효과

이것은 그림 3.3 (a)에 나타낸 것처럼 캐리어의 여기가 밴드 사이에서 일어나는 **진성 광도전 효과**(intrinsic photoconductivity)와 그림 3.3 (b)와 같이 금지대 안에 존재하는 불순물 준위와 밴드 사이에 행해지는 **외인성 광도전 효과**(extrinsic photoconductivity)가 있다. 지금 진성 광도전 효과에 대해 생각해 보면 빛을 조사하지 않을 때 반도체의 도전율 σ_0는 다음과 같이 주어진다.

$$\sigma_0 = e(n_0\mu_n + p_0\mu_p) \tag{3.3}$$

여기서 n_0, p_0는 열적 평형 상태에 있어서의 전자와 정공의 농도, μ_n, μ_p는 전자와 정공의 이동도, e는 단위 전하를 나타낸다.

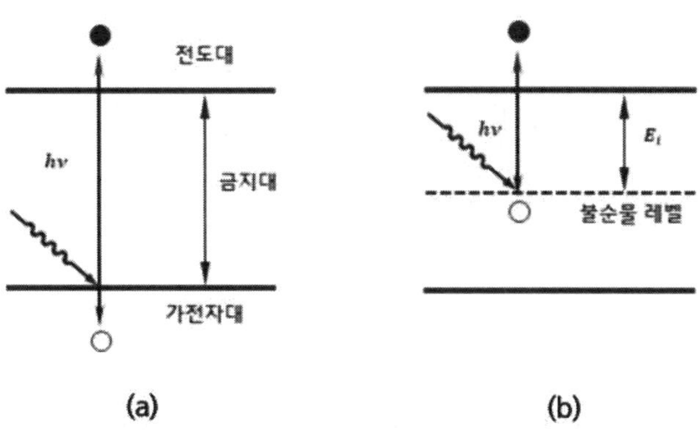

그림 3.3 광도전 효과의 두 개의 모델

다음에 이 반도체에 빛을 조사하면 반도체 내부에 전자-정공 쌍이 발생한다. 전자와 정공의 농도가 각각 Δn, Δp만큼 변화하였다고 생각하면 도전율의 변화 $\Delta\sigma$는 다음과 같이 된다.

$$\Delta\sigma = e(\Delta n\mu_n + \Delta p\mu_p) \tag{3.4}$$

이 때 단위 체적에 매초 f개씩의 전자-정공 쌍이 발생했다 하면 다음 식이 된다.

$$\Delta n = f\tau_n, \quad \Delta p = f\tau_p \tag{3.5}$$

여기서 τ_n, τ_p는 각각 전자와 정공의 수명을 나타낸다. 따라서 다음 식이 유도된다.

$$\Delta\sigma = ef(\tau_n\mu_n + \tau_p\mu_p) \tag{3.6}$$

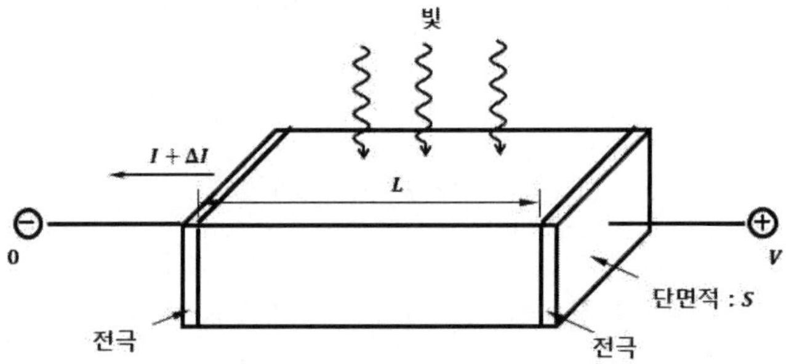

그림 3.4 광도전 효과의 실험

지금 그림 3.4에 나타낸 것처럼 반도체 전극간의 거리를 L, 전류에 수직한 단면을 S, 인가전압을 V로 하면 전류의 증가분 ΔI는 다음 식으로 표현된다.

$$\Delta I = \Delta\sigma SV/L = efLS(\tau_n\mu_n + \tau_p\mu_p)V/L^2 \tag{3.7}$$

여기서 $L^2/\mu_n V$, $L^2/\mu_p V$는 전자 또는 정공이 전극 간을 통과하는 시간이다. 한편 fLS는 반도체 전체에 매초 발생하는 전자-정공 쌍의 총수이고, 이것을 F라 하면 다음 식과 같이 된다.

$$(\Delta I/e)(1/F)(\tau_n\mu_n + \tau_p\mu_p)V/L^2 \equiv G \tag{3.8}$$

여기서 G는 빛의 흡수에 의해서 발생되는 전자-정공 쌍의 총수와 매초 전극 간을 통과하는 캐리어 수의 비를 나타내며 **광도전 이득**이라 부른다. 일반적으로 반도체에서는 전자의 이동도는 정공의 이동도와 비교해서 매우 높기 때문에 $\tau_n\mu_n \gg \tau_p\mu_p$로 되며 식 (3.8)은 근사적으로 다음과 같이 된다.

$$G \equiv \tau_n\mu_n V/L^2 \tag{3.9}$$

또한 광전류는 다음 식으로 표시된다.

$$\Delta I = eF\tau_n\mu_n V/L^2 \tag{3.10}$$

따라서 광전류 또는 이득을 높이기 위해서는 캐리어의 수명이 길고 이동도가 큰 재료를 고를 필요가 있다. 그러나 이것은 반대로 광도전형 광센서의 응답 속도를 늦게 하는 원인도 된다. 또한 캐리어의 생성률 f를 크게 하는 것은 광도전 감도를 올리기 위해서 중요하다. 이 때문에 에칭(etching) 등에 의한 표면층의 제거나 무반사 코팅이 이루어지고 있다. 더 나아가 소자의 형상으로서는 전극간 거리를 작게 하는 것이 유효하다. 또 수명은 재결합 중심이나 포획 중심 등과 관계되기 때문에 같은 물질이라도 그 값은 다르지만 CdS에서 $10^{-2} \sim 10^{-3}s$, Ge, Si에서 $10^{-3} \sim 10^{-4}s$, PbS, PbTe에서는 $10^{-4} \sim 10^{-5}s$ 정도이다.

실제로 사용되고 있는 CdS에서는 캐리어의 수명을 길게 하기 위해 Cu등의 불순물을 도핑한다. 이들 불순물은 Cd원자와 치환시켜 깊은 어셉트 준위를 형성하여 정공을 트랩시킨다. 이 때문에 전자의 수명이 길어져서 이득이 증대하게 된다. 그러나 이 불순물 준위의 이온화 에너지에 상응하는 파장(적외선)을 겹쳐 조사하면 자유 정공이 생겨나서 이것이 전자와 재결합하여 광전류가 역으로 감소하게 된다. 이 효과는 **광도전의 퀜칭**(quenching)이라 한다.

나. 광기전력효과

2종류의 반도체의 접합부나 반도체와 금속의 접합부에 금지대 에너지 갭보다 에너지가 높은 광을 조사하면 접합부에 전위차가 발생한다. 이 현상을 **광기전력효과**(photovoltaic effect)라 부른다.

반도체 안에서 빛의 흡수는 아래의 식에서 정의되는 흡수 계수 $\alpha(\lambda)$의 크기로 정의된다.

$$I(\lambda) = I_0(\lambda)\exp - \alpha(\lambda)x \tag{3.11}$$

단, $I_0(\lambda)$는 파장 λ의 입사광 강도, $I(\lambda)$는 두께 x를 투과했을 때의 광 강도이다. 반도체의 광흡수 과정에는 여러 가지가 있지만 광 에너지 $h\nu$(ν는 진동수, h는 플랑크 정수)가 금지대폭보다 큰 경우, 가전자간의 결합이 절단되어 그림 3.3 (a)에 나타낸 것처럼 전도대에 수많은 전자, 가전자대에 전자와 같은 수의 정공이 생성된다. 광기전력 셀은 광흡수에 의해 전자의 천이를 이용한다. 어떤 파장에서의 흡수 계수는 금지대폭이 클수록 작지만 그 재료의 직접 천이냐 간접 천이냐에 따라 크게 변화한다.

광 조사에 의해 생성되는 전자-정공을 반도체 안에 생성시킨 내부 전계를 사용해서 서로 역방향으로 분리시키면 커다란 광기전력 효과가 얻어진다. 내부 전계를 형성하기 위해 pn 접합, 쇼트키 장벽 등이 사용된다. 광에서 전기 에너지 변환 과정을 그림 3.5에 나타낸 pn 접합 에너지대를 써서 설명한다. 영역 A나 D에서 광 조사에 의해 생성되는 전자와 정공은 접합의 경계 부근까지 확산되어 가지만 경계 부근의 내부 전계를 위해 전자는 n측에 정공은 p측에로 분리된다. 경계 부근의 영역 B나 C에서 생성되는 전자, 정공은 내부 전계에 의해 곧바로 분리된다. 이 결과로 p측의 전극에는 정공이, n측의 전극에는 전자가 모여서 pn 양 끝에 기전력이 생겨 외부 회로로 전류를 끌어낼 수 있다.

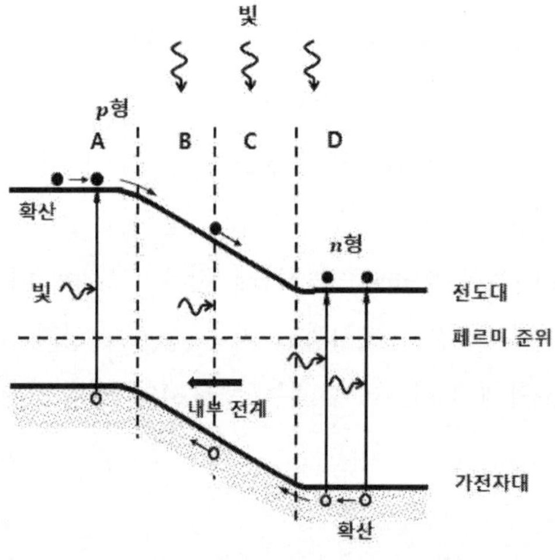

그림 3.5 pn접합에서의 광기전력 효과

이상적인 pn접합에 빛을 조사하지 않았을 때(어두울 때)의 전류(I)와 전압(V)는 그림 3.6

에 나타낸 것처럼 다음의 관계를 갖는다.

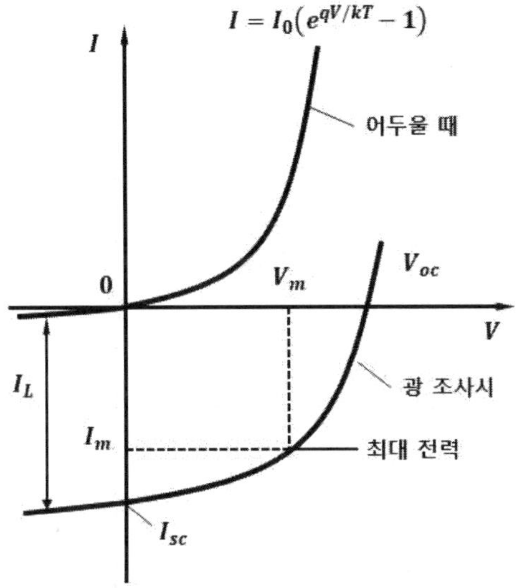

그림 3.6 어두울 때와 광 조사 때의 전류 전압 특성

$$I = I_0\{\exp(qV/kT) - 1\} \tag{3.12}$$

단, I_0는 포화 전류이며 이것은 불순물, 밀도, 소수 캐리어의 확산 정수나 수명 등 재료 정수에 따라서 결정된다. q전자의 전하, k는 볼츠만 정수이다. 광 조사에 의해 생성된 전자, 정공이 광전류 I_L을 생기게 하면 접합을 흐르는 전류는 다음 식과 같이 되어 전류, 전압 특성은 어두울 때의 특성을 전류 축에 평행하게 $-L_L$만큼만 이동한 것이 된다.

$$I = I_0\{\exp(qV/kT) - 1\} - I_L \tag{3.13}$$

그림 3.6의 광 조사 때의 특성을 표시하는 곡선의 전류 축과의 교점을 단락 전류 I_{sc}, 전압축의 교점을 **개방 전압** V_{oc}라 부르고 있다. 개방 전압은 식 (3.13)에서 $I=0$으로 해서 얻어진다.

$$V_{oc} = (kT/q)\ln(1 + I_L/I_0) \tag{3.14}$$

그림 3.6의 제 4 상한에서 곡선에 둘러싸인 면적 P는 다음과 같이 표시된다.

$$P = IV = I_0\{\exp(qV/kT) - 1\}V - I_L V \tag{3.15}$$

최대 전력은 $\partial P/\partial V = 0$에서 정해지는데, 그 때의 전류를 I_m, 전압을 V_m으로 하면 최대 전력 P_m은 다음과 같이 주어진다.

$$P_m = I_m V_m = I_{sc} V_{oc}(FF) \tag{3.16}$$

식 (3.16)의 FF는 곡선 인자라고 불리며 셀의 직렬 저항이나 병렬 저항이 관여되어 있다. 직렬 저항은 크나 병렬 저항이 작을 경우 FF는 작게 되며 작은 전류밖에 끄집어 낼 수 없다. 또한 단락 광전류 I_{sc}가 광전류 I_L보다 작아진다.

그림 3.7에 나타낸 것처럼 단락 광전류가 광 강도에 비례해서 변화하는 것에 비해서 개방 전압은 식 (3.14)에서 알 수 있듯이 광 강도에 대해서 대수적으로 변화한다. 광센서로서는 입력에 대해 선형적으로 변화되는 것이 바람직하기 때문에 전류를 계측하는 모드로 사용하는 때가 많다. 셀을 단락 상태에서 사용할 수 있는데 역 바이어스를 인가시켜 놓고 광 조사에 의한 전류 변화를 읽어내는 포토다이오드 방식이 대부분을 차지한다.

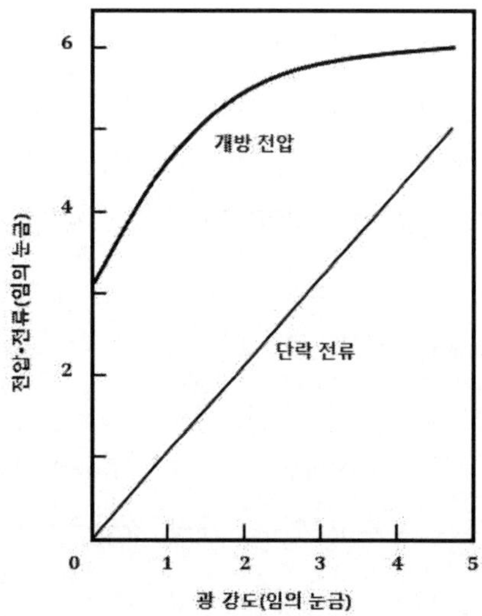

그림 3.7 개방 전압, 단락 전류의 광 강도 의존성

다. 광전자 방출 효과

금속에서는 전자가 자유로이 운동하지만 파장 λ의 광이 조사되면 금속내의 전자는 광 에너지를 받아 전자가 진공 중에 방출된다. 이 때 방출된 전자를 **광전자**(photoelectron)라고 부르며, 이 현상을 **광전자 방출 효과**(photoemissive effect)라 한다.

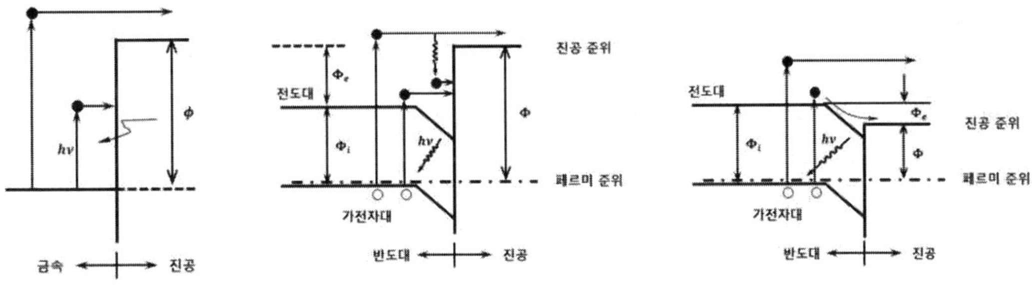

그림 3.8 광전자 방출 효과의 모델

지금 광자의 조사로 전자가 방출되는 경우에 관해 생각한다. 그림 3.8 (a)에 있어서 전도대의 밑에서부터 진공 준위까지 전자를 내려고 하면 E라는 에너지기 필요하다. 그러나 0K에서는 금속 안의 자유전자는 페르미 준위까지 꽉 막혀있기 때문에 금속 표면에서 전자를 끌어내려면 최소 $\varPhi = E - E_f$의 에너지가 필요하다. 이 $\varPhi$를 그 **금속의(광전자) 일함수**라 한다. 이 때 방출된 광전자의 속도를 v로 하면 다음 관계가 성립한다.

$$mv^2/2 = h\nu - \varPhi \tag{3.17}$$

이것을 **아이슈타인의 식**이라 한다. 방출 조건은 $h\nu \geq \varPhi$이기 때문에 이때의 최저 진동수, 즉 한계 진동수 v_0 및 한계 파장(threshold wavelength) λ_0는 아래의 식에서 얻어진다.

$$\nu_0 = \varPhi/h, \quad \lambda_0 = hc/\varPhi \tag{3.18}$$

또한 그림 3.8 (b)와 (c)는 반도체의 에너지 준위를 나타낸 것으로서 $\varPhi$는 페르미 준위에서 광전자 1개를 빼내는 데 필요한 최소 에너지이고 $\varPhi_i$는 내부 일함수, $\varPhi_0$는 **외부 일함수**

라 불린다. 실제로 반도체의 경우에는 광자를 흡수해도 여기자(exciton)를 만들어 광전자를 방출하지 못하는 것도 있고, 일반적으로 광전자의 일함수는 열전자의 일함수보다 크다는 등 그 방출 기구는 복잡하다.

지금 금속에 파장 λ의 광이 입사했다고 하면 금속 내의 전자가 광 에너지를 받아 진공 중에 방출된다. 이 경우 전자가 방출되기 위해서는 입사광의 파장 λ는 한계 파장 λ_0보다도 작게 되지 않으면 안 된다.

라. 뎀버 효과

반도체에서 흡수계수가 큰 파장의 빛을 조사해서 표면 가까이에 전자-정공 쌍을 생성시키면 이동도가 다른 두 종류의 캐리어 확산에 의해 내부 전계가 유기된다. 이것을 **뎀버 효과**(Dember effect)라고 한다. 이 모델을 그림 3.9에 나타낸다.

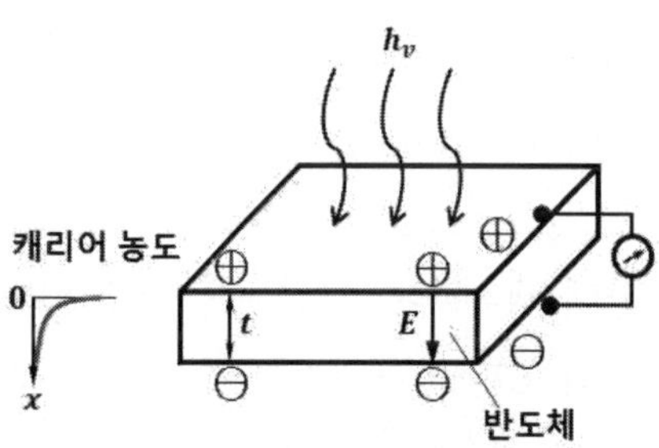

그림 3.9 뎀버 효과

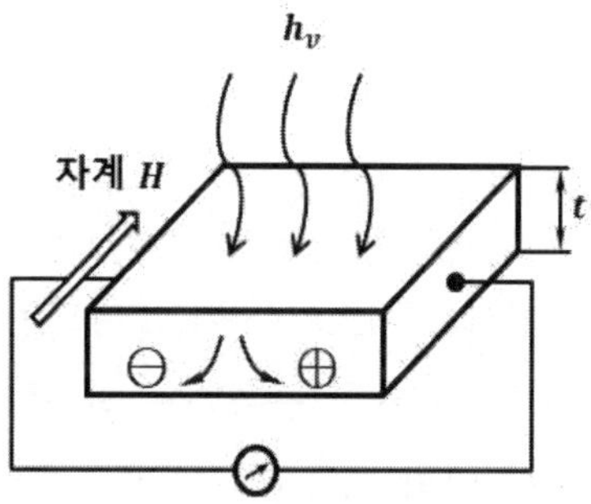

그림 3.10 광전자 효과

마. 광전자 효과

반도체 시료를 그림 3.10과 같이 자장 H를 걸어 놓고 여기에 직각인 면에 빛을 비춰 주면 빛과 H에 직각 방향으로 기전력이 유기된다. 이것은 **광전자 효과**(PEM 효과)라고 한다.

빛에 의해서 표면에 전자와 정공이 생기는데 흡수 계수가 클 경우에는 빛은 표면에 가까운 부분에만 흡수되기 때문에 캐리어 밀도에 경사가 일어나 캐리어는 내부로 확산되어 간다. 그 도중에 H에 의한 캐리어의 전자, 정공에 로렌츠력이 작용해서 그 방향이 서로 역방향으로 구부러지기 때문에 홀 전압과 같이 기전력이 일어나 캐리어의 흐름을 억제한다. 이 효과는 표면 상태에서 현저한 영향을 받기 때문에 예를 들어 표면의 재결합 속도를 크게 하면 캐리어 밀도의 경사가 커져서 출력을 크게 잡을 수 있다.

3.1.2 광 검출기의 특성표시법

이러한 광 검출기에서 광을 검지하는 경우 요구되는 특성은 다음의 것이 있다.

1) 광량에 따른 전기 출력을 얻을 수 있는 것

2) 대환경성이 좋고 잡음이 작은 것

가. 감도

광 검출기의 감도를 나타내는 데는 입사광량을 광속[1m], 조도계에 의한 조도[lx], 그리고 방사량[W]으로 나타내는 경우가 있지만 일반적으로 입사조도에 대한 광전소자에 흐르는 전류로 나타낼 수 있다. 따라서 단위는 [A/lx]로 된다.

입사광의 파장이 다르면 감도도 변화하므로 입사광이 좁은 스펙트럼 범위에 대한 감도를 조사해 놓는 것이 중요하다. 그런데 입사광량의 절대치를 측정하는 것이 곤란하므로 분광감도의 최대치로 규격화하는 것이 편리하다.

절대 분광 감도를 알 수 있는 경우에는 광량을 광자의 수로 환산하는 것에 의해 양자 효율로 나타내는 것이 많다. 1개의 광자의 에너지는 hc/λ[J]로 주어질 수 있으므로 E[W]의 입사광의 경우, 광자의 수 n_p는

$$n_p = \frac{E\lambda}{hc}\,[\text{s-1}] \tag{3.19}$$

로 주어질 수 있다. 더구나 h는 플랭크 정수, c는 광속도이다. 한편 소자에 흐르는 전류를 I로 하면 캐리어수 n_c는 I/e (e : 전자의 전하)로 주어질 수 있으므로 양자 효율 η는 다음과 같이 된다.

$$\eta = \frac{n_c}{n_p} = 1240\frac{I}{E\lambda} \tag{3.20}$$

로 된다. 더구나 I는 A, E는 W, λ는 ㎚의 단위이다.

나. 잡음

광 검출기의 잡음 I_n은 저항체에 있어서의 열 요동에 의한 잡음(존슨잡음)과 광전류에 기인하는 숏잡음의 합의 평방근으로 표현된다.

$$I_n = \left(\frac{4kTB}{R} + 2eIB\right)^{1/2} \tag{3.21}$$

여기서 k는 볼츠만 정수, T는 소자의 온도, R은 소자의 병렬저항 그리고 B는 잡음의 대역폭이다.

다. SN 비

전기신호가 작아도 잡음이 작으면 증폭하는 것에 의해 신호를 크게 할 수 있으므로 광검출기의 특성으로서는 SN비가 중요하다. 이것에는 필터에서 요구의 파장만을 검출한다든지 요구의 주파수대역만을 취급해 넣는 것이 행해진다.

또한 소자의 성능을 평가하는데 잡음 등가전력(NEP)와 비검출능(감도) D^*가 이용된다. E를 입사광량(W)로 하면 NEP는

$$NEP = \frac{E}{(S/N)} \tag{3.22}$$

에 의해 주어질 수 있다. 한편, $D^*(T, f, \Delta f)$는 $(A_D \Delta f)^{1/2} / \neq P$에 의해 주어질 수 있다. 여기서 A_D는 광 검출기의 면적이다. 이 때 계의 등가 잡음 대역폭 Δf 외에 온도 T 및 단속주파수 f가 고려될 필요가 있다.

라. 직선성

정량적인 측정을 행하는 데는 광량에 대해 전류가 비례하는 것이 중요하다. 그러나 광 검출기는 상당히 약한 광에 대해서는 잡음에 묻어버리고 너무 강한 광에 대해서는 포화가 일어난다. 이 때문에 직선성을 가지는 영역은 광량이 정해진 범위이며 적당한 광량이 필요하다. 레이저광의 경우 광량이 너무 큰 것이 많으므로 주의가 필요하다.

바. 응답성

최근 높은 주파수의 현상해석이 요구됨과 동시에 광 검출기의 응답성이 중요하게 되어 있다. 이 응답성은 스텝함수상의 광이 입사했을 때의 기동시간으로 규정되며 일반적으로 출력이 정상치의 63%에 달하는 시간으로 표현된다.

응답성을 결정하는 것은 소자 고유의 것과 부하저항에 의한 RC 시정수가 있다. 여기서 C는 용량이다. 따라서 응답성을 높게 하는 데는 부하저항을 작게 하는 것이 필요하다.

3.2 광도전형 센서(광도전 셀)

광도전 셀은 광조사에 의해 생기는 반도체의 도전율 변화를 이용한 소자이다. 여기서 진성 반도체를 이용한 진성형과 n형인지 p형인지의 외인성(불순물) 반도체를 이용한 외인형의 셀로 구분한다. 외인형을 구성할 경우 반도체에 첨가되는 불순물은 단지 전도형을 변환하기 위한 것과는 달리 장파장 빛에 감도를 갖기 위해서이며 깊은 불순물 준위가 형성되어지는 것이다.

3.2.1 광도전 특성

광도전 셀에 빛이 조사되었을 경우 그 곳에 생기는 전류의 증가분 $\varDelta I$는 식 (3.10)에서 이미 나타낸 것과 같이 표시된다.

$$\varDelta I = qF\tau_n \mu_n V/L^2 \tag{3.23}$$

여기서 q는 단위 전하이며 F는 셀 전체에 매초 발생하는 전자-전공쌍의 총수이며 τ_n은 전자 수명 시간이고 μ_n은 전자 이동도, V는 인가전압, L은 전극간 거리이다.

식 (3.23)에서 광도전 셀의 감도를 높이는 데는 캐이어의 수명이 길고 이동도가 큰 재료를 선택하는 것이 상책이지만 이 조건은 광도전 셀의 응답 속도를 지연시키는 원인이 되고 있다. 또 감도는 전극 간격을 작게 하고 조사 광 측의 표면 에칭 등에 의해 결정의 불완저 부분을 제거시키며 무반사 코팅을 실시함으로써 캐리어의 생성율을 올려 향상시킨다.

실제의 셀에서는 캐리어의 수명 시간을 길게 하려고 예를 들어 CdS에서는 전자의 수명을 연장시키는 방법으로서 Cu 등을 첨가하여 Cd원자와 Cu원자를 치환해서 깊은 억셉터 준위를 형성하고 정공을 트랩시켜 재결합이 어렵게 한다.

3.2.2 분광 감도

광도전 셀의 분광 감도는 모체의 반도체에 입사하는 광의 분광 흡수 특성에 의존한다. 광 흡수에 의해 전자가 가전자대에서 전도대에 여기 되어 이에 필요한 최소 에너지가 셀의 장파장 측 감도 한계(기초 흡수단)를 정한다. 이 한계 파장 λ_c는 반도체 에너지 갭 E_g와 다음 관계가 있다.

$$\lambda_c \approx \frac{h_c}{E_g} = \frac{1.24}{E_g(eV)}\ (\mu m) \tag{3.24}$$

여기서 h는 플랑크 정수, c는 광속이며 이것으로부터 CdS의 경우는 $\lambda_c = 0.51\mu m$가 된다.

또한 한계 파장보다 단파장 측의 감도 저하는 다음과 같은 이유 때문이다. 반도체에서는 일반적으로 단파장이 될수록 광 흡수가 급증하므로 캐리어의 여기가 표면층에서만 생기고 캐리어 밀도의 증가로부터 그 곳에서의 재결합 속도가 빨라진다. 동시에 표면층에는 결정의 불완정성 등에 의해 재결합 중심이 많이 존재하고 더욱 그 효과를 강하게 하고 있다. 또한 일반적으로 분광 감도 특성은 입사광량을 일정하게 하면 $E = nh\nu$의 관계에서 입사 광자 수는 높은 에너지 측 정도로 적게 되어 여기 하는 캐리어 수 f가 감소한다. 이와 같은 것이 분광 감도 특성에 극대값이 나타나는 원인이 되며 흡수단 보다 단파장 측에 최대 감도 파장이 위치하게 된다.

셀의 모재가 불순물을 첨가한 외인성 반도체일 때는 진성 반도체와 달리 보다 장파장의 광을 흡수한다. 이것은 불순물 첨가에 의해 금지대 가운데 불순물 준위가 형성되어 전자를 가전자대로부터 이 불순물 준위에 여기 하는데 필요한 에너지가 적어서 끝나기 때문이다. 따라서 앞서 말한 것과 같이 전도형의 변환에 사용하는 첨가 불순물과는 다른 불순물에 의해서 최대 감도가 장파장 측에 이동한다. 더욱이 셀에 요구되는 분광 감도 특성은 용도에 따라 틀리기 때문에 특성이 조절될 수 있는 것이 바람직하다. 그림 3.11은 CdS 광도전 셀(소결형)의 분광 감도 특성을 나타낸 것이다.

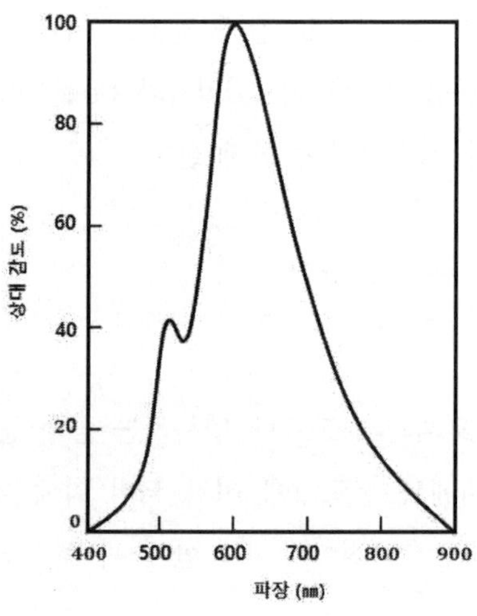

그림 3.11 CdS 도전 셀의 분광 감도

3.2.3 조도 특성

광도전 셀에 전압 V를 인가하고 조도 B의 광을 조사시켰을 때 얻은 광전류 I는 그림 3.12에 나타낸 바와 같은 특성이 되며 다음과 같이 표시된다.

$$I = \alpha V^{\beta} B^{\gamma} \tag{3.25}$$

여기서 α는 정수, β는 전압 지수, γ는 조도 지수이다. γ는 조도 및 셀 제작 조건에 따라서 다르지만 약한 빛 이때는 1 정도, 강한 빛일 때는 0.5에 가까우며 광전류 포화가 생긴다. 이 사실은 다음과 같이 설명된다.

실제 반도체 결정에서는 금지대 가운데에 불순물이나 격자 결함에 의한 많은 **국재 준위**(local level)가 존재하며 이것들이 캐리어에 대해 재결합 중심 혹은 포획 중심(트랩)으로서 작용한다.

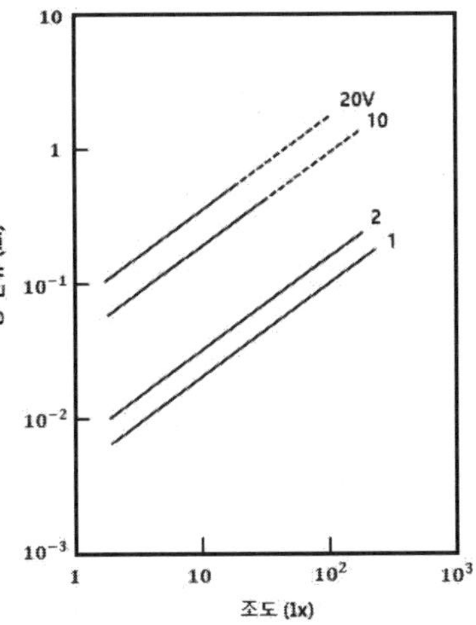

그림 3.12 광도전 셀의 광전류-조도 특성

지금 1종류만의 재결합 중심이 단위 체적당 N_r개 존재하고 그것의 전자에 대한 포획 단면적 S가 정공의 전자에 대한 포획 단면적과 같다고 하며 단위 시간에 광 여기 되는 전자 수를 f라 한다. 이 때 전도대 중에서의 전자 증가 비율은 다음과 같이 된다.

$$dn/dt = f - vSn\,(n + N_r) \tag{3.26}$$

여기서 v는 전자의 열 속도이며 광전류가 정상 상태에 있을 때 식 (3.26)은 0이기 때문에 약한 조사 광에 대해 $n \ll N_r$로 하고 다음과 같이 된다.

$$n = f/vSN_r \tag{3.27}$$

결국 광전류는 입사 광량에 비례한다.

한편, 강한 조사광에 대해서는 $n \gg N_r$이기 때문에 다음과 같이 된다.

$$n = (f/vS)^{1/2} \tag{3.28}$$

즉, 광전류는 입사 광량의 1/2승에 비례한다.

광전류가 입사광에 대해 1승에서 1/2승 비례로 변하는 것은 $n = N_r$ 때로서 이때의 광량은 $f = vSN_r^{\ 2}$이 된다. 단, 불순물이나 격자 결함의 분포 상태에 따라서 $0.5 < \gamma < 1$ (sublinearity)이나 $\gamma > 1$ (superlinearity)로 되는 경우가 있다.

3.2.4 시정수

광도전 셀을 실용으로 공급할 경우, 시정수가 문제될 때가 적지 않다. 약한 입사광을 차단하면 $f = 0$이며, 식 (3.26)에서 다음과 같이 된다.

$$n = n_0 \exp(-vSN_r t) \tag{3.29}$$

여기서 n_0는 전도 전자 밀도의 초기값(정상시의 값)이며, 시정수 τ_d를 정상 상태의 $1/e$이 되는 시간으로 하면 다음과 같이 된다.

$$\tau_d = 1/vSN_r \tag{3.30}$$

이것으로부터 재결합 중심 밀도가 커지면 광전류의 감쇠는 빨라진다. 또한 트랩이 있어 이 영향이 클 때 시정수는 캐리어의 수명보다 길어진다.

강한 입사광에 대해 식 (3.26)은 다음과 같이 된다.

$$dn/dt = -vSn^2 \tag{3.31}$$

이것으로부터 다음과 같이 된다.

$$n = \frac{n_0}{1 + vSn_0 t} \tag{3.32}$$

여기서는 시정수를 처음의 광전류의 반이 될 때까지의 시간으로 하면 다음의 식이 얻어진다.

$$\tau_d = \frac{1}{vSn_0} = \frac{1}{\sqrt{vSf}} \tag{3.33}$$

똑같이 일어나는 시정수 τ_r을 약한 입사광에 대해서 구해 본다. 정상 상태에 있어서 $f = vSn_0N_r$이며 식 (3.26)로부터 다음과 같이 된다.

$$dn/dt = vSN_r(n_0 - n) \tag{3.34}$$

이것으로부터 다음과 같이 된다.

$$n = n_0\{1 - \exp(-vSN_r t)\} \tag{3.35}$$

여기서 시정수를 정상 상태의 (1-1/e)가 되는 시간으로 하면

$$\tau_r = 1/vSN_r \tag{3.36}$$

을 얻게 된다.

3.3 광기전력형 센서(광기전력 셀)

광기전력 셀은 내부 광전 효과의 일종인 광기전력 효과가 기본 원리로 되어 있으며 외부 전압을 필요로 하지 않는 특징이 있다. 포토다이오드, 애벌란시 포토다이오드(APD), 포토트랜지스터, 광 전계 효과 트랜지스터, 광 사이리스터 등이 이에 속한다. 접합의 종류로부터 구조적으로는 pn형, p층과 n층간에 저항률이 높은 i층을 형성하며 접합 용량을 낮추어 고속 응답을 얻도록 한 pin형, 자외 감도를 높일 목적의 금속-반도체 접촉의 쇼트키형, 동일하게 헤테로 접합형이 있다. 여기서는 광센서로 많이 사용하는 포토다이오드와 포토트랜지스터에 관해 서술한다.

3.3.1 포토다이오드

가. 포토다이오드의 원리

포토다이오드는 반도체 내부에서 빛에너지를 흡수하여 전기 에너지로 변환하는 기능을 가진다. 반도체에서의 광흡수란 빛에 의해 전자를 높은 에너지 상태로 여기 하는 것이다. 반도체 내의 광 여기에서는 전자는 밴드 간 천이나 밴드 내 천이를 일으키며, 이 가운데서도 밴드 간 천이는 천이 확률이 크기(즉, 광흡수가 큼)때문에 이 천이를 사용하여 광전변환을 하는 것이 일반적이다. 그림 3.13과 같이 **밴드 간 천이**란 가전자 밴드의 전자가 광전자의 에너지를 흡수하여 전도 밴드에 여기 되는 현상을 말하는 것이므로, 검출해야 할 광전자의 에너지보다도 작은 밴드 갭 에너지 E_g를 가지는 반도체를 선택할 필요가 있다. 광전자의 에너지 E와 그 파장λ의 관계는 다음과 같다.

$$E = \frac{hc}{q\lambda} = \frac{1.24}{\lambda} \tag{3.37}$$

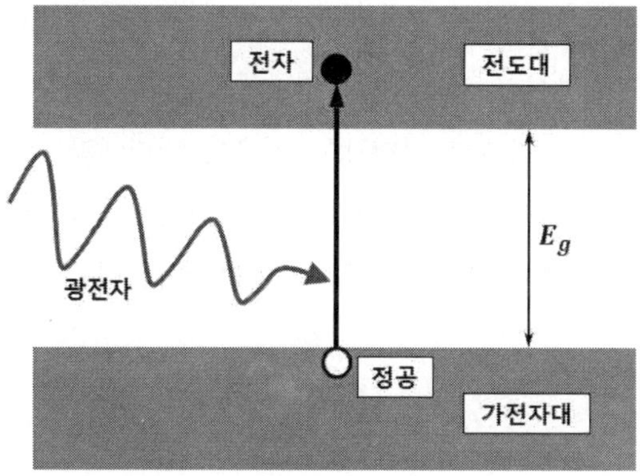

그림 3.13 광 흡수에 의한 밴드 간 천이

여기서 h는 플랑크상수, c는 광속, q는 소전하이다. 예를 들면 단거리 광통신이나 광 픽업에서 이용되는 파장 0.83㎛는 포톤 에너지 1.5eV, 중장거리 광통신에서 이용되는 파장 1.3㎛~1.6㎛는 포톤 에너지 0.95eV~0.78eV가 된다. 따라서 이러한 빛을 흡수하기 위해서는 포톤 에너지 이하의 E_g를 갖는 반도체를 이용하게 된다. 일반적으로 이용되는 반도체로서는 파장 0.85㎛에 대해 Si(E_g = 1.1eV), GaAs(E_g = 1.4eV), 파장 1.3~1.6㎛에 대해서 Ge(E_g = 0.76eV), InGaAs(E_g = 0.75eV) 등이 있다.

반도체 내에서의 광흡수의 상태를 나타내는 흡수계수 α를 이용하면 반도체에 입사한 빛의 깊이 z에서의 강도 감쇠량 비율은 다음과 같이 나타낼 수 있다.

$$\frac{dP(z)}{dz} = -\alpha P(z) \tag{3.38}$$

α는 반도체의 종류에 따라 다르지만 동일한 반도체에 대해서는 포톤에너지가 클수록 커지는 경향이 있다. 포토다이오드의 **광전변환효율** η는 하나의 포톤이 광 흡수층에서 흡수되어 전자를 여기 하는 비율을 나타내며, 식 (3.38)의 두께 d에 걸쳐 적분한 값인 감쇠 후의 광강도 $e^{-\alpha d}$를 1에서 뺀 것으로 다음과 같이 나타낼 수 있다.

$$\eta = 1 - e^{-\alpha d} \tag{3.39}$$

통상 파장 0.85㎛의 빛에 이용되는 Si나 파장 1.3㎛~1.6㎛의 빛에 이용되는 InGaAs의 α는 1㎛-1 전후의 값이다. 바꿔 말하면, 광흡수에 이용되는 반도체의 두께는 1㎛ 정도 이상으로 하면 η는 거의 1이 된다. η는 **양자효과**라고도 불리며 포톤이 어느 정도 빠짐없이 전자신호로 변환되었는지 디바이스 개발의 목표로서 사용되는 경우가 많다. 한편, 포토다이오드의 효율 A/W를 단위로 한 감도로 나타내는 경우도 많다. 감도는 포톤의 에너지가 전류로 변환되는 계수로 가령 파장 λ의 빛의 광전변환 효율이 100%인 경우에는 하나의 포톤에서 1개의 전자가 생긴다는 사실에서 감도 Res는 다음과 같이 나타낼 수 있다.

$$Res[A/W] = q/\frac{hc}{\lambda} = \frac{\lambda[\mu m]}{1.24} \tag{3.40}$$

따라서 양자 효율이 η인 경우에는 다음과 같이 된다.

$$Res[A/W] = \eta\frac{\lambda[\mu m]}{1.24} \tag{3.41}$$

파장이 짧아지면 겉보기의 감도가 낮아지므로 주의할 필요가 있다. 계측기기의 설계에는 감도가 사용되는 경우가 많다. 이어서 여기 된 전자와 홀이 전류로서 만들어내는 구조에 대해 생각해 본다.

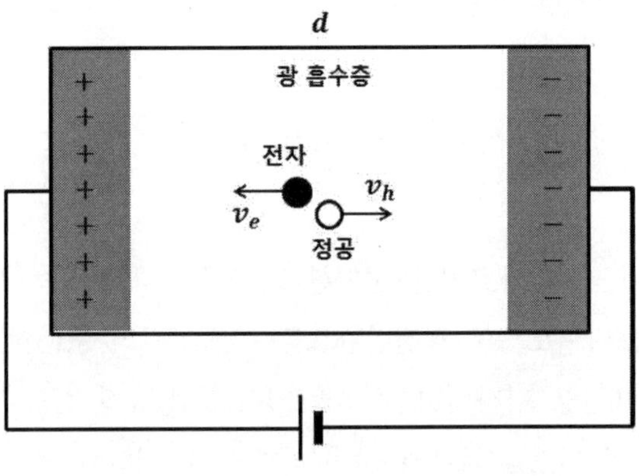

그림 3.14 콘덴서로서 본 포토다이오드

포토다이오드에서는 그림 3.14와 같이 절연화 된 광 흡수층에 바이어스 전압을 인가하고, 이 바이어스 전압에 의한 전계에 전자(속도 v_e)와 홀(속도 v_h)을 주행시켜 전류로서 나온다. 여기서 전기 회로적으로는 광 흡수층은 콘덴서이다. 콘덴서 내부의 전자와 홀은 생긴 순간에는 전하가 서로 소거되어 콘덴서의 전하에 변화는 없다. 그러나 콘덴서 내의 전계에 의해 전자는 +측으로, 홀은 −측으로 이끌려 주행을 시작하면 전자와 홀의 분리에 의한 전계가 생겨 콘덴서는 인가된 전압을 유지하려고 하고 이것을 소거하도록 양극에 충전을 시작하여 이것이 콘덴서 외부에 전류를 발생시킨다. 따라서 전자와 홀은 콘덴서의 양극에 도달할 때까지 일정한 전류를 유기하고, 도달한 시점에서 양극의 전하와 중성화되어 소멸한다. 실제 포토다이오드에서는 광흡수층에 거의 일정하게 전자와 홀이 생성되므로 가령 펄스광에 의해 생긴 전자의 주행을 생각했을 경우에 시간 경과와 함께 +측에 가까운 장소에서 생긴 전자부터 순서대로 +측에 도달하여 소멸하므로 전류값은 펄스가 조사된 순간에 최대값이 되고 그 후 서서히 0에 가까워지는 거동을 보인다.

한편, 홀도 −측을 향해 주행하여 마찬가지로 전류를 유기시키므로 실제 포토다이오드에서 나온 전류값은 그림 3.15의 두꺼운 선으로 나타낸 것과 같이 양자를 중합한 것이 된다. 광흡수층의 내부 전계에 의해 광 여기 캐리어가 주행하는 속도는 전계가 10~15㎸/㎝ 이하인 경우에는 이동도×전계에 의해 결정되며 전계가 그 이상일 때에는 속도가 포화된다. 통상의 포토다이오드에서는 두께가 3㎛ 이하인 광흡수층에 5V 정도 이상의 바이어스 전압을 인가함으로써 수십㎸/㎝의 전계 하에서 포화 속도에서 광 여기 캐리어를 주행시키고 있는 것이 일반적이다. 일반적으로 전자보다도 홀이 포화 속도가 낮기 때문에 그림 3.15에서 볼 수 있듯이 광흡수층이 두꺼울수록 홀의 응답이 요인이 되어 펄스 응답 파형이 꼬리를 그린다. v_h는 ~106㎝/s이기 때문에 수㎛ 정도의 광흡수층에서는 꼬리는 수백 ps 정도가 된다. 따라서 1주기가 수백 ps인 수 ㎓ 정도 이하의 주파수 응답에 대해서는 포토다이오드는 홀의 주행시간의 영향은 작을 것으로 생각할 수 있으며, 뒤에 설명하는 커패시턴스의 영향만을 고려하게 된다. 한편, 수 ㎓를 넘는 주파수 응답을 노리려면 광흡수층을 얇게 하고 주행시간을 짧게 설계한다.

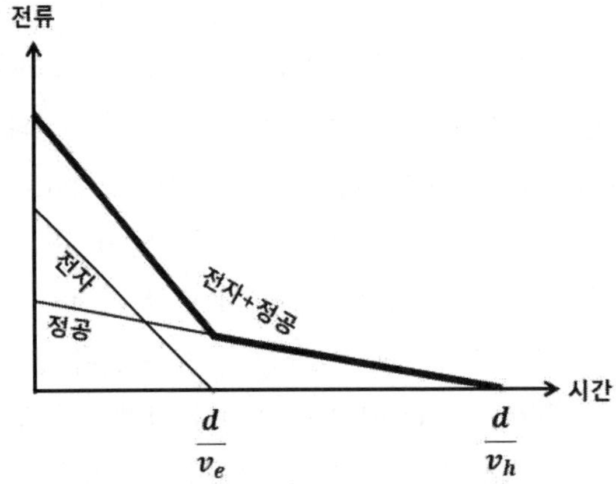

그림 3.15 캐리어 주행에 의한 전류

이 경우, 광흡수층을 얇게 함으로써 식 (3.39)에서 계산되는 η가 낮아진다. 따라서 주파수 응답 특성과 효율의 트레이드오프를 고려한 설계가 필요하게 된다.

나. 포토다이오드의 특성

(1) 전류-전압 특성

pn접합에 있어서의 전류-전압 특성은 어두울 때와 조사 시에 있어서의 상태를 그림 3.16에 나타낸다.

최대 전력 $P_{\max}$는 $dP/dt = 0$에서 구해지며(P는 외부로 추려내는 전력), 이것은 그림 3.16의 A점에 대응한다. 이 전류를 I_{op}, 전압을 V_{op}라고 하면 $P_{\max}$는 다음과 같이 주어진다.

$$P_{\max} = I_{op} V_{op} = I_{SC} V_{OC} FF \tag{3.42}$$

여기서 I_{SC}는 단락 전류이며, V_{OC}는 개방 전압이고 FF(fill factor)는 곡선 인자이다. FF를 키우기 위해서는 다이오드의 등가 회로에 관해서 직렬저항을 작게 하며 병렬 저항을 크게 한다.

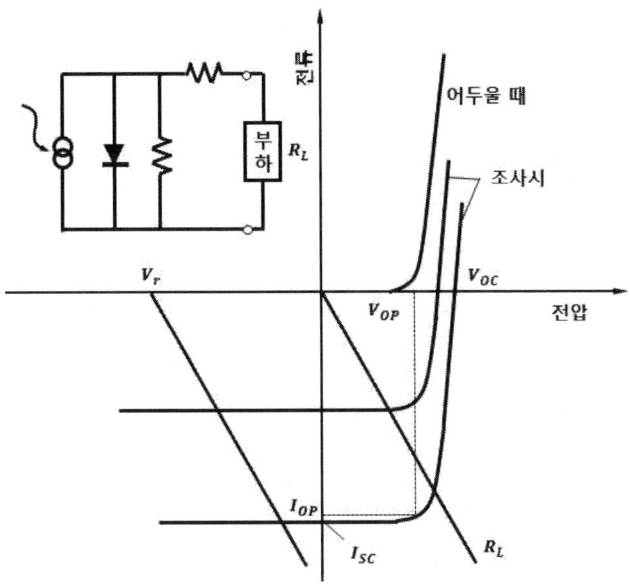

그림 3.16 포토다이오드의 전류-전압 특성과 등가회로

일반적으로 셀의 직렬 저항이 작을 때 단락 상태에 가까워지며 광량에 비례하는 광전류가 얻어지지만 개방 전압은 광량에 대하여 대수적으로 변화한다. 따라서 광센서로서는 선형적으로 변화하는 전류 특성을 사용하는 경우가 많다. 광량이 강하고 부하 저항이 크면 작동 점은 비선형 영역에 들어가지만 역방향 바이어스(V_r)에 의해 작동 점을 이동시켜 선형성을 보유할 수 있다.

(2) 분광 감도

포토다이오드를 희망하는 파장역의 빛에 응답시키기 위해서는 광도전 셀과 같이 사용 재료의 에너지 갭을 참조할 필요가 있다. 덧붙여 플레이너(planar)형의 경우 표면층 기판 두께, 불순물 농도를 변화시키는데 따라서도 분광 감도를 제어할 수 있다. pn접합에 비해 헤테로 접합, 쇼트키 접합 구조 쪽이 단파장 측의 감도가 높다. 요구되는 분광 감도 특성은 용도에 따라 다르다. 방사 측정용으로서는 파장 의존성이 없는 것, 측광용으로서는 시감도에 유사한 것, 일반용으로서는 이론 특성에 가까운 것이 바람직하다.

포토다이오드에 입사하는 광 입력 P와 광전류 I_L은 다음의 관계가 있다.

$$I_L = Pq\eta(\lambda)/h\nu \tag{3.59}$$

여기서 η는 수집 효율로 파장 의존성이 있으며 반도체의 흡수 계수, 표면 반사 계수, 표면 재결합, 소수 캐리어의 확산 거리 등에 의해서 결정된다. ν는 입사광의 진동수, q는 전자의 전하이다.

수집 효율의 해석은 pn접합의 경우 n형 층, p형 층, 공핍 층에 3분할해서 광전류를 구하게 되며 이것은 정해진 경계 조건하에서 연속 방정식을 푸는 것이다.

그림 3.17에 스펙트럼 감도의 실측 결과를 나타낸다. 장파장 측의 흡수 단을 초과하는 곳의 감쇠는 반도체의 투과율이 높아지고 흡수가 감소하기 때문이며 단파장 측의 그것은 빛이 표면 부근에 흡수되어 그 영역에서 생성된 캐리어가 접합부에 도달하지 못하여 광전류에 기여하지 못하기 때문이다. 또한 표면 재결합 속도가 클 경우에도 같은 결과가 된다. 이런 점에서 쇼트키형, 헤테로형은 이들을 개선하였기에 양호한 단파장 감도가 얻어진다.

일반적으로 다이오드의 온도가 상승하면 흡수단과 파장 감도역이 장파장 측에서 어긋난다. 이것은 금지대 폭을 넘는 전자의 여기 에너지가 광자와 포논(phonon) 에너지의 합으로 부여되고, 온도 상승에 의해 포논 에너지가 크게 되며 동시에 금지대 폭이 좁아져 광자 에너지가 적어서 좋기 때문이다.

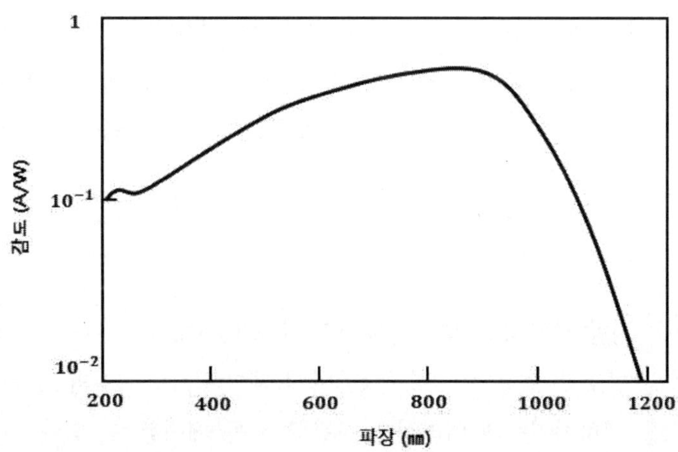

그림 3.17 Si 포토다이오드의 분광 감도

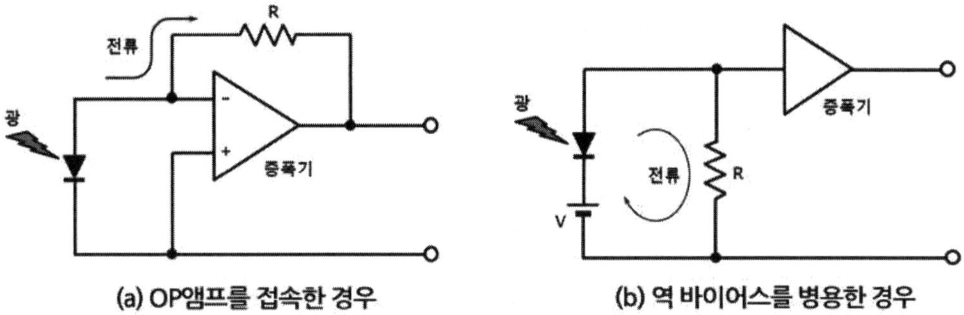

그림 3.18 포토다이오드의 회로 예

Ge, InAs, InSb 등은 냉각하면 분광감도가 단파장 측으로 이동한다. 이 형의 광 검출기는 기전력을 발생하므로 그림 3.18 (a)에 나타낸 바와 같이 전원을 사용하지 않는다. 한편 다이나믹 레인지를 넓히고 시간 응답성을 높이기 위해 그림 3.18 (b)에 나타낸 바와 같이 역 바이어스를 걸어 사용하는 것이 많다.

(3) 응답 시간

포토다이오드의 응답 시간은 pn접합의 경우 빛에 의해 여기 된 캐리어가 공핍층을 통과하는 시간, 접합 용량, 캐리어의 확산 시간 등으로 정해진다. 공핍층 내에서 발생한 캐리어의 드리프트 시간은 내부 전계에서 가속되어지기 때문에 극히 짧지만(**드리프트 전류**), 공핍층 외에서 발생하는 캐리어의 드리프트 시간은 확산 과정에 의하기 때문에 길다(**확산 전류**). 응답 속도는 접협 용량 C_j, 직렬 및 병렬 저항 R_S, R_L이라고 하면 $C_j(R_S+R_L)$의 제한을 받는다. 따라서 고속 포토다이오드는 C_j를 작게 하는 것이 필요하며 역 바이어스를 걸어주면 공핍층의 폭이 증가하여 C_j를 감소시키는 원인이 되므로 고속화된다. 단, 인가전압에 의한 암 전류의 증가가 있기 때문에 미약 광을 측정할 때는 이 방법을 사용하지 않는 것이 좋다. 그림 3.19에 Si 포토다이오드의 C_j-역 바이어스 전압 특성을 나타낸다.

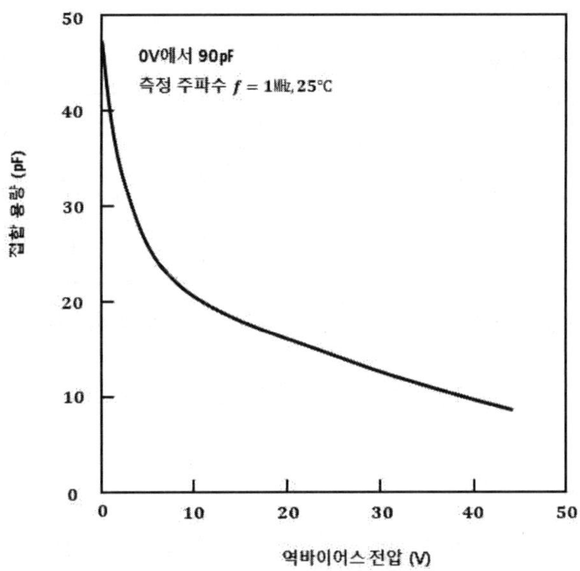

그림 3.19 Si 포토다이오드의 C-V특성

(4) 검출 감도

고 감도의 광센서는 일반적으로 잡음 특성이 문제가 된다. 반도체의 pn접합에 있어서 잡음 전류 i_n은 대체적으로 잡음 기구와 같은 잡음 주파수 대역폭의 평방근에 거의 비례하며 순 바이어스를 가한 작동 상태에서 다음과 같이 된다.

$$\overline{i_n} = \sqrt{4qI_0B} \tag{3.43}$$

한편, 역바이어스를 가한 상태에서는 다음과 같이 된다.

$$\overline{i_n} = \sqrt{2qI_0B} \tag{3.44}$$

여기서 B는 잡음 대역폭, I_0는 역방향 포화 전류, q는 전자 전하이다. 또한 검출 감도를 표시하는 방법으로 주로 이용되는 것은 등가 잡음 전력 NEP(Noise Equivalent Power)가 있다. 이것은 신호대 잡음비 $S/N = 1$이 될 때의 입력광 전력이며 신호와 잡음이 같게 되는 임계값을 표시하고 있다.

NEP는 고감도일수록 작은 수치가 되기 때문에 이 역수를 **검출능** D(detectivity)라고 정의

한다. 이것은 검출해서 얻은 최소의 광 감도를 나타내는 지표이기도 하다. 또한 NEP는 수광 면적 A_0의 평방근에 비례하기 때문에 이 요소를 고려한 비 검출능 D^*가 다음 식으로 정의된다.

$$D^* = D\sqrt{A_0} = \sqrt{A_0}/NEP \tag{3.45}$$

D^*의 단위는 cm · Hz1/2/W이지만 참조 밴드는 항상 1Hz이기 때문에 cm/W로써 표시할 때도 있다. 그림 3.20에 Si 포토다이오드 D^*의 파장 분포를 나타낸다.

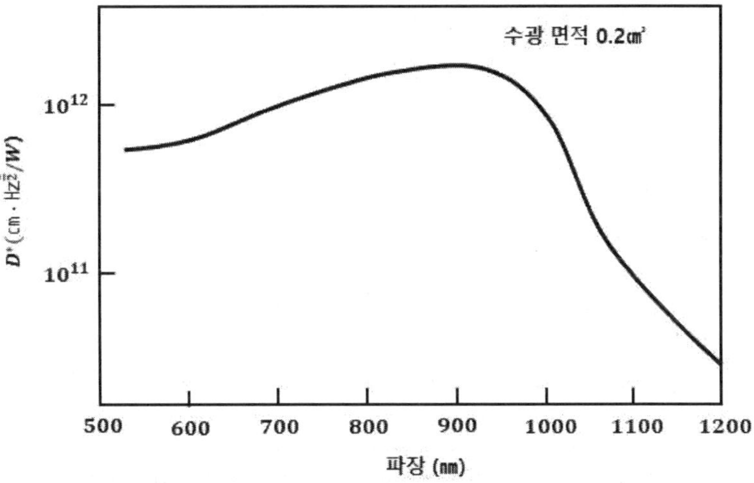

그림 3.20 Si 포토다이오드 D^*의 파장 분포

포토다이오드를 잘 사용하기 위해서 알아두어야 할 사항을 알아보도록 한다.

① 포토다이오드는 입사광량과 출력 전류의 직선성이 우수하기 때문에 광대역의 측정용 광으로 적합하다.

② 포토다이오드는 포토트랜지스터나 Cds에 비해서 2자리 이상 응답 특성이 뛰어나다.

③ 포토다이오드는 역 바이어스를 걸면 응답 특성이 향상된다.

④ 포토다이오드는 조도 변화를 대수 압축하는 작용이 있다.

⑤ 포토다이오드는 부하 저항이 커지면 조도가 높아지는 쪽의 직선성이 나빠진다.

⑥ 실리콘 포토다이오드는 광대역의 분광 감도 특성을 갖고 있다.

⑦ 교속응답을 요구할 경우 수광 면적이 작은 포토다이오드를 선택한다.

⑧ 포토다이오드는 포화 영역에서 사용하면 응답 특성이 저하한다.

⑨ 포토다이오드의 암 전류는 온도 상승과 함께 증가한다.

⑩ PIN 포토다이오드는 PN 포토다이오드보다 암 전류가 크다.

⑪ 포토다이오드는 출력 신호가 낮으므로 OP 앰프를 함께 사용하는 것이 바람직하다.

다. PIN 포토다이오드

포토다이오드로는 빛을 흡수하고, 또한 전자와 홀을 주행시키기 위한 높은 전계(20~100㎸/㎝ 정도)를 가진 층이 필요하다. 반도체에 높은 전계를 인가하기 위해서는 도전 캐리어(즉, 전자 또는 홀) 농도를 낮춰 고저항화 할 필요가 있다. 캐리어 농도를 낮추는 일반적인 방법으로서 pn접합이나 숏키 접합을 이용한 공핍화가 이용된다. 여기서는 pn접합을 이용한 pin 포토다이오드의 구조(그림 3.21)에 대해 설명한다.

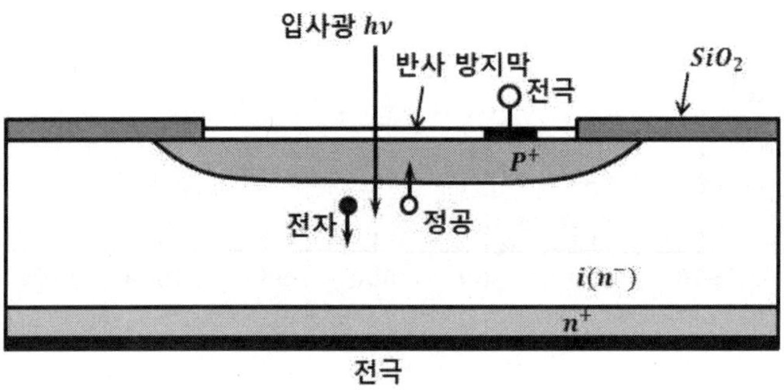

그림 3.21 pin 포토다이오드의 구조

그림 3.22는 p형 InP층, I형 InGaAs층이 광 흡수층으로 되어 있다. 반도체의 도전형은 반도체 내로 불순물이 도핑 되어 도전 캐리어를 만든다. I형 층은 실제로는 미량의 불순물을 도핑 한 약한 n형이지만, 다른 층에 비해 도전 캐리어 농도가 매우 낮기 때문에 I형이라 불려 **pin 포토다이오드**의 이름의 유래가 되고 있다.

그림 3.22는 pn 접합이 p형 층과 i형 층 사이에서 형성된다. 접합에 의해 상호 페르미 레벨을 일치시키도록 하여 접합부의 전계를 발생시키기 때문에 도전 캐리어의 이동이 일어나 양쪽 층에 도전 캐리어가 존재하지 않는 공핍 층이 형성된다. 특히 원래 도전 캐리어 농도가 낮은 i형 층 측의 공핍화는 광범위하다. 또한 이 pn 접합에 외부에서 pn형 층 측에

−, n형 층 측에 +의 전압을 인가함으로써 공핍층은 i형 층 전체로 넓어진다. 공핍층에서는 도전 캐리어가 존재하지 않기 때문에 전류가 흐르지 않는 전계가 생긴다. 이렇게 하여 i형 광흡수층에 높은 전계를 인가할 수 있으며, 여기서 생긴 광여기 캐리어를 주행시키는 것이 가능하게 된다.

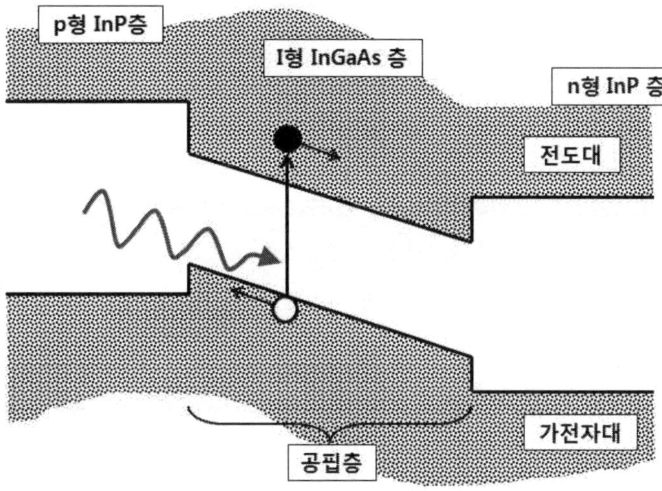

그림 3.22 pin 포토다이오드의 밴드 다이어그램

한편, 여기서 pin포토다이오드의 커패시턴스를 생각해 보자.

전계는 I형 층인 광흡수층에만 인가되고 있기 때문에 두께 d의 콘덴서와 등가이다. 따라서 커패시턴스는,

$$C = \frac{\epsilon_0 \epsilon_r S}{d} \tag{3.46}$$

으로 계산된다. 여기서 ϵ_0는 진공유전율 8.85×10−12F/m, ϵ_r은 광흡수 층의 비유전율, S는 pn접합의 면적이다. ϵ_r을 13으로 하고 표준적인 값 S = 2000㎛2, d = 2㎛ 정도를 이용하면 C는 0.1pF의 오더가 된다.

pin 포토다이오드를 기본으로 하여 다양한 기능을 부가한 포토다이오드가 개발되고 있다. 이어서 증폭작용을 부가한 애벌란시 포토다이오드, 광 여기 캐리어로서 전자만을 주행시키는 단일 주행 캐리어 포토다이오드를 소개한다.

라. 애벌란시 포토다이오드

pin 포토다이오드에 인가하는 전계를 애벌란시 브레이크다운 마디 앞의 수백 ㎸/㎝로 해두면 광전변환으로 생긴 광 여기 캐리어가 높은 전계로 가속되어 이온화를 일으켜 새로운 캐리어를 발생시킨다. 이것이 연쇄 반응적으로 일어나 신호를 증폭하는 것이 애벌란시 포토다이오드(APD)이다. 2.5Gb/s, 10Gb/s와 같은 고속 광통신에서는 고성능의 전기증폭기의 사용을 줄일 수 있는 APD는 유효하다. 그림 3.23은 애벌란시 포토다이오드의 구조를 나타낸다.

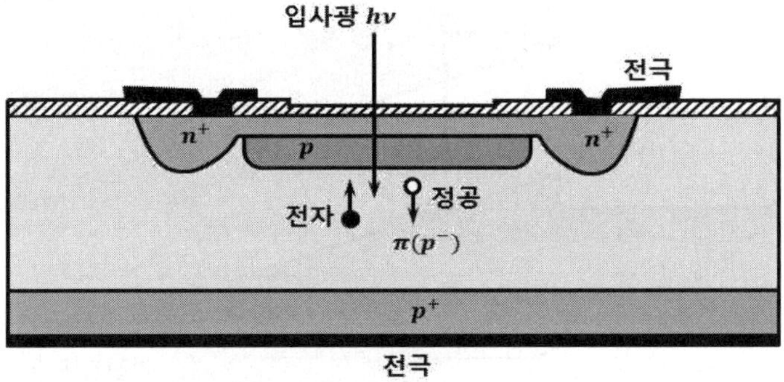

그림 3.23 애벌란시 포토다이오드의 구조

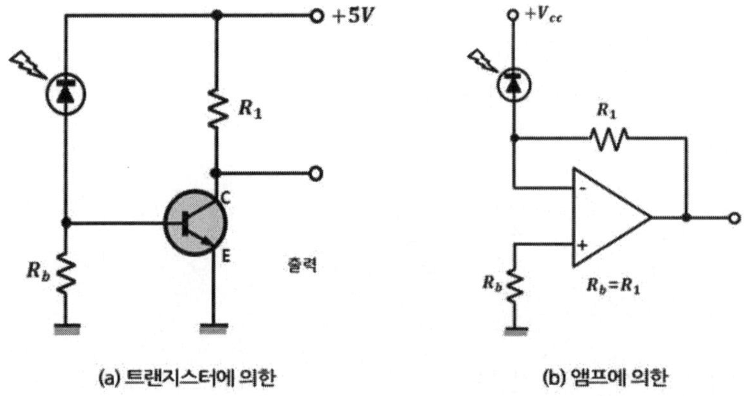

그림 3.24 pin 포토다이오드의 증폭회로 예

그림 3.24는 PIN형 포토다이오드의 광전류를 증폭하는 회로이다. 어느 것도 접합을 역바이어스로 사용하여 응답속도를 높이고 있다. (a)의 경우 출력전압은 광전류를 i_p로 하면

$v = i_p \times \beta \times R_1$ (β는 트랜지스터의 증폭률)이고 또한 (b)의 경우의 출력전압은 $V = i_p R_1$으로 표시된다.

그림 3.25는 광 흡수층의 일부를 밴드 갭이 서로 다른 반도체 층을 상호로 적층한 초격자 증배층으로 만든 초격자 APD의 밴드 다이어그램이다. 광 여기 된 전자는 초격자 증배 층에서 전자와 홀을 여기하고, 여기 된 전자가 다시 전자와 홀을 여기 해 나간다. 초격자 증배 층을 이용함으로써 홀에 의한 증폭을 억제하고, 캐리어 주행시간의 증대, 즉 주파수 응답의 열화를 방지하고 있다. 초격자 증배 층으로서는 InGaAs/InAlAs 등의 전도 밴드의 불연속성이 큰 재료의 조합이 이용되고 있다. APD의 성능 지표로서 동작 주파수 대역폭과 증폭률의 곱(GB곱)이 이용되며 10Gb/s 광통신용 APD에서는 GB = 10GHz 이상이 달성되고 있다.

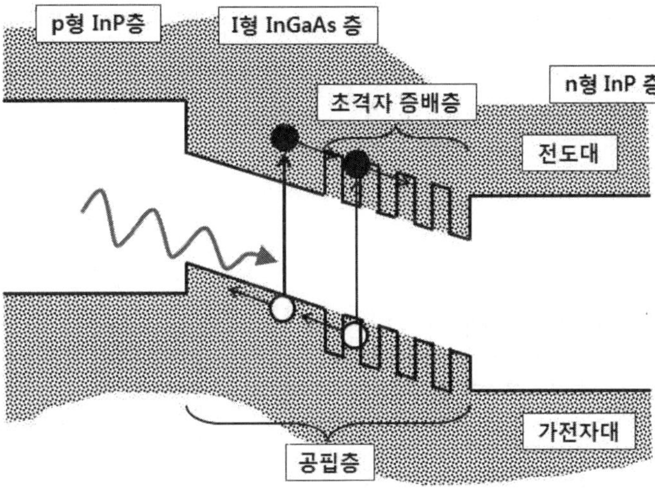

그림 3.25 초격자 APD의 밴드 다이어그램

3.3.2 포토트랜지스터

포토트랜지스터는 내부 증폭 기능을 가지며 포토다이오드보다 몇 배 감도가 높다. 많이 사용되고 있는 구조는 npn 에피택셜(epitaxial) 플레이너로 p형 영역이 크게 만들어지며 그림 3.26 (a)에 포토트랜지스터의 구조를 나타낸다. 등가 회로는 포토다이오드와 트랜지스터가 조합된 것으로서 그 작동 원리는 트랜지스터와 같으며 통상 이미터와 컬렉터 사이에 전압을 인가하며 베이스는 개방하여 사용한다.

그림 3.26 (b)에 있어서 빛의 조사에 의해 생성된 전자는 이미터 측과 컬렉터 측에 확산

하지만 정공은 베이스 영역 안에 축적하여 베이스를 정(positive)으로 하기 위해 이미터와 베이스 사이가 순 바이어스 된다. 따라서 전자는 베이스 영역에 많이 흘러들어가고 이것이 엷은 베이스를 통과하여 역 바이어스 된 컬렉터 접합부의 내부 전계에 가속되어 증폭하며 광전류로서 컬렉터 측으로부터 추려 내진다. 이 베이스와 컬렉터 사이의 포토다이오드 광전류를 I_p, 트랜지스터의 이미터 접지 전류 증폭률을 h_{FE}라고 하면 포토트랜지스터의 광전류 I_C는 다음과 같이 된다.

$$I_C = (1 + h_{FE})I_p \approx h_{FE}I_p \tag{3.47}$$

즉, 포토다이오드 전류 I_p를 h_{FE}배 증폭한 것이 된다. 포토트랜지스터의 광전류 특성은 트랜지스터 특성과 유사하며 컬렉터 특성으로 대표된다. 베이스 전류 대신으로 광 강도를 매개변수로 하고 있다. 그림 3.27은 그 광전류와 인가전압의 관계이다. 입사 광량을 일정하게 하고 인가전압을 증가하면 일반적으로 광전류는 증가하며 그 비율은 광 강도가 높을수록 크다.

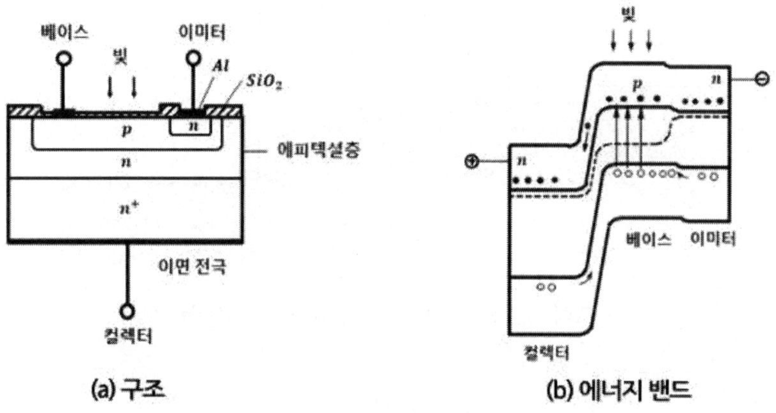

그림 3.26 포토트랜지스터

실리콘 포토트랜지스터의 분광 감도는 이미터, 컬렉터 접합을 포토다이오드로 간주했을 때의 분광 감도와 일치한다.

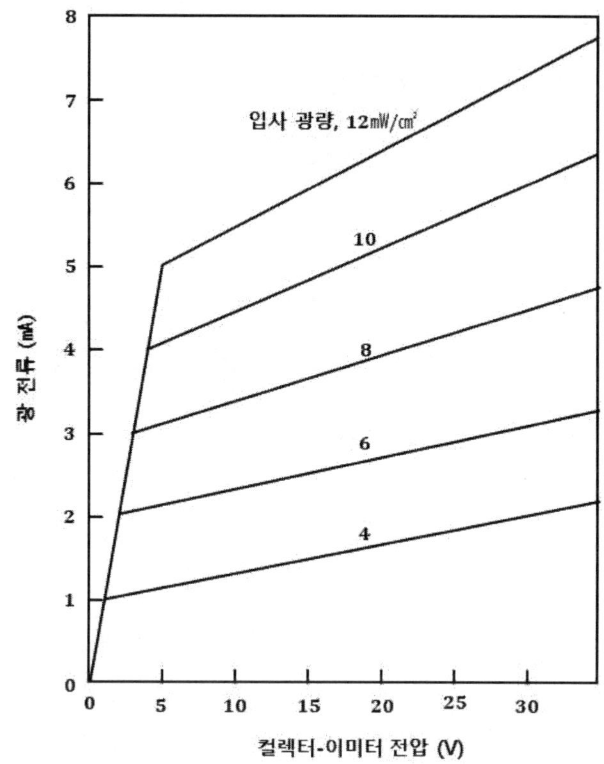

그림 3.27 포토트랜지스터의 광전류-전압 특성

응답 특성은 뛰어났으며 그림 3.28에 그 한 예를 나타낸다. 응답 속도 t는 다음과 같이 구한다.

$$t \approx C_{CB} R_L h_{FE} \tag{3.48}$$

여기서 C_{CB}는 컬렉터-베이스 접합 용량, R_L은 부하 저항이다.

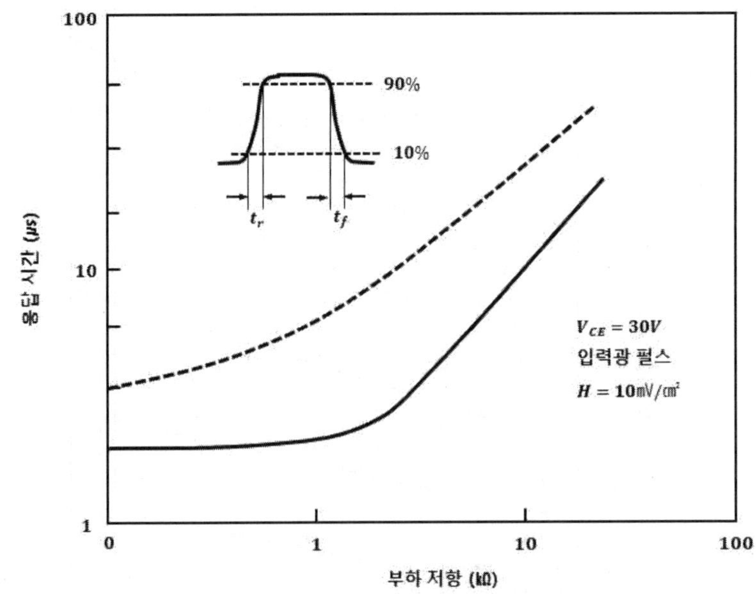

그림 3.28 포토트랜지스터의 응답 특성

포토트랜지스터는 포토다이오드와 트랜지스터를 조합시킨 일종의 광 센싱 요소이지만 이것을 잘 사용하기 위해서는 다음과 같은 몇 가지 알아두어야 할 사항이 있다.

① 포토트랜지스터의 응답 특성은 포토다이오드보다 1자리 이상 낮다.

② 포토트랜지스터에는 이미터 출력 형식과 컬렉터 출력 형식이 있다.

③ 컬렉터 출력 형식은 출력 전압 이용률이 높다.

④ 포토트랜지스터에는 여러 개의 트랜지스터를 조합시킨 포토 달링톤 형식이 있다.

⑤ 포토 달링톤 형식은 출력 전류는 크지만 응답 특성이 매우 늦다.

⑥ 포토트랜지스터는 입사광량에 대한 광전류의 직선성이 나쁘다. 이것은 증폭용 트랜지스터의 출력 전류 레벨에 의해 h_{ef}가 변하기 때문이다.

⑦ 포토트랜지스터는 저주파 펄스광의 광 센싱 회로에 적합하다.

⑧ 포토트랜지스터의 광전류는 h_{ef}로 증폭된다.

⑨ 포토트랜지스터의 암 전류는 트랜지스터의 h_{ef}에 영향을 준다.

⑩ 포토트랜지스터의 온도 보상에는 베이스가 부착된 포토트랜지스터가 좋다.

⑪ 베이스가 붙은 포토트랜지스터는 광전류의 직선성을 개선할 수 있다.

3.4 광전자 방출형 센서

3.4.1 광전자 방출 효과

입사 광자가 물질의 표면에 흡수되어 그 결과 표면에서 외부(많은 경우 진공 중)에 전자를 방출하는 현상이 **광전자 방출 효과**이며, 광 입사면을 **광전면**이라 하며 방출되는 전자를 **광전자**라 부른다. 물질 내에 있어서 전도 전자와 밖의 진공 사이에는 그 물질에 고유한 포텐셜 에너지(potential energy)의 장벽이 있으며 광전면 내에서 전자를 외부에 방출시키기 위해서는 이 포텐셜 에너지의 장벽을 뚫고 넘을 수 있는 에너지만을 부여해야 한다. 방출되는 광전자의 초속도를 v, 전자의 질량을 m, 광전자 방출 한계 에너지를 E_t라고 하면 방출 전자의 최고 운동 에너지 $E_{\max}$는 다음과 같이 주어진다.

$$E_{\max} = \frac{1}{2}mv^2 = h\nu - E_t \tag{3.49}$$

여기서 $h\nu$는 광전면에 흡수되는 광자의 에너지이다. $E_{\max} = 0$에 있어서 빛의 진동수를 한계 진동수, 또한 그 때의 빛 파장을 한계 파장(λ_c)이라고 하면 식 (3.24)으로부터 $\lambda \leq \lambda_c$의 경우에 광전자 방출이 일어난다. 금속의 경우에는 E_t는 그 일함수에 상당하며 적어도 2eV, 대부분은 3eV보다 크고 자외선 및 가시광의 일부에 대해서만 광전자 방출을 행한다.

반도체 공전면의 경우 광자에 의해 여기 된 가전자대에서의 전자가 갖는 에너지가 반도체의 밴드 갭 E_g와 전도대 바닥보다 진공 수준까지의 에너지 차 E_a(전자 친화력)의 합계보다도 큰 경우에 한하여 광전자 방출이 가능하며 그 한계 에너지는 $E_t = E_g + E_a$이다.

일반적으로 반도체 단 결정의 전자 친화력은 4~5eV의 값을 제시하며 자외광에 대해서만 광전자 방출을 행한다. 그러나 전자 친화력의 값은 표면 상태에 대단히 민감하며 특히 세슘과 같은 낮은 일함수의 알카리 금속을 반도체 표면에 흡착시킴으로써 전도대 바닥보다는 진공 레벨이 아래에 있으며 부(negative)의 전자 친화력 상태를 만들어 낼 수 있다. 이와 같은 경우에는 입사 광자에 의해 전도대에 여기 된 전자가 광전자로서 외부에 방출되는 확률이 증가하기 때문에 반도체의 밴드 갭 E_g와 같은 정도의 파장에 대해서도 광전자를 방출하며, 한계 파장을 근적외 영역까지 늘릴 수 있게 된다. 또한 동시에 광전자 방출의 양자 효율을 증가시킬 수도 있게 된다.

광전면의 광전 변환 감도를 표현하는 방법으로서 양자 효율과 방사 감도가 있다. 양자 효율(η)는 매초 광전면에 입사하는 광자수(N_{ph})에 대해 방출되는 전자수(N)의 비율이며 다음

식으로 주어진다.

$$\eta = (N_K / N_{ph}) \times 100\ (\%) \tag{3.50}$$

방사 감도(S_K)는 입사 광량을 매초 방사 에너지 P_0 (Watt)로 표시, 광전면 전류(I_K)를 이것으로 나눈 것이며 다음과 같이 표시한다.

$$S_K = I_K / P_0\ \text{(A/W)} \tag{3.51}$$

양자 효율과 방사 감도의 관계는

$$P_0 = N_{ph} hc / \lambda \tag{3.51}$$

이기 때문에

$$S_K = \lambda\eta / 1240\ \text{(A/W)} \tag{3.52}$$

이다. 단, λ는 ㎚, η는 %로 표시한다.

3.4.2 광전자 증배관

미약한 빛을 측정할 때 외부 회로에서 이것을 증폭하여 검출하는 방법은 잡음, 응답 속도 등의 점에서 문제가 많다. 거기서 미약한 빛을 고이득, 저잡음, 고속, 넓은 다이나믹 레인지로 검출하기 위해 광전자 내에 2차 전자 증배기를 내장 시킨 것이 광전자 증배관(photomultiplier, 약칭 photomul)이다.

그림 3.29에 광전자 증배관과 그 증배 기구를 나타낸다. 광전자 방출을 행하는 광전면, 광전면으로부터 광전자를 증배부에 도입시키는 집속 전극, 2차 전자 방출 효과가 있고 증배 기능을 갖는 몇 단의 전극(dynode) 및 증배된 전자류를 모아 신호로 하여 외부로 끄집어내는 양극으로 구성되어 있다.

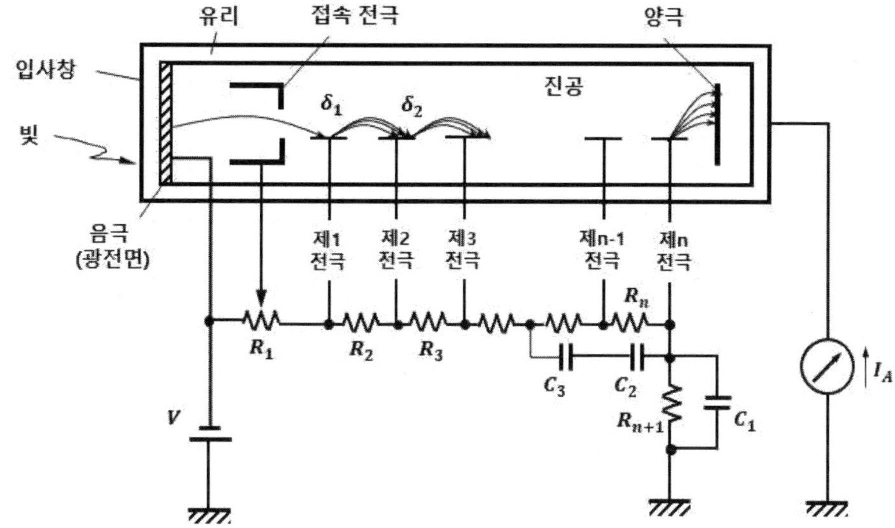

그림 3.29 광전자 증배관의 구조

광전면 양극간의 각 전극에 전압을 인가하여 전극 간에 적당한 전위를 부여하고 전자의 집속, 2차 전자 방출 때문에 가속 에너지원으로 하고 있다. 전압은 전원을 브리더(breeder) 저항($R_1 \sim R_n$)으로 분할해서 가산한다. 후단에 부가되어 있는 콘덴서($C_1 \sim C_3$)는 커플링 콘덴서라 불리는 것으로 교류적인 신호에 대해 순간적인 전위의 변화에 대응하는 효과를 갖게 하는 것이다.

광전자 증배관의 특징은 고속 전자를 고체 표면에 충동시키는 2차 전자 증배 전극(다이노드)의 기능에 의해 생긴다. 이 때 입사 전자를 1차 전자, 방출된 전자를 2차 전자라 한다. 1차 전자 1개당 방출되는 2차 전자의 수를 2차 전자 방출비라 하며 δ로 나타낸다. 이 δ의 값은 물질의 종류나 표면 상태에 의해 달라지며 δ가 높은 것이 선택된다. 그림 3.30에 대표적인 재료의 2차 전자 방출비를 표시한다. 일반적으로 δ가 커서 암 전류가 적은 재료(Sb-Cs)가 이용된다.

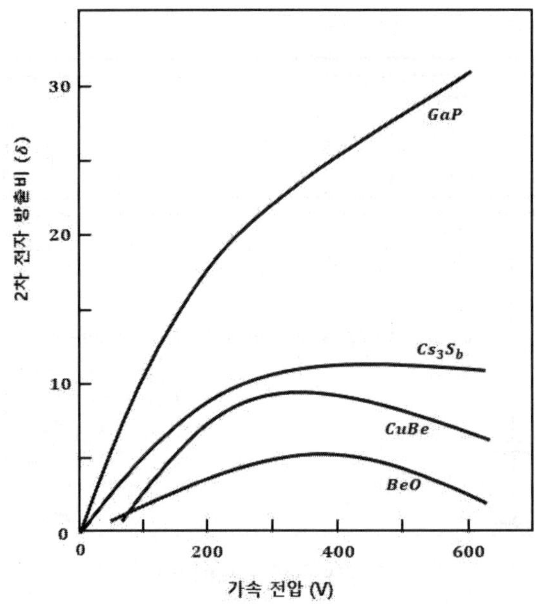

그림 3.30 2차 전자면의 특성

광전면에 P_0의 빛이 입사하여 광전면에서 광전류 I_K가 흘렀다고 하면 이것에 의해 전자는 다이노드로 캐스케이드(cascade)적으로 증배되어 양극 전류 I_P는 식 (3.51)로부터 다음과 같이 주어진다.

$$I_P = I_K \delta_1 \delta_2 \cdots \delta_n = P_0 S_K \delta_1 \delta_2 \cdots \delta_n \tag{3.53}$$

이것을 P_0로 나누면

$$S_P = I_P / P_0 = S_K \delta_1 \delta_2 \cdots \delta_n \tag{3.54}$$

가 되며 이 S_P를 **양극 방사 감도**라고 한다. 또한 전류 증배율 μ는 다음의 식으로 주어진다.

$$\mu = S_P / S_K = \delta_1 \delta_2 \cdots \delta_n \tag{3.55}$$

통산 1단당 30~100V 인가하며 3~6의 2차 전자 방출비가 얻어진다. 예를 들어 $\delta = 4$로 하고 10단의 다이오드로 한다면 $\delta = 4^{10} = 10^6$의 증배율을 얻게 된다.

2차 전자 방출비 δ는 1단당 인가 전압 V가 비교적 낮은 범위에서는

$$\delta = a V^{\alpha} \tag{3.56}$$

로써 표현된다. 여기서 a, α는 정수이며 α는 0.6~0.7 사이에 있다. 전체 인가 전압을 E_{bb}로 하고 n단의 다이노드에 각 단이 균등하게 전압이 인가되어 있다고 하면 μ는 다음과 같이 표현된다.

$$\mu = [a V^{\alpha}] = \frac{a^n}{(n+1)^{an}} {E_{bb}}^{an} \tag{3.57}$$

이것은 양극 전류 및 양극 방사 감도가 인가전압에 대해 대수 도표 상에서 직선 관계로 나타나 인가전압에 의해 증배율이 함수적으로 변화된다는 것을 의미한다.

제 4 장
광섬유의 이해

4.1 광집적 도파로의 이해
4.2 광섬유 도파로
4.3 광섬유의 구조와 원리
4.4 광섬유의 특징
4.5 광섬유 손실

POINT

광집적 회로망 내에서는 광은 사각형의 유전체 슬래브(slab) 도파로에 의해 구성 부품 간에 전달된다. 집적 광학 그 자체의 역할 및 슬래브와 광섬유의 유사성 때문에 광이 슬래브 속을 어떻게 전파하는지에 대해 조사해 보기로 한다. 슬래브를 진행하는 파를 조사해 봄으로써 광섬유 속의 광의 전파를 이해하는데 도움이 될 것이다. 사각형 구조는 원형 광섬유의 구조보다도 해석이 훨씬 쉬우므로 광섬유에 들어가지 전에 슬래브를 취급해 보도록 한다.

이어서 광섬유의 원리를 바탕으로 광섬유 도파로 및 광섬유의 종류 등을 살펴보기로 한다.

chapter 4

광섬유의 이해

4.1 광집적 도파로

4.1.1 유전체 슬래브 도파로

그림 4.1에 유전체 슬래브 도파로를 나타낸다. 파는 주로 굴절률 n_1을 갖는 중앙층의 속을 전파해 간다. 이 층은 종종 ㎛보다 작으므로 필름(박막)이라 불러진다. 이 필름은 각각 굴절률이 n_2와 n_3의 하부층과 상부층의 사이에 샌드위치 형태로 되어 있다. 광원은 내부 전반사에 의해 필름 내에 갇혀진다. n_2와 n_3의 쌍방 모두 n_1보다 작으면 전반사가 일어난다. 식 (1.52)로부터 하부 경계에서의 임계각은 다음으로부터 얻어진다.

$$\sin\theta_c = \frac{n_2}{n_1} \tag{4.1}$$

또한 상부 경계에서의 임계각은 다음으로부터 구한다.

$$\sin\theta_c = \frac{n_3}{n_1} \tag{4.2}$$

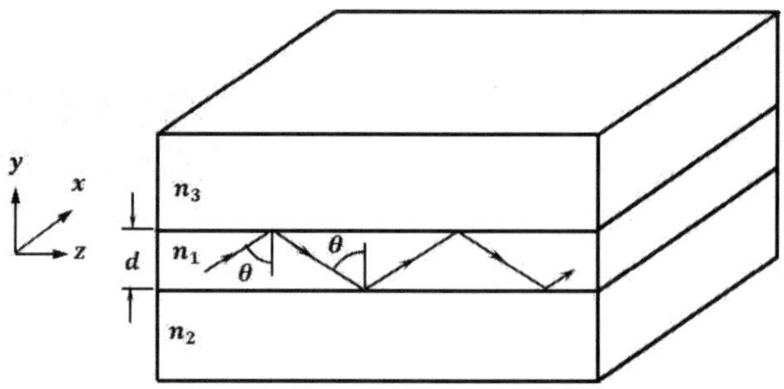

그림 4.1 유전체 슬래브 도파로

광이 외부층에 누설되지 않고 전파하기 위해서는 그림 4.1의 각 θ는 이들 2개의 임계각의 최대치와 같든지 그 이상이어야 한다. 전반사를 얻는 데는 임계면은 경면이어야 한다. 그렇지 않으면 광은 확산 반사에 의해 도파층의 외부로 산란되어 버린다. 마찬가지로 필름에 불균질성이 있으면 광은 산란하며 손실이 증가하게 된다. 효율 좋은 전파를 위해서는 재료의 흡수는 작아야 하며 집적 광학에 잘 사용되는 $LiNbO_3$나 GaAs는 각각 1dB/cm 정도이든지 약간은 2dB/cm보다 큰 손실을 나타낸다. 이 손실은 집적 회로의 길이가 짧으므로 허용할 수 있는 값이다. 장거리 통신에 이용할 때에는 광섬유에 사용하는 재료의 손실은 보다 작지 않으면 안 된다. 1.3.6항의 임계각 반사에서 반사 경계면의 바깥에 에바네센트 전계가 존재하는 것을 서술했다. 이것이 있기 때문에 유전체 도파로의 상하층에서의 흡수도 작게 되지 않으면 안 된다.

$n_2 = n_3$와 같은 대칭 구성은 광섬유에 매우 유사해 있으므로 특히 흥미롭다. 유사의 광섬유에서는 코어의 굴절률은 n_1이고 주위의 클래드의 굴절률이 n_2이다. 또한 $n_3 = 1.0$을 갖는 비대칭 도파로도 중요하다. 이것은 상부가 공기인 것과 같은 광집적 회로의 구성이며 이 경우 n_2는 기판의 굴절률이다.

필름 내의 전계는 1.3.1항에서 서술했던 평면파이며 각도 θ이고 지그재그 형태로 전파해 간다(그림 4.1). 어느 정도 유사하지만 전체의 전계를 한 쪽은 각 θ이고 상향으로 진행하고 다른 쪽은 각 θ이고 하향으로 진행하는 2개의 일정 평면파의 합으로서 취할 수 있다. 1.3.1항에서 서술했듯이 이들 파는 $k = k_0 n_1$이 되는 전파 정수를 갖고 있다. 여기서 k_0는 자유공간의 전파 정수이다. 그림 4.2에서는 이 2개의 전파 정수를 나타내었다.

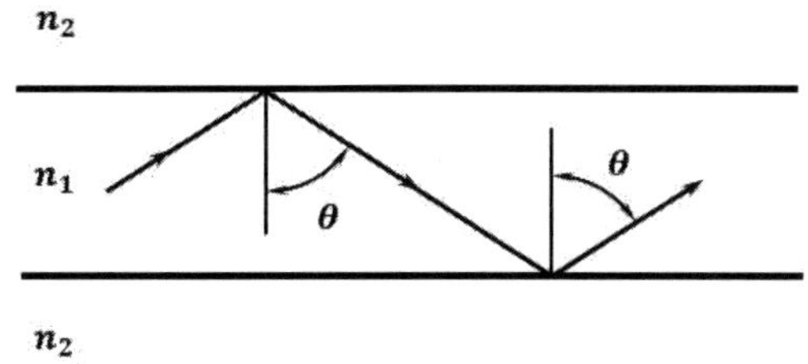

그림 4.2 슬래브 도파로의 전파 정수

도파된 파의 실제 진행 방향은 이 그림의 수평 방향이다. 이 방향에의 전파 정수의 성분은 다음과 같다.

$$\beta = ksin\theta = k_0 n_1 \sin\theta \tag{4.3}$$

이 성분의 것을 **축 방향의 전파 정수**(longitudinal propagation factor)이라 한다. 상향 및 하향 진행파 사이의 간섭 때문에 y방향에서 전계는 일정하지 않지만 정현적으로 변화한다. 이 변화는 정재파 패턴이다. 필름 속의 전계는 $y=0$면에 짝수로 분포하는 모드에 대해 다음과 같이 쓸 수 있다.

$$E = E_1 \cos hy \sin(\omega t - \beta z) \tag{4.4a}$$

홀수 분포를 나타내는 전계도 존재하며 다음과 같이 표현된다.

$$E = E_1 \sin hy \sin(\omega t - \beta z) \tag{4.4b}$$

이들 식에 있어서 k의 수직 성분은 $h = k\cos\theta$이다. 도파되지 않은 파에 관한 식 (1.20)과 비교하면 k를 β로 바꿔 놓은 것을 제외하면 진행 반향의 전계 변화와 동일하다. 식 (1.21)에 이 치환을 행하면 도파된 파의 속도 v_g와 축 방향 전파 속도 간의 관계를 얻을 수 있다.

$$\beta = \frac{\omega}{v_g} \tag{4.5}$$

또는

$$v_g = \frac{\omega}{\beta} \tag{4.6}$$

굴절률은 자유 공간 속의 광속도를 무한 매질 속의 속도로 나눈 형태로 정의된다. 그러면 자유 공간 속의 광속을 도파로 속의 광속으로 나눈 것을 **실효 굴절률**(effective refractive index) n_{eff}로 정의한다. 즉, $n_{eff} = c/v_g$이다. 따라서 식 (4.6)을 이용하면 $n_{eff} = c\beta/\omega_0$이며 식 (1.23)으로부터 자유 공간에 있어서의 전파 정수는 $k_0 = \omega/c$이므로 실효 굴절률은 다음과 같이 된다.

$$n_{eff} = \frac{\beta}{k_0} \tag{4.7}$$

또는 식 (4.3)을 이용하면 실효 굴절률은 다음과 같이 된다.

$$n_{eff} = n_1 \sin\theta \tag{4.8}$$

실효 굴절률은 굴절률이 도파되지 않은 파의 진행에 있어서 중요한 것처럼 도파로 전파에 있어서의 중요한 파라미터이다.

4.1.2. 대칭 슬래브 도파로의 모드

대칭 슬래브 도파로를 생각해 보기로 한다. 임계각보다 큰 각도로부터 90°까지 모든 각도로 전반사가 일어난다. 그림 4.1에 있어서 90°로 들어오는 광선은 수평으로 진행하며 도파로를 똑바로 진행한다. 이 광선에서는 θ=90°이므로 실효 굴절률은 $n_{eff} = n_1$이다. 슬래브에 평행하게 진행하는 광선은 도파 필름만으로 결정되는 실효 굴절률을 갖는다. 임계각 $\sin\theta = n_2/n_1$로 반사하는 광선에서는 식 (4.8)로부터 $n_{eff} = n_2$가 된다. 임계각의 광선에 대한 실효 굴절률은 외측의 재료 만에 의해 결정된다. 임계각으로 들어오는 광선은 그 밖의 갇혀진 파보다도 도파로 축에 대해 보다 급준한 각도로 진행해 간다. 그러면 실효 굴절률은 필름 및 외주의 굴절률에 의해 제한을 받는 것을 알 수 있다. 파를 전파시키기 위한 광선각은 모두 θ_c와 90° 사이에 있으며 상당하는 실효 굴절률은 다음의 범위가 된다.

$$n_2 \leq n_{eff} \leq n_1 \tag{4.9}$$

가. 모드 조건

임계각과 90° 사이에 광선 방향을 갖는 모든 파는 실제 전반사에 의해 필름 내에서 갇혀 진다. 따라서 이들 모든 파가 필름 구조 방향에 연하여 전파하는가 하면 그렇지 않다. 실제로는 어느 광선 방향만이 허용된다. 허용된 방향은 도파로 모드에 상당한다. 이들 모드의 존재는 1.3.4항에서 서술한 공진기 속의 공진과 유사성을 생각하면 잘 이해할 수 있다. 여기서는 완전한 1왕복에 필요한 위상이 2πrad의 정수배가 될 때만 안정한 간섭 패턴(공진기의 모드)이 발생한다는 것을 알고 있다. 왕복의 위상 시프트를 $\Delta\phi$로 나타내면 공진기의 공진 조건은 다음과 같다.

$$\Delta\phi = 2\pi m (m \ : \text{정수}) \tag{4.10}$$

이 식은 고정된 공진기장에 대해 다수의 파장으로 만족된다. 슬래브 도파로가 2개의 반사 경계면을 갖고 있으므로 일종의 공진기로서 취급할 수 있다. 같은 선에 연하여 좌우로 움직이는 파 대신에 슬래브 속의 파는 어떤 각도로 전달되어 간다. 상향 및 하향으로 진행하는 파도 중첩 간섭한다. 식 (4.10)의 공진기 조건도 안정한 간섭 패턴을 얻기 위해 만족될 필요가 있다. 이 예에 있어서는 그림 4.3에 나타낸 것처럼 위상 시프트는 지그재그 광로의 완전한 1주기에 걸쳐 발생한다. 이 시프트는 광로에 연한 위상 시프트와 2개의 반사 경계면에서 발생하는 위상 시프트의 합이다. 필요에 따라서 이들 가운데 후자 시프트는 식 (1.49) 및 (1.50)에서 주어진 반사계수로부터 구할 수 있다.

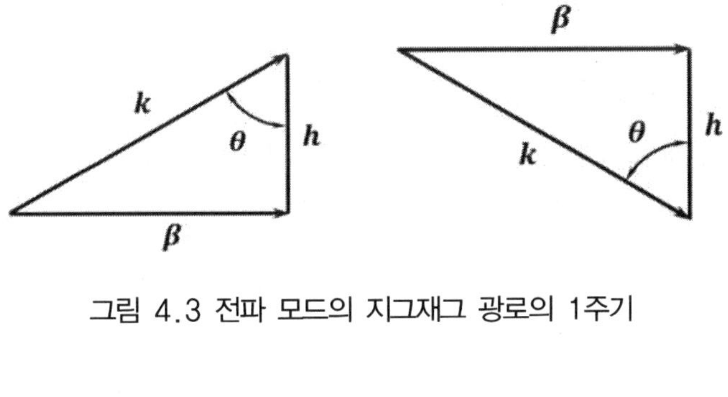

그림 4.3 전파 모드의 지그재그 광로의 1주기

광선의 방향을 바꿈으로서 광로장, 즉 일정 파장에 대한 전체의 위상 시프트를 바꿀 수 있다. 이것에 의해 식 (4.10)을 만족하는 여러 다른 각도를 끄집어 낼 수 있다. 이들 각으로 진행하는 파가 도파로의 모드이다. 이들 각은 허용되는 전파 방향이다. 식 (4.10)을 만족하지 않는 광선은 간섭을 위해 상쇄되어 급속히 소멸되어 버린다.

나. 횡방향 전계 및 횡방향 자계 편광

평면 경계면으로부터의 반사의 경우와 같이 문제를 2개의 가능한 편광, 즉 입사면에 수직 및 평행 성분으로 나누어 생각하기로 한다. 그림 4.1에 있어서 yz면은 입사면이다. x방향의 전계는 수직 또는 s편광에 상당한다. 이 편광을 갖는 파는 전계 벡터가 실제 진행방향(z방향)에 대해 직각인 면(xy면) 내에 있으므로 **횡방향 전계**(transverse electric : TE)라 불러지고 있다. 그림 4.4에 평행 또는 p 편광을 나타낸다. 이 경우, 전계는 이미 순수하게 횡방향으로는 되지 않으며 z방향 성분도 갖는다. 따라서 이 편광에 대해 x방향을 향하고 있는 전계는 진행 방향에 대해 완전히 횡방향을 향하고 있다. 따라서 p편광의 것을 슬래브의 **횡방향 자계**(transverse magnetic : TM)라 부른다.

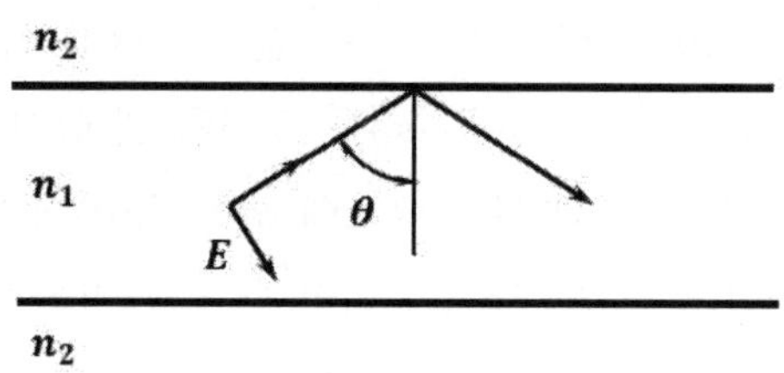

그림 4.4 슬래브 도파로에 있어서의 TM파

다. 횡방향 전계 모드 차트

짝수의 횡방향 전계(TE) 모드에 대해서 식 (4.10)의 해는 다음과 같다.

$$\tan(hd/2) = \frac{1}{n_1 \cos\theta} \sqrt{(n_1^2 \sin^2\theta - n_2^2)} \tag{4.11}$$

여기서 $h = kcos\theta = (2\pi n_1/\lambda)\cos\theta$이고 λ는 자유 공간 파장이다. 홀수 모드에서는

$hd/2$를 $(hd/2)-(\pi/2)$로 바꿔 놓으면 된다. 필름의 두께를 알고 있지 않으면 식 (4.11)로부터 광선 각 θ를 직접 구하는 것은 곤란하다. θ_c와 90° 사이에서 광선 각을 선택하고 그 두께를 구하는 것이 간단한 방법이다. 그 결과를 그래프로 나타내려면 두께와 전파 각의 관계를 얻을 수 있다. 예를 들어 이 방법을 설명해보자.

대칭 슬래브에서 n_1=3.6, 및 n_2=3.55로 한다. 이들의 값은 AlGaAs 2중 헤테로 접합의 레이저 다이오드의 특성이다. 이 레이저 다이오드 광원에 대해서는 제 2장에서 다루었다. 이 구조에 있어서의 임계각은 $\theta_c=\sin^{-1}(n_2/n_1)$=80.4°이다. 광선 닫힘을 위한 각도 범위는 80.4°≦θ≦90°이며 굴절률의 범위는 3.55≦n_{eff}≦3.6이다. 표 4.1에 식 (4.11)을 푸는데 이용한 각종 계산 예를 들었다. 이 표의 제1열은 선정 각이다. 식 (4.8)로부터 계산된 실효 굴절률을 제2열에 나타내었다. 식 (4.11)의 우변 계산 값은 제3열에 열거하였다. $hd=(2\pi/\lambda)n_1 d cos\theta$인 것에 주목하면 d/λ는 다음 식으로부터 계산할 수 있다.

$$\frac{d}{\lambda}=\frac{hd}{2\pi n_1\cos\theta}$$

위의 식의 분모를 제5열에 열거하였다. 그러므로 d/λ의 값은 제4열을 제5열로 나눔으로서 계산할 수 있다. 자유 공간 파장이 이미 정해졌다면 두께를 구할 수 있다. 정규화 된 형인 d/λ도 이용가치가 높다. 표 4.1의 계산 결과를 TE^0 곡선으로 하여 그림 4.5에 나타내었다. 이 형상의 그림을 **모드 차트**(mode chart)라 부르고 있다.

이 모드 차트로부터 TE_0 모드에 대해 많은 결론을 이끌어낼 수 있다. 필름의 두께가 상당히 얇을($d/\lambda\ll 1$) 때 광선은 임계각의 근처로 진행하며 실효 굴절률은 외측 층의 굴절률 n_2가 된다. 얇은 필름에서는 광선이 임계각 가깝게 되므로 파는 외측 측에 깊게 침투한다. 이 경우, 1.3.6항에서 서술했듯이 에바네센트 감쇠는 천천히 일어난다. 두께가 증가하면 광선은 큰 각으로 진행한다. 즉, 광선은 도파로 축에 병행하게 되도록 진행하며 실효 굴절률은 n_1과 n_2 사이를 취한다. 상당히 두꺼운 필름($d/\lambda\gg 1$)에 대해서는 실효 굴절률은 필름 자체의 굴절률로 된다. 이 경우, 임계각보다도 훨씬 큰 각으로 진행하는 에바네센트 파에 대해서 1.3.6항에서 서술했듯이 외측 층의 파는 상당히 급속히 감쇠한다.

표 4.1 TE_0 모드의 계산

θ	n_{eff}	$\tan(hd/2)$	hd	$2\pi n_1 \cos\theta$	d/λ
80.4°	3.550	0	0	3.757	0
82°	3.565	0.651	1.155	3.148	0.367
84°	3.580	1.235	1.780	2.364	0.753
86°	3.591	2.161	2.275	1.578	1.442
88°	3.598	4.653	2.718	1.789	3.445
90°	3.6	∞	3.142	0	∞

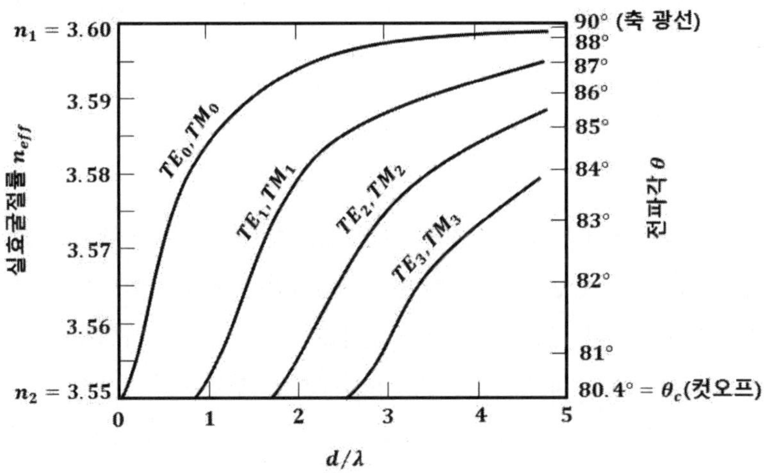

그림 4.5 대칭 슬래브의 모드 차트

라. 고차 모드

tan 함수는 같은 값을 반복하므로 식 (4.11)은 다중 해를 갖는다. 전파 각의 모든 값에 대해 그 방향에 광선을 허용하는 한 무리의 필름 두께가 존재한다. 표 4.1에 있어서 식 (4.11)을 풀면 정규화 두께 d/λ의 최소값이 얻어진다. 이 해를 $(d/\lambda)_0$로 나타낸다. 다른 해(짝수 및 홀수 모드의 쌍방을 포함)는 다음과 같이 된다.

$$(d/\lambda)_m = (d/\lambda)_0 + \frac{m}{2n_1 \cos\theta} \tag{4.12}$$

여기서 m은 정(+)의 정수이며 각각 m의 값은 도파로가 상이한 허용치에 상당한다. 정규화 두께는 모드가 한층 증가할 때마다 다음의 값만큼 증가한다.

$$\Delta(d/\lambda) = \frac{1}{2n_1\cos\theta} \tag{4.13}$$

대칭 AlGaAs 도파로에 대해 식 (4.13)은 계산되어 있고 $(d/\lambda)_0$에 추가된다. 이 결과를 처음의 4개의 TE 모드에 대해 표 4.2에 나타내며 그림 4.5의 모드 차트에 도시했다. 두께와 파장을 고정한 경우, 이 차트로부터 수개의 해가 얻어질 수 있다는 것을 알 수 있다. 다음의 예에서 이 점을 거론해보자.

표 4.2 TEm 모드의 계산

θ	n_{eff}	TE_0 $(d\lambda)_0$	$\Delta(d\lambda)$	TE_1 $(d\lambda)_1$	TE_2 $(d\lambda)_2$	TE_3 $(d\lambda)_3$
80.4°	3.550	0	0.836	0.836	1.672	2.508
82°	3.565	0.367	0.998	1.365	2.363	3.360
84°	3.580	0.753	1.329	2.082	3.410	4.739
86°	3.591	1.442	1.991	3.433	5.424	7.415
88°	3.598	3.445	3.980	7.425	11.40	15.38
90°	3.6	∞	∞	∞	∞	∞

예제 4.1

$d = 1.64\mu m$일 때 AlGaAs 도파로의 TE 모드의 전파 각, 실효 굴절률 및 모드 수를 구하시오. 자유 공간 파장은 $\lambda = 0.82\mu m$이다.

풀이

우선 $d/\lambda = 2$를 얻는다. 이 값에 대해 그림 4.5로부터 3개의 TE 해를 얻는다. 그들은 다음과 같다.

$$TE_0,\ n_{eff} = 3.594,\ \theta = 86.7^\circ$$

$$TE_1,\ n_{eff} = 3.578,\ \theta = 83.7^\circ$$

$$TE_2,\ n_{eff} = 3.557,\ \theta = 81.1^\circ$$

이 도파로에는 동시에 3개의 TE 모드가 존재할 수 있다. 이들의 모드는 다른 각도이며 다른 실효 굴절률을 갖고 진행한다.

이 예에 있어서 d/λ가 충분히 크지 않으므로 TE3 모드는 전파할 수 없다. TE_3 모드 및 그 이상의 모드(m이 큰 모드)는 모두 컷오프 된다. 컷오프는 주어진 모드에 대한 전파각이 임계각과 딱 같게 될 때 일어난다. 이것을 식 (4.11)에 대입하면 m차의 TE 모드에 대한 컷오프 조건, 즉 다음을 얻을 수 있다.

$$(d/\lambda)_{m,c} = \frac{m}{2\sqrt{(n_1^2 - n_2^2)}} \tag{4.14}$$

d/λ가 이 값보다 작을 때는 m차 모드는 전파할 수 없다. m에 관해 이 식을 풂으로써 주어진 필름 두께에 대한 허용 전파 모드 수를 결정할 수 있다. 전파 가능의 최고차 모드는 다음과 같다.

$$m = \frac{2d\sqrt{n_1^2 - n_2^2)}}{\lambda} \tag{4.15}$$

위의 식이 정수값이 될 때까지 m을 갖는다. 최저차 모드는 $m = 0$이므로 전파하는 TE 모드의 수는 대칭 슬래브에 있어서는 다음의 정수 값으로 된다.

$$N = 1 + \frac{2d\sqrt{(n_1^2 - n_2^2)}}{\lambda} \tag{4.16}$$

모드 수를 최소로 하는 데에는 d/λ를 작게 하든지, n_2를 n_1에 근접하게 하면 된다. TE_1 모드만을 전파시키는 데에는 식 (4.14)보다 작게 하여야 한다. 즉, 다음과 같아야 한다.

$$\frac{d}{\lambda} < \frac{1}{2\sqrt{(n_1^2 - n_2^2)}} \tag{4.17}$$

이것은 $m = 1$ 모드 및 고차 모드 모두를 컷오프 한다.

예제 4.2

AlGaAs 슬래브 도파로이며 0.82㎛이고 단일 TE 모드 동작에 필요한 최대 두께를 구하시오.

풀이

식 (4.17)을 이용하면 최대 두께는 다음과 같다.

$$d = \frac{0.82}{2\sqrt{(3.6^2 - 3.55^2)}} = 0.686\,\mu\text{m}$$

도파로에 1개의 전파 TE 모드만을 한정하려고 하면 대부분의 필름 두께이면 된다는 것에 주목하자.

다모드 도파로(multimode waveguide)는 1개 이상의 전파 모드가 존재할 수 있는 도파로이다. 이와 같은 도파로에 대해서는 그림 4.5를 보면 어떤 정해진 두께에서는 고차 모드는 저차 모드보다도 작은 각에서 전파한다. 이것은 고차 모드의 광선이 저차 모드의 광선보다 도파로 축에 대해 보다 급준한 각으로 전파해 간다. 이 모양을 그림 4.6에 나타내었다.

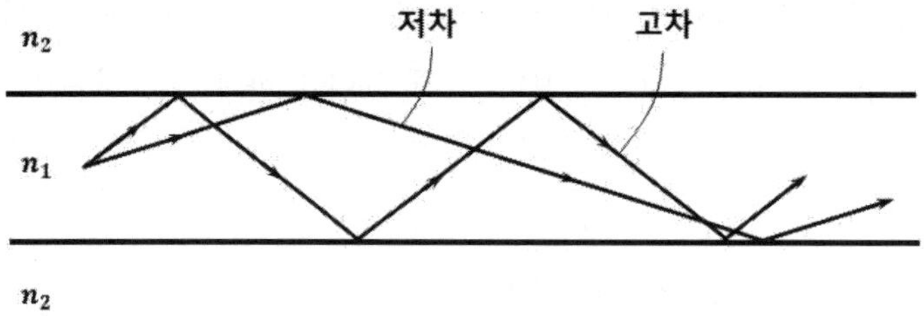

그림 4.6 고차 및 저차 모드의 광로

마. 횡방향 자계 모드 차트

횡방향 자계(TM) 모드 차트를 생각해 보도록 하자. 이 편광을 갖는 짝수 모드에 대한 식 (4.10)의 해는 다음과 같다.

$$\tan(hd/2) = \frac{n_1}{{n_2}^2 \cos\theta} \sqrt{({n_1}^2 \sin^2\theta - {n_2}^2)} \tag{4.18}$$

홀수 모드에서는 $hd/2$를 $(hd/2)-(\pi/2)$로 바꿔 놓으면 된다. 식 (4.18)은 TE 모드 식과는 다르다. 따라서 n_1이 n_2에 근접할 때에는 그 차는 거의 없게 된다. 이 조건은 n_1=3.6 및 n_2=3.55를 갖는 AlGaAs의 예에서는 만족되므로 TM의 결과는 TE의 경우에 전개되어 왔던 것과 거의 동등하다. 이것은 그림 4.5의 곡선에서 TE 및 TM의 양쪽이 부기되어 있는 것으로 부터도 알 수 있다. 각각의 곡선은 2개의 모드를 나타내고 있다. 그들은 거의 같은 실효 굴절률과 전파각을 갖지만 그들의 전계 벡터는 직교하는 방향을 갖고 있다. 같은 전파 정수를 가진 2개의 모드를 **축퇴**(degenerate)라 한다. 이 예에 있어서 동일 차수의 TE 및 TM 모드는 거의 축퇴 상태에 있다.

n_1이 n_2에 근접할 때조차 TE_m 및 TM_m 모드의 컷오프 값은 같게 되므로 식 (4.14)는 양쪽의 모드에 들어맞는다. 그러므로 전파하는 TM 모드 수는 식 (4.16)의 정수 값으로 주어질 수 있으며 TE 모드의 수와 동등하다. 허용 모드의 총 수는 그의 식으로부터 얻을 수 있는 TE 모드 수의 2배이다. TE_0 및 TM_0 모드의 쌍방은 거의 무시할 수 있을 정도의 필름 두께에서도 전파하므로 단지 필름을 얇게 하는 것으로 단일 모드 동작을 얻는 것은 불가능하다. 단일 모드는 딱 TE_0 또는 TM_0 모드에 상당하는 방향으로 입사광을 편광시킴으로써 식 (4.17)에 따르는 필름에서 얻을 수 있다. 도파로는 불연속성 또는 불완전성이 있으면 광을 소멸 편광 시킨다든지 소망하지 않는 모드를 여진 시킨다든지 하므로 이 방법을 이용할

때에는 주의를 해야 한다.

바. 모드 패턴

도파로 축에 대해 횡방향 면에서의 광의 변화를 **횡모드 패턴**(transverse mode pattern)이라 한다. 식(4.4)에 의하면 필름의 전계는 횡방향 면에서는 정현적으로 변화한다. 필름 밖에서는 지수적으로 감소하는 에바네센트 전계가 있다. 모드의 차수 m이 증가하면 외측 층에의 침투가 증가한다. 왜냐하면 m이 증가하면 광선 각이 보다 임계각에 가깝게 되어 광선 각이 θ_c에 가까우면 파의 침투가 크게 되기 때문이다. 두께와 파장이 결정되어 버리면 각 모드는 다른 패턴이 된다. 이들의 수열을 그림 4.7에 나타내었다. 이 그림으로부터 정수 m은 횡방향 면내에서 전계가 0을 가로지르는 횟수임을 알 수 있다. 또한 이 그림은 짝수 또는 홀수 대칭의 모드를 나타내고 있다.

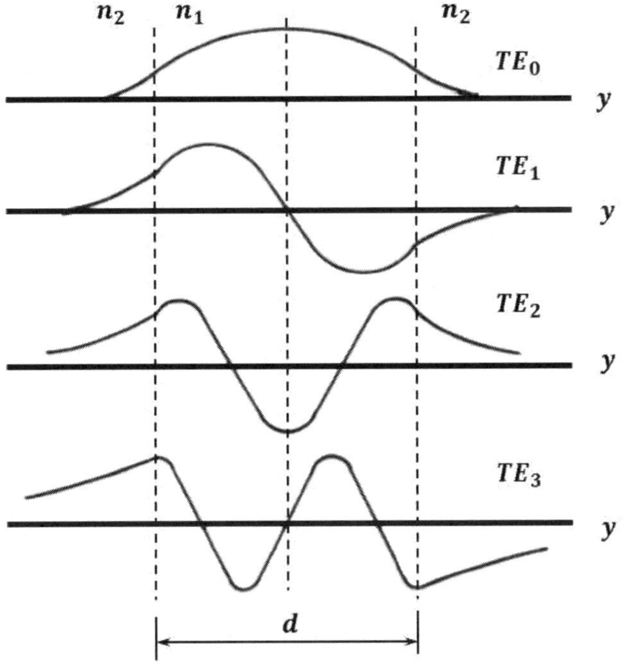

그림 4.7 대칭 슬래브 도파로에 있어서의 횡모드 패턴

실제의 도파로에서 파는 흡수나 산란에 의해서도 감쇠한다. 재료의 불균질성이나 경계의 불완전성이 산란을 일으킨다. 급준한 각을 갖는 고차 모드는 지그재그의 광로를 취해 저차의 모드보다 긴 광로를 전달해 간다. 이런 이유 때문에 고차 모드일수록 보다 큰 흡수 손

실을 받는다. 산란은 광로에 변동을 준다. 컷오프에 가까운 모드(즉, 고차 모드)는 이미 임계각에 가까운 광선이다. 이들의 광선은 용이하게 임계각 이하로 편향되고 이 점에서 모드 에너지는 기판에 누설되어 버린다. 더구나 고차 모드는 기판 내에 침투하는 전계를 가지므로 이 영역에 있어서의 흡수에 영향을 미치기 쉽다.

4.1.3 비대칭 슬래브 도파로의 모드

비대칭 슬래브는 광집적 회로에 잘 사용되는 구조이다. n_1=2.29, n_2=1.5 및 n_3=1.0의 도파로를 생각해 보자. 이것은 필름 상의 면이 공기이고 글라스 기판 상에 ZnS 필름을 갖는 경우이다. n_1=2.29의 값은 1.06㎛에 있어서의 ZnS의 값에 해당한다. 0.6~1.4㎛에서는 2.37~2.28의 범위를 취한다. ZnS-공기의 경계에서의 임계각은 $\theta_c = \sin^{-1}(1/2.29)$=25.9°이며 한편 ZnS-글라스의 경계에서는 $\theta_c = \sin^{-1}(1.5/2.29)$=41°이다. ZnS 필름은 41°와 90° 사이에서 광선을 가둔다. 25.9°와 41° 사이의 광선은 ZnS-공기의 경계에서는 전반사되지만 ZnS-글라스의 경계에서는 그렇게는 되지 않는다. 이들의 광선은 기판 내에서 누설되므로 고손실로 된다. 이제부터는 전반사 갇힘 파에 대해서만 생각하기로 한다. n_{eff}에 관한 한계는 식 (4.8)로부터 얻어지며 $n_{eff} = n_1 \sin\theta$, θ=90°일 때, $n_{eff} = n_1$이다. ZnS-글라스의 경계에 대한 임계각에 있어서는 $\sin\theta = n_2/n_1$이므로 $n_{eff} = n_2$이다. 비대칭 슬래브의 실효 굴절률은 다음의 범위를 취한다.

$$n_2 \le n_{eff} \le n_1 \tag{4.19}$$

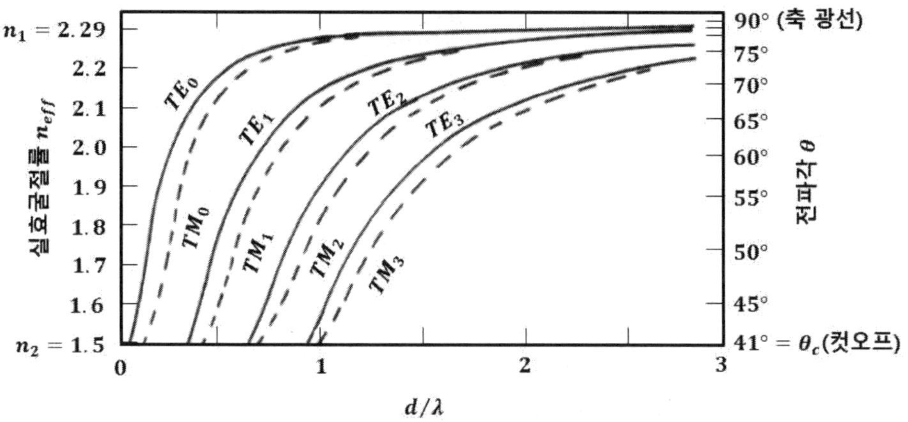

그림 4.8 비대칭 슬래브 도파로

모드 차트를 그림 4.8에 나타낸다. 이들은 식 (4.11) 및 (4.18)에 유사한 해로부터 얻을 수 있다. 이 유사성 때문에 그리고 어느 정도 복잡성 때문에 그림 4.8의 도출에 대해서는 생략했다. 모드 차트에는 저차의 4개의 TE 및 TM 모드만을 나타내었다. 비대칭 슬래브에 대해서는 대칭의 경우에서 일어났던 것과 같은 최저차 모드(TE_0)의 컷오프는 두께가 0이어도 일어나지 않는다. 모드 차트로부터 $d/\lambda\langle 0.05$일 때 전파되지 않는 파는 아니다. 이 경우 모든 도파로가 컷오프 이상이다.

n_1, n_2 및 n_3가 근접한 값이 아닐 때에는 TE 및 TM 모드는 축퇴하지 않는다. 이들은 충분히 분리하고 있다. TM_0 모드(TE_0 모드가 아님)가 컷오프 되면 정말로 단일 모드 도파로가 존재한다. 그림 4.8로부터 $d/\lambda\langle 0.12$, 즉 이 예에서는 TM_0 모드의 컷오프 값에 대해 이런 일이 일어난다. 1㎛ 오더의 파장에 대해서는 단일 모드의 ZnS 슬래브는 0.12㎛보다 얇은 두께가 된다.

비대칭 슬래브의 모드 패턴은 대칭 도파로의 패턴과 매우 유사하다. 모드의 수 m은 0교차의 수이다. 비대칭성에 따라 전계는 2개의 경계에서 같게 되고 상하층에서 다른 비율로 감쇠한다. 이들의 특징을 나타낸 모드 패턴을 그림 4.9에 나타내었다.

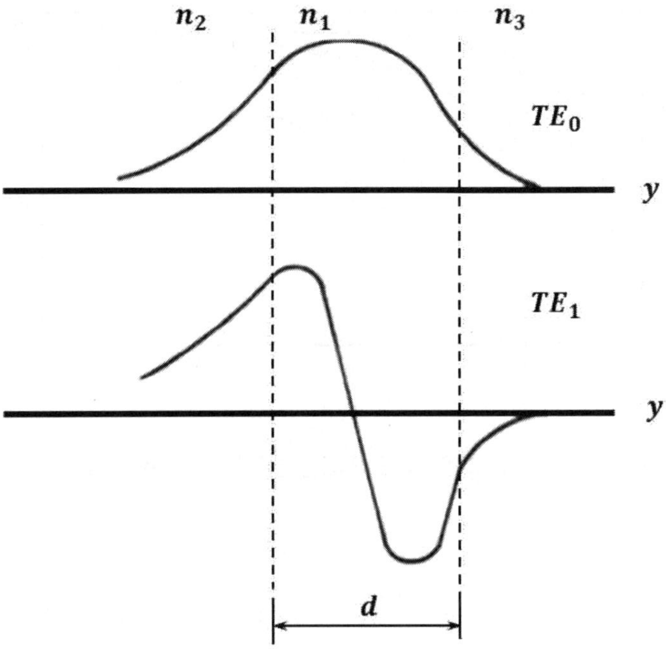

그림 4.9 비대칭 슬래브 도파로에 있어서의 횡모드 패턴

4.1.4 도파로에의 결합

유전체 슬래브 도파로에 광을 결합하는 데에는 여러 종류가 있지만 여기서는 엣지 결합에 대해서만 서술하기로 한다.

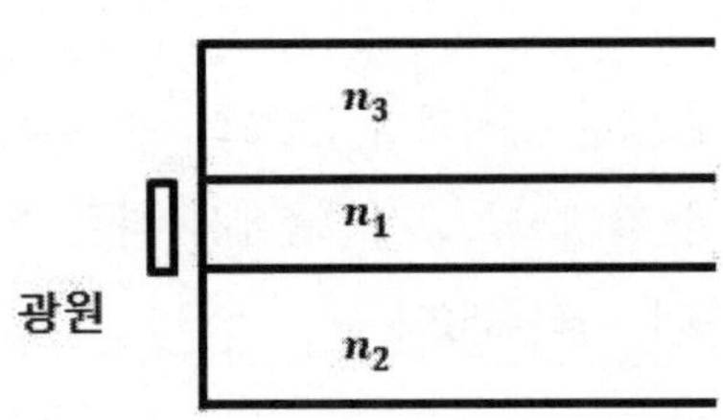

그림 4.10 엣지에 의한 직접 결합

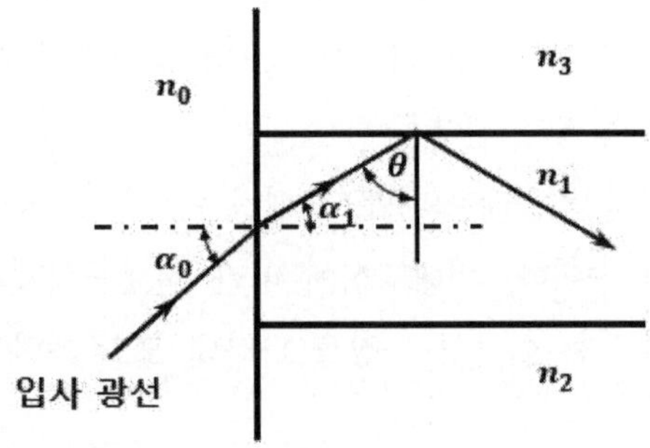

그림 4.11 입사 방향과 내부 광선 방향

그림 4.10에 나타낸 것처럼 엣지에 의한 직접 결합은 간단하며 효율적이다. 그림에서는

레이저 다이오드 또는 LED가 필름의 엣지에 장착된다. 광원으로부터 필름에 효율 좋게 광을 전달하기 위해서는 광원의 발광 영역이 필름 보다 작게 해야 한다. 그렇지 않으면 광원의 출력이 있는 부분이 비도파로 층에 들어가게 되고 이 광은 손실로 된다. 이미 배운 것과 같이 수개의 전파 모드만을 전달하는 슬래브는 1㎛ 오더의 필름 두께를 갖는다. 1㎛ 정도의 치수를 갖는 광원으로는 광원의 파워 발생 능력은 그 치수에 비례하므로 그 출력 파워가 상당히 작게 된다.

두 번째 문제는 광원의 횡방향 방사 패턴과 허용 도파 모드의 패턴 사이에 상이한 것이 있다는 것이다. 완전히 결합시키기 위해서는 이들의 패턴은 일치할 필요가 있다. 즉, 양쪽 패턴이 부합하지 않으면 안 된다. 이 문제를 기술하는 또 하나의 방법으로서 다른 모드를 갖는 광선이 있다. 각각 허용되는 모드는 특성각 θ에서 필름 내를 지그재그로 진행하는 평면파에 해당한다. 어쨌든 특정 모드를 여기 시키는 데에는 슬래브 상에 내부 각이 소망의 θ로 되도록 입사 평면파를 만들 필요가 있다. 이것을 그림 4.11에 나타낸다. 여기서 입사 빔은 굴절률이 n_0의 매질 내에 있다. 종종 입사 영역은 공기($n_0 = 1.0$)가 많다. 내부 각 θ에 상당하는 입사각 α_0를 구하기로 하자. 스넬법칙을 이용하면 $n_0 \sin\alpha_0 = n_1 \sin\alpha_1$ 또는 다음과 같이 된다.

$$n_0 \sin\alpha_0 = n_1 \sin(\pi/2 - \theta) = n_1 \cos\theta \tag{4.20}$$

α_0가 충분히 크게 되면 θ는 임계각 이하가 되며 파는 전파할 수 없다. θ가 임계각과 같게 되면 α_0는 최대치가 된다. 이 각에서는 $\sin\theta = n_2/n_1$($n_2 > n_3$로 가정)이므로 $\cos\theta = \sqrt{(n_1^2 - n_2^2)}/n_1$이 된다. 이것을 식 (4.20)에 대입하면 도파로의 개구수는 다음과 같이 된다.

$$NA = n_0 \sin\alpha = \sqrt{(n_1^2 - n_2^2)} \tag{4.21}$$

이 식으로부터 얻어진 값보다 큰 각으로 입사하는 파는 필름에서 도파되지 않는다. 이 α_0의 최대치를 도파로의 **수광각**(acceptance angle)라 부른다. 광학계의 집광 능력을 나타낼 때 편리한 개구수에 대해서는 이미 제 1장에서 서술하였다. LED나 레이저 다이오드는 이 각도 범위에서 발광한다. 이 범위가 도파로의 수광각 보다 클 때는 일부의 파워가 손실된다. 수광각 내에 있는 광만이 포착된다. 또한 수광각 내로 들어오는 광에서도 이산적인 수광각에서만 필름 내에 광선이 만들어진다는 것을 생각하지 않으면 안 된다. 이들의 광선으로부터 일부 파워가 손실된다. 그러나 그림 4.5와 같은 전형적인 모드 차트를 참고해 가면서 다음에 주목하자. 작은 정규화 두께의 값에서는 단지 수개의 모드만이 존재하며 간극이 벌어진 전파각을 갖는다. 입사 광선이 목적대로 수광되는 데에는 그의 입사각이 이들의 각에 일치하지 않으면 안 된다. 다수의 모드를 포함한 도파로에서는 이산적인 허용각은 서로 극히 접근하고 있다. 모드 차트는 큰 정규화 두께의 값에 대해서 이것을 나타내고 있다. d/λ가 충분히 크다면 각은 서로 근접하므로 θ_c와 90°사이의 모든 각이 허용된다. 이 경우 도파로는 수광각 내의 입사광을 모두 포착한다. 개구수는 다중모드를 갖는데 충분한 만큼 두꺼운 도파로에 대한 각도적인 집광 능력의 척도이며 이것은 많은 광섬유에 해당한다. 얇은 필름에서는 수광 파워는 입사 광선 방향과 도파로의 허용 모드간의 정합에 의해 정한다. 한 개의 모드만이 존재할 수 있을 때는 입사 전계 패턴과 모드 패턴 간의 합치는 결합 효율을 정할 때에 중요하다. 극단적인 다중모드에 있어서 입사 에너지는 그 자체 여러 종류의 모드로 분포한다.

필름에 의해 갇히지 않은 광도 역시 도파로에서 관측된다. 갇히지 않은 광선은 다만 광을 100% 반사하지 않는 것에 주의하자. 그것들은 어느 %만큼 반사하는데 그친다. 이들은 각 반사마다 발생하는 방사 손실 때문에 연속적으로 감소하는 진폭으로 필름 내를 지그재그로 진행하는 광선으로서 취할 수 있다. 이 **방사 모드**(radiation mode)는 긴 도파로의 종단에서는 무시할 수 있을 정도로 작은 진폭이 되지만 여진 점으로부터 짧은 거리에서는 상당히 큰 진폭이 된다. 일부의 광선은 상하 도파로 재료의 외측 경계에 있어서의 임계각 반사에 의해 갇혀진다. 그림 4.12에 이와 같은 클래딩 모드(cladding mode)를 대칭 슬래브 도파로의 경우에 대해 나타내었다.

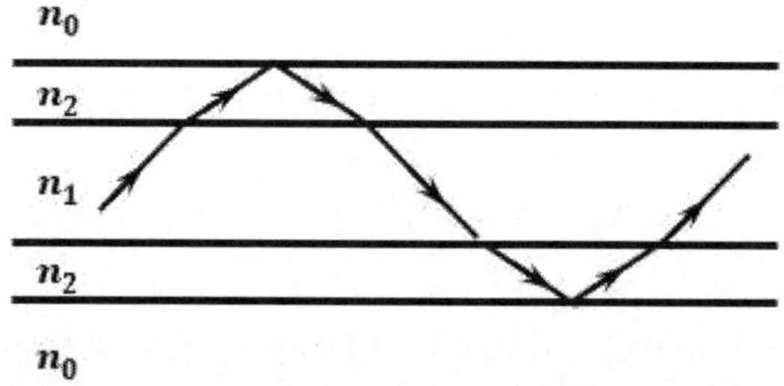

그림 4.12 대칭 슬래브 도파로에 있어서의 클래딩 모드

예제 4.3

대칭 AlGaAs 슬래브 도파로의 개구수 및 수광각을 구하시오. 여기서 $n_1 = 3.6$, $n_2 = n_3 = 3.55$ 및 $n_0 = 1$로 한다.

풀이

식 (4.21)을 이용하면 $NA = n_0 \sin\alpha_0 = \sqrt{(3.6^2 - 3.55^2)} = 0.598$이 되므로 $\alpha_0 = 36.7°$이다. 따라서 두꺼운 필름은 $\pm 36.7°$의 범위 내의 입사광을 모두 수광한다.

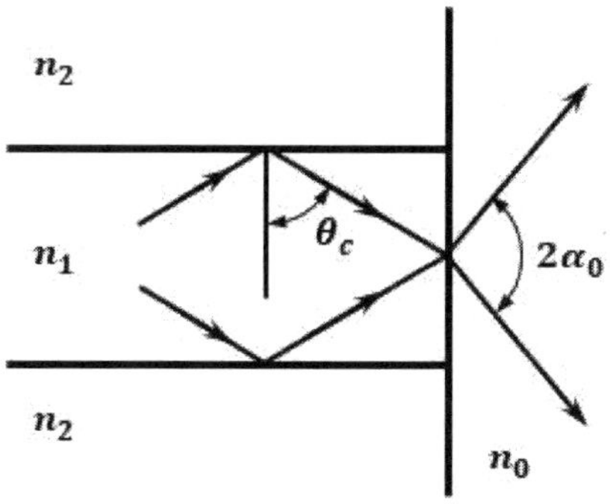

그림 4.13
초다중 모드 도파로로부터의 방사

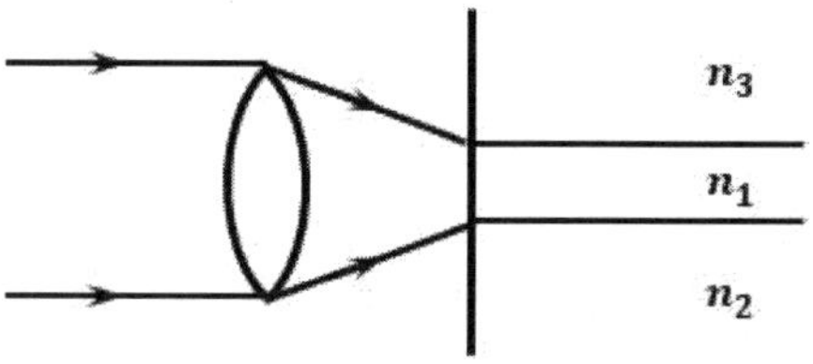

그림 4.14 렌즈에 의한 엣지 결합

그림 4.13에 나타냈듯이 도파로로부터 n_0의 영역에 방사(광선)이 나오는 것으로 가정한다. 광선은 수광된 입사광의 각도와 같은 각도로 방사된다. 그러나 초다중 필름에서는 식 (4.21)을 이용하여 슬래브로부터 광선이 나오는 범위를 예측할 수 있다. 예제 4.3에서 두꺼운 필름은 $\pm 36.7°$의 범위로 광을 방출한다. 얇은 필름은 이산적인 전파 모드에 상당하는 패턴으로 광을 방사한다. 모든 한 개의 모드에서 방사되는 광의 정확한 분포는 회절에 의해 구할 수 있다.

식 (4.21)로부터 큰 수광각은 n_1과 n_2사이의 차가 큰 것에 상당한다는 것을 알 수 있다. 큰 굴절률 차는 집광 효율을 향상시키기는 하지만 식 (4.16)으로부터 알 수 있듯이 모드 수도 증가한다.

엣지 결합에서 한 가지 더 생각해야 할 손실은 파가 두 개의 유전체 매질로부터 이루는 경계에 들어올 때에는 항상 발생하는 전파 손실이다. 수직 입사에 대한 손실은 식 (1.48)로부터 계산할 수 있다. ZnS 필름에 대한 반사율은 $R = (1-2.29)^2/(1+2.29)^2 = 0.154$이다. 약 15%의 광이 반사되고 나머지 85%의 파워가 필름에 입사한다. AlGaAs 필름($n_1 = 3.6$)은 반사율이 0.319이므로 32%의 광이 반사된다. 이들의 손실은 무반사 코팅에 의해 경감할 수 있다.

이와 같은 문제에도 관계없이 저파워 응용을 위해서는 엣지 결합을 생각에 넣는 것도 타당하다. 그의 이점으로서는 설계를 간단히 할 수 있는 것과 전체의 구조가 소형인 것을 생각할 수 있다.

광원이 필름보다 클 때에 발생하는 문제는 그림 4.14와 같이 렌즈를 이용하여 빔 치수를 작게 함으로써 해결할 수 있다. 1㎛ 또는 그것 이하의 필름에서는 축 정합이 대단히 귀찮다. 최적 결합 효율을 얻는 데에는 광빔, 렌즈 및 필름의 조준을 위해 정밀 매니퓰레이터가 종종 이용된다. 필름의 엣지가 완전히 평탄하지 않고, 도파로의 입사 전계의 빔 패턴이 전파 모드의 전계 패턴과 일치하지 않을 때에는 더욱 손실이 발생한다. 그림 4.14에 있어서 렌즈에 들어오는 빔은 평행 광선으로 간주할 수 있다.

4.2 광섬유 도파로

4.2.1 계단형 굴절률 광섬유

스텝-인덱스(step-index : SI) 또는 **계단형 굴절률** 광섬유(fiber)는 중심 코어의 굴절률이 n_1이고 그 주위를 굴절률 n_2의 클래드로 쌓여 있다. 그림 4.15에 그 구조를 나타낸다.

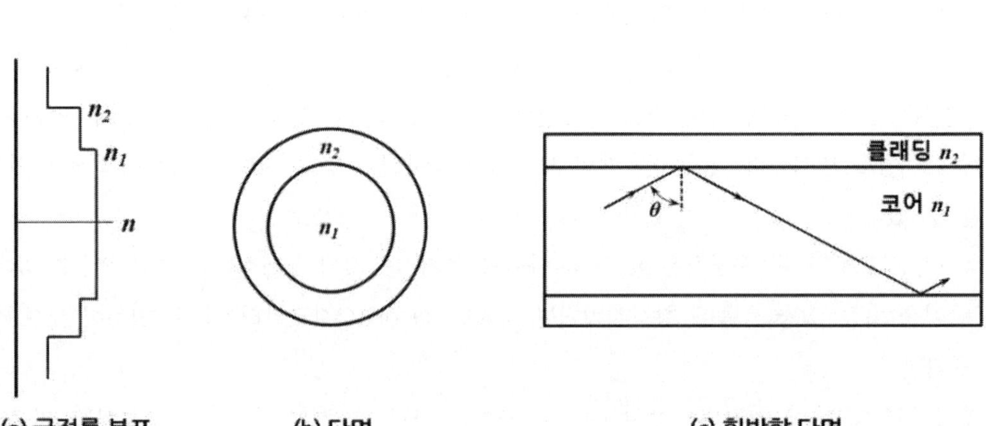

그림 4.15 계단형 굴절률 광섬유

유전체 슬래브의 경우와 같이 완전한 도파를 행하는 데는 반사각 θ는 임계각 θ_c에 똑같거나 그 이상이 아니면 안 된다. SI 광섬유에 있어서의 임계각은 다음과 같이 주어진다.

$$\sin\theta_c = \frac{n_2}{n_1} \tag{4.22}$$

비굴절률 차(fractional refractive index change) Δ는 중요한 광섬유 파라미터의 하나이고 다음과 같다.

$$\Delta = \frac{n_1 - n_2}{n_1} \tag{4.23}$$

이 파라미터는 임계각이 존재하기 위해서는 n_1은 n_2보다 크게 되지 않으면 안 되므로 항상 양수이다.

효율이 좋은 전파를 위해서는 코어 및 클래드의 손실은 되도록 작게 할 필요가 있다. 광선도에 의하면 광은 모두 코어 안쪽을 진행하게 되어 있지만 정확히는 그렇지 않다. 광의 일부는 클래드 내를 에바네센트파의 형으로 진행한다. 클래드가 흡수성을 갖지 않는다면 이 광은 손실을 받지 않고 광섬유 속을 진행해 간다. 에바네센트 전계는 급속히 감소하므로 만일 클래드 두께가 수십 ㎛이면 광은 클래드의 외측에 도달할 수 없다.

클래드가 정말 필요한 것인지 의문이 들기도 한다. 공기에 둘러싸인 글라스의 코어는 $n_1 > n_2$의 필요조건을 만족하고 사실은 광파를 도파한다. 그러나 이런 종류의 구조를 취급한다거나 사용한다든지 하고자 할 때에는 성가신 문제를 갖고 있다. 보강을 위해 코어에 손실 재료를 피복하면 전파 파에 손실을 일으킨다. 자유롭게 닿은 코어는 굽혀진다든지 쉽게 상처 나므로 더더구나 손실을 일으킨다. 클래드는 부착물로부터 코어를 보호하고 그 물리적 완전성을 보유하는 역할을 한다.

계단형 광섬유는 잘 이용되는 형으로서 약간 낮은 굴절률의 글라스 클래드를 갖는 글라스 코어, 플라스틱으로 클래드 된 석영 글라스 코어 및 다른 플라스틱으로 클래드 된 플라스틱 코어의 세 가지가 있다. 일반적으로 굴절률 스텝은 모두 글라스 구조인 광섬유에 대해서는 최소이며, 플라스틱 클래드 석영(PCS) 광섬유에 대해서는 약간 크고, 모두 플라스틱 구조인 광섬유에 대해서는 최대가 된다. 이것은 글라스에 적용할 수 있는 굴절률 범위가 한정되어 있으며 플라스틱에 대해서는 어느 정도 큰 범위가 취해질 수 있기 때문이다. 스텝 도파로의 경우와 같이 모드 찌그러짐 및 개구수 NA는 굴절차 $n_1 - n_2$와 더불어 증가한다. 이 때문에 모드간의 펄스 퍼짐 및 NA는 모두 글라스의 광섬유에서는 작게 되며, PCS 광섬유에서는 약간 크게 되며, 모두 플라스틱 구조에서는 최대가 된다. 펄스 퍼짐이 작은 광섬유는 큰 속도-길이 곱으로 나타낸다. 이들 광섬유의 NA는 작고, 광을 효율 좋게 광섬유에 결합하는 것은 어렵다.

모두 글라스인 광섬유의 감쇠 손실은 일반적으로 PCS 또는 모두 플라스틱인 광섬유보다 작다. 모두 글라스인 광섬유의 손실은 1dB/km 또는 그 이하가 가능하다. PCS 광섬유는 8dB/km 정도의 손실을 나타낸다. 모두 플라스틱인 광섬유는 수백dB/km의 손실을 나타낸다.

다음은 세 가지 SI 광섬유가 다모드를 여진 하는데 충분히 큰 광섬유에 적당하다는 것을 다룬다.

① 모두 글라스인 광섬유는 최소 손실을 나타내며 모드에 의한 펄스 퍼짐은 가장 작다. 이들의 성질 때문에 상당히 고정보 속도 또는 장거리 용도에 적합하다. SI 글라스 광섬유의 NA는 작으므로 광원으로부터 결합하고자 할 때에 손실이 크다. 저전송 손실성이 이 결점을 일부 보완하고 있다. 대표적인 코어 직경은 50㎛, 100㎛ 및 200㎛이다.

② PCS 광섬유는 모두 글라스인 광섬유보다 큰 손실과 큰 펄스 퍼짐을 나타내고 있으므로 비교적 단거리 회선에 적합하다. 개구수가 크게 되면 광원의 결합 효율은 증가하지만 이 이점은 장거리 광섬유에서는 흡수가 크게 되므로 잃어버리게 된다. PCS 광섬유는 통산 광 장로가 수 백m 이하에서 잘 사용된다. PCS 광섬유에서는 코어 직경 200㎛이다. 코어 직경이 크게 되면 광원의 결합 효율은 개선된다.

③ 모두 플라스틱인 광섬유는 전송 손실이 높으므로 상당히 짧은 광로에 한정된다. 광로는 통상 수 십m 이하이다. 코어 및 개구수가 큰 것은 결과적으로 결합 효율을 향상시킬 수 있으므로 플라스틱인 광섬유의 이용가치는 높다.

표 4.3에 모두 글라스인 광섬유, PCS 광섬유 및 모두 플라스틱인 광섬유의 대표적인 것에 대해 개구수 및 수광각을 열거하였다. 광섬유의 입력 끝 부분이 공기라고 가정하고 개구수 및 수광각을 식 (4.6), 즉 $NA = \sin\alpha_0 = \sqrt{n_1^2 - n_2^2}$ 으로부터 구했다. 그림 4.16에 나타냈듯이 전각 $2\alpha_0$를 갖는 콘 내에 방출되는 광선만이 수광 될 수 있다. 대표적인 LED나 레이저 다이오드는 표 4.3의 수광각보다 자주 폭이 넓은 각도로 광을 방출한다. 표 4.3의 수치적 결과는 집광 능력을 개선하는 데는 보다 NA가 큰 광섬유를 이용하면 유리한 것을 나타내고 있다.

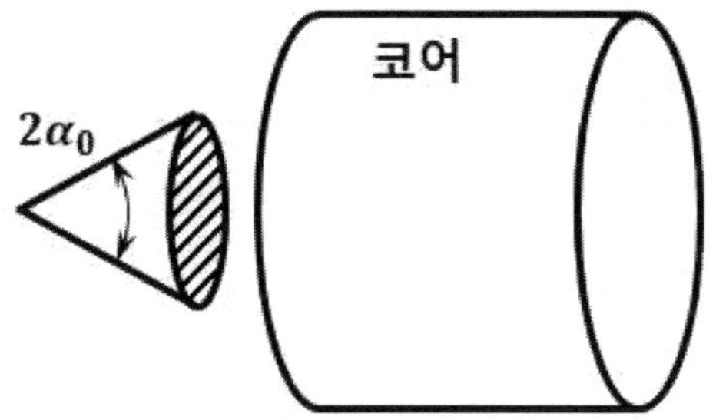

그림 4.16 계단형 광섬유에 의한 수광 콘

표 4.3 대표적인 개구수 및 수광각

구성	n_1	n_2	NA	α_0
모두 글라스인 광섬유	1.48	1.46	0.24	13.9°
PCS 광섬유	1.46	1.4	0.41	24.2°
모두 플라스틱인 광섬유	1.49	1.39	0.53	32°

계단형 광섬유의 구조를 보면 클래드를 싸고 있는 재료가 클래드 자체보다도 작은 굴절률을 가지면 광이 클래드의 외측 경계에서 역시 내부 전반사를 일으키며 감금할 수 있는 것을 알 수 있다. 그림 4.17에 가능한 광로를 나타내었다. 그림에서 알 수 있듯이 코어 클래드의 접촉면에서의 광선 각은 임계각보다 작으므로 일부의 광은 클래드 내에 들어가서 진행한다. 이 광은 클래드의 외측 면에서 임계각 이상의 각으로 입사하므로 전반사되어 광섬유 축으로 돌아온다. 이 광선에서 대표되는 광은 결코 광섬유로부터 도망가지 않고 광섬유에 의해 도파된다. 이 예는 클래딩 모드의 존재를 도시하고 있다. 클래딩 모드는 코어에 의해 인도되는 모드의 각보다 큰 각이며 광섬유 축을 가로지르는 광로를 진행하는 광선에 의해 특성 지울 수 있다. 그것들은 수광 각 이상의 각으로 광섬유에 의해 인도되는 광에 의해 여진된다. 또한 그것들은 광이 코어 모드 각 이상에서 편향되도록 한 스플라이스(splice)나 커넥터(connector) 등의 불연속점에서 발생한다.

클래딩 모드로 진행하는 광은 클래드의 외측 경계가 통상 손실 재료에 접하고 있으므로 코어 모드의 광보다 급속히 감쇠한다. 더구나 광섬유의 작은 굽힘(band)은 광선각을 전반사각 이하로 하므로 방사 손실을 일으킨다. 종종 광원에 가까운 점에서 클래딩 모드의 파워를 관측할 수 있다. 이 파워는 급속히 감쇠하므로 클래딩 모드는 긴 광섬유 종단에서는 극히 작다.

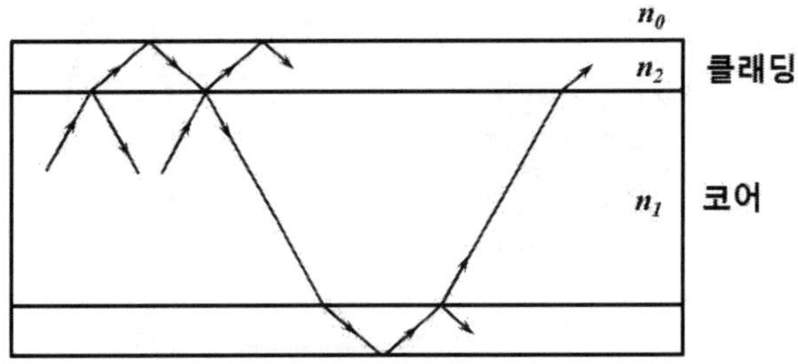

그림 4.17 계단형 굴절률 광섬유의 광로

4.2.2 언덕형 굴절률 광섬유

그레이디드 인덱스(graded index : GI) 또는 **언덕형 굴절률** 광섬유는 굴절률이 광섬유 축으로부터 거리와 더불어 변화하게 한 코어 재료로 이루어져 있다. 그림 4.18에 나타냈듯이 이 구조는 SI 광섬유와 완전히 다르게 볼 수 있다. SI 도파로의 동작과 다르며 광선 감금에 의해 GI 광섬유가 어떻게 광을 유도하는가를 나타내도록 하자. 굴절률의 변화는 다음과 같다.

$$n(r) = n_1 \sqrt{[1-2(r/a)^{\alpha} \Delta]} \quad (r \le a) \tag{4.24a}$$

$$n(r) = n_1 \sqrt{(1-2\Delta)} = n_2 \quad (r > a) \tag{4.24b}$$

여기서 n_1은 광섬유 축상의 굴절률, n_2는 코어의 외측의 굴절률(클래드의 굴절률), a는 코어의 반경, α는 굴절률 분포의 변화를 나타내는 파라미터, Δ는 굴절률 분포의 변화의 척도를 정하는 파라미터이다.

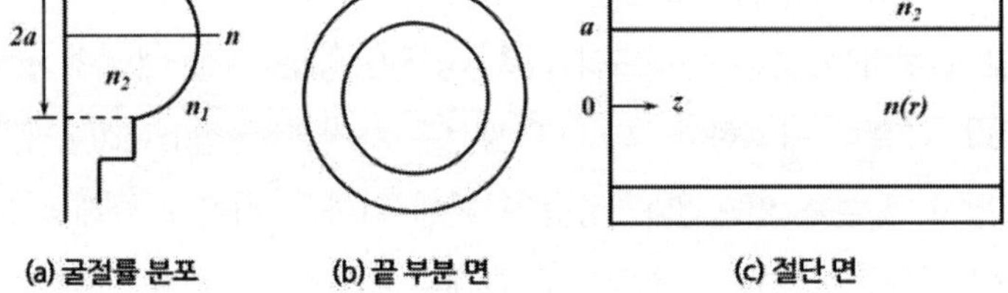

그림 4.18 언덕형 굴절률 광섬유

Δ에 대해 식 (4.24b)을 풀면 $\Delta = (n_1^2 - n_2^2)/2n_1^2$을 얻는다. 통상 n_1=n_2인 경우에서는 이 식은 근사적으로 $\Delta = (n_1 - n_2)/n_1$이 된다. Δ는 식 (4.23)에서 최초에 정의한 비굴절률 차인 것을 알 수 있다.

광은 그림 4.19에 나타낸 주기적인 형태로 광섬유 속을 진행한다. 굴절률이 변화하고 있으므로 광원은 연속적으로 광섬유 축 쪽으로 방향을 바꾸어 가며 식 (4.24a) 및 (4.24b)에 있어서의 특수한 변화에 의해 광은 주기적으로 집속된다. 이 재지향성은 그림 4.20에 나타냈듯이 일련의 축소 계단 형태의 변화에 의해 굴절률의 연속 변화를 모델화 할 수 있다.

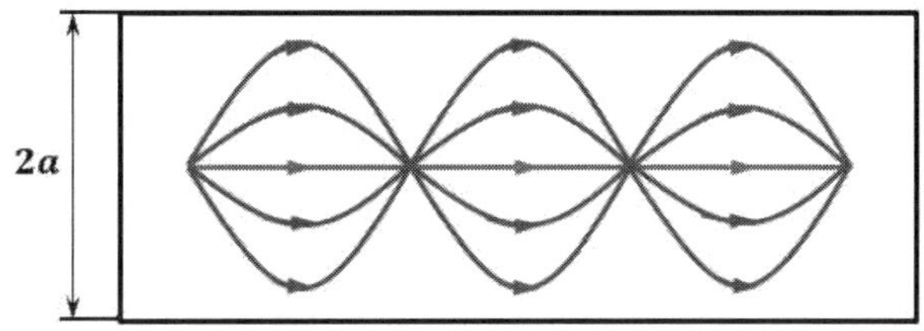

그림 4.19 언덕형 굴절률의 광로

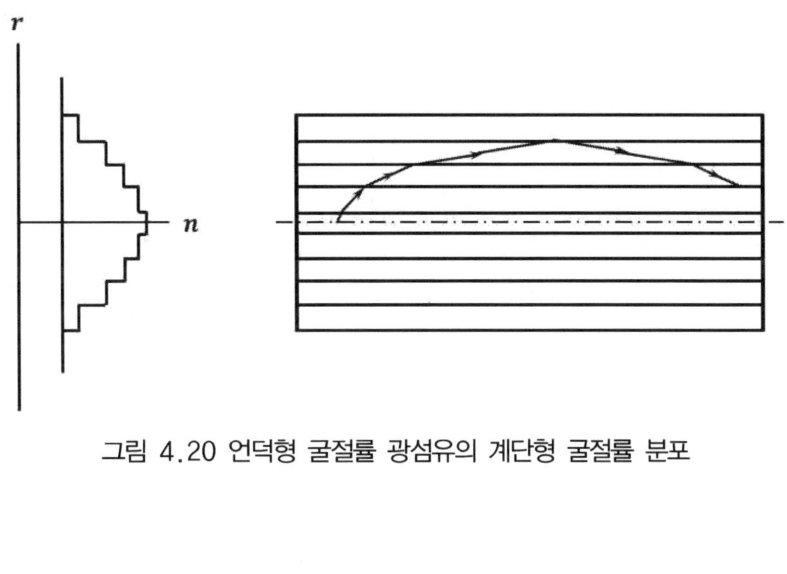

그림 4.20 언덕형 굴절률 광섬유의 계단형 굴절률 분포

많은 언덕형 굴절률 광섬유의 코어는 층상으로 제작되므로 이 계단상의 모델에 잘 닮아 있다. 각각의 미소 계단에서의 광선의 휨은 식 (1.5)의 스넬의 법칙에 따른다. 1.2.1항에서

언급했듯이 높은 굴절률로부터 낮은 굴절률로 진행할 때 광선은 수직선으로부터 멀어져 간다. 이것을 염두 해 두면 그림 4.20에 나타낸 광선의 궤적이 타당하다는 것을 알 수 있다. 광섬유 축을 가로지르는 광선은 일련의 경계에 부닥치고 그 때마다 저 굴절률의 영역으로 진행해 가므로 더욱이 수평 축의 방향으로 굽어지게 된다. 축으로부터 떨어져 있는 하나의 경계에 있어서 광선 각은 임계각을 초과하고 전반사 되어 광섬유 축 쪽으로 되돌아온다. 그러면 광선은 저 굴절률 매질로부터 고 굴절률 매질로 진행하면 광섬유 축을 가로지를 때까지 수직방향으로 굽어진다. 이 점에서 재차 같은 것을 반복한다. 이와 같이 하여 광섬유는 광선을 가두게 되며 광섬유를 전파할 때 광은 상하로 진동한다.

그림 4.19에 있어서 거의 수평으로 광섬유 축을 가로지르는 광선은 축으로부터 짧은 거리만큼 벗어난 후에 원점으로 돌아온다. 보다 급준한 광선은 축으로부터 훨씬 떨어져서 진행한다. 어떤 광선은 너무 급격한 각으로 출발하므로 원점으로 돌아오지 못하게 된다. 이들은 임계각 반사를 받을 만큼 충분히 굽어지지 않는다. 제한된 각도 범위 내의 광선만이 언덕형 굴절률 광섬유를 전파한다는 것을 알 수 있다. SI 및 GI 광섬유는 공통으로 이 성질을 갖고 있다. 하나의 언덕형 굴절률 광섬유는 하나의 개구수(NA)와 관련하는 수광 각을 갖는다. NA 식은 파라미터 α 및 Δ에 관련하고 있다.

지금까지 중심점에서 광섬유를 여진 하는 광만을 생각해 왔다. 그림 4.21은 상부의 광선과 같이 축으로부터 떨어져 들어오는 광선을 들어보자. 이들의 광선은 그들이 횡 방향에 있어서 코어 속을 짧은 거리 진행하는 것에 지나지 않으므로 그렇게 크게 휘어지지 않는다. 이들 광선의 하나가 거의 수평 방향으로 들어오면 그것은 축 방향으로 재차 향하며 도파로 내를 지속해서 간다. 따라서 비교적 작은 입사각에서는 굽어지는 것이 충분하지 않으므로 임계각 반사에 다다르지 않고 클래드에 들어가 버린다. 여진 점이 광섬유 축으로부터 벗어나면 광의 가둠을 주는 수광 각은 감소하게 된다. 즉, 수광각 및 개구수는 축으로부터의 움직임 반경 거리가 증가함과 더불어 작게 된다. GI 광섬유를 튀어 나오는 면광원으로부터의 결합 모양을 그림 4.21에 나타내었다. 수광콘 각의 상대적인 치수를 나타내었다. 축으로부터 떨어진 광보다 축에 가까운 과의 쪽이 결합 효율이 좋다. 이런 것은 입사점에 관계없고 NA가 같게 되는 SI 광섬유의 행동과는 다르다는 것이다. 이런 이유 때문에 코어 치수와 비굴절률 차가 같을 때에는 결합 효율은 일반적으로 GI 광섬유보다 SI 광섬유 쪽이 높다.

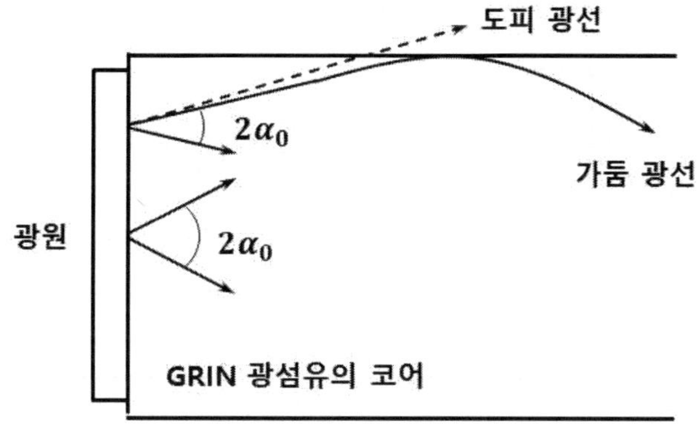

그림 4.21 수광 각의 형태

식 (4.24)에서 α=2일 때, 코어 굴절률은 $n(r)=n_1\sqrt{[1-2(r/a)^2\Delta]}$가 된다. $\Delta \ll 1$과 같은 통상의 경우에서는 굴절률 변화는 적절히 나타낼 수 있으며 다음과 같다.

$$n(r)=n_1[1-(r/a)^2\Delta] \ (r \le a\text{일 때}) \tag{4.25a}$$

$$n_2=n_1(1-\Delta) \ (r > a\text{일 때}) \tag{4.25b}$$

이 굴절률 분포를 **포물선형**(parabolic profile)이라 한다. 포물선형 분포에서는 개구수는 다음과 같이 나타내다.

$$NA=n_1(2\Delta)^{1/2}\sqrt{[1-(r/a)^2]} \tag{4.26}$$

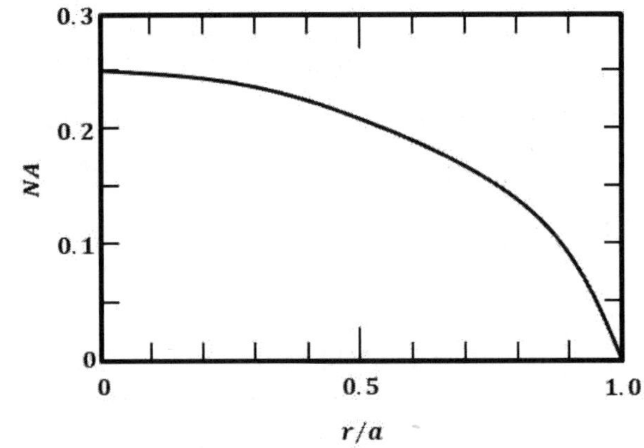

그림 4.22 포물선형 굴절률 광섬유의 개구수

그림 4.22에서는 n_1=1.48 및 Δ=0.0135의 경우에 붙여 이 관계를 도시하였으며 이들로부터 n_2는 1.46이다. 축 방향 NA는 0.24이며 표 4.3의 계단형 광섬유와 같다. 이 점에서 도파로에 입사할 때, 광섬유 축에 완전히 평행한 광선만이 도파된다.

포물선형 분포 광섬유의 축 방향 NA는 $NA = n_1\sqrt{(2\Delta)}$이다. 식 (4.21)로부터 SI의 개구수는 $NA = \sqrt{(n_1^2 - n_2^2)}$이며 이 항은 $\sqrt{(n_1 - n_2)(n_1 + n_2)}$로 쓸 수 있으므로 $n_1 \simeq n_2$일 때 $\sqrt{2n_1(n_1 - n_2)}$가 된다. $(n_1 - n_2)$를 $n_1\Delta$로 치환하면 식 (4.23)로부터 스텝 도파로에 대해서는 다음과 같이 된다.

$$NA = n_1\sqrt{(2\Delta)} \tag{4.27}$$

이것은 포물선형 분포 광섬유의 축 방향 NA와 같게 된다.

식 (4.24)에서 주어진 굴절률 분포는 일반적으로 잘 이용되며 굴절률 분포가 어떻게 해서 포물선 형태로 되는지에 대해서는 이미 서술했다. $\alpha = \infty$로 놓으면 SI 광섬유가 되며 코어 내에서는 $n(r) = n_1$이 된다. 클래드의 굴절률은 n_2 그대로이다.

4.2.3 계단형 굴절률 광섬유의 모드

그림 4.23에 계단형 굴절률(SI) 광섬유의 모드 차트를 나타낸다. 이 차트는 그림 4.5의 대칭 슬래브의 모드 차트와 똑같은 것이다. 하나 다른 것은 **정규화 주파수**(normalized frequency)

V, 즉 a는 코어 반경, λ를 자유 공간 파장으로 하면 다음과 같이 주어질 수 있다.

$$V = \frac{2\pi a}{\lambda}\sqrt{(n_1^{\ 2} - n_2^{\ 2})} \tag{4.28}$$

즉, 이 파라미터를 함수로 하여 실효 굴절률을 나타냄으로써 광섬유 차트가 정규화 되고 있다. V를 이용하여 a, λ, n_1 및 n_2의 값에 관한 모든 조합에 적용할 수 있는 차트를 만들 수 있다. SI 광섬유의 모드 차트로부터 인출된 전파 특성을 논할 때 광섬유 속과 슬래브 안을 진행하는 파에 공통인 많은 특징에 주목해야 한다.

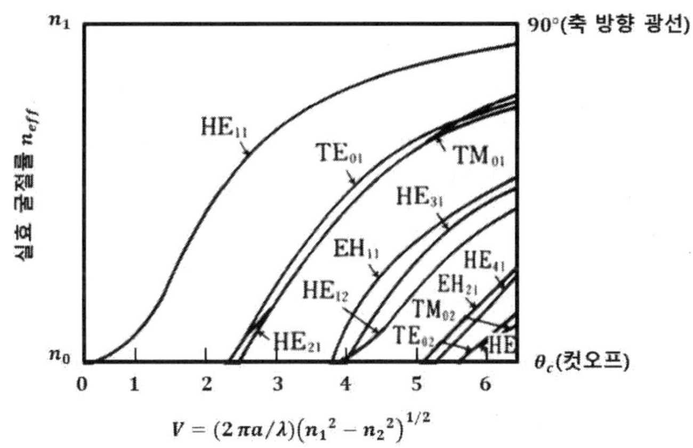

그림 4.23 SI 광섬유의 모드 차트

차트는 많은 모드가 존재한다는 것을 나타내고 있다. TE 및 TM 모드는 4.1절에서 정의한 것과 같이 횡방향 전계 및 횡방향 자계 모드이다. HE 및 EH 모드는 하이브리드 모드이다. 이들은 광섬유 축 방향에 전계 및 자계 성분을 갖는다. 그림 4.23의 각 모드는 실제로 2개의 모드를 표현하고 있으며 횡방향 면에 있어서의 한 쪽 모드는 다른 쪽 모드와 서로 직교하고 있다. 실효 굴절률은 클래드의 굴절률과 코어의 굴절률 중간이 된다. 기정의 모드에 대해 n_{eff}는 파장과 함께 변화하며 도파로 분산을 만들어 낸다. V의 고정값에 대해 7~8개의 모드가 전파하며 각각의 모드는 다른 실효 굴절률을 갖는다. 이와 같은 상황에서는 모드 왜곡이 생긴다. 축방향의 전파 정수는 식 (4.7)의 $\beta = k_0 n_{eff}$를 이용함으로써 n_{eff}로부터 구한다. 광선 각은 식 (4.8)로부터 결정된다.

슬래브의 경우와 마찬가지로 광선이 임계각으로 진행하면 모드는 컷오프 된다. 컷오프로부터 벗어난 광선은 거의 모든 광섬유의 측면에 직각, 즉 90° 가깝게 진행한다. 큰 V값에서는 많은 모드가 전파한다. 큰 V는 비교적 큰 코어 반경에 상당한다. $V > 10$일 때 모드 수(모든 편광을 포함)는 다음에 근사된다.

$$N = V^2/2 \tag{4.29}$$

예제 4.4

코어 직경이 50㎛인 광섬유의 모드 수를 구하라. 단, $n_1 = 1.48$ 및 $n_2 = 1.46$으로 하고, $\lambda = 0.82$㎛로 한다.

풀이

식 (4.28)로부터 V의 값은 다음과 같다.

$$V = \frac{2\pi(25)}{0.82}\sqrt{(1.48^2 - 1.46^2)} = 46.45$$

그러므로 식 (4.29)로부터 모드 수는 1078이 된다.

이 예로부터 중정도의 작은 광섬유에서도 많은 모드를 전송하는 것을 알 수 있다. 정규화 주파수는 코어 굴절률과 클래드 굴절률의 차에 비례하므로 이 차를 작게 함으로써 전파 모드 수는 감소한다.

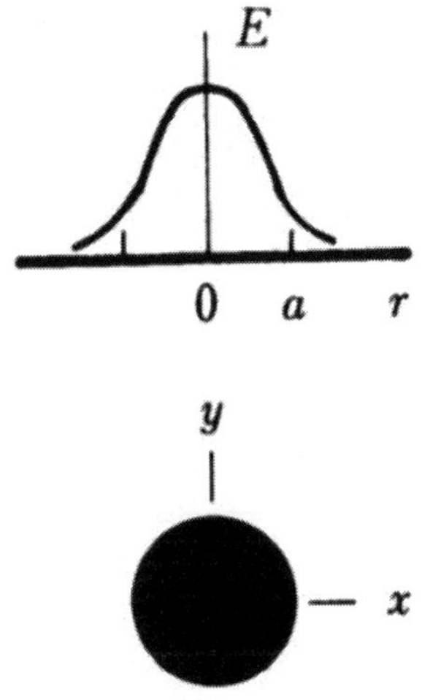

그림 4.24 SI 광섬유에 있어서의 최저차 모드

SI 광섬유의 최저차 모드는 HE_{11} 모드이다. 그림 4.24에 나타낸 횡방향 전계 패턴은 가우스형에 근사된다. 그림에 나타냈듯이 이 패턴은 원대칭이다. 슬래브와 마찬가지로 감쇠하는 에네센트파의 전자계가 모든 모드에 대해 코어의 외측에 존재한다. 모드가 컷오프에 가깝게 되면 될수록 에네센트파는 클래드 속으로 보다 깊게 침투한다. 컷오프로부터 벗어나면 광은 거의 모두 코어 속을 진행한다.

HE_{11} 모드 이외의 모든 모드가 컷오프 되면 단일 모드만이 전파한다. 그림 4.24를 참조하면 이런 것은 $V < 2.405$ 에서 일어난다. 이 결과와 식 (4.31)을 조합하면 단일 모드 전파의 조건으로서 다음과 같이 된다.

$$\frac{a}{\lambda} < \frac{2.405}{2\pi\sqrt{n_1^2 - n_2^2}} = \frac{2.405}{2\pi NA} \tag{4.30}$$

이 결과는 대칭 슬래브에 있어서의 단일 모드 조건을 나타낸 식 (4.17)과 매우 잘 근사하고 있다. 식 (4.30)이 만족되면 HE_{11} 모드만이 광섬유 속을 진행할 수 있다. 실제로 2개의 직교 편광의 HE_{11}파가 동시에 광섬유 내에 존재하지만 이들은 같은 n_{eff}를 가지므로 같은 속도로 진행한다. 이 특성은 거의 모든 용도에서는 실제로 2개의 모드가 존재한다는 사실 이상으로 중요하다.

예제 4.5

0.82㎛에 있어서 도파로에 단일 모드를 여진 시키고자 하면 광섬유에 허용되는 최대 반경을 구하라. 단, $n_1 = 1.48$ 및 $n_2 = 1.46$으로 하고, $\lambda = 0.82$㎛로 한다.

풀이

$n_1 = 1.48$, $n_2 = 1.46$ 및 $\lambda = 0.82$㎛이므로 식 (4.30)으로부터 a의 값은 1.3㎛이다.

단일 모드 광섬유는 상당히 작게 된다는 것을 알 수 있다. n_2를 n_1에 가깝게 하여 장파장으로 동작시키면 코어를 크게 할 수 있다. 실제의 단일 모드 광섬유의 코어 직경은 4~12 ㎛ 정도이다.

4.2.4 언덕형 굴절률 광섬유의 모드

언덕형 굴절률(GI) 광섬유의 모드 차트는 나타내지 않는다. 그 대신에 허용 모드의 실효 굴절률의 명확한 식을 나타내기로 하자. 이것은 식 (4.25)에서 기술된 포물선형에 대해 나타낼 수 있다. 식 (4.24)에 있어서 일반적인 언덕형 굴절률 분포의 n_{eff}에 관한 식을 구하는 것을 할 수 없다. 포물선형 굴절률 분포는 실용적인 GI 광섬유를 마침 좋게 나타내고 있다. 이 항의 결과는 특히 GI 광섬유에 딱 맞는다. 이 밖의 GI 광섬유의 거동도 매우 닮아 있다.

정수 p와 q에 의해 기술되는 모드의 실효 굴절률은 다음과 같다.

$$n_{eff} = \frac{\beta_{pq}}{k_0} = n_1 - (p+q+1)\frac{\sqrt{(2\Delta)}}{k_0 a} \tag{4.31}$$

최저차 모드는 $p \neq q = 0$이다. 정수 p와 q는 각각 새로운 모드에 대해 별도로 증가한다. β와 k_0는 전술과 마찬가지 의미이며 각각 축 방향 전파 정수와 자유 공간의 전파 정수이다.

정규화 주파수의 항에 있어서 다모드 GRIN 광섬유의 전체 모드 수는 큰 V값에 대해서는 $N = V^2/4$에 근사된다. 이 값은 식 (4.29)로부터 알 수 있듯이 SI 광섬유가 갖는 모드 수의 1/2이다. 50㎛의 코어, $n_1 = 1.48$, $n_2 = 1.46$에서는 0.82㎛에 있어서의 모드 수는 539

개이다.

최저 모드는 다음 식과 같이 주어지는 전계를 갖는다.

$$E_{00} = E_0 e^{-\alpha^2 r^2/2} \sin(\omega t - \beta_{00} z) \tag{4.32}$$

여기서 $\alpha = (k_0 n_1/a)^{1/2}(2\Delta)^{1/4}$이며 $r^2 = x^2 + y^2$이다.

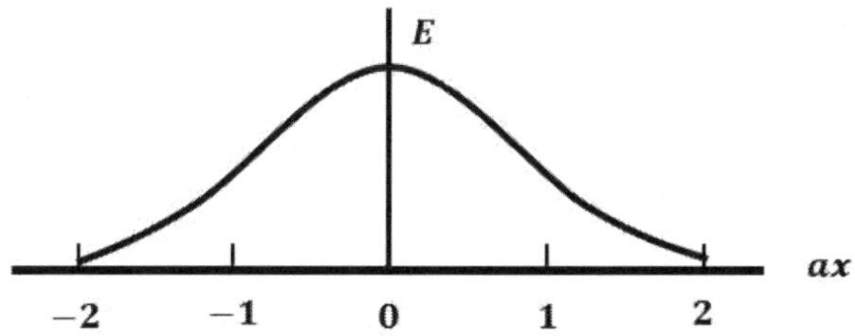

그림 4.25 GI 광섬유의 최저차 모드의 횡방향 패턴

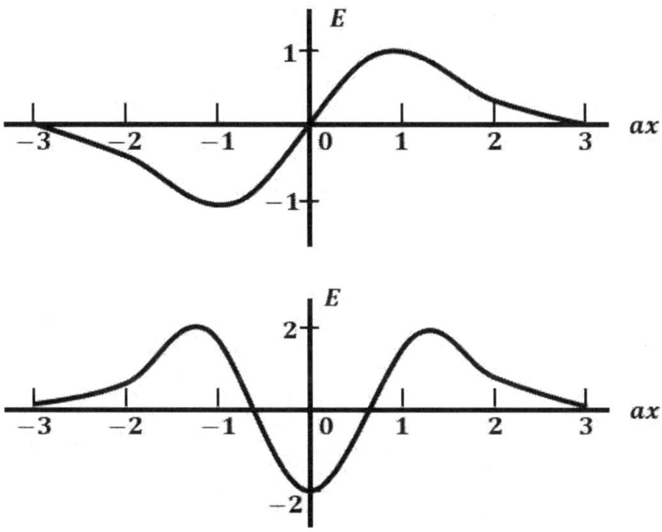

그림 4.26 GI 광섬유의 고차 모드의 횡방향 패턴

그림 4.25에 나타낸 횡방향 패턴은 원 대칭의 가우스형이다. 그림 4.26은 $p=1$, $q=0$

및 $p=2$, $p=0$의 모드 패턴을 나타낸다. 이들의 모드는 원 대칭이 아니고 그들의 패턴은 각각 다음과 같이 된다.

$$E_{10} = E_1 \alpha x e^{-\alpha^2 r^2/2} \sin(\omega t - \beta_{10} z) \tag{4.33}$$

및

$$E_{20} = E_2 [2(\alpha x)^2 - 1] e^{-\alpha^2 r^2/2} \sin(\omega t - \beta_{20} z) \tag{4.34}$$

대칭 슬래브의 패턴(그림 4.7)과 비교하면 잘 닮아 있다는 것을 알 수 있다. 각각의 모드의 피크 진폭은 광섬유의 여진에 의해 정한다.

이미 배운 유전체 도파로와 마찬가지로 전파의 허용 모드는 다음과 같은 범위를 갖는 실효 굴절률을 나타낸다.

$$n_2 \le n_{eff} \le n_1 \tag{4.35}$$

실효 굴절률이 n_2와 같게 되면 모든 모드에 대해 컷오프가 일어난다. 이 지식을 바탕으로 컷오프에 있어서의 코어 치수, 파장 및 굴절률 간의 관계를 정할 수 있다. 이런 것을 (1,0) 모드(즉, $p=0$, $q=0$)에 대해 행하면 단일 모드의 전파 조건이 된다. 식 (4.31)에서 $n_{eff}=n_2$, $p=1$ 및 $q=0$으로 놓는다. $k_0 = 2\pi/\lambda$로 되는 것을 이용하여 a/λ를 구하면 단일 모드 조건은 다음과 같이 된다.

$$\frac{a}{\lambda} < \frac{1.4}{\pi\sqrt{[n_1(n_1 - n_2)]}} \tag{4.36}$$

더욱 정확한 해석을 위해서는 계수 1.4를 1.2로 바꾸면 된다. n_1을 n_2에 가깝게 취하고 보다 장파장으로 동작시키면 단일 모드 광섬유의 코어 치수를 보다 크게 할 수 있는 것에 주의해야 한다. 식 (4.30)과 식 (4.36)을 비교하면 단일 모드 전파를 위한 a/λ의 최대값은 SI 광섬유에 비하면 포물선형 광섬유 쪽이 1.6배 크게 된다.

예제 4.6

$n_1 = 1.48$ 및 $n_2 = 1.46$으로 하고, 포물선형 굴절률 분포를 갖는 GRIN 광섬유를 생각한다. 단일 모드 전파를 위한 비굴절률 차 및 최대 코어 치수를 계산하시오. 구한 코어 치수를 이용하여 전파 모드의 n_{eff}를 구하시오. 파장은 0.82㎛이다.

풀이

식 (4.25b)로부터 $\Delta = (n_1 - n_2)/n_1$이므로 $\Delta = 0.0135$이고 식 (4.36)로부터 $a/\lambda = 2.6$ 및 $a = 2.1$㎛이다. 식 (4.31)로부터 $p = q = 0$ 및 $k_0 = 2\pi/\lambda$로 놓으면 (0,0) 모드에 대해 다음 식을 이용하면 된다. 즉, $n_{eff} = 1.47$이다.

$$n_{eff} = n_1 - \frac{\sqrt{(2\Delta)}}{2\pi(a/\lambda)}$$

4.3 광섬유의 구조와 원리

4.3.1 광섬유의 기본 구조

가. 광섬유의 구성요소

광섬유는 1966년 Kao와 Hockham이 실리카 유리(silica glass)를 이용한 광섬유를 발표함으로서 현대 광섬유의 급속한 발달을 가져오게 되었다. 광섬유는 다른 기술에 비하여 상대적으로 짧은 시간 내에 고성능 통신에서 요구되는 광대역폭, 저감쇠율 등과 같은 특성을 갖춘 제품이 개발되어 대량 생산이 가능한 단계에 이르고 있다. 광섬유는 초고순도의 유리섬유를 플라스틱으로 코팅한 것으로 빛을 전파하는 유리섬유와 이를 보호해주는 유리섬유 및 플라스틱 코팅 막으로 구성되어 있으며, 광섬유의 성능은 내부 유리섬유의 두께와 순도에 의해 결정된다.

이러한 광섬유는 크게 그림 4.27과 같이 3개 부분으로 구성되어 있다. 즉, 코어(core), 클래딩(cladding) 및 재킷(jacket)으로 구성 되어 있다. 코어는 유리(glass)나 플라스틱(plastic)으로 만들어지며, 빛이 전파되는 부분이며, 클래드는 코어를 둘러싸고 있으며 빛을 코어에 가두는 광 도파관(optical waveguide)을 형성하고 있다. 그리고 클래드도 코어와 마찬가지로 유리나 플라스틱으로 되어 있다. 빛의 전반사와 관련하여 클래드의 굴절률은 코어의 굴절률에 비해 1% 정도 낮으며, 굴절률이 1.47인 코어와 1.46인 클래드가 일반적으로 사용된다. 한편 재킷은 클래드 주위를 둘러싸고 있으며 코어와 클래드를 물리적 또는 환경적 손상으로부터 보호하고 강도를 향상시키기 위한 플라스틱 피복이다.

광섬유에서의 빛의 전파 특성은 광섬유의 크기, 광섬유의 구성매질, 광섬유로 주입되는 빛의 특성에 의해 일반적으로 좌우된다. 그리고 광섬유의 분류는 위의 3가지 요소 간의 관계에 의해 이루어진다. 사람의 머리카락의 직경이 100㎛이므로 광섬유의 직경이 얼마나 작은지 알 수 있을 것이다. 광섬유의 사이즈는 보통 코어, 클래드, 재킷의 외경으로 주어진다. 예를 들어 200/230/500은 코어의 직경이 200[㎛], 클래드의 직경이 230[㎛], 재킷의 직경이 500[㎛]임을 의미한다.

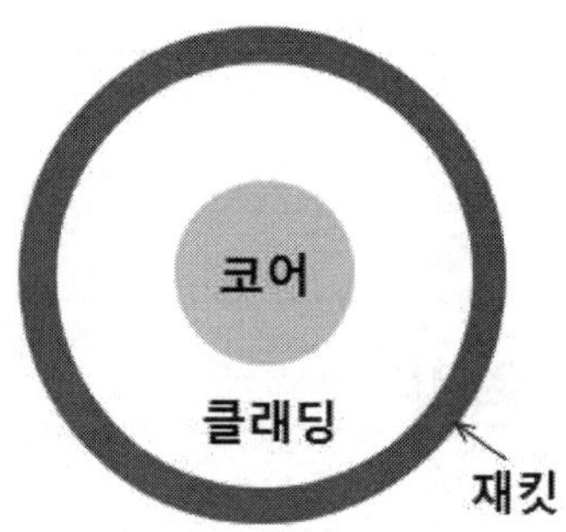

그림 4.27 코어 구성 요소

나. 전반사와 임계각

빛이 대기에서 광섬유로 입사하는 경우 굴절하게 되며 빛의 전파는 코어와 클래드의 굴절률에 의해 결정된다. 이를 공식화한 것이 스넬의 법칙이다. 즉, 굴절률이 높은 매질에서 굴절률이 낮은 매질로 빛이 임의의 각으로 입사할 때 어느 임계각에 도달하게 되면 굴절현상이 없어지고 완전히 반사하게 된다(전반사 현상). 일반적으로 광섬유의 매질의 굴절률은 다음과 같다.

$$\text{굴절률} = \frac{\text{진공에서의 빛의 속도}(c)}{\text{물질내에서 빛의 속도}(v)} \tag{4.37}$$

이 때 스넬의 법칙은 그림 4.28 (a)에서

$$n_1 \sin\theta_1 = n_2 \sin\theta_2 \tag{4.38}$$

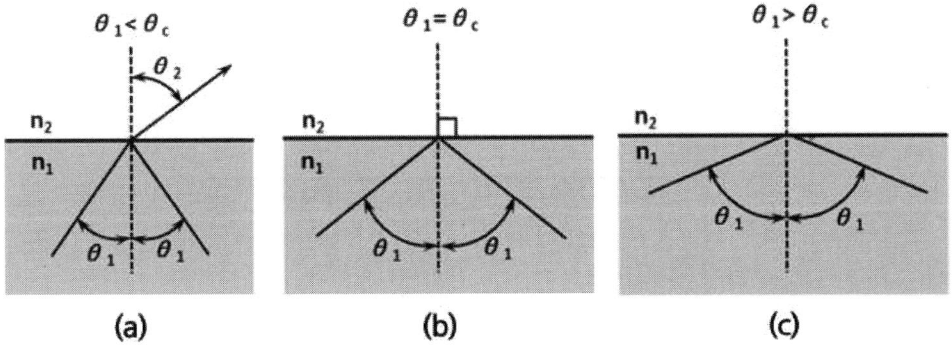

그림 4.28 입사각에 따른 반사각의 모습

식 (4.38)에서 n_1은 매질 1의 굴절률, n_2는 매질 2의 굴절률, θ_1은 입사각이며 θ_2는 굴절각이다. 입사각 θ_1을 점점 증가시켜 그림 4.28 (b)와 같이 임계각 θ_1=θ_c=90°가 되면 매질 2내에서 굴절광은 0으로 되고, 빛은 입사된 매질 내부로 다시 반사된다. 이때 입사광은 경계면에서 **전반사**한다고 말한다. 이와 같은 조건에서 **임계각**은 $\theta_c = \sin^{-1}(n_2/n_1)$로 표현된다. 한편 그림 4.28 (c)에 나타낸 것과 같이 이 임계각보다 커지면 입사광선은 완전히 반사되고 에너지는 매질 2로 전달되지 않는다. 이와 같은 전반사 형상이 광섬유 동작의 기본 원리이다.

예제 4.7

$n_{core} = 1.43$, $n_{clad} = 1.40$인 광섬유에서 임계각 θ_c를 구하라.

풀이

$$\cos\theta_c = \frac{n_2}{n_1} = \frac{1.40}{1.43}{}^{\circ}, \ \therefore \theta_c = 11.7^{\circ}$$

4.3.2 광섬유의 원리

그림 4.29에서 코어의 굴절률 n_1은 클래드의 굴절률 n_2보다 약간 크므로, 만약 $\Phi = \theta_c$이면, 즉, $\sin\phi \geq \frac{n_2}{n_1}$ 또는 $\cos\phi \leq \sqrt{1-\left(\frac{n_2}{n_1}\right)^2}$ 이면 입사된 빛은 코어/ 클래드 경계면에서 매번 전반사되어 코어 내부에 갇히게 된다. 그러므로 빛은 코어 내를 통해 전파되어 코어의 다른 끝에 도달한다.

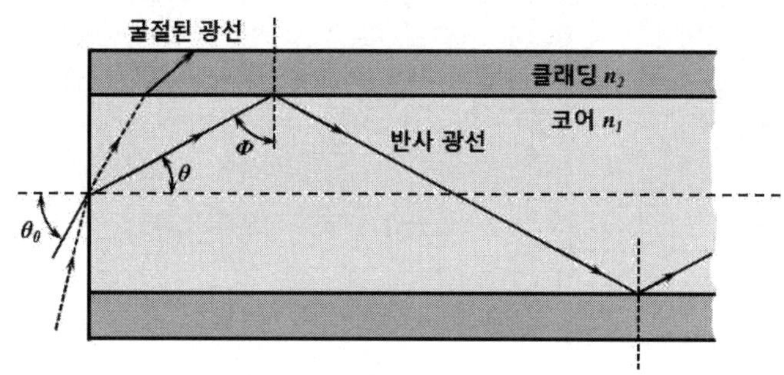

그림 4.29 광섬유 코어의 반사광선

만약 광선이 광섬유에 각 θ_0로 입사하면 광선은 코어에 $n_0\sin\theta_0 = n_1\sin\theta = n_1\cos\phi$로 주어지는 각 θ로 들어간다. 따라서 전반사가 일어날 조건은 다음과 같다.

$$\sin\theta_0 \leq \frac{n_1}{n_0}\sqrt{1-\left(\frac{n_2}{n_1}\right)^2} \tag{4.39}$$

위의 식에서 n_0는 공기 굴절률이며 $n_0 = 0$이므로 광섬유의 **최대 허용각**(maximum angle of acceptance)은 다음과 같다.

$$\sin\theta_{0,\max} = \sqrt{n_1^2 - n_2^2} = NA \tag{4.40}$$

위의 식을 광섬유의 **개구수**(numerical aperture ; NA)라고 하며 광섬유의 수광 특성을 나타내는 것으로 코어의 입력단에 입사되는 광선이 코어 내를 전파할 수 있도록 하는 최대 허용 각이다.

위 식에서 $\theta_{0,\max}$를 **반 허용각**(half acceptance angle)이라고도 부른다. 이와 같이 광선이 $\theta_0 \le \theta_{0,\max}$로 입사하면 $\Phi \ge \theta_c$로 되기 때문에 빛은 코어/클래드 경계면에서 연속적으로 전반사 되어 코어 내를 통해 전파됨으로써 코어의 다른 끝에 도달한다. $\theta_0 > \theta_{0,\max}$로 입사한 광선은 $\Phi < \theta_c$로 되기 때문에 코어 밖으로 빠져나가 클래드에서 손실된다. 따라서 광선은 광섬유 단면에 허용각 이내로 입사해야 코어 속으로 들어갈 수 있다.

클래드의 굴절률은 코어의 굴절률보다 약간 작아야 하며, 이것을 논할 때 두 굴절률 차의 비, 즉 **비굴절률 차**(fractional difference between the two refractive indices) Δn을 다음 식과 같이 도입하는 것이 편리하다.

$$\Delta n = \frac{n_1 - n_2}{n_1} \quad \text{또는} \quad n_2 = n_1(1-\Delta n) \tag{4.41}$$

Δn을 사용해서 개구수 NA를 나타내면 다음과 같다.

$$NA = \sin\theta_{0,\max} = \sqrt{n_1^2 - n_2^2} = n_1\sqrt{2\Delta n - \Delta n^2} \tag{4.42}$$

보통 광섬유에서 $\Delta n \ll 2\Delta n$이므로 $NA = \sin\theta_{0,\max} \approx n_1\sqrt{2\Delta n}$이다.

4.3.3 광섬유 코어 재료

광섬유 재질은 플라스틱, 다성분 유리, 석영 유리, 플라스틱과 유리의 복합체 등으로 구분된다. 재질에 따른 광섬유의 종류에 따른 특징을 표 4.4에 나타내었다. 신뢰성은 전송 특성 면에서는 석영 섬유가 우수하고 이하 타성분 유리 섬유, 플라스틱과 유리의 복합체 섬유, 플라스틱 섬유의 순이다.

표 4.4 광섬유의 종류에 따른 대표적 사양 및 특징

<table>
<tr><th colspan="2" rowspan="2">섬유의 종류</th><th colspan="4">대표적인 사양</th><th rowspan="2">특징</th></tr>
<tr><th>코어지름 (㎛)</th><th>개구수 (NA)</th><th>손실 (dB/km)</th><th>대역 (MHz.km)</th></tr>
<tr><td rowspan="3">전석영 섬유</td><td>Step Index</td><td>50~100</td><td>0.18~0.25</td><td>2~6</td><td>20~60</td><td>저손실
비교적 저렴</td></tr>
<tr><td>Graded Index</td><td>50~100</td><td>0.2~0.25</td><td>2~6</td><td>200~600</td><td>저손실
광대역</td></tr>
<tr><td>단일 모드</td><td>5~10</td><td>0.1</td><td>0.5~1.5</td><td>10,000 이상</td><td>저손실
초광대역</td></tr>
<tr><td rowspan="2">다성분 섬유</td><td>SI</td><td>50~150</td><td>0.2~0.3</td><td>5~20</td><td>20~60</td><td rowspan="2">코어지름, 개구수가 큼.
석영 섬유보다 저렴</td></tr>
<tr><td>GI</td><td>50~150</td><td>0.2~0.3</td><td>5~20</td><td>200~1000</td></tr>
<tr><td>플라스틱 섬유</td><td>SI</td><td>100~300</td><td>0.3~0.6</td><td>100~3000 (가시)</td><td>10 이하</td><td>코어지름, 개구수가
특히 큼.
가장 저렴</td></tr>
</table>

손실에서 ( )지시가 없는 것은 0.85㎛일 때의 값

4.4 광섬유의 손실

4.4.1 감쇠 손실

감쇠(減衰 attenuation)는 빛이 광섬유를 통해 전파될 때 전파거리에 따른 신호강도의 감소를 말한다. 길이 L인 광섬유에서 감쇠는 식 (4.43)에 따라 데시벨(decibel)로 측정된다.

$$\text{감쇠율} = \frac{-10\log(P_{in}/P_{out})}{L}\ [\text{dB/km}] \tag{4.43}$$

여기서 P_{in}은 광섬유에 입력된 광 에너지, P_{out}은 광섬유로부터 출력된 광 에너지이다.

광섬유의 감쇠는 주파수에 의존하기 때문에 특정 주파수에 대해 dB/㎞로 나타낸다. 대표적인 손실률(attenuation rate)은 계단형의 경우 850㎚의 측정 주파수에서 ~10dB/㎞이고 단일 모드의 경우 측정 주파수 1550㎚에서 1dB/㎞ 이하이다.

가. 광섬유에서 광의 흡수

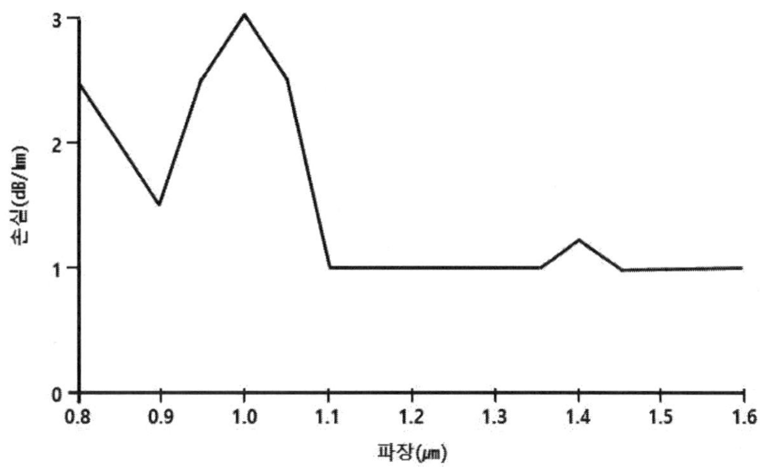

그림 4.30 광섬유의 전형적인 재료 흡수에 의한 손실

빛의 흡수는 빛의 파장 또는 불순물에 의해 좌우한다. 흡수되는 빛의 양은 파장이 증가함에 따라 감소한다. 850nm에서 흡수는 1.5dB/km이고, 1500nm에서 흡수는 0.5dB/km이다. 그림 4.30에 광섬유의 전형적인 재료 흡수에 의한 손실에 대해 나타낸다.

나. 광섬유에서 광의 산란

분자는 제조 중 용융 상태에서 유리(글라스) 속을 임의로 움직인다. 가해진 열이 이 운동을 위해 에너지를 준다. 액체가 냉각하면 이 운동은 정지한다. 고체 상태에 달하면 임의의 분자 배치는 글라스 내에 동결된다. 이런 것은 엄밀히 부분적 변화를 가져오기 때문에 글라스의 굴절률에 국부적 변화를 만들어 낸다. 이들의 변동은 균질 재질에 넣어진 작은 산란 물체로서 모델화 할 수 있다. 이들 물체의 치수는 광의 파장보다 훨씬 작다.

이와 같은 구조를 통한 광 빔은 그림 4.31에 나타낸 것처럼 이들 물체에 의해 산란된다. 이 현상을 **레일리 산란**(Rayleigh scattering)이라고 하며, 파장보다 작은 산란 물체 속을 파가 진행할 때에 항상 발생한다. 레일리 산란은 λ^{-4}에 비례하므로 파장이 감소하면 더욱더 중요하게 된다.

산란 손실의 원인에는 한 가지 더 있다. 광섬유 재료가 두 가지 이상의 산화물로 되어 있으면 구성 산화물의 농도에 편차가 생긴다. 이러한 것은 각종 성분이 불완전한 화학 결합을 하고 있기 때문은 아니다. 이 경우 실제의 글라스 조성이 글라스 속의 장소마다 변한다.

이 경우에도 국부적 굴절률 변화가 생기며 λ^{-4} 의존성에 따르는 레일리 손실을 일으킨다.

산란이 단파장에서의 광섬유 사용에 심각한 제한을 주는 것은 명확하다. 0.8㎛ 이하에서는 이 효과에 의한 손실만이 장거리 전파를 위한 제약치를 결정한다. 다른 파장이 증대하면 산란 손실은 감소한다. 이런 것이 0.8㎛ 이상에서 사용하는 이유이기도 하며 현재 광섬유 손실의 대부분(90%까지)을 차지한다.

여기서 서술한 밀도 및 조성에 의한 손실은 고유 손실이다. 이들은 어떤 처리 기술을 이용해도 제거할 수 없다. 실제적으로는 조성을 바꿈으로서만이 제거할 수 있다.

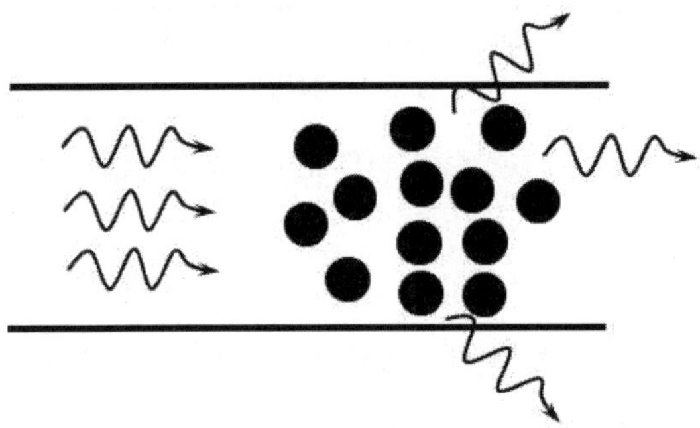

그림 4.31 Rayleigh 산란으로 입사 광자 흐름의 감쇠

다. 기하학적인 효과

광섬유를 구부리면 감쇠가 발생하며 굽힘에는 그림 4.32와 같이 거시적(macroscopic)과 미시적(microscopic)의 두 가지가 있다. 즉, 이것은 제조공정이나 기계적 응력(stress)에 의해서 발생하는데 마이크로밴드(micro-bend)와 광섬유가 ㎝정도의 곡률 반경으로 휘어질 때 발생하는 매크로밴드(macro-bend)가 존재한다. 이것이 존재하는 위치에서 빛이 코어 클래드 경계면에 부딪치면 빛은 클래드 속으로 투과해서 손실이 발생한다. 이 손실을 **굴곡 손실**이라 한다.

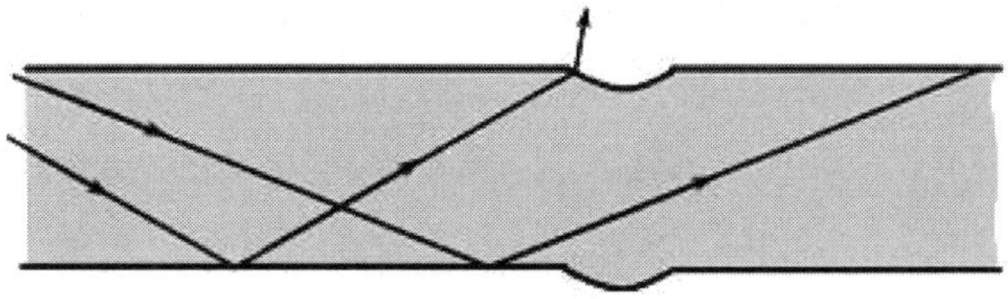

(a) 마이크로 밴드

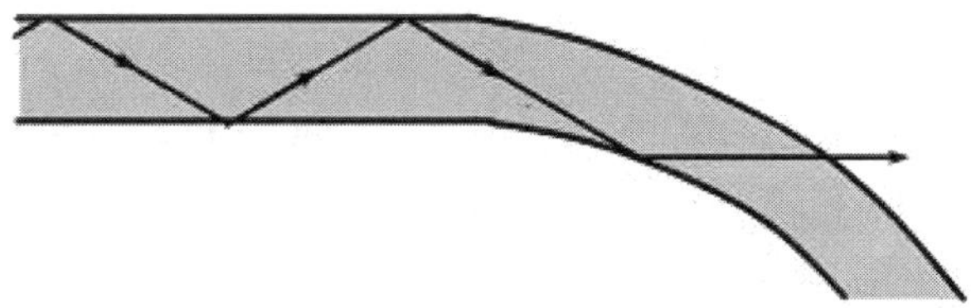

(b) 매크로 밴드

그림 4.32 마이크로 밴딩과 매크로 밴딩에 의한 굴곡 손실

4.4.2 분산 손실

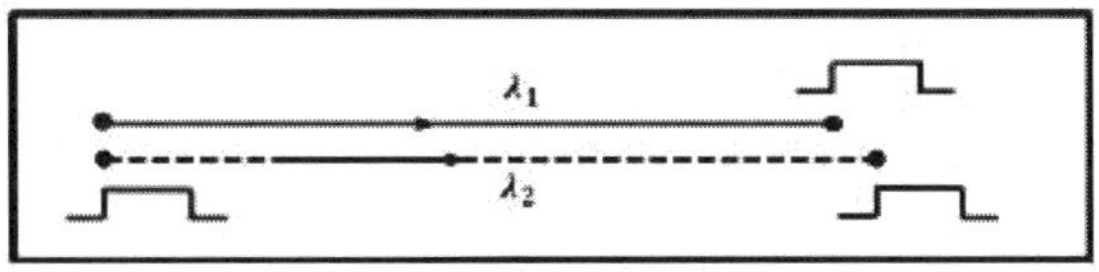

(a) 재료 분산

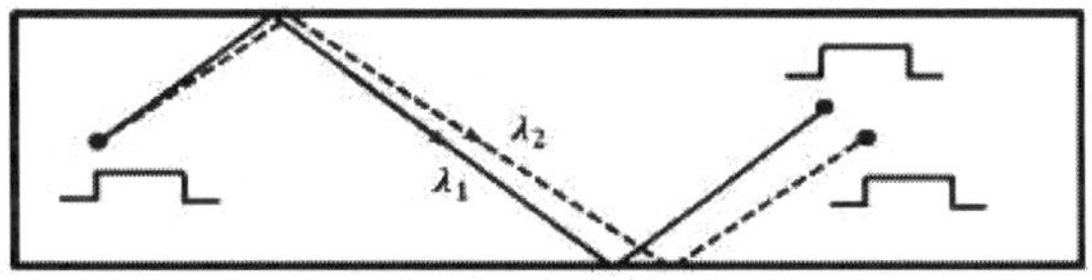

(b) 도파로 분산

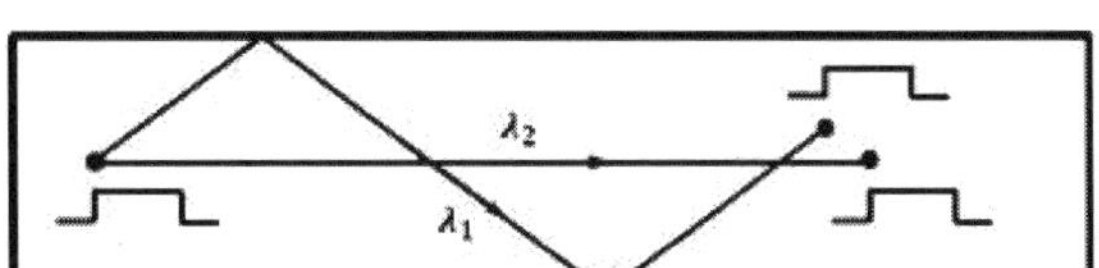

(c) 모드 왜곡

그림 4.33 펄스 퍼짐의 3가지 요인

광섬유의 광학적 성능은 감쇠, 펄스 퍼짐 및 개구수(NA)로 특징지을 수 있다. 파워가 한정된 시스템에서는 광섬유의 감쇠 쪽이 펄스 퍼짐 보다는 중요하게 된다. NA는 직접 광원의 결합에 관계하고 있으므로 파워 제한 시스템에서는 중요하다. 장거리, 고속도 회선을 위해서는 펄스 퍼짐이 매우 중요하게 되며 손실은 오히려 부차적인 것이 된다. 그림 4.33에는 3가지 재료, 도파로 및 다모드 펄스 퍼짐의 현상을 정리하였다.

(1) 모드 분산(mode dispersion)

모드 분산은 다중모드 광섬유에 있어서 각 모드의 전파속도, 따라서 도착 시점이 다름으로써 발생하는 송신 펄스폭의 확산(펄스 분산)을 말한다(그림 4.34). 이것은 적당한 굴절률 프로파일을 가진 광섬유를 사용하면 분산을 줄일 수 있다. 단일 파장의 펄스 파워는 그림 4.35와 같이 모드에 따라 나눠지며 광로차 때문에 축 방향 속도로 진행한다.

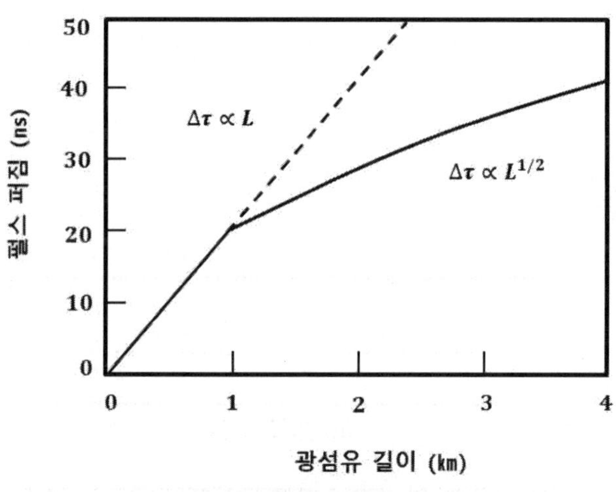

그림 4.34 다중모드 펄스 퍼짐

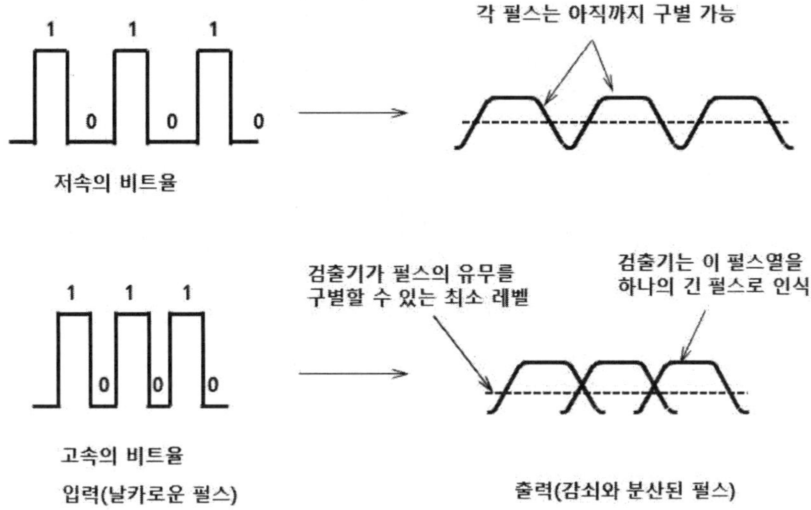

그림 4.35 모드 분산

(2) **재료 분산**(Material dispersion)

도파로를 형성하는 재료의 굴절률이 파장 의존성에 기인된 분산이며, 파장이 다르면 펄스 속도도 달라진다(그림 4.36).

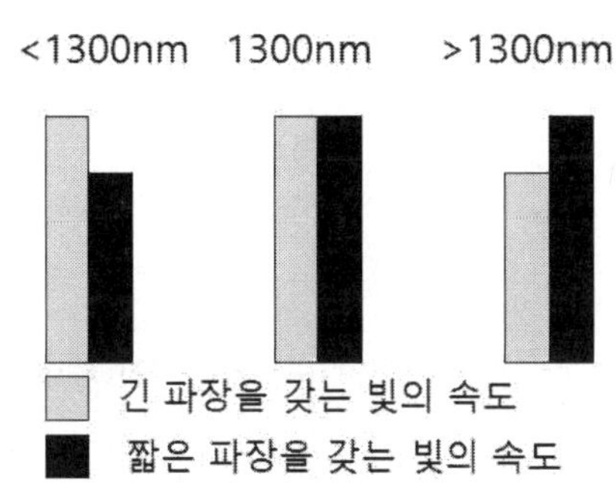

그림 4.36 파장에 따른 펄스 속도

광섬유 유리에 의해 야기되는 파장에 근거한 효과이며 신호 펄스의 퍼짐을 초래하는 근본 원인이다. 이것은 서로 다른 진행속도로 인해 펄스폭이 변화된다(그림 4.37). 그림 4.38은 일반적인 광섬유에서의 재료 분산을 나타낸다.

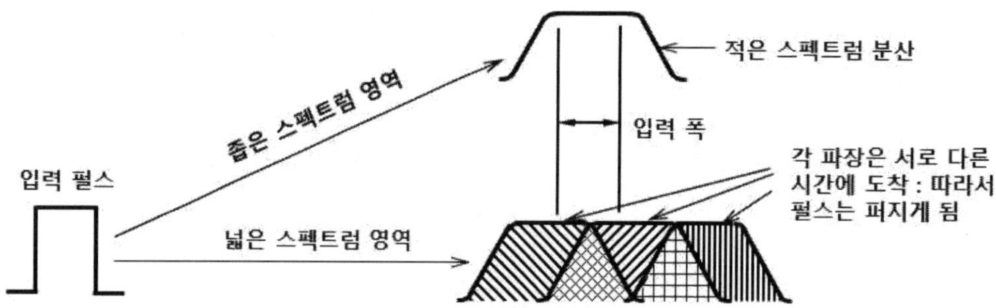

그림 4.37 파장에 따른 펄스 속도

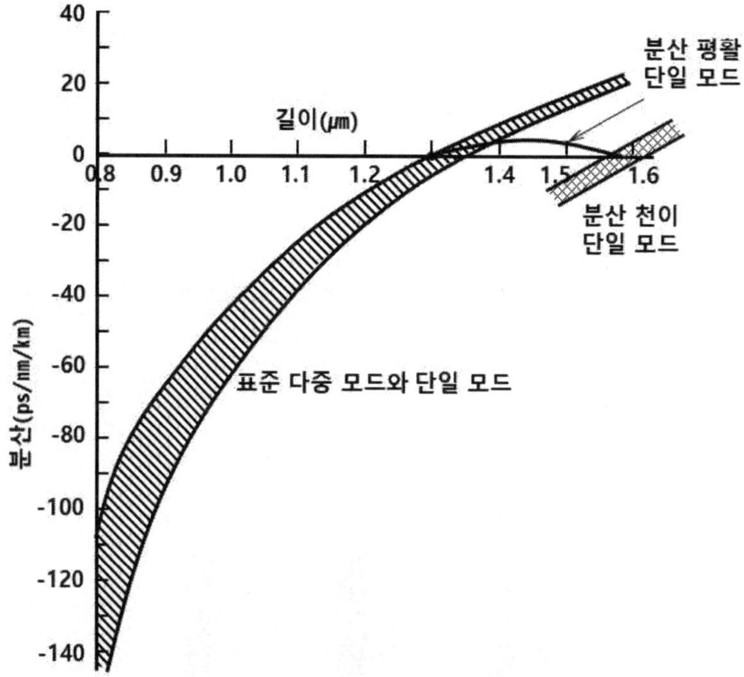

그림 4.38 일반적인 광섬유에서의 재료 분산

(3) **도파로 분산**(Waveguide dispersion)

다른 파장의 펄스(같은 모드에서 전파하지만)는 약간 다른 각도로 진행하기 때문에 축 방향 속도에 차이가 생긴다(도파로 분산). 이것은 단일 모드를 갖는 광섬유에서만 일어난다. 빛의 일부는 광섬유의 클래드 쪽으로 진행하며 클래드를 통해 진행하는 빛은 분산을 유발하며 그림 4.39와 같다.

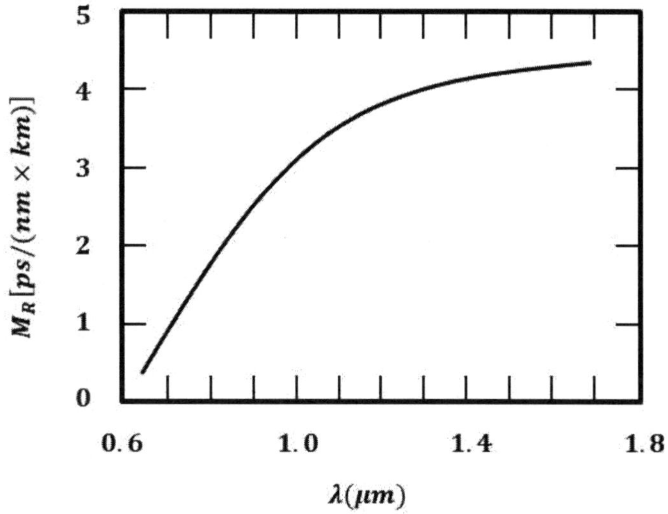

그림 4.39 SI 광섬유의 도파로 분산

제 5 장
광섬유 결합기와 커넥터

5.1 커넥터의 원리
5.2 광섬유 단면의 마무리
5.3 커넥터
5.4 광원의 결합

POINT

접속은 통산 금속 시스템에서는 극히 간단하다. 도선은 납땜 이음으로 용이하게 스플라이스 할 수 있다. 스플라이스 할 수 없는 것까지도 땜납을 녹이는 것만으로 충분하다. 납땜 이음에 의한 손실은 거의 없으므로 시스템 설계에 있어서는 통상 생각하지 않아도 좋다. 분해 가능한 커넥터는 도선에 있어서는 간단하며 용이하게 결합이 가능할 뿐만 아니라 신뢰성이 있고 경제적이며 사실상 무손실이다. 이들 도선용 커넥터로서의 바람직한 특질은 광섬유용에서는 사용할 수 없다. 광섬유를 스플라이스(splice; 영구적 광섬유 접속)한다든지 접속한다든지 할 때 무엇인가 문제가 되며 어떻게 하여 충분한 배려하에 이들 문제가 극복될 수 있는가에 대해 알아보기로 하자.

광원으로부터의 광섬유에의 결합은 상당히 효율이 나쁘다. 광원의 결합 손실을 평가하고 손실을 저감시키기 위한 방법에 대해 서술하기로 한다.

chapter 5

광섬유 결합기와 커넥터

5.1 커넥터의 원리

광섬유의 접속에 있어서의 손실은 여러 요인에 의해 발생한다. 그림 5.1에 나타낸 코어의 축 어긋남이나 불완전성이 그 주요 요인이다. 완전히 접속하는 데는 횡방향(또는 축방향)의 축 맞춤, 각도적인 축 맞춤(평행한 광섬유 축), 단면의 접촉(틈새 없음) 및 평활하고 평행한 단면 등이 필요하다. 개구수 또는 코어 직경이 다른 광섬유를 접속할 때에는 결합 효율이 저하한다. 타원의 단면을 갖는 코어의 주축이 축 어긋남을 동반하여 결합한다면 손실은 극히 크게 된다. 코어가 클래드의 중심에 없을 때나 클래드의 외측이 접속하기 위한 축 맞춤의 기준으로서 사용될 때에도 손실은 증가한다. 이들의 문제를 주의하여 최소로 억누를 수 있으면 스플라이스에서는 손실을 0.1㏈의 정도로, 착탈 할 수 있는 커넥터에서는 손실을 1㏈의 이하로 할 수 있다.

결합 효율은 광섬유의 단면에 있어서의 파워 분포에 의존하므로 여러 기구에 의해 발생하는 손실을 이론적으로 해석하는 것은 상당히 복잡하다. 이 패턴은 통상 분명히 알지 못한다. 이 분포는 여진의 방법이나 여진점으로부터 접속부까지의 광섬유 길이에 따라서도 다르다. 예를 들어 다모드 광섬유에서는 모드 결합에 의해 평형 거리에 도달할 때까지 광섬유에 연해 모드 분포가 변화한다. 그러므로 커넥터 손실은 여진점과 커넥터 사이의 거리에도 관계한다. 평형 길이보다 긴 광로에서는 손실 값은 계속 일정치로 떨어진다. 놀랍게도 결합 효율은 접속점의 후속 광섬유의 길이에도 영향을 미친다. 접합부의 불완전성에 의해 여진되는 고차 모드나 클래드 모드는 접속 부분을 지나친 후 짧은 거리를 유효하게 전달하는 것뿐이다. 접속부 가까이에서 측정하면 파워에는 그들 모드가 포함되기 때문에 그들의 손실은 접속부 근처(후방)에서는 작다는 것을 알 수 있다. 접속부로부터 떨어져 측정하면 이들 모드를 갖는 파워의 대부분은 감소하므로 접속 손실이 훨씬 크게 되는 것을 나타내고 있다.

이들 인자를 염두에 두고 가정에 의한 이상 조건 하에서 손실을 서술해 보기로 한다. 이들 조건은 정확히는 얻을 수 없지만 그 결과는 각종 손실 기구에 미치는 접속의 영향을 이해하는데 도움이 된다.

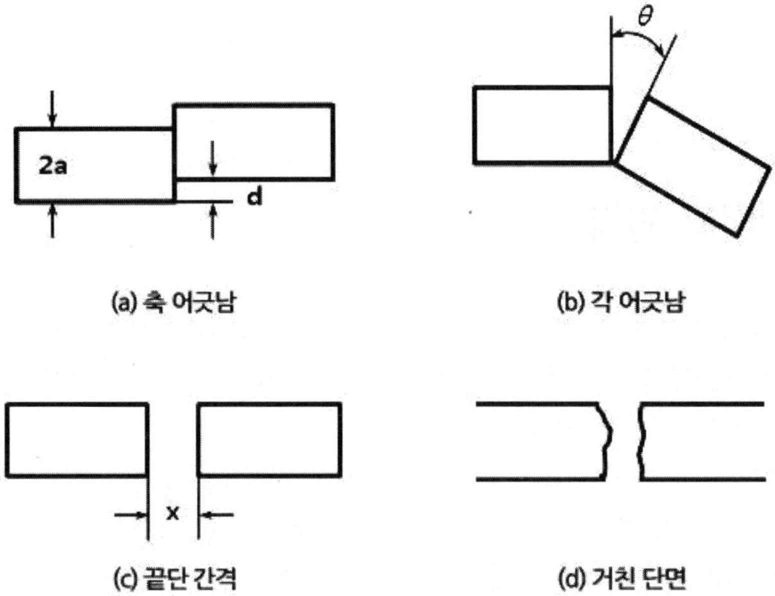

그림 5.1 광섬유간 결합 손실 원인

5.1.1 축 어긋남

단순한 모델로서 파워가 광섬유 코어 상에 일정 모양으로 분포하고 있다고 가정한다. 이 근사는 다모드의 스텝형 광섬유에 가장 적합하다. 이 근사에서는 횡방향의 축 어긋남 손실은 단순히 그림 5.2에 나타냈듯이 송수신 광섬유 코어에 있어서의 겹침 어긋남에 의한 것으로 생각할 수 있다. 결합 효율 η는 겹침 면적(사선 부분) 대 코어 면적의 비이다. 이것을 계산하면 식 (5.1)과 같다.

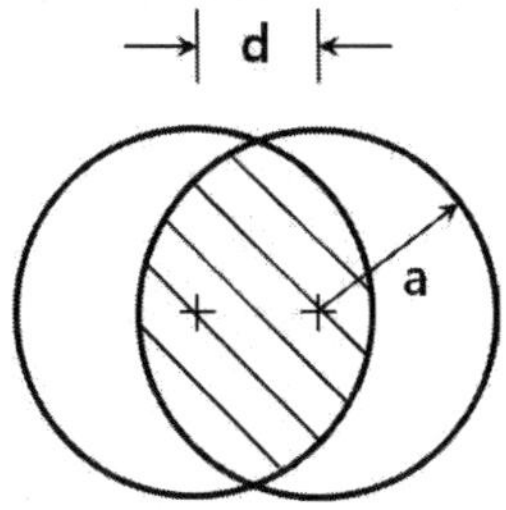

그림 5.2 전송과 수신 광섬유의 겹침(코어가 간격 d로 벌어져 있음)

$$\eta = \frac{2}{\pi}\left\{\cos^{-1}\frac{d}{2a} - \frac{d}{2a}\sqrt{\left[1-\left(\frac{d}{2a}\right)^2\right]}\right\} \tag{5.1}$$

여기서$\cos^{-1}(d/2d)$는 rad로 계산한다. 상당하는 손실(L)은 ㏈로 나타내면 다음과 같다.

$$L = -10\log\eta \tag{5.2}$$

그림 5.3에 축 어긋남 손실을 나타낸다. 미소 변위($d/2a < 0.2$)에서는 식 (5.1)은 다음과 같이 근사할 수 있다.

$$\eta = 1 - (2d/\pi a) \tag{5.3}$$

예제 5.1

결합 손실을 1㏈ 이하로 억제하도록 하면 허용할 수 있는 축 어긋남은 얼마인가? 이 때 코어직경은 50㎛이다. 0.5㏈과 0.1㏈의 손실은 어떠한가?

풀이

식 (5.1)과 식 (5.2)에 의해 아래 표와 같은 값을 얻을 수 있다.

L(㏈)	$d/2a$	d(㎛)
1.0	0.16	8
0.5	0.09	4.5
0.1	0.02	1

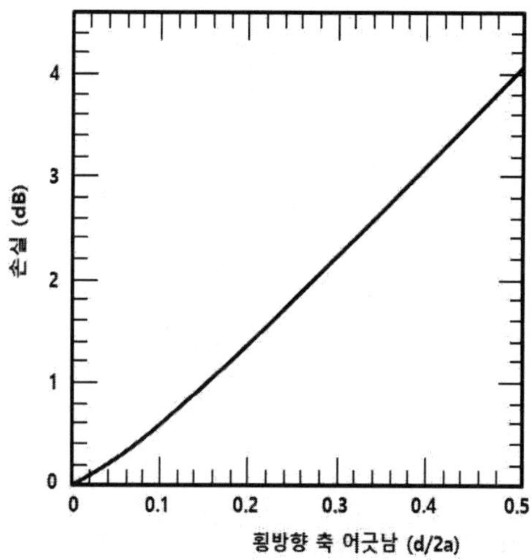

그림 5.3 다모드 SI 광섬유의 횡방향 축 어긋남 손실

감쇠는 고차모드가 저차모드에 비해 큰 감쇠를 가진다고 앞 장에서 서술하였다. 언덕형 다중모드 광섬유의 손실은 개구수가 위치에 따라 다르게 나타난다. 두개의 광섬유가 동일할 때 송신과 수신의 개구수가 코어의 모든 점에서 일치하며 동일하지 않을 때 NA의 부정합이 거의 모든 점에서 발생하며 큰 NA에서 작은 NA로의 결합이 문제가 된다.

단일 모드 광섬유 손실은 도파 모드의 형태에 따라 결정된다. SI와 포물선형 광섬유 모두 가우시안으로 근사 가능하다. 동일 광섬유 사이의 손실은 다음과 같다.

$$L = -10\log\left\{\exp\left[-\left(\frac{d}{w}\right)^2\right]\right\} \tag{5.4}$$

여기서 w는 광 초점 크기(spot_size)이다.

그림 5.4는 스폿 크기가 ω인 단일모드 광섬유에서의 축 어긋남 손실을 나타낸다. 초점 크기는 수㎛에 지나지 않기 때문에 단일 모드 광섬유를 효율 좋게 결합시키는 데는 매우 높은 기계적 정도가 요구되는 것을 알 수 있다. 1㏈ 손실에 대해서는 식 (5.4)로부터 $d/w = 0.48$이 된다. 따라서 초점 크기(w)가 4㎛일 때에는 허용할 수 있는 축 어긋남(d)이 1.9㎛가 된다.

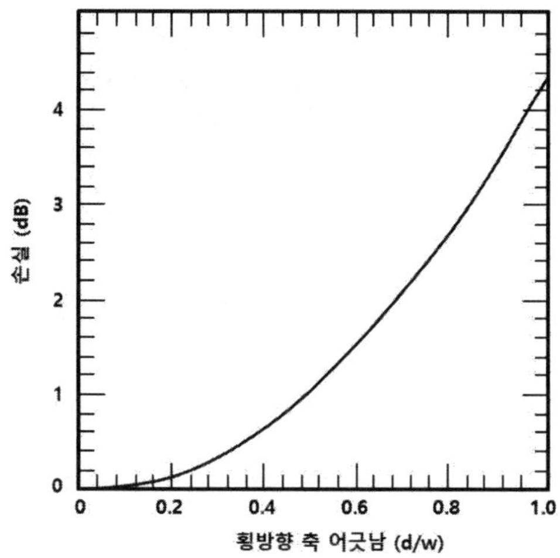

그림 5.4 단일모드 광섬유의 축 어긋남 손실

5.1.2 각 어긋남

또한 광섬유를 이용한 측정에서 SI(step index) 광섬유는 작은 각 어긋남에 대한 결합 효율과 손실을 고려하여야 한다. 결합 효율은 다음과 같다.

$$\eta = 1 - \frac{n_0 \theta}{\pi NA} \tag{5.5}$$

여기서 n_0는 두 개 광섬유의가 만드는 홈에 충진하는 재료의 굴절률이며 θ는 rad로 나타낸 다중모드의 각 어긋남이다. 이것의 손실은 다음과 같이 나타낼 수 있다.

$$L = -10\log\left(1 - \frac{n_0 \theta}{\pi NA}\right) \tag{5.6}$$

효율은 균일 강도 분포를 가정할 때 그림 5.5와 같이 전송각과 수신각의 겹친 곳을 계산하면 얻을 수 있다.

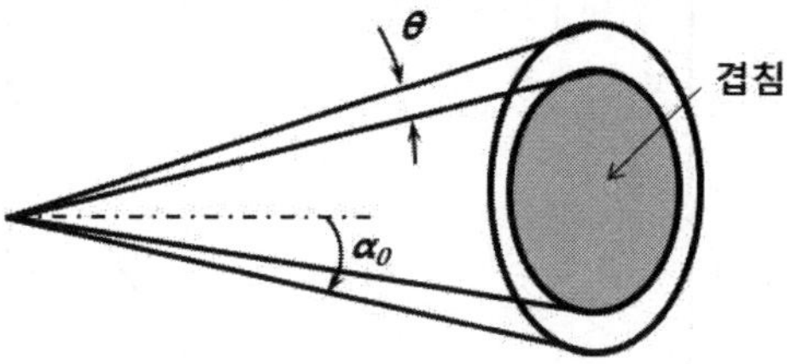

그림 5.5 각 어긋남에 의한 광 겹침

식 (5.6)을 유리(NA=0.24), PCS(NA=0.41) 및 플라스틱(NA=0.53)에 대해 나타내면 그림 5.6이 된다.

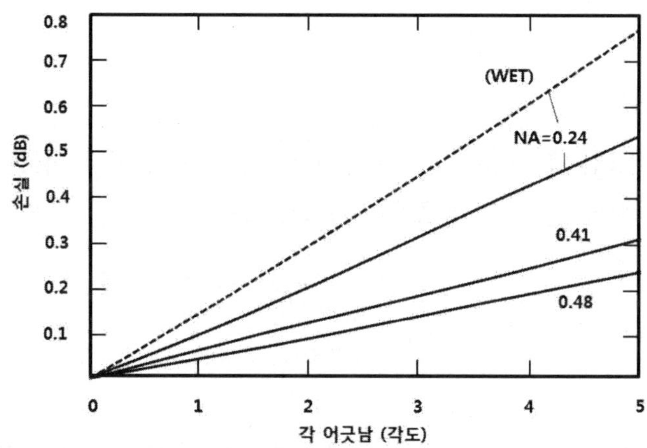

그림 5.6 다중모드 SI 광섬유의 각 어긋남 손실

그림에서 실선은 홈에 아무것도 충진되지 않은 경우($n_0 = 1$)이다. 점선은 굴절율 1.5의 액체가 있으면 각도 손실이 증대하는 것을 나타내고 있다. 개구가 커지면 각도 손실이 어떻게 감소되는가에 주의해야 한다. 이것은 큰 NA의 광섬유가 폭이 넓은 각도 범위로 송신(및 수신) 방사광을 넓게 하는 것으로 간단히 설명된다. 그러므로 미소한 각도 오차가 있어도 전체 파워의 영향은 근소한 %에 지나지 않는다.

한편 단일모드의 각 어긋남 손실은 다음과 같으며 단위는 dB이다.

$$L = -10\log\left\{\exp\left[1-\frac{\pi n_2 w\theta}{\lambda}\right]^2\right\} \tag{5.7}$$

여기서 θ; 각 어긋남, w; 가우시안 스폿 크기, n_2; 클래드의 굴절률이다.

그림 5.7에 2개의 서로 다른 SI 광섬유에 대한 각 어긋남 손실을 나타내며 어느 것도 정규화 주파수가 2.4, $\omega/a = 1.1$, 클래드의 굴절률이 1.46 및 $\lambda = 0.8\mu m$의 경우이다. 다모드의 경우도 마찬가지로 작은 개구수의 광섬유일수록 손실은 보다 급격히 증가한다.

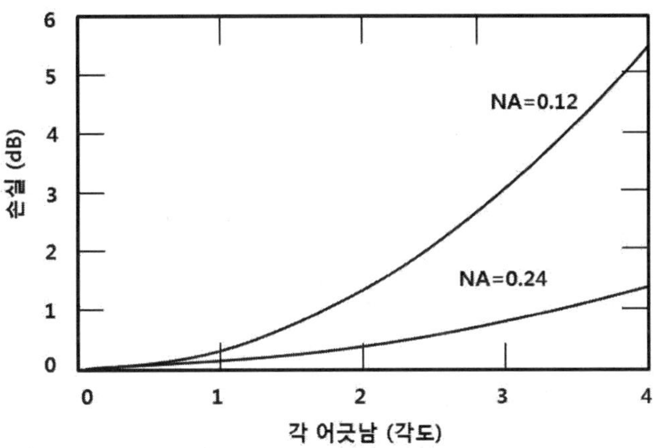

그림 5.7 단일모드 광섬유의 각 어긋남 손실

예제 5.2

$n_1 = 1.465$, $n_2 = 1.46$인 SI 광섬유이며 정규화 주파수가 2.4로 한다. 0.8㎛에서의 코어 반경, 개구수 및 스폿 크기를 구하시오.

풀이

식 (4.23)으로부터 $NA = \sqrt{n_1^2 - n_2^2} = 0.12$, $V = 2.4$를 이용하면 식 (4.32)에 의해 코어 반경 a는 다음과 같이 구할 수 있다.

$$a = \frac{\lambda V}{2\pi\sqrt{n_1^2 - n_2^2}} = 2.53\mu m$$

한편, 그림 5.7은 $V = 2.4$ 및 $\omega/a = 1.1$이므로 스폿 크기(ω)는 $\omega = a \times 1.1$이 된다. 따라서 $\omega = 2.53 \times 1.1 = 2.783$이 된다.

5.1.3 끝단 간극

연결되어 있는 광섬유 사이에 끝단 간극으로 인해 간격이 있을 때 일어나는 손실로 프레넬 반사 손실과 NA에 의한 결합 손실이 있다.

프레넬 반사 손실은 유리 섬유에서 공기로 광이 통과할 때 일어나며 입사광의 4%가 손실이 있다. 이를 감소시키기 위해서는 측면 연마된 광섬유와 굴절률 정합액 사이의 광 결합을 이용함으로써 감소시킬 수 있다.

NA에 의한 결합 손실은 그림 5.8과 같이 전송 광선의 일부가 빠져 나감으로써 생기는 손실을 말한다. 간극이 존재하면 전송 광선의 일부가 수신 광섬유에 전송되지 못하며 간극이 증가함에 따라 광속의 발산으로 인해 전송되는 광선력이 수신 광섬유 코어를 비켜간다.

큰 NA를 갖는 광섬유는 더 큰 발산을 함으로 더욱 큰 간극 손실을 가진다. 일정 모양의 균일 광분포를 한다면 작은 간극에 의한 손실은 다음과 같다.

$$L = -10\log\left(1 - \frac{x \cdot NA}{4an_0}\right) \tag{5.8}$$

여기서 n_0는 정합액의 굴절률이다.

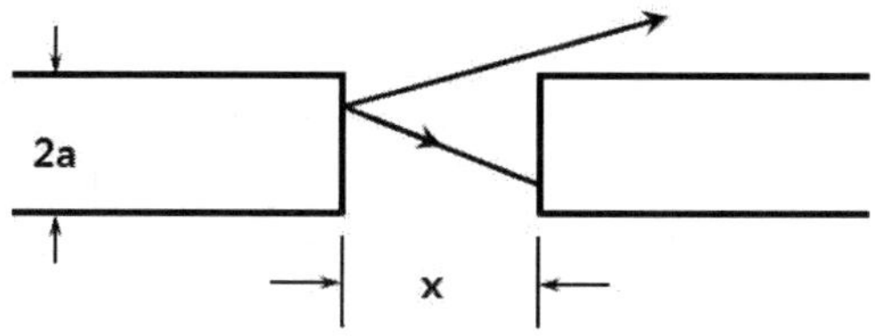

그림 5.8 NA에 의한 결합 손실

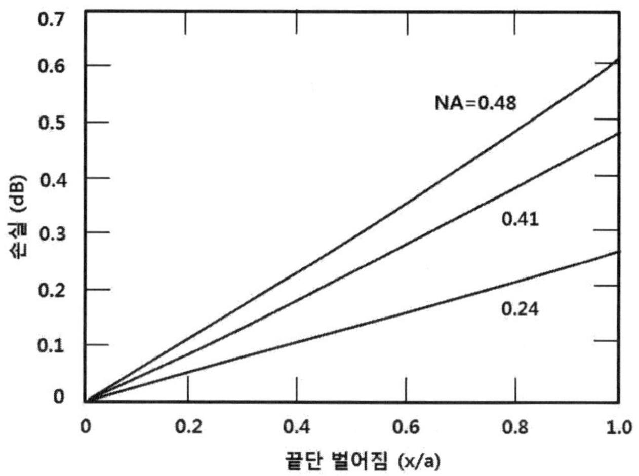

그림 5.9 유리, PCS, 플라스틱 멀티모드 광섬유의 간극 손실 결과

식 (5.8)을 유리(NA=0.24), PCS(NA=0.41) 및 플라스틱(NA=0.53)에 대해 나타내면 그림 5.9가 된다. 식 (5.8)을 보면 굴절률 정합에 의해 간극 손실은 저감될 수 있다는 것을 알 수 있다. 이것은 굴절률이 높은 매질(광섬유 코어)로부터 낮은 매질에 진행하는 광선이 광섬유 코어 경계에의 수직선으로부터 멀어지도록 굽어질 수 있다(그림 5.10과 같이)는 것을 상상하면 쉽게 이해할 수 있다. 방사 빔은 광섬유 속보다도 공기층에서 급속히 퍼진다. 액은 이런 것이 일어나지 않도록 광을 그림과 같이 가둬 둔다. 빔의 퍼짐이 작으면 보다 많은 송신 광선이 수신 광섬유에 수광 된다.

그림 5.3, 그림 5.6 및 그림 5.9를 비교하면 각종 축 어긋남에 대한 다모드 SI 광섬유의 접속에 대해 상대적 민감도를 알 수 있다. 축 어긋남은 가장 민감한 오차이다.

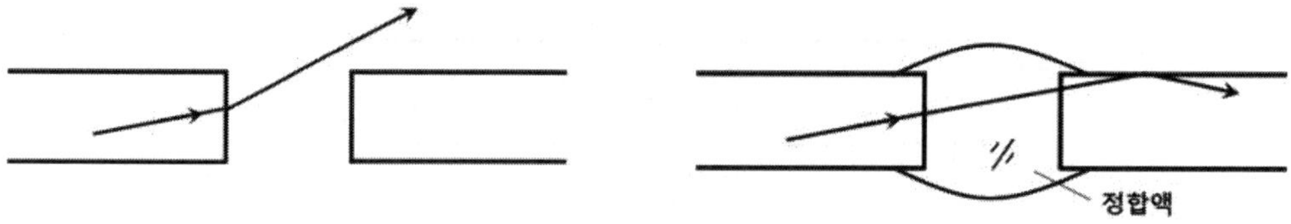

(a) 광의 굴절 발산 (b) 정합액에 의한 광속 발산 감소

그림 5.10 굴절률 정합액에 의한 끝단 벌어짐 손실 감소

예제 5.3

각각의 형의 오차가 0.25dB의 손실까지 허용될 때, 다모드 SI 광섬유의 허용 축어긋남을 구하시오. 단, 코어 반경은 50㎛이고 NA는 0.24이다.

풀이

0.25dB 손실에 대해 횡방향 축어긋남은 그림 5.3으로부터 $d/2a = 0.045$이다. 그림 5.6으로부터 각도 어긋남은 2.4°이고, 그림 5.9로부터 간극은 $x/a = 0.94$가 된다. 이들 값으로부터 허용 오차로서 횡방향 축어긋남(d)는 4.5㎛이고, 각도 어긋남(θ)는 24° 및 단면 간극(x)는 47㎛를 얻는다.

단일모드 광섬유의 간극 손실은 식 (5.9)와 같이 나타낼 수 있다.

$$L = -10\log\frac{4(4Z^2+1)}{(4Z^2+2)^2+4Z^2},\ Z = \frac{x\pi}{2\pi n_2 w^2} \tag{5.9}$$

이 결과를 $NA = 0.12$의 단일모드 광섬유의 끝단 간극 손실에 대해 그림 5.11에 나타낸다. 그림에서 알 수 있듯이 단일모드 광섬유의 끝단 간극 손실은 코어 반지름의 10배 간격일 때 0.4dB의 손실이 있음을 알 수 있다. 이것은 그림 5.9의 멀티모드 광섬유에 비해 상대적으로 크지 않은 손실임을 알 수 있다.

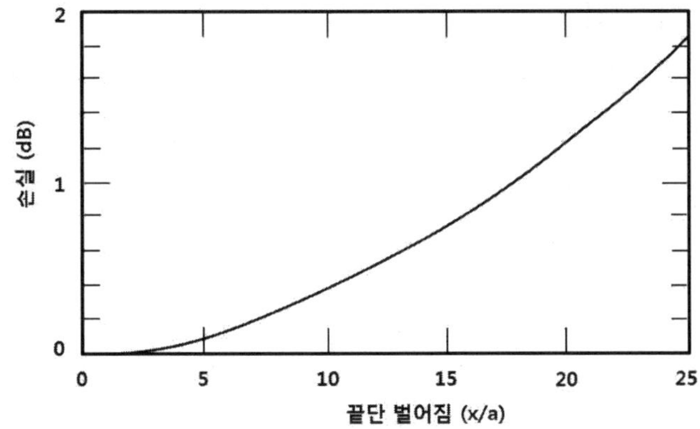

그림 5.11 단일모드 광섬유의 끝단 간극 손실

5.1.4 평활 및 평행 단면

거친 단면으로부터의 산란은 상당한 손실을 가져온다. 단면이 그림 5.12와 같이 광섬유의 축에 직각이 아닌 것에 의한 비평행 단면은 더욱 접속 손실을 증대시킨다. 정합액을 평면으로부터 벗어난 요철에 채운다든지 경사를 효과적으로 제거한다든지 함으로써 이들 문제는 해결된다. 그러나 상당히 작은 접속 손실을 얻기 위해서는 광섬유 단면은 평활하면서도 평행하지 않으면 안 된다. 이들 평활한 평행 단면을 달성하기 위한 특수 기법에 대해서는 5.2절에서 다루기로 한다.

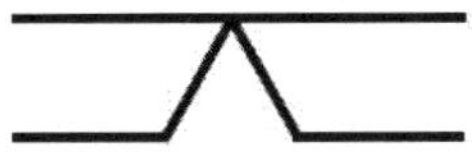

그림 5.12 단면의 경사에 의한 손실

5.1.5 규격이 다른 광섬유의 연결

다른 개구수나 코어 직경을 갖는 광섬유의 접속, 예를 들어 SI(스텝형)와 GI(그레이디드형)의 접속 또는 단일 모드(single mode)와 다 모드(multimode)의 접속은 잘 이용될 수 있다. 이런 경우의 접속에 대해 알아보기로 한다.

가. 코어 반경이 다른 경우

모든 도파 모드가 동일하게 여기 되었다고 가정하면 수신 광섬유가 차지한 전송 손실은 코어 반경의 비의 제곱에 비례한다. 그림 5.13과 같이 코어 반경 a_1의 광섬유로부터 a_2의 광섬유에 송신될 때 손실(L)은 $a_1 > a_2$라면 다음과 같이 된다.

$$L = -10\log\left(\frac{a_1}{a_2}\right)^2 \tag{5.10}$$

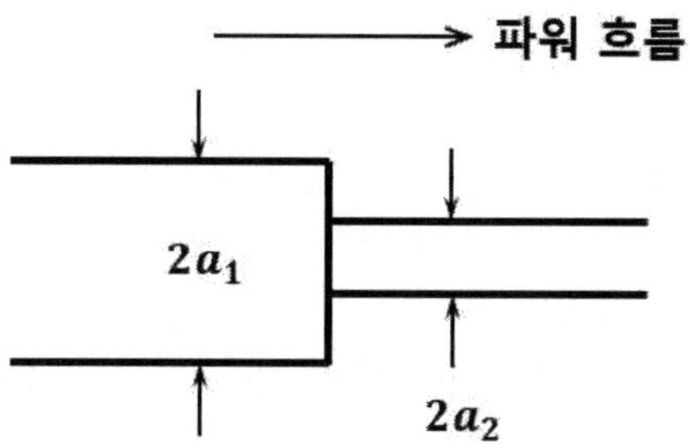

그림 5.13 코어 직경이 다른 광섬유의 접속

수신 광섬유가 송신 광섬유보다도 크면 손실은 없다. 손실은 이 경우 일방적이다. 이 결과는 그림 5.12에 나타냈듯이 수신 광섬유에 수광된 송신 코어 면적의 %를 단순히 계산하면 된다. 이 계산은 제2의 광섬유의 굴절률의 분포 형상이 제1의 광섬유의 분포와 상사형(코어 반경의 비 a_2/a_1만큼 축소 됨)인 한 SI 또는 GI 광섬유의 쌍방에 사용한다. 이 해석에서는 허용 모드는 모두 일정하게 여진하고 있다는 것으로 한다. 그림 5.14에 식 (5.10)을 도시하였다.

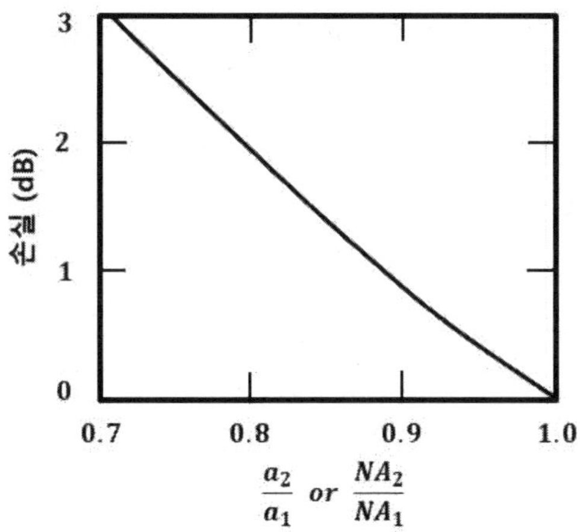

그림 5.14 코어 반경이나 개구수가 다를 때의 손실

나. 개구수가 다른 경우

큰 개구수의 광섬유로부터 작은 개구수의 광섬유로 송신될 때는 일부의 방출 광선은 수신 광섬유의 수광각의 외측으로 빠진다. 이 모양을 그림 5.15에 나타내었다. $NA_1 > NA_2$ 일 때 손실은 다음과 같이 된다.

$$L = -10\log\left(\frac{NA_2}{NA_1}\right)^2 \tag{5.11}$$

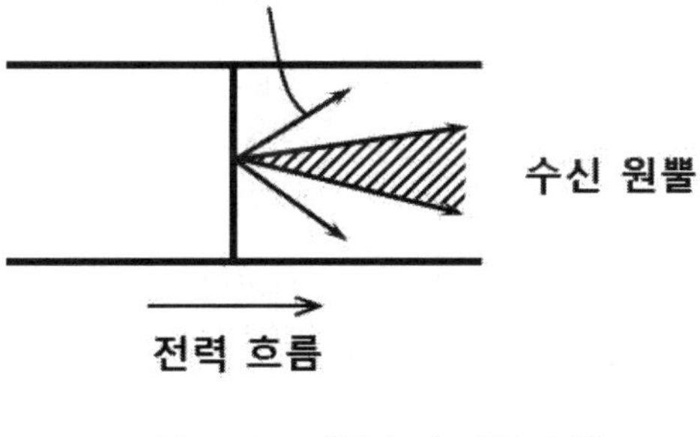

그림 5.15 개구수가 다른 경우

수신측의 NA가 송신측의 NA보다 크면 손실은 없다. 일정한 모드 분포를 가정해서 식

(5.11)을 도시하면 그림 5.14를 얻을 수 있다. 이 가정의 근본에서는 이것은 다모드 SI 및 GI 광섬유의 어느 것에도 사용할 수 있다. GI 광섬유에 대해서는 축상의 개구수를 이용하며 식 (4.3)에서 정의한 형상 파라미터 α는 양 광섬유에 대해 같게 취하면 된다. 파워가 쌍방 모두 같은 축방향 NA와 동일 코어 반경을 갖는 SI 광섬유로부터 포물선 GI 광섬유로 흐를 때 손실은 3㏈이 된다. 수신측의 GI 광섬유의 NA는 코어의 테두리에서 영으로 감소되는 반면 SI광섬유는 끝단의 모든 점에서 같은 NA로 발산하기 때문이다. GI 광섬유에서 SI광섬유로 전송할 때 파워 손실은 일어나지 않는다.

5.2 광섬유의 끝단 처리

광섬유의 여러 가지 결합에 깨끗하고 매끈한 소직 단면 처리가 필요하다. 광섬유 특성 측정[복사 패턴, 개구수 측정, 감쇠 측정 등]시에도 끝단 처리가 필요하다. 광섬유의 끝단처리 방법에는 두 가지가 있다. 즉, ① 줄그어 부러뜨리기(scribe and break), ② 연마 후 세련(lap and polish)이다.

5.2.1 줄그어 부러뜨리기

광섬유의 스프라이스시에 실용적인 방법이다. 줄긋기와 부러뜨림을 수행하는 상용화된 장비 있다. 이것은 전처리, 줄긋기, 끝 단면 현미경으로 관찰하기 등으로 진행한다.

전처리에는 ① 플라스틱 자켓물지, 케블라 섬유, 버퍼를 스트립퍼나 면도날 혹은 날카로운 공구를 사용하여 제거(버퍼 제거 시 클래딩 표면에 긁힌 상처가 없도록 주의)하고 화학물질(염화메틸렌)을 사용하여 코팅을 녹일 수도 있지만 취급하기에 위험하다. ② 이소프로필 알콜로 세척한다.

줄긋기는 다이아몬드, 사파이어, 텅스텐, 합금 카바이드 면도날로 광섬유 표면에 흠을 내고, 흠을 낸 후 광섬유를 당기면 장력이 증가하여 광섬유가 부러진다. 1.47N(0.15kg 또는 0.33lb) 이상의 힘이 필요하다.

5.2.2 연마 후 세련

광섬유를 분해가 가능한 컨넥터에 쓸 때 연마 후 세련 절차를 따라야 한다. 피복이 없는 광섬유를 그림 5.16과 같이 보통 금속이나 플라스틱 훼롤(ferrule) 속에 삽입한다.

광섬유의 정위치를 보호하고 정렬하는데 이용된다. 피복 없는 광섬유와 자켓은 훼룰에 에폭시 처리되어 영구적 결합상태가 되기도 한다.

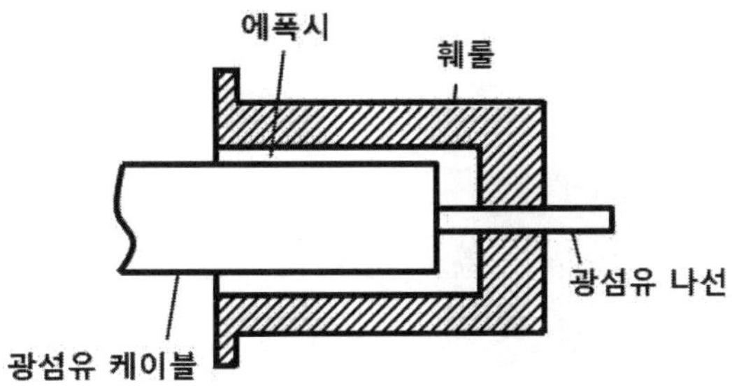

그림 5.16 광섬유의 훼롤 장착

소자와 플라스틱 광섬유 접속시 광 손실을 줄이기 위해서는 이들은 동일 축선 상에 있어야 함은 물론이며 플라스틱 광섬유 단면의 경사 혹은 단면의 불완전함은 접속 손실을 증가시킨다. 따라서 플라스틱 광섬유 단면을 가공을 위하여 레이저다이오드와 접하는 발광 광섬유 끝단을 커터로 자른 후 일반적으로 폴리싱 처리를 한다.

그림 5.17은 광섬유 끝단 폴리싱 처리 도구를 보여주고 있다. 커터로 절단한 광섬유를 폴리싱 디스크에 고정한 뒤 폴리싱 필름 위에서 ∞형태로 슬라이딩시켜 광섬유 단면을 폴리싱 처리 한다. 그림 5.18은 폴리싱 처리 도구에 의해 단계별로 광섬유 단면이 가공된 모습을 보여주고 있다. 광섬유 단면의 가공 조도의 정도에 따라 빛의 전송 손실 여부가 결정된다.

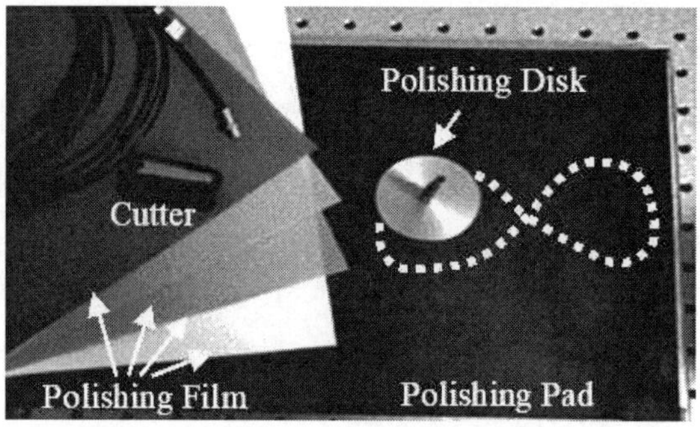

그림 5.17 광섬유 끝단 폴리싱 처리 도구

그림 5.18 폴리싱 한 광섬유 끝단의 모습

저자가 실험한 결과 즉, 5㎛, 3㎛, 1㎛, 0.3㎛ 폴리싱 한 후 광 파워 미터로 측정한 결과를 표 5.1에 나타냈으며 이것에 의하면 단면의 폴리싱 가공으로 광 손실률이 최대 3% 가량 감소한 것을 알 수 있었다.

표 5.1 광 손실률 비교

단계	광 파워(mW)	손실률 (%)
1. 절단 후	5.92	36
2. 5㎛ 폴리싱 후	5.93	36
3. 3㎛ 폴리싱 후	5.01	35
5. 1㎛ 폴리싱 후	5.97	35
5. 0.3㎛ 폴리싱 후	5 .16	33

5.3 스플라이스

스플라이스(splice; 접합 결합)는 영구적인 광섬유 접속이다. 제작 생산된 광섬유는 제한된 길이를 가지므로 수 킬로미터 이상 링크용에는 여러 개를 스플라이싱하여 확장한다. 기본적인 스플라이스 방법에는 2개의 광섬유를 융착하는 방법과 축 맞춤 구조 내에서 그것들을 접착하는 방법이 있다. 접착에는 접착제, 기계적인 압착 또는 그들의 조합이 이용될 수 있다.

5.3.1 융착 스플라이스

그림 5.19와 같이 두 개의 광섬유를 융접하여 만든다. 상용 융착 접속기는 광섬유 끝단을 녹이기 위해 전기적 방전을 사용한다. 끝단 준비는 줄그어 부러뜨리는 방법으로 준비하고 광섬유 정렬을 위해 미소 조정기로 조정한다. 축 결합의 정렬 상태는 현미경 또는 그 외의 확대경을 이용하여 육안 검사한다.

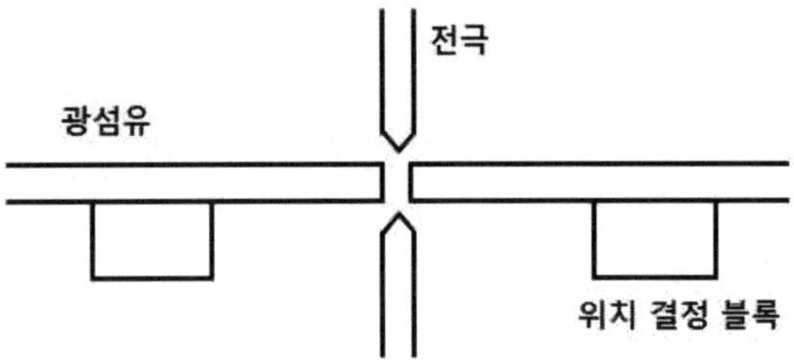

그림 5.19 전기 아크 융착

축 결합은 광섬유를 융착하기 전에 이음매부를 전달하는 파워를 모니터 함으로써 검사할 수 있다. 용해하는 사이 표면 장력이 광섬유 축을 합치시키도록 작동하므로 횡방향의 축 어긋남을 최소로 억제할 수 있다. 융착기로 행하는 스플라이스에서는 손실은 0.25dB 이하이다. 주의 깊게 하면 0.1dB 이하의 손실도 얻을 수 있다 한다.

5.3.2 접착 스플라이스

접착을 이용하는 스플라이스를 위해 여러 축 정렬 구성법이 제안되어 있다. 그의 일부를 그림 5.20에 나타낸다. 이들 구조에서는 어느 것도 기계적으로 광섬유를 융합하고 접합부에 강도를 준다. 광섬유는 에폭시 수지로 고정된다. 수지는 건조에 시간이 걸리므로 이들의 스플라이스를 바로 이용할 수 없다. 열을 가한다든지 종류에 따라서는 자외선을 조사함으로써 건조 시간을 단축시킬 수 있다.

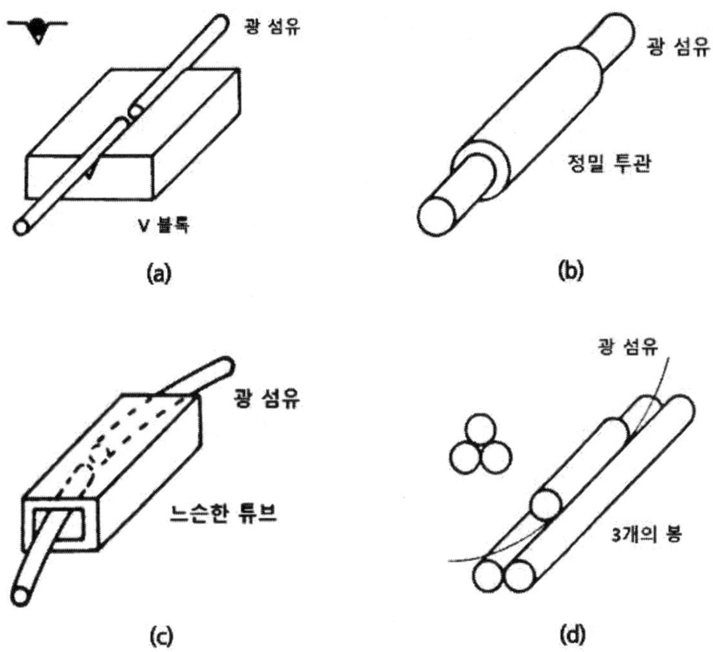

그림 5.20 기계적 스플라이스

그림 5.20 (a)의 V자형 홈은 필시 가장 간단한 기계적 스플라이스이다. 접속하고자 하는 피복 없는 광섬유를 홈에 놓으며 특히 각방향의 축 정렬을 잘 제어할 수 있다. 홈 위에서 두 개의 광섬유가 상호 접속 할 때까지 밀어 넣은 후 그 위치에 에폭시 처리를 함으로써 영구 접속이 되며 끝단 간극 오차를 최소화 할 수 있다. 에폭시의 굴절률이 광섬유의 굴절률과 정합하고 있으면 예를 들어 작은 간극이 있어도 거의 손실 없이 접합할 수 있다. 만약 양쪽 광섬유가 코어 및 클래딩의 직경이 같고 클래딩 중심에 코어가 있다면 홈에 있어서의 횡방향의 축 어긋남은 무시 할 수 있을 정도로 작다. 코어의 치우침 검사는 광섬유를 회전하면서 전송 파워를 모니터함으로써 검출할 수 있다. 동일의 양질 광섬유의 경우에는 거의 모든 방향에 대해 같은 파워 출력이 된다.

그림 5.20 (b)에 나타낸 정밀 슬리브는 중심에 클래드 붙임 광섬유를 삽입할 수 있는 큰 구멍을 갖고 있다. 슬리브의 끝은 쉽게 광섬유를 받아들일 수 있도록 안쪽으로 점점 가늘어진다. 끝단의 굴절률 정합을 위해 슬리브에 삽입하기 전에 끝단에 에폭시를 주입할 수도 있으며, 슬리브의 측면에 뚫린 구멍으로 광섬유 접촉상태를 관찰하며 에폭시나 굴절률 정합액을 투여할 수 있다. 슬리브는 금속이나 플라스틱으로 되어 있다. 부드러운 플라스틱 재료는

물질의 탄력에 의해 동일 축 상에 정렬된다. 광섬유를 그것보다 약간 작은 구멍으로 삽입하면 탄력이 있는 재료 때문에 광섬유는 공통의 중심축에 강제적으로 축 정합된다. 크기가 다른 클래딩 지름을 가진 광섬유에서도 그것들은 횡 방향으로 축 정합된다.

그림 5.20 (c)에 나타낸 루즈 튜브 스플라이스법도 흥미롭다. 두 광섬유가 자유롭게 떠 있는 튜브 속에 삽입되고 이 때 휘어진 광섬유는 회전하면서 정렬되어 에폭시는 이를 고정시킨다.

그림 5.20 (d)에 나타낸 스플라이스법은 세 개의 정밀 유리나 금속 봉(rode) 사이에 광섬유를 위치시켜 광섬유를 정렬할 수 있다. 봉이 직경 접합에 의해 만들어진 구멍이 광섬유를 받아들이기 충분해야 한다. 삽입된 광섬유에 굴절률 정합 액을 가한 후 광섬유가 접촉할 때까지 구멍 속으로 밀어 넣는다. 다음 열을 가하여 이 조립상태를 둘러싼 열 수축 튜브가 봉을 고정시켜 광섬유를 압착한다.

위에서 서술한 것과 관련한 스플라이스를 그림 5.21에 나타낸다. 4개의 유리 봉이 함께 융착 되어 있고 단면에 4개의 V홈을 형성한다. 봉 간격이 광섬유보다 크며 다발의 양끝이 굽혀져 있으므로 삽입된 광섬유는 마치 루즈 튜브 정렬과 매우 유사하게 홈의 하나에 밀어 넣을 수 있다. 유리 유도관에는 미리 굴절률 정합용의 자외선 고정 에폭시로 채워져 있는 것도 있어 준비된 광섬유가 접촉할 때까지 나팔꽃 모양으로 벌어진 입구 속으로 밀어 넣은 후 에폭시를 자외선 조사시켜 완전한 결합을 만들 수 있다.

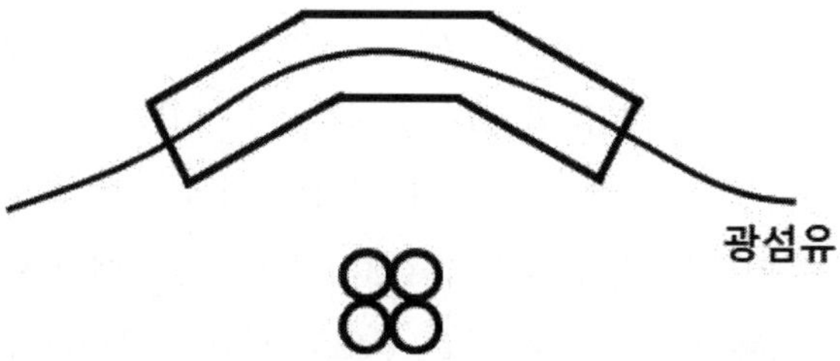

그림 5.21 휨을 갖는 융착 로드 스플라이스

광섬유의 축 정렬에 기계적인 구조를 이용하지 않는 스플라이스법을 그림 5.22에 나타낸다. 클래딩에 딱 접합한 글라스(또는 금속) 지지관에 피복 없는 광섬유를 삽입한다. 이관은 광섬유의 선단으로부터 인장할 수 있으므로 광섬유 단면은 쪼개짐(절단)에 의해 마무리할 수 있다. 그다음에 광섬유는 수㎜만큼 돌출시켜 관(튜브)에 접착된다. 3차 매니퓰레이터가 붙은 지지 관을 움직임으로써 광섬유는 축 정렬된다. 축 정렬은 현미경으로 감시된다. 축 정렬의 양부(良否)는 전송 파워를 모니터 함으로서도 최적화 할 수 있다. 안약의 끝과 같은 컵으로 그림에 나타냈듯이 스플라이스를 싼다. 수지를 컵에 충진하고 접촉부를 고정한다. 축 정렬 중에 전송 파워를 측정하면 각각의 광섬유 위치가 최적 파워 전송량으로 정해지므로 이 방법은 중심 어긋남 코어나 다른 코어의 광섬유에도 사용할 수 있다.

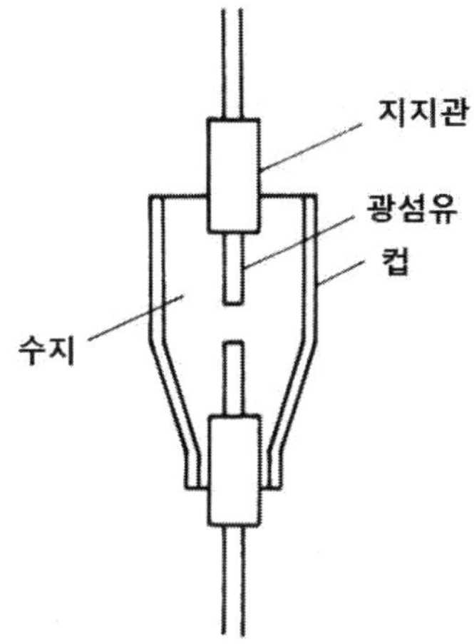

그림 5.22 컵 스플라이스

5.4 커넥터

5.4.1 커넥터의 요구 조건

광섬유간의 결합에서 재결합 부착 가능한 장치이다. 양호한 커넥터에 요구되는 사항으로서는 다음과 같은 것이 있다.

(1) 저손실

커넥터 조립 부속품은 결합시 장력의 어긋남이 최소가 되도록 보장하여야 한다.

(2) 반복 결합성

결합효율이 반복되는 연결 시에도 변하지 말아야 한다.

(3) 예측가능성

똑같은 커넥터의 조립부분과 광섬유를 사용 시 언제나 반드시 같은 결합 효율을 나타내야 한다.

(4) **긴수명**

반복되는 결합으로 인해 효율이나 결합강도가 저하되어서는 안 된다.

(5) **내구성**

커넥터에 가해진 힘이나 케이블에 가해진 장력에 의해 연결 상태가 악화 되지 말아야 한다.

(6) **안정된 환경특성**

연력은 높은 온도의 변화, 습도, 화학적 침해, 먼지, 고압, 진동 등을 견딜 수 있어야 한다.

(7) **조립의 용이성**

광섬유를 준비하고 이것을 훼룰에 붙이는데 어렵거나 시간이 소모되어서는 안 된다.

(8) **사용의 용이성**

커넥터의 연결과 분리가 손 쉬어야 한다.

(9) **경제성**

정밀 커넥터는 가격이 비싸며 보다 가격이 낮은 커넥터는 보통 플라스틱인데 성능이 좋지 않을 수 있다.

5.4.2 밀착 커넥터

이것은 각각의 광섬유용 훼룰과 훼룰이 꼭 맞게 들어가는 정밀 슬리브가 있다.

가. 직선 슬리브

그림 5.23과 같이 SMA 동축 커넥터 모양으로 설계된 것이다. 축과 각 정렬은 관으로 된 투관 속으로 훼룰의 부드러운 접촉을 통해서 이루어진다. 끝단 간격은 간극 정렬 주둥이를 지난 훼룰 길이와 투관의 길이에 의해 결정된다. 장전되는 끝머리는 유도 링에 맞춰진 다음 투관으로 돌려서 연결을 시킨다. 튜브에 에폭시 처리를 하여 꽉 끼게 하여 강도를 높인다.

다른 방법으로는 그림 5.24와 같이 강도를 주기 위해 케블라 끈에 의해 훼룰을 단단히 죄는 것도 있다.

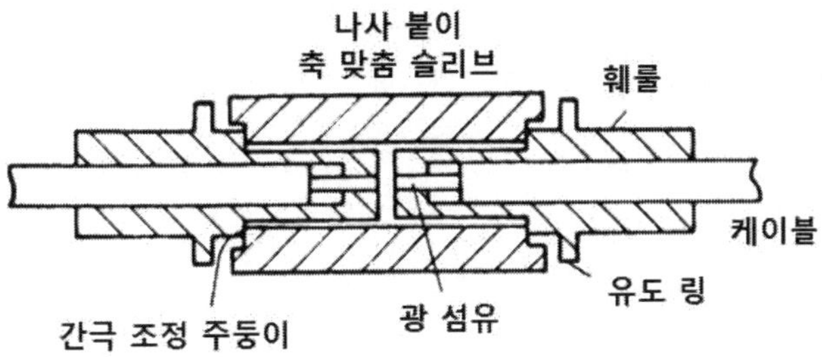

그림 5.23 직선 슬리브

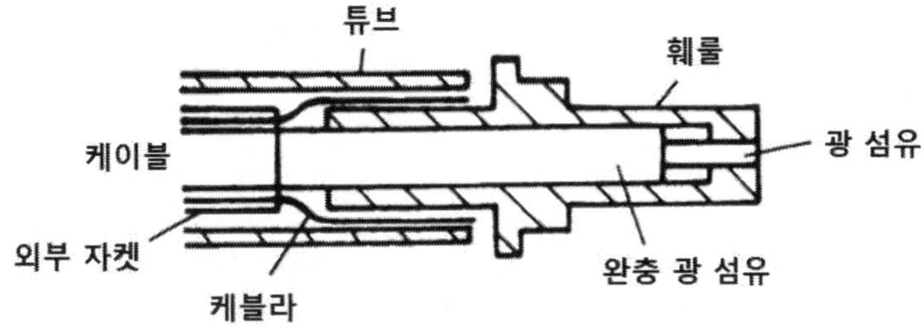

그림 5.24 훼룰 체결 강화

나. 테이퍼 슬리브

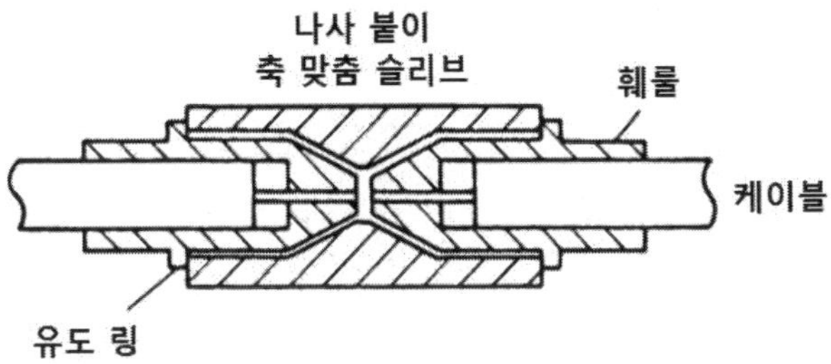

그림 5.25 테이퍼 슬리브 커넥터

그림 5.25에 나타낸 테이퍼 슬리브의 커넥터는 주조된 플라스틱 부품이다. 테이퍼 슬리브는 테이퍼 붙임의 훼룰을 받아들여 유도정렬 한다. 테이퍼 붙임 커넥터를 반복해서 착탈할 때에 상당히 조그마한 마모가 생긴다. 케이블은 직선 슬리브 커넥터의 취부와 마찬가지로 접착제나 수축에 의해 훼룰에 고정된다.

광섬유 끝단의 간극은 그림 5.25와 같이 유도 링에 의해 광섬유가 필요 이상으로 근접할 수 없도록 한 기계적 구조에 의해 결정된다. 유도 링이 슬리브에 의해 억제되지 않으면(예를 들어 조정 슬리브의 길이가 너무 짧다면) 간극은 고정용 캡의 체결 량에 의해 정해지게 된다.

다. ST 커넥터

대부분의 커넥터는 나사로 잠그는데 결합과 분리가 상당히 편하다. 그러나 비나사형 구조로 커넥터 키가 있으며 그림 5.26과 같이 스프링이 달린 구조를 하고 있다. 췌룰에 붙어있는 스프링은 거넥터 양끝의 접촉을 유지하지만, 광섬유 끝단 간격은 끈 두께나 기타 다른 잠김 구조에는 의존하지 않고 스프링에 의해서만 결정된다.

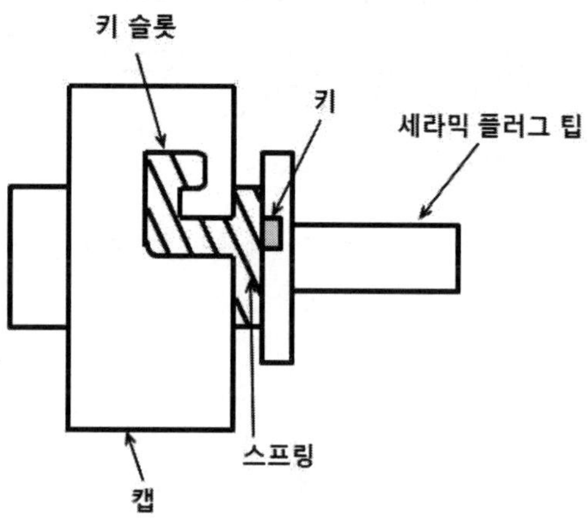

그림 5.26 ST커넥터

라. 중첩 커넥터

중첩 커넥터 구조를 그림 5.27에 나타낸다. 이 구조는 V자형 홈 스플라이스에 유사하다. 연마 된 광섬유가 경상(鏡像)부의 둥근 홈에 놓여진다. 광섬유를 마무리할 때에 보지하기 위함뿐만 아니라 광섬유 길이를 정확히 조정하기 위해 연마 공구가 필요하다. 탄력성이 있는 플라스틱으로 만들어진 홈 부분은 일제히 체결될 수 있도록 접속된다. 이 재질에 압력이 가해질 때 탄성 재질은 광섬유 형태에 맞게 되어 공통의 중심선상에 양쪽 광섬유가 나란히 정렬될 수 있다. 이 방법에서는 축방향의 정렬이 개선된다.

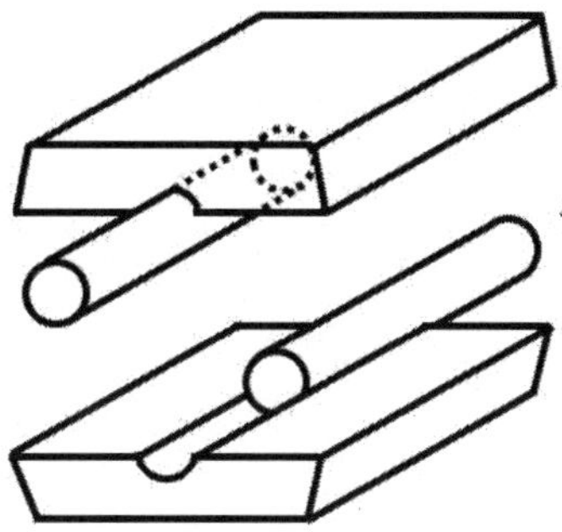

그림 5.27 중첩 커넥터

5.4.3 비밀착 커넥터

가. 렌즈 장착 커넥터

렌즈(장착) 커넥터를 그림 5.28에 나타낸다. 전송 광섬유로부터 방사되는 각도 퍼짐을 갖는 빔은 렌즈로 조준(평행 광선) 된다. 필요한 조준을 얻기 위해 광섬유와 렌즈의 거리는 초점거리와 동일하게 한다. 동일 구성을 수신측에도 만든다. 이 구성은 렌즈 간의 거리에 관계없이 배율이 1의 결상계이다. 접속 면에서 빔은 확대되므로 밀착 접속에 비하면 횡방향의 축 어긋남에 대해 둔하다. 그러므로 식 (5.1) 또는 그림 5.3의 곡선으로 표시된 횡방향 손실은 이 확대 빔 직경에도 꼭 들어맞는다.

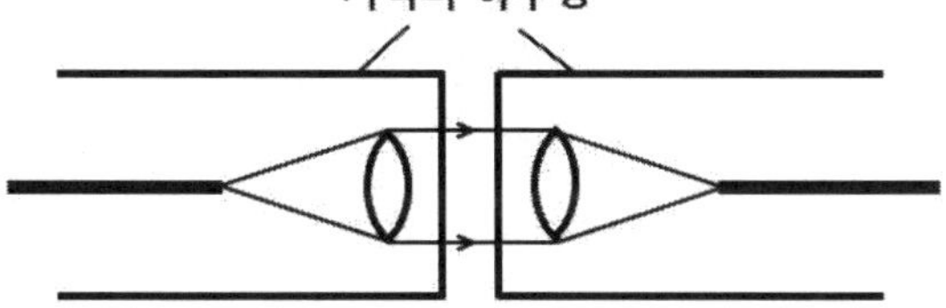

그림 5.28 렌즈 장착 커넥터

예제 5.4

어떤 광섬유의 코어 직경이 50㎛이고, NA는 0.2로 한다. 빔이 직경 0.2㎜로 확대된다. 렌즈 구성을 설계하고 0.5㏈ 손실에 대한 허용 횡방향 어긋남을 구하라.

풀이

그림 5.28에 나타냈듯이 빔은 $\sin^{-1}NA = 11.5°$의 각으로 퍼진다. 빔 반경과 광섬유로부터 렌즈까지의 거리는 $r/f = \tan 11.5°$으로 관계질 수 있다. $r = 1$㎜로 놓으면 $f = 4.9$㎜이다. 렌즈의 초점 거리를 4.9㎜로 선택하고 그의 직경 2㎜보다 약간 크게 취한다. 이것을 광섬유로부터 4.9㎜의 곳에 놓는다. 그림 5.3에 따르면 $d/2a = 0.09$일 때 0.5㏈의 손실이 생기는 것을 알 수 있다. $2a = 2$㎜이기 때문에 $d = 0.18$㎜=180㎛이다. 이 허용오차를 5.1절의 예에서 얻은 결과와 비교하면 허용할 수 있는 횡방향 어긋남은 0.5㏈ 손실에 대해 겨우 4.5㎛로 취한다.

횡방향 축 어긋남에 대해 둔감하게 되는(허용량이 크다) 것 외에 렌즈 커넥터에서는 밀착 접속에 비해 보다 큰 간극을 취할 수 있다. 빔은 평행 광선(조준되고 있는)이므로 손실이 크게 되지 않게 간극을 크게 취할 수 있다. 이 성질은 상당히 편리하다. 단지 간극의 허용오차에 될 수 있는 한 여유가 없이 평판 글라스를 각 커넥터에 커버하여 주위 환경으로부터 그것을 보호할 수 있다. 커넥터를 사용하지 않을 때 고도로 연마한 광섬유 단면을 긁힌 상처나 오염으로부터 보호하기 위해 주의 깊게 취급하지 않으면 안 되는 것이 번잡하기 때문이다. 영구적인 글라스 커버는 렌즈 커넥터의 일부가 되고 파손의 가능성을 작게 한다. 축으로부터 벗어난 광선은 렌즈 간격이 초점거리의 2배가 아니면 비축광선이 전송 광섬유를 떠나는 각도와 같게 수신 광섬유에 들어가지 못하기 때문에 렌즈 간격은 얼마든지 크게 취하게 하는 것은 할 수 없다. 그림 5.29는 간격이 $2f$보다 큰 경우에 있어서의 광선 방향의 변화 모양을 나타낸다. 간격이 크면 클수록 광의 편향도 증가한다. 물론 편향이 크게 되고 광선이 광섬유의 수광 각을 벗어나게 되면 광선은 기어코 수신 광섬유에 결합되지 않는다.

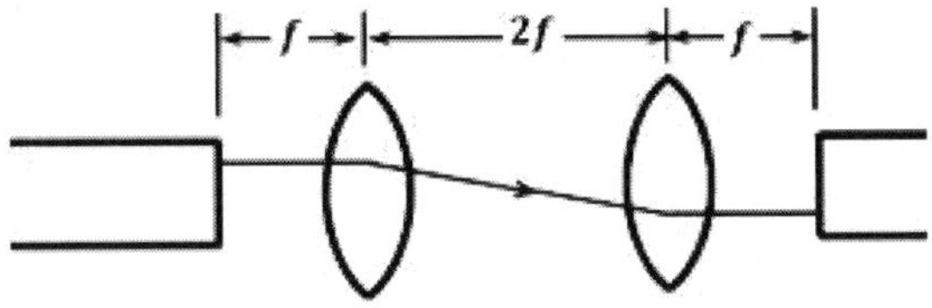

(a)

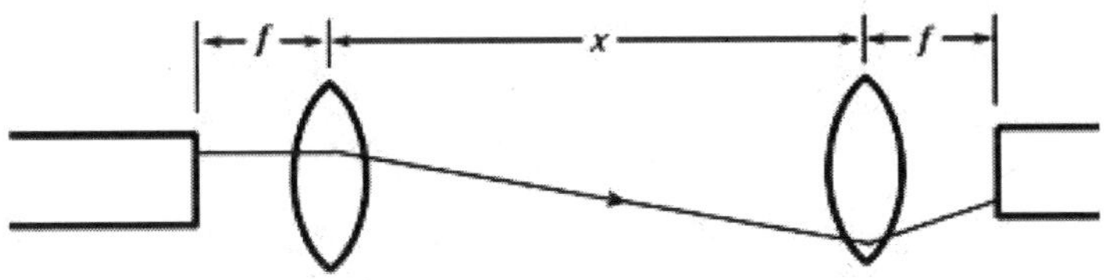

(b)

그림 5.29 렌즈 간격

렌즈 장착 커넥터의 단점은 다음과 같다.

① 각 어긋남 손실이 밀착 결합보다 민감하다. 실제 정렬은 쉽게 교정될 수 있으므로 심각한 문제는 아니다.

② 커넥터의 복잡성으로 가격이 비싸고 조립하기도 어렵다.

③ 두 렌즈와 두 유리 평판 뚜껑으로부터의 반사 때문에 렌즈 커넥터의 고정 손실은 밀착 결합기의 손실을 상회한다. 경계면에 무반사 코팅을 함으로써 반사 손실을 경감할 수 있다.

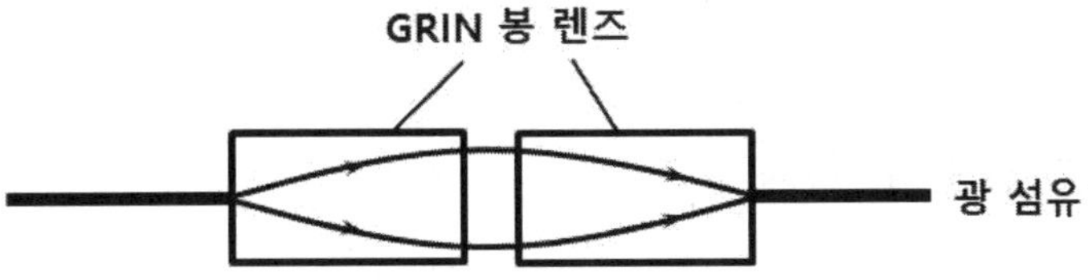

그림 5.30 GRIN 렌즈 장착 커넥터

그림 5.30과 같이 광섬유에 $\frac{1}{4}$피치를 가지는 GRIN 렌즈를 장착한 것으로 다음과 같은 특징이 있다.

① 축 어긋남과 끝단 간격 허용도를 높일 수 있다.

② 보호유리 사용가능하여 손상과 먼지에 의한 손실을 줄일 수 있다.

③ 구형 커넥터에 비해 조립과 유지가 쉽다.

5.4.4 다채널 커넥터

그림 5.31은 오버랩 커넥터와 같은 구조를 여러 개 만들어 다중 채널화 한 형태이다. 직접 혹은 가는 슬리브 방식을 쓰는데, 다채널 케이블의 한쪽에 대한 훼룰은 플러그, 다른 쪽에 대한 훼룰은 소켓이 부착되어 있다. 플러그 쪽 훼룰의 끝은 플러그 몸체에서 튀어나온 반면 소켓 훼룰은 리셉터클 안쪽으로 들어가 있다. 플러그와 소켓이 결합될 때 튀어나온 훼룰 끝단이 슬리브를 통해 유도 정렬된다. 직선 배열뿐만 아니라 원형 배열도 가능하다.

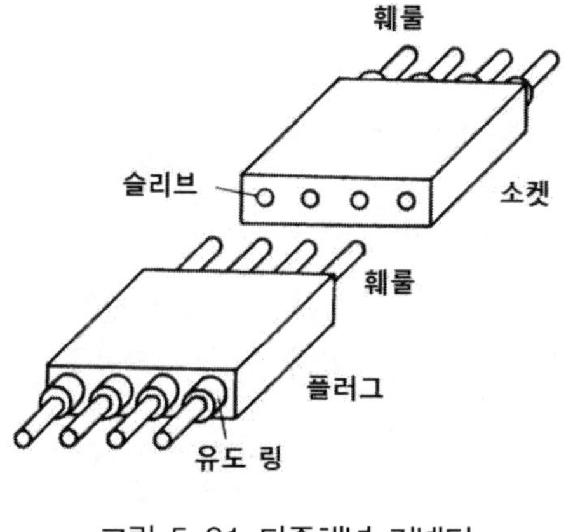

그림 5.31 다중채널 커넥터

5.4.5 커넥터의 손실과 특성

대표적인 커넥터손실은 0.5dB~3dB정도로 스플라이스보다 상대적으로 크다. 그 이유는 정합 액은 효율을 증가시킬 수는 있지만 결합부위의 증발과 누설, 시간이 지남에 따라 투명도 감소, 작은 외래 입자의 획득 등의 이유로 잘 사용하지 않는다. 플라스틱이 금속보다 가격이 싸지만 기계적 정밀도는 떨어진다.

5.5 광원의 결합

5.5.1 결합 손실

광원으로부터 광섬유의 결합은 상당히 효율이 나쁘다. 결합 효율은 다음과 같이 정의 된다.

$$\eta = \frac{P_f}{P_s} \tag{5.12}$$

여기서 P_f는 광섬유 측에서의 파워, P_s는 광원으로부터 발광되는 파워이다. dB로 나타내면 결합 손실은 $L = -10\log\eta$가 된다. 이 효율을 나쁘게 하는 원인에는 다음과 같은 인자가 관련되어 있다. 즉, 그들에는 반사 손실, 면적의 불일치에 의한 손실, 충진률 손실 및 개구수 손실이 있다. 이들의 문제를 그림 5.32에 나타낸다. 이하에 이들에 대해 다루기로 한다.

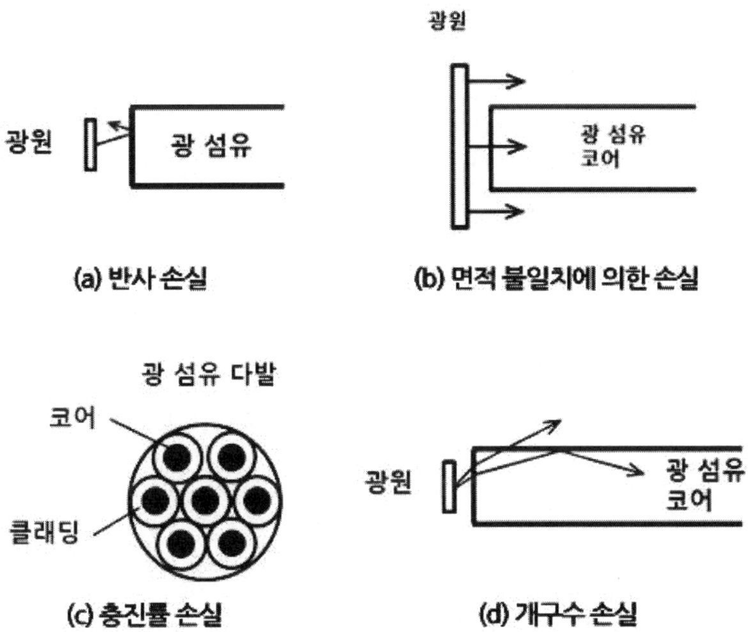

그림 5.32 광원의 결합 손실

가. 반사 손실

발광 면과 광섬유 사이에 공기의 간극이 있으면 수직 입사에서는 파워가 식 (1.48)에 따라 경계에서 반사되지만 이 식은 통상의 미소 수광 각에 대해서는 올바르다. 공기와 글라스의 경계에서의 손실(그림 5.32 (a))은 1.3.5항에서 나타냈듯이 0.2㏈ 이하가 된다. 광원을 광섬유와 접속시키든지 정압 액을 간극에 충진하면 이 손실은 없어진다. 0.2㏈의 손실은 상당히 작으므로 광섬유를 구조 상 지지하고 싶을 때를 빼면 정압 액은 필시 이용하지 않아도 될 것이다. 광섬유의 단면은 거친 표면으로부터의 산란을 배제하기 위해 스플라이스에서 행했듯이 경면으로 마무리된다.

나. 면적 불일치에 의한 손실

광원의 면적이 광섬유의 코어 면적보다 큰 경우에는 파워의 일부는 손실이 된다(그림 5.32 (b)). 효율의 저하는 코어 면적 대 광원의 면적비, A_c/A_s이다. 광원이 코어보다 작으면 그 손실은 없어진다.

다. 충진률 손실

종종 단일 발광 소자에 다발의 광섬유(그림 5.32 (c))가 이용된다. 다수의 광섬유가 그들의 클래딩에 접촉하고 모아져 싸여진다. 이 구조에는 많은 용도가 있다. 다발을 크게 함에 따라 큰 면적의 광원에 적합할 수 있으므로 면적의 불일치에 의한 손실을 배제할 수 있다. 광원이 클수록 작은 광워보다 많게 광을 방출하므로 단일 광섬유보다도 많은 파워를 광섬유 다발에 결합할 수 있다. 다발은 또한 여유도도 준다. 광섬유 가운데 한 가닥이 파손되어도 파워 레벨은 저하하지만 수신이 끊어지는 일은 없다. 광섬유 다발은 다발을 분기한다든지 다른 광로에 별도의 광섬유를 배치하여 정보를 여러 개로 분배하는데 사용할 수 있다. 광섬유 다발은 지금까지 서술하지 않았던 결합 손실을 받는다. 광원으로부터의 광 가운데 클래딩 또는 광섬유 사이의 공기의 공간에 부딪히는 광은 손실로 된다. 결합 손실은 코어 면적의 합 대 다발의 면적 비로 주어지는 충진률(packing fraction : pf) 만큼 저하한다. 충진률은 전형적으로 0.4~0.75이다. 클래딩의 두께를 최소로 억제하면 큰 충진률을 얻을 수 있다.

라. 개구수 손실

광섬유의 수광각의 외측에서 코어로 입사하는 광은 전형 전송되지 않는다. 이 현상의 효율은 면발광의 LED와 같은 램버트 광원에서 여진된 스텝형 광섬유에 대해서는 다음과 같이 된다.

$$\eta = NA^2 \qquad (5.13)$$

램버트형 파워 분포에 대해서는 2.1절에서 서술했다. 4.1절에서 구했듯이 SI 고아섬유의 개구수는 $NA = \sqrt{(n_1^2 - n_2^2)}$ 으로 주어진다. 그림 5.33에 나타낸 식 (5.13)은 공기의 간극(또는 정압 액)이 광원과 광섬유를 분리하고 있을 때 또는 양자가 직접 접촉하고 있을 때에 적합하다. 이것은 광섬유 내의 광원의 각도와 광원 내의 해당 광선의 방향의 관계가 양자 간에 있는 물질과 무관하다는 것에 근거하고 있다. 그림 5.34에 이것을 나타내었다.

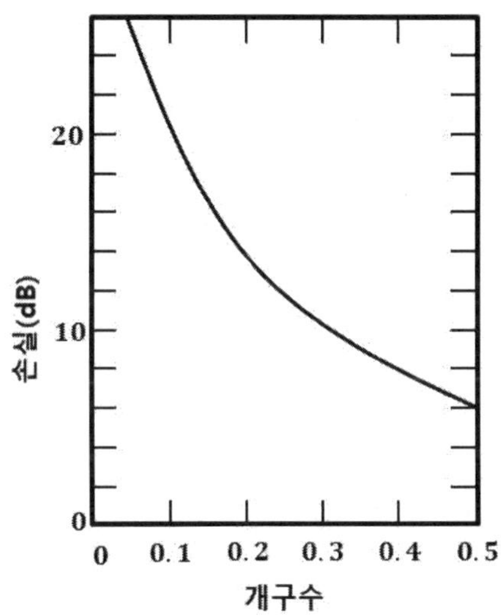

그림 5.33 래버트 광원으로부터의 스텝형 광섬유의 결합 손실

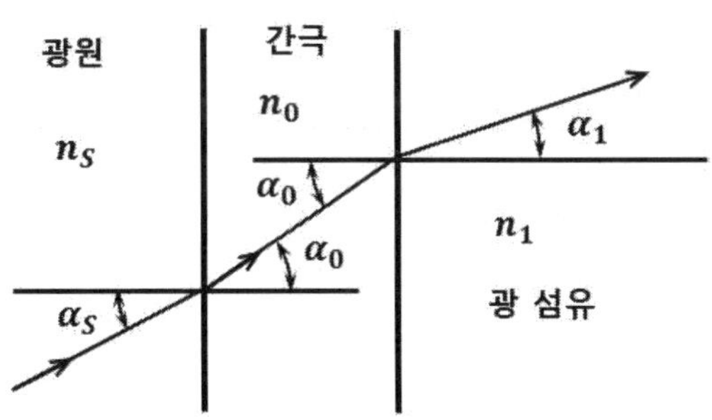

그림 5.34 광원으로부터 광섬유에의 광선 궤적

예제 5.5

면 발광 LED로 여진 될 때 표 4.1의 특성을 갖는 SI 광섬유의 결합 손실을 구하시오.

풀이

면적이 일정하다고 가정하면 NA 손실은 식 (5.13)으로부터 계산할 수 있으며 반사 손실은 식 (1.48)로부터 구할 수 있다. dB로 나타낸 결과를 표 5.3에 나타낸다. 공기의 간극이 있을 때에만 적용할 수 있는 반사 손실은 개구 손실에 비하면 무시할 수 있다.

표 5.3 전형적인 램버트형 광원과 SI 광섬유의 결합 손실

NA	NA 손실(dB)	반사 손실(dB)	전 손실(dB)
0.24	12.4	0.2	12.6
0.41	7.7	0.2	7.9
0.53	5.5	0.2	5.7

NA가 작은 광섬유에서는 결합 손실이 지배적이 된다. 광로가 짧고 고손실 광섬유의 NA가 클 때는 고손실의 광섬유에 비해 고품질, 저손실 광섬유가 갖는 이점은 소실되어 버린다. 다음 예가 이것을 지적하고 있다.

예제 5.6

램버트형 광원이 2㎽(3dBm)의 파워를 방사한다. 표 4.2에 열거한 SI 글라스 및 플라스틱 광섬유에 어느 정도의 파워가 결합될까? 10m 및 100m 전송한 후 광섬유에 어느 정도의 파워가 남아 있을까?

풀이

이 문제에 대한 결과를 표 5.4에 나타낸다. *NA* 및 감쇠 데이터는 표 4.2로부터 얻을 수 있다. 결합 손실을 표 5.3에 나타내고 있다. 3dBm의 광원 파워는 글라스-광섬유의 12.6dB 만큼 저하하여 3-12.6=-9.6dBm이 된다. 마찬가지로 플라스틱 광섬유는 3-5.7=-2.7dBm 결합 손실 된다. 플라스틱 광섬유의 파워는 글라스-광섬유보다 약 7dB만큼 크다. 10m의 글라스-광섬유는 0.05dB의 손실을 주며, 같은 길이의 플라스틱 광섬유는 4dB의 손실을 준다. 이들을 결합 파워에 더하면 각각 글라스 및 플라스틱 광섬유에 대해 −9.7dBm 및 −6.7dBm가 된다. 10m의 광로에서는 고손실의 플라스틱 광섬유가 보다 효율적인 글라스 광섬유보다 3dB만큼 파워가 크다. 100m의 광로에서는 고손실의 플라스틱 광섬유의 감쇠(이 거리에서는 40dB)에 의해 파워는 글라스 광섬유보다 30dB 이상도 저하한다. 100m의 종단에 있어서의 파워 레벨은 글라스에서는 97.7㎼(-10.1dBm에 상당한다)이며 플라스틱에서는 0.05㎼(-42.7dBm에 상당한다)가 된다.

표 5.4 2㎽의 램버트형 LED로 여진 된 글라스 및 플라스틱 광섬유의 파워 전송

광섬유	*NA*	감쇠 (dB/km)	결합 손실 (dB)	결합 파워 (dBm)	출력 파워 (10m) (dBm)	출력 파워 (100m) (dBm)
글라스	0.24	5	12.6	−9.6	−9.7	−10.1
플라스틱	0.53	400	5.7	−2.7	−6.7	−42.7

5.5.2 결합 효율의 평가

결합 효율 평가는 인자가 많으므로 복잡하다. 퍼진 광원은 통상 클래딩 모드를 여진한다. 이들 모드는 감쇠가 크고 짧은 거리 광섬유 속을 전파한다. 입력점 가까이에서 측정한 결합 파워에는 이들 모드가 포함되지만 입력점으로부터 멀리에서 측정하면 이들은 포함되지 않는다. 클래딩 모드는 식 (5.13)의 효율을 구할 때에는 포함되지 않으므로 그 식에서는 짧은 광로에서 실제로 얻을 수 있는 효율은 어느 정도 추측할 수 있게 된다. 광원의 일부가 직접 클래딩에 입사하여 클래딩 모드를 여진시키면 면적 불일치에 의한 손실은 짧은 광로에서 없어져 버린다. 장거리 광섬유의 효율에 비해 짧은 거리 광섬유의 결합 효율을 개선하는 또 하나의 인자는 **사행 광선**(skew ray)에서 특징 질 수 있는 **누설 모드**(leaky mode)의 존재이

다. 사행 광선은 광섬유 축 상을 통과하지 않고 그 주위를 나선상으로 돈다. 누설 모드는 감쇠하지만 광섬유에 따라서는 상당히 긴 거리에 걸쳐 존재한다.

4.2절에 있어서 GI 광섬유에서는 개구수가 축 상에서 최대가 되며 코어의 외측에서 0으로 저하하는 것을 배웠다. 이 때문에 여진 점이 축으로부터 떨어지면 광의 결합은 보다 작게 되며 효율도 더욱 나빠지게 된다. 그러므로 GI 광섬유에서는 파워는 SI 광섬유에 있어서보다도 낮은 효율로 결합된다. 포물선 굴절률 분포의 광섬유는 효율은 램버트형 발광 소자에 대해 다음과 같이 주어질 수 있다.

$$\eta = \frac{(NA)^2}{2} \tag{5.14}$$

여기서는 축 상의 NA를 이용했다. SI 광섬유의 결합은 동등의 포물선 굴절률의 광섬유에의 결합에 비해 3dB만큼 좋게 된다.

엣지 발광 LED나 레이저 다이오드는 램버트형 분포보다도 폭이 좁은 빔을 방사하므로 결합 효율은 개선된다. LED에서는 dB 개선되고 레이저 다이오드에서는 더욱 개선된다. 폭이 좁은 파워 분포를 $\cos^m\theta$로 모델화 할 수 있다. 여기서 m은 정수이며 θ는 발광 면에의 수선으로부터 측정한 관측 각이다. 그림 5.35는 파워 패턴이며 m값이 크게 되면 얼마나 협폭 빔이 되는지를 나타내고 있다.

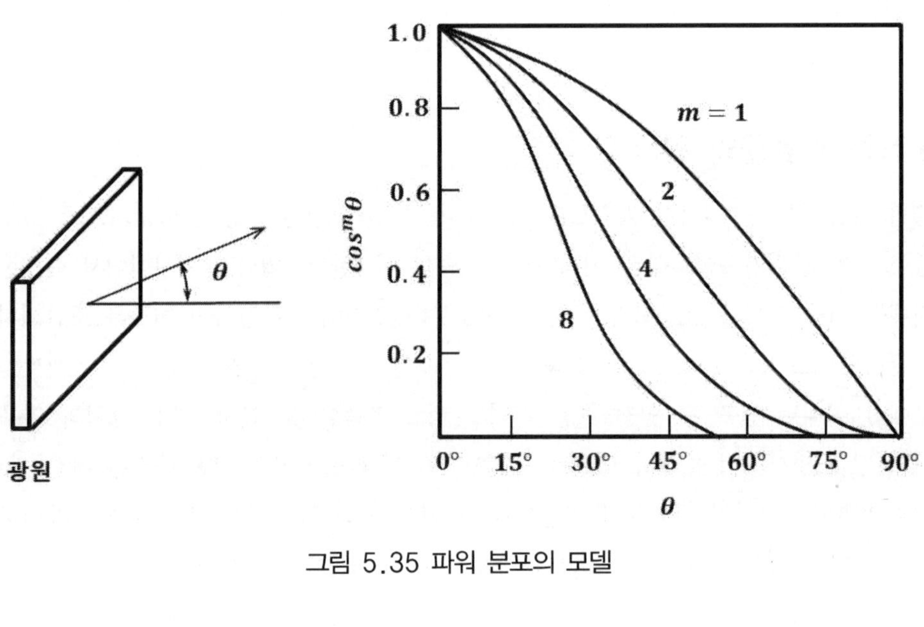

그림 5.35 파워 분포의 모델

측정된 파워 패턴을 그림의 곡선과 비교하여 특정의 광원에 대해 적절한 m값을 결정할 수 있다. SI 결합 효율은 다음과 같다.

$$\eta = 1 - (1 - NA^2)^{(m+1)/2} \tag{5.15}$$

$m = 1$(램버트형 분포)일 때 이 식은 식 (5.13) 그 자체가 된다. 작은 NA값에 대해 효율식은 다음과 같이 나타낼 수 있다.

$$\eta = \frac{(m+1)NA^2}{2} \tag{5.16}$$

이 근사적인 결과는 0.2(7dB) 이하의 효율에 대해 잘 성립한다. 이 식으로부터 협폭 빔 ($m \gg 1$)에서는 효율이 개선되는 것을 알 수 있다. 포물선 굴절률 광섬유에의 결합의 경우에는 식 (5.16)을 2로 나누면 된다.

도래파가 전파 HE_{11} 모드의 분포와 일치하는 가우스 분포를 가질 때 단일 모드 광섬유의 결합은 매우 효율적이다. 고효율을 얻기 위해서는 2개의 파의 스폿 사이즈는 같아야만 한다. 그림 1.23에 가능한 결합법을 나타내었다. 가우스형 레이저빔의 스폿 사이즈는 집속되어 광섬유의 스폿 사이즈까지 축소된다. 광섬유는 초점 면(빔 허리 위치)에 위치되어 입사빔을 수광한다. 스폿 사이즈가 일치하고 축 맞춤이 완전하면 반사 손실만 있게 된다. 광섬유가 빔 허리로부터 횡 방향에 어긋남이 있다든지(이것은 스플라이스에 있어서의 간극 손실에 해당한다) 입사 빔이나 광섬유의 축이 횡 방향 및 각도 방향에 어긋난다든지 하면 손실이 생긴다.

누차 서술했듯이 다모드 광섬유에 있어서의 결합 손실의 주요 원인은 발광 소자로부터의 퍼짐 빔 각도 분포 및 제한된 광섬유 수광 각이다. 광원의 각도 퍼짐을 저감하는 한 가지 방법으로서 그림 5.36에 나타낸 렌즈의 사용이 있다. 각도 변화는 식 (1.12)에서 주어졌으며 미소각 근사 식 (1.13)은 각도 퍼짐이 결상계의 배율만큼 작게 되는 것을 나타내고 있다. 배율을 크게 취하면 빔 퍼짐은 현저하게 저감할 수 있으므로 상응하여 결합 효율은 증대된다. 빔 퍼짐을 작게 할 수 있으므로 거의 모든 광원의 빛이 수광 가도 내에 들어온다. 물론 확대된 광원의 상은 면적의 불일치에 의한 손실을 배제하기 위해 광섬유 코어보다도 작게 해야 한다. 광원을 확대하여 빔 퍼짐을 작게 하는 것은 코어가 광원보다도 클 때에만 유효한 것을 알 수 있다. 그렇지 않은 경우는 맞대기 접속 쪽이 효율적이다.

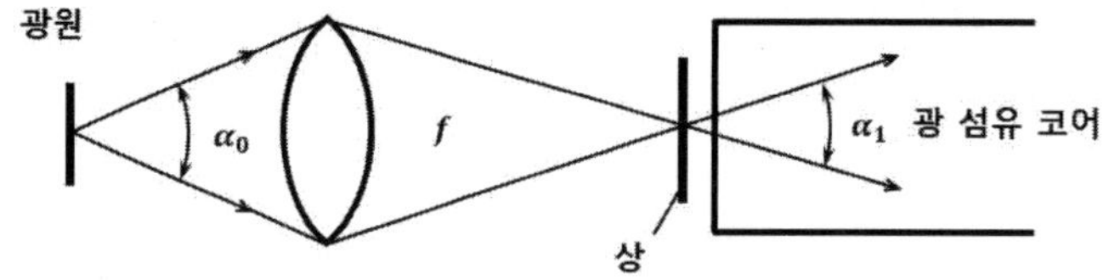

그림 5.36 광원의 각도 퍼짐의 저감

면적 불일치에 의한 손실을 갖는 큰 광원에서는 렌즈를 이용하여 빔의 단면적을 줄이고 광섬유의 코어 면적과의 일치를 꾀한다. 빔의 단면적 축소($M < 1$)에 의해 식 (1.13)에 따르면 빔의 퍼짐은 증가한다. 따라서 이 방법은 LED에 적용되지 않는다. 이것은 상당히 작은 빔 퍼짐을 갖는 레이저로부터의 결합에 편리하다.

엣지 발광 소자는 비대칭인 빔 패턴을 갖는다. 그림 5.37 (a)와 같이 원통 렌즈에 의해 가장 큰 빔 퍼짐 면에서의 광선 각을 좁게 하여 비대칭성을 작게 한다. 그림 가운데의 원으로 표현한 원통 렌즈는 단지 전송 광섬유에 대해 직각으로 놓인 짧은 광섬유가 종종 대용된다. 원통 렌즈로부터 나온 빔은 직접 광섬유를 여진 한다. 필요에 따라서 그림 5.37 (b)와 같이 구면 렌즈에 의해 더욱 빔 퍼짐을 작게 할 수 있다. 구면 렌즈는 그림 5.37 (c)와 같이 등가의 GRIN 로드(rod) 렌즈로 대체할 수도 있다.

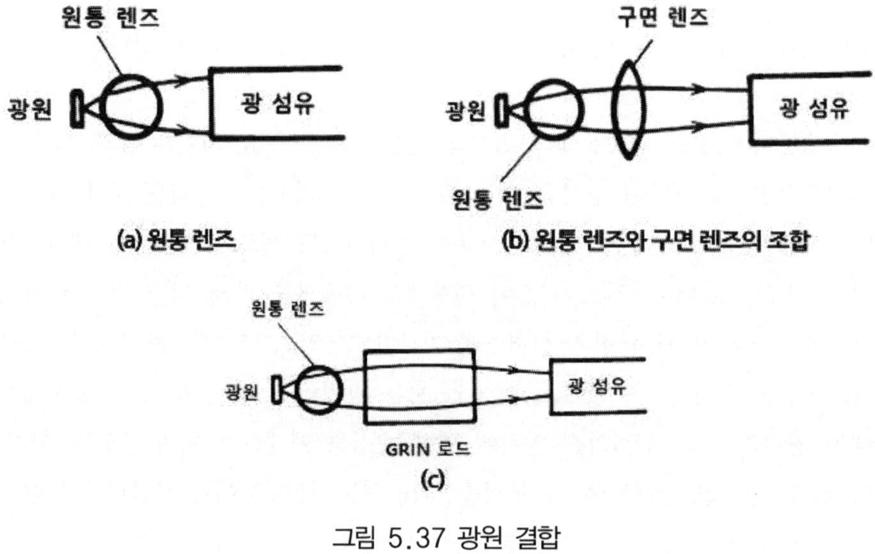

그림 5.37 광원 결합

제 6 장
광섬유 센서의 기초

POINT

광섬유 센서는 광섬유를 지나가는 빛의 세기, 광섬유의 굴절률 및 길이, 모드, 그리고 편광상태의 변화 등을 이용하여 피측정량을 추정하는 센서이다. 이용되는 효과에 따라 세기형, 위상형, 회절 격자형, 모드 변조형, 편광형, 분포 측정형 등으로 구분된다. 측정량으로는 전압, 전류, 온도, 압력, 스트레인, 회전율, 음향, 가스 농도 등 다양하다. 광섬유 센서는 초정밀 광대역 측정이 가능하고, 전자파의 영향을 받지 않으며, 원격 측정이 용이하다. 또한 센서부에서 전기를 사용하지 않으며, 실리카 재질의 뛰어난 내부식성으로 사용 환경에 대한 제약이 거의 없다.

1984년 영국의 Southampton 대학의 D. N. Payne 그룹에서 처음으로 희토류 금속을 첨가한 광섬유가 개발된 이후 특정 파장에서 자유롭게 광 증폭이 가능하게 되어 광섬유 센서에서 신호 대 잡음비가 크게 개선될 수 있었고, 여러 지점의 물리량을 동시에 측정할 수 있는 시분할, 파장분할 시스템의 연구에도 많은 진전이 이루어졌다. 특히, 1989년 G. Meltz 등에 의해 자외선 레이저를 광섬유 측면에 조사하여 광섬유의 특정 부위에 원하는 파장에 대해서 반사 특성을 보이는 브래그 격자를 새길 수 있음을 보인 이후 광섬유 센서의 연구가 비약적인 발전을 이루었다.

이러한 광섬유 센서의 기초로서 광섬유 센서의 개념과 원리, 4가지 기본 변환 및 특징, 광섬유 센서에 의한 물리량 측정에 대해 알아보기로 한다.

chapter 6

광섬유 센서의 기초

6.1 광섬유 센서의 개념과 원리

6.1.1 광섬유 센서의 개념

광섬유 센서는 종래의 전기식 센서와는 달리 단순히 센싱 소자로서의 기능만이 아니라 계측 신호 정보 신호 전송으로서의 기능과 더불어 광과 전기 신호 변환의 기능을 가지고 있어서 오히려 광섬유 응용 계측 장치라고 하는 것이 적절할 것이다.

이러한 광섬유 센서는 광 및 광섬유가 가지고 있는 무유도성, 절연성, 방폭에 대한 안전성 등의 특징을 가진 계측시스템을 구성할 수 있고 컴퓨터에 대표되는 전자 기술과의 정합에도 우수하다. 즉, 광섬유 센서는 컴퓨터와 연결함으로써 계측한 정보를 수집, 처리, 분석할 수 있으며 공장 자동화 또는 전력 계통의 계측 및 감시 보호 등의 목적으로 적용시킬 수 있다. 그림 6.1에 광섬유 센서를 이용한 이상적인 계측제어 시스템의 개념도를 나타낸다.

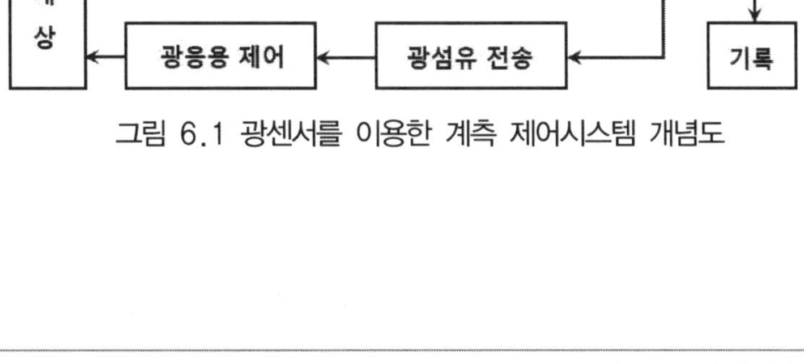

그림 6.1 광센서를 이용한 계측 제어시스템 개념도

6.1.2 광섬유 센서의 원리

광섬유 센서 기술은 외부 신호/자극으로부터 광섬유로 전파되는 광파(light-wave)의 물리적 특성의 변화에 기초한다. 이러한 변화에는 다양한 외부 신호에 민감한 광세기, 주파수 또는 파장, 위상 및 편광 등이 있다. 광섬유 센서 기술은 격자 기반(grating based) 센서인 FBG 센서, 반사계 또는 산란 기반(reflectometry or scattering based) 센서, 간섭계 기반(interferometer based) 센서 등과 같이 크게 3가지 기술로 구분된다.

가. 격자 기반 센서

격자 기반 센서는 광섬유 코어에서의 격자 영향을 감지한다. 빛이 광섬유 내부로 지나갈 때, 격자는 협대역 필터 또는 반사 거울과 같은 역할을 하게 되어 일명 브래그 파장으로 변조하게 된다. 브래그 파장은 광섬유 주위의 온도, 변형, 진동 등의 변화에 따라 변한다. 격자 기반에는 FBG 센서가 가장 많이 사용되는데. 그 내부 구조는 그림 6.2와 같다. 이 그림에서 브래그 격자 파장은 다음과 같이 된다.

$$\lambda_B = 2n\Lambda \tag{6.1}$$

여기서 브래그 격자 파장인 λ_B는 FBG 중심 파장으로부터 변형이 없는 상태에서 측정된 값이며, n은 굴절률, Λ는 격자의 주기이다. FBG 센서를 온도 측정용으로 사용한다면 온도 변화에 의한 브래그 격자 파장의 변화량은 다음과 같이 된다.

$$\frac{\Delta\lambda_B}{\lambda_B} = k_\epsilon \epsilon + k_T \Delta T \tag{6.2}$$

여기서 k_ϵ은 FBG 센서의 변위 계수, k_T는 FBG 센서의 온도 계수이다.[2]

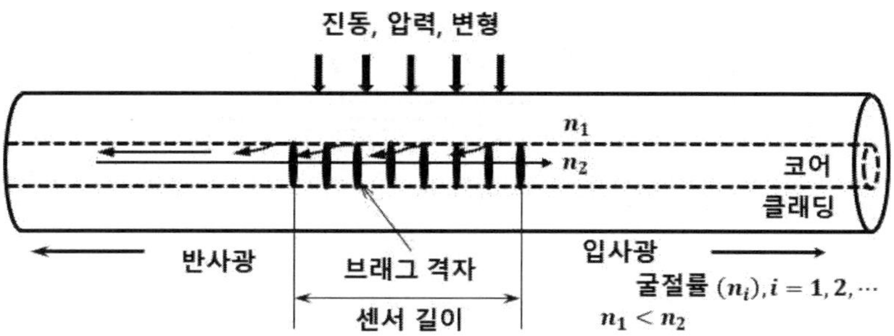

그림 6.2 FBG의 구조

나. 반사계(산란) 기반 센서

산란(scattering) 기반 분산형 센서(distributed sensor)는 매우 긴 거리를 연속적으로 측정하는 용도에 적합하다. 이 센서의 원리는 그림 6.3과 같이 광학적 시간 도메인 반사계(Optical Time-Domain Reflectometery, OTDR)의 원리에 기초를 두고 있다. 분산형 센서 기술에서 측정 원리는 광섬유 내에서 광펄스의 후방산란광(backscattering light)을 측정하는 것이며, 광섬유의 전체 길이가 센서 역할을 한다. 레이저 소스에서 광섬유 내부로 일련의 펄스 광신호를 보내게 되면 일부 광은 후방산란에 의해 되돌아온다. 이때 온도, 변형, 그리고 진동 등이 광섬유 외부에서 변화가 발생하면 산란광이 변조되어 진폭, 주기 및 위상에서 변화가 일어난다. 이러한 후방산랑광의 변화를 모니터링하게 되면 광섬유 주위의 물리적인 변화량을 모니터링 할 수 있다.

분산형 광섬유 센서에는 레일리 산란(Rayleigh), 브릴런(Brillouin), 라만(Raman)의 3가지 산란 기법이 알려져 있다. 고체 물리학에서 알려진 3가지 산란광의 차이는 그림 6.4와 같다. 레일리 산란은 탄성 산란인데, 이는 광섬유 내부로 어떠한 에너지도 전달하지 않는다는 의미이다. 레일리 산란 기술은 분산형 음향 센서(distributed acoustic sensing, DAS)로 널리 알려져 산업용의 모니터링용으로 사용되고 있다. DAS 시스템은 단일 광전자 인터로케이터(interrogator) 장치를 사용하여 서브 미터 간격으로 수십 킬로미터의 광섬유에서 데이터를 수집할 수 있다. 인터로케이터는 짧은 펄스의 레이저 광을 광섬유 케이블로 전송하여 레일리 산란광에서 변형으로 유발된 광학적 왜곡으로부터 변형률 또는 변형 신호를 추출하는 역할을 한다.

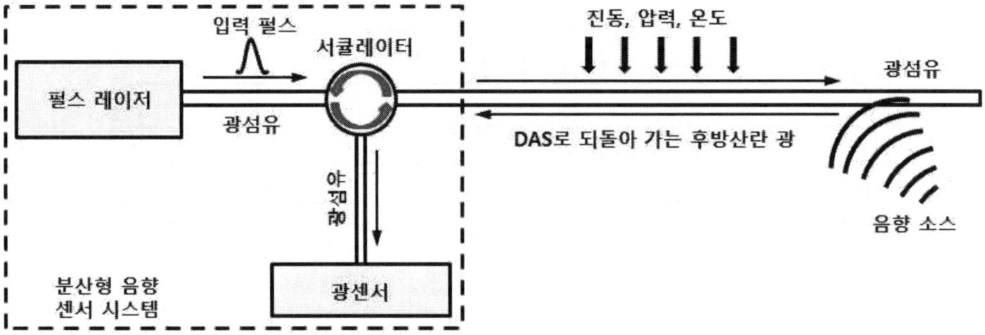

그림 6.3 OTDR 원리 및 분산형 음향센서

레일리 산란의 또 다른 응용은 광학적 주파수 도메인 반사계(Optical Frequency Domain Reflectometry, OFDR) 기법으로, 이는 밀리미터 수준의 매우 높은 공간 분해능의 획득이 가능하다. DAS에서는 진동을 감지하는 것인데 반해, OFDR에서는 연속형 레이저 소스를 사용하여 온도 및 변형에 의한 정적인 변화율을 측정한다. 브릴런 산란은 레일리 파장의 양쪽으로 생성되는데, 에너지가 높은 왼쪽을 **안티-스톡스**(anti-stokes), 에너지가 낮은 오른쪽을 **스톡스**(stokes)라고 한다. 라만 산란도 브릴런 산란과 같이 양쪽으로 생성된다. 그러므로 이 두 산란은 비탄성 산란이라 하며, 라만 산란은 오직 온도만 검출이 가능하고, 반면에 레일리와 브릴런은 온도, 변형률, 진동을 검출할 수 있다.

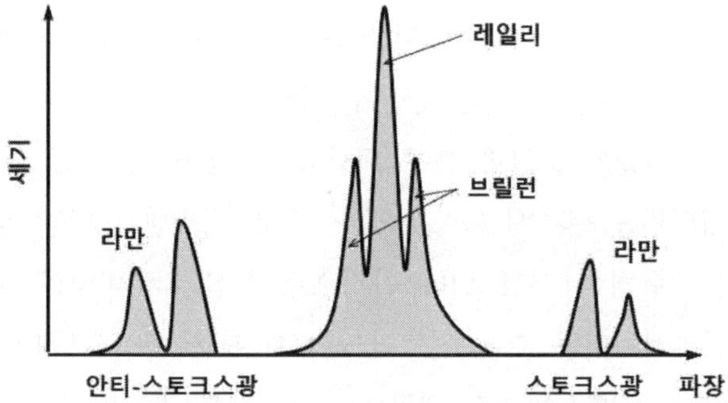

그림 6.4 파장에 따른 후방산란의 비교

다. 간섭계 기반 센서

패브리-페롯(Fabry-Perot, FP) 센서는 패브리-페롯 간섭 원리에 기반을 두고 있으며, 그 원리는 그림 6.5 (a)와 같이 두 개의 평행한 간섭계 사이에서 생성된 간섭 신호의 세기를 측정한다. 패브리-페롯 센서의 공동 길이(cavity length)와 광 경로(optical path) 변화에 따라 간섭 패턴에 변위가 생기는데, 공동 길이가 주위 환경에 의한 압력 변화 및 온도 변화에 의해 수축 및 팽창하게 되며, 공동 길이가 변하게 되면 간섭 신호의 세기가 변하게 된다. 따라서 패브리-페롯 기반 센서는 좁은 공간에서 공기압의 변화와 유량의 압력 변화, 그리고 온도 변화 등을 감지하기 위한 프로브 용도로 적합하다.

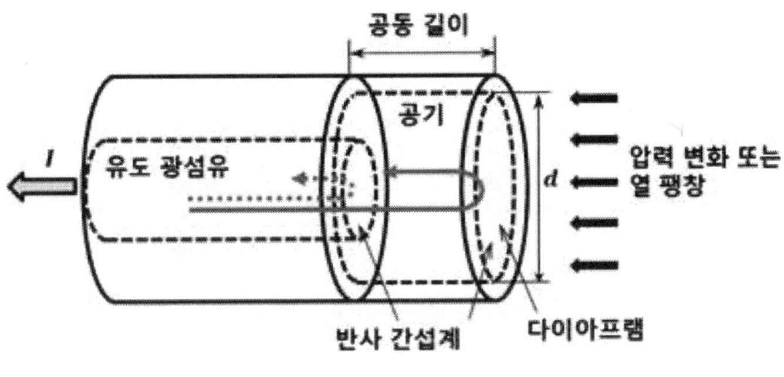

(a) 패브리-페롯 센서

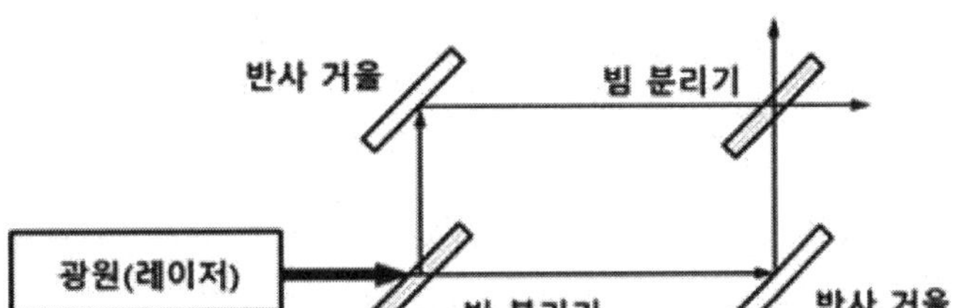

(b) 마하-젠더 센서

그림 6.5 간섭계 기반 센서의 원리

마하-젠더(Mach-Zehnder) 기반 센서는 마하-젠더 간섭 원리에 기반을 두고 있으며, 그 원리는 그림 6.5 (b)와 같다. 두 개의 반사 거울 중 하나는 고정되어 있고, 나머지 하나는 외부의 변형이나 압력에 의해 움직일 수 있다. 따라서 외부 영향에 의해 움직인 거울의 거리 차이에 의해 두 개의 빔 분리기에 의해 지나온 광 경로차로부터 간섭 패턴에 변화가 생기게 된다. 따라서 마하-젠더 센서는 패브리-페롯 센서와 마찬가지로 좁은 공간에서 공기압의 변화, 유량의 압력 변화, 온도 변화 등을 감지하기 위한 프로브 용도로 사용된다.

라. 광섬유 센서 시스템

기본적인 광섬유 센서 시스템에는 그림 6.6과 같이 광원, 광섬유, 센싱 부품, 감지기, 그리고 신호 처리 알고리즘으로 구성되어 있다. 센싱 부품들은 구조적으로 손상이 되지 않도록 테스트 기판에 내장하거나 직접 부착될 수 있다. 광섬유 센서 시스템은 사용되는 기술에 따라 변위, 스트레인, 응력, 진동, 가속도, 온도, 각속도, 전압, 전류 등과 같은 다양한 물리적 변수들을 측정할 수 있다.

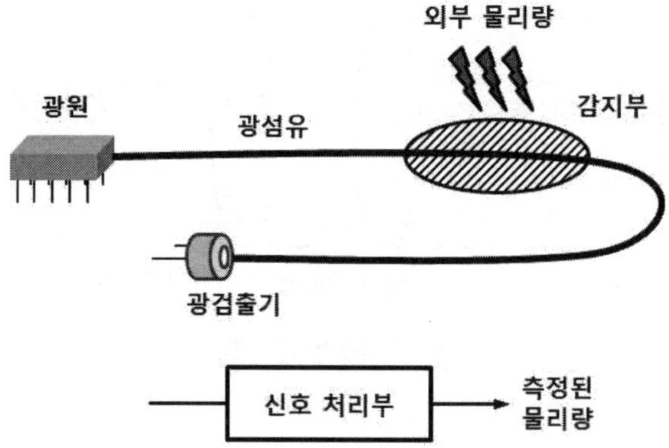

그림 6.6 광섬유 센서의 기본 시스템

광원으로는 LED나 LD(반도체 레이저)가 쓰이지만 주로 센서용으로 작고 빛의 세기가 큰 반도체 레이저가 주로 쓰이고 있으며, 파장은 가시광부터 적외선까지 용도에 따라 선택하여 쓴다.

광섬유의 경우, 광통신용과 달리 그 용도에 따라 특수한 복굴절 특성, 또는 특이한 구조 등을 갖는 광섬유 등이 요구됨에 따라 편광 유지 광섬유, 복굴절 제거된 광섬유, 타원 또는 사각형 형태의 광섬유 등 특수 광섬유들과, 이들을 사용한 여러 광섬유 소자들이 개발되어 있다.

감지부는 외부 물리량과 광섬유 또는 빛이 상호작용을 일으키는 부분으로, 물리량의 종류에 따라 그 구조도 또한 다양하며 흔히 여러 가지 형태의 광섬유 간섭계가 사용되고 있다.

광검출기는 광원과 마찬가지로 화합물 반도체가 사용되고 있으며, 신호처리는 변화되는 빛의 특성에 따라 빛의 세기 측정, 간섭계에서의 위상변화 측정, 빛의 파장변화 측정 등을 위한 광학적/전기적 신호처리기가 사용되고 있다.

이외에도 센서의 감도를 향상시키기 위해 측정하고자 하는 물리량을 빛의 특성 변화로 쉽게 유도해 낼 수 있는 트랜스듀서(Transducer)가 많이 사용되고 있다.

표 6.1에 다양한 광섬유 센서 기술에 대한 장점 및 한계점에 대해 요약했다.

표 6.1 다양한 광섬유 센서 기술에 대한 장점 및 한계점

센서 유형	사양	장점	한계점
격자 기반	· 탐지거리: 100 채널 · 공간 분해능: 2㎜ · 측정값: 온도, 스트레인, 변위	· 크기가 작으며, 시스템이 간단 · 독특한 파장 멀티플렉싱이 가능	· 연속적이지 않음 · 열에 민감함 · 가격이 고가
레일리 산란 (OTDR)	· 탐지거리: 10~50㎞ · 공간 분해능: 5~10m · 측정값: 온도, 스트레인, 진동	· 시스템 부피가 작음 · 분산형 센싱이 가능 · 연속적이며 실시간 모니터링이 가능 · 매우 긴 거리까지 모니터링이 가능	· 낮은 S/N비 · 채널별 불확실성이 있음 · 열에 민감함 · 동시에 여러 부품 측정이 어려움 · 혹독한 환경에는 부적합
레일리 산란 (OFDR)	· 탐지거리: 50~70m · 공간 분해능: 1㎜ · 측정값: 온도, 스트레인	· 높은 공간 분해능 · 높은 민감도 · 높은 S/N비 · 연속적이고 실시간 모니터링이 가능 · 정적인 측정에 적합	· 장거리용에 부적합 · 비선형 효과가 있음 · 주파수 신호의 감쇄가 있음 · 가격이 고가
브릴런 산란	· 탐지거리: 100~150㎞ · 공간 분해능: 0.5~5m · 측정값: 온도, 스트레인	· 높은 정밀도 · 동시에 여러 물리량 측정 · 분산형 사용시 전 영역이 사용 가능	· 짧은 거리 측정에 부적합 · 매우 높은 압력은 측정이 어려움 · 광섬유 손실이 생길 가능성이 있음
라만 산란	· 탐지거리: 1~37㎞ · 공간 분해능: 1㎝~17m · 측정값: 온도	· 원격으로 먼거리 온도 측정이 가능 · 높은 공간 분해능 · 위험한 환경에서 사용이 가능 · 중공업 응용에 적합	· 300℃ 이상의 온도에서 사용 불가 · 실시간 모니터링이 어려움 · 온도 측정에만 국한
간섭계 기반	· 탐지거리: 100채널 · 공간 분해능: 3~7㎛ · 측정값: 온도, 스트레인, 압력, 습도	· 매우 작으며, 높은 민감도 · 적용이 쉬움 · 매우 높은 온도 분해능 · 여러 지점을 동시에 측정이 가능 · 가격이 상대적으로 저렴	· 진동이나 충격에 약함 · 가혹한 환경에서는 사용이 어려움 · 신호 처리가 복잡함

6.2 광섬유 센서의 4가지 기본 변환

광섬유 센서의 4가지 기본 변환을 바탕으로 측정 방법을 알아보도록 하자.

빛은 전자파이므로 전계와 자계로 나타낼 수 있다. 광섬유의 코어를 통해 정현파로 전파되는 광파(light wave)의 전계 E(그림 6.7)는 다음과 같이 표시된다.

$$E = E_0 \sin(\omega t + \phi) \tag{6.3}$$

위 식에서 E_0는 진폭이고, ω는 주파수, ϕ는 위상이다.

광섬유 센서에서는 광파의 강도 $|E_0|^2$, 편광(벡터 E0의 방향 등), 주파수, 위상 등의 계측대상에 의해 변조되는 4가지 현상을 이용한다.

현재 광섬유 센서에서 이용되고 있는 광변조 현상과 이를 이용한 측정 방법을 표 6.2에 나타내고 있다.

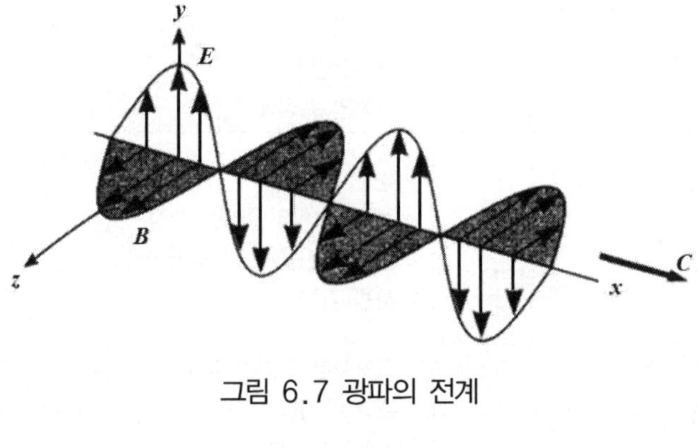

그림 6.7 광파의 전계

표 6.2 광변조와 측정방법

변조(modulation)	물리적 메커니즘
광강도 변조 (intensity)	광섬유를 전파할 때 흡수, 방출, 굴절률 등의 변화를 통해 광 세기가 변조한다.
편광 변조 (polarization)	자성체에서 자계에 의한 편파면의 회전, 압전 결정에서 전계에 의한 굴절률의 변화, 탄성체에서 변형에 의한 굴절률의 변화(복굴절성)을 이용한다.
위상 변조 (phase)	측정 광섬유와 기준 광섬유 사이의 간섭 현상을 이용하든지 또는 멀티모드 광섬유에서 여러 전파모드 사이의 간섭 형상을 이용한다.
주파수 변조 (wavelength)	흡수, 방출, 굴절률의 파장 의존성을 이용한다.

6.2.1 광강도 변조에 의한 측정 방법

식 (6.3)에서 광파의 강도 $|E_0|^2$을 변조의 신호 처리로 사용하고 이 광파의 강도 변화를 전기적 신호로 변환하여 측정 대상물로부터 물리량의 변화를 측정하는 방법이다.

물리량의 변화에 따른 광파의 강도 변화를 전기적 신호로 변환하여 이를 증폭, 필터링, 복조 등의 과정을 통해 원하는 정보를 추출하는 과정을 거치는데 이것을 **광강도 변조에 의한 측정**이라 한다. 광강도 변조의 신호처리는 광섬유 센서의 종류와 응용에 따라 다양한 방법이 있다. 예를 들어, 광섬유 온도 센서에서는 광강도 변화를 광전변환기로 전기적 신호로 바꾸고, 이를 증폭 및 필터링하여 두 개의 파장의 광의 상대강도 비를 구한다. 이 비는 온도에 비례하므로 온도를 측정할 수 있다. 광섬유 자계/전류 센서에서는 광강도 변화를 광전변환기로 전기적 신호로 바꾸고, 이를 증폭 및 필터링하여 편광면의 회전각을 구한다. 이 회전각은 자속밀도나 전류에 비례하므로 자계나 전류를 측정할 수 있다. 광섬유 전계/전압 센서에서는 광강도 변화를 광전변환기로 전기적 신호로 바꾸고, 이를 증폭 및 필터링하여 편광상태의 변화를 구한다. 이 편광상태는 인가전압에 의해 결정되므로 전계나 전압을 측정할 수 있다.

광강도 변조에 의한 광섬유 센서의 측정은 더 많은 빛을 필요로 하며 이러한 센서는 다중 모드 대형 코어 광섬유를 사용한다. 표시된 그림 6.8은 빛의 강도가 감지 매개 변수로 작동하는 방식과 이 배열이 광섬유가 어떻게 작동하는지에 대한 아이디어를 제공한다. 즉, 진동 센서의 경우 진동이 있을 때 한쪽 끝에서 다른 쪽 끝으로 삽입되는 빛의 변화가 일어나 진동 진폭을 측정할 수 있는 것이다.

이러한 광섬유 센서의 장점은 저렴한 비용, 실제 분산 형 센서로 수행 할 수 있는 능력,

구현이 매우 간단하며 다중화 가능성 등을 포함한다. 단점은 빛의 강도 및 상대적 측정 등의 변화를 포함한다.

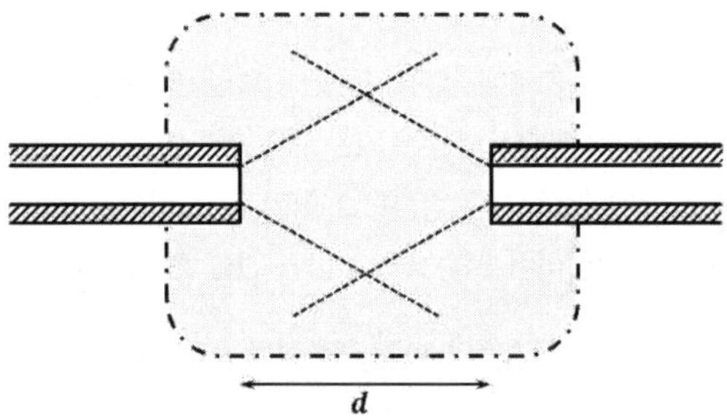

그림 6.8 광강도 변조 광섬유 센서

6.2.2 편광 변조에 의한 측정 방법

식 (6.3)에서 편광(벡터 E_0의 방향 등)을 변조의 신호 처리로 사용하고 이 편광을 전기적 신호로 변환하여 측정 대상물로부터 물리량의 변화를 측정하는 방법이다. 예를 들어, 압력이나 온도와 같은 물리량이 센서에 작용하면 센서의 굴절률이나 흡수율이 변하고, 이에 따라 편광 된 빛의 진폭이나 위상이 변한다.

편광 변조 광섬유 센서의 광학 설정은 그림 6.9와 같다. 광원에서 나오는 빛을 편광판을 통해 편광시켜 모양을 만든다. 편광은 복굴절 편광 보호 섬유의 길이의 선택된 축에 대해 45°에서 시작된다. 섬유의 이 부분은 감지 섬유로 사용된다. 그런 다음 두 편광 상태 간의 위상차는 스트레스 또는 변형과 같은 외부 장애로 인해 변경된다. 그러면 외부 외란에 따라 출력 분극이 변경되므로 광섬유의 다음 끝단의 출력 분극 상태를 고려하여 외부 외란을 감지 할 수 있다.

이러한 편광 변조를 검출하기 위해서는 편광판이나 광섬유와 같은 편광자를 사용할 수 있다. 편광자는 특정한 방향으로 진동하는 빛만 통과시키고 다른 방향으로 진동하는 빛은 차단하는 광학기구이다. 편광자를 이용하여 편광 된 빛의 진폭이나 위상의 변화를 전기적 신호로 바꾸어 센서의 출력을 얻을 수 있다.

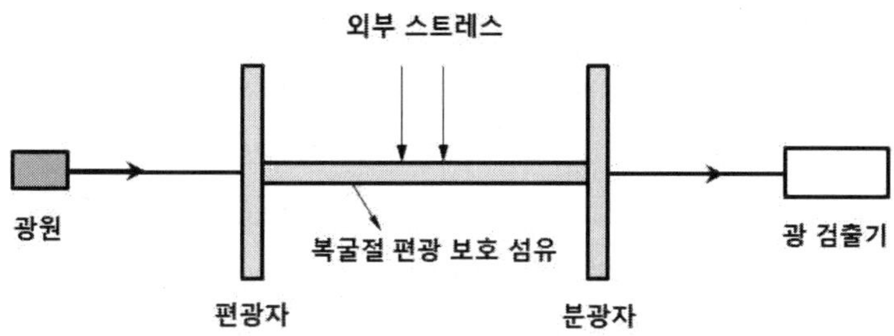

그림 6.9 편광 기반 광섬유 센서

6.2.3 위상 변조에 의한 측정 방법

식 (6.3)에서 위상을 변조의 신호 처리로 사용하고 이 위상 변조를 전기적 신호로 변환하여 측정 대상물로부터 물리량의 변화를 측정하는 방법이다.

광선이 커플러를 통과하면 빛이 두 개의 빔으로 분리되는데 한 빔은 감지 환경에 노출되고 다른 빔은 감지 환경과 격리되어 참조로 사용된다. 두 개의 분리 된 빔이 다시 결합되면 서로 방해가 된다. 간섭계는 Mach-Zehnder, Michelson, Sagnac, 격자 및 편광 간섭계가 가장 일반적으로 사용되고 있다.

가. Mach-Zehnder 간섭계

그림 6.10은 Mach-Zehnder 간섭계의 개략도를 나타내고 있다.

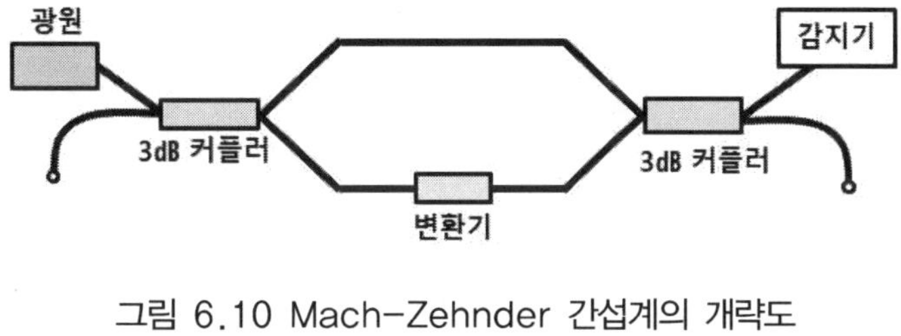

그림 6.10 Mach-Zehnder 간섭계의 개략도

그리고 그림 6.11은 Mach-Zehnder 간섭계의 구성도를 나타내고 있다.

그림 6.11에서 광검출기 PD_1, PD_2에서 측정되는 빛의 전계 성분은 각각 다음과 같이 된다.

$$E_1 = k_{2c}\exp(i\phi_r)k_{1c}E_0(\tau_r) + k_{2t}\exp(i\phi_s)k_{1t}E_0(\tau_s)$$
$$E_2 = k_{2t}\exp(i\phi_r)k_{1c}E_0(\tau_r) + k_{2c}\exp(i\phi_s)k_{1t}E_0(\tau_s) \quad (6.4)$$

여기서 s, r은 각각 신호 암(signal arm)과 기준 암(reference arm)을 나타내며 k_{1t}, k_{1c}는 방향성 결합기(DC_1, DC_2)의 결합 계수이며 첨자 t는 광원으로부터 다른 쪽 암을 거치지 않고 광검출기까지 직접 통과하는 빔을 의미하며 c는 결합기를 경유하여 통과하는 빔을 의미한다. 그리고 ϕ_r, ϕ_s는 각 암의 위상 지연을 의미하며 전계, 자계 등 외부 물리량에 의해서 변화한다. 마지막으로 τ_r, τ_s는 빛이 광원으로부터 간섭계에 입사되는 빔의 전계의 크기이다.

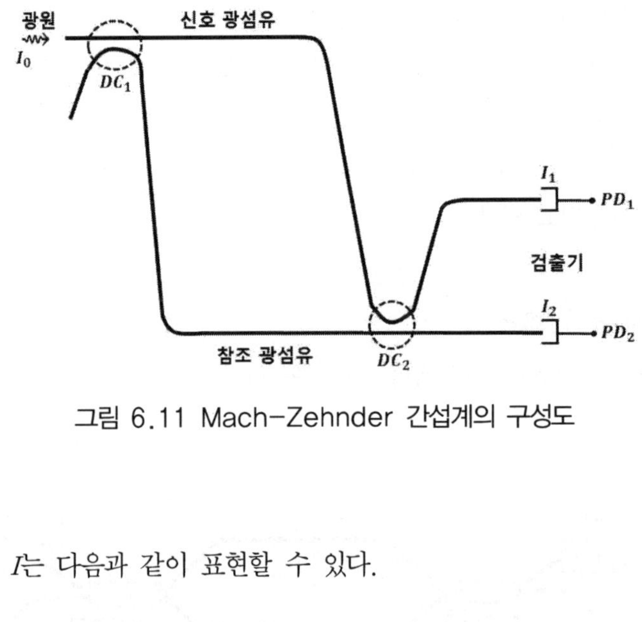

그림 6.11 Mach-Zehnder 간섭계의 구성도

한편 빛의 세기 I는 다음과 같이 표현할 수 있다.

$$I = \langle E \cdot E^* \rangle \quad (6.5)$$

따라서 광검출기 1, 2에서 검출되는 빛의 세기는 다음 식 (6.6)과 같다.

$$I_1 = I_0[k_{1c}^2 k_{2c}^2 + k_{1t}^2 k_{2t}^2 - 2k_{1c}k_{2c}k_{1t}k_{2t}\gamma\cos(\phi_r - \phi_s)]$$
$$I_2 = I_0[k_{1c}^2 k_{2c}^2 + k_{1t}^2 k_{2t}^2 + 2k_{1c}k_{2c}k_{1t}k_{2t}\gamma\cos(\phi_r - \phi_s)] \quad (6.6)$$

여기서 k는 이상적인 3dB 2×2 광섬유 커플러에서 빛이 커플러를 경유하여 통과할 때 $\pi/2$ 만큼의 위상 지연이 발생하는 것을 의미한다. 식 (6.6)은 식 (6.7)과 같은 간섭무늬의 선명도(visibility) V를 이용하여 간단히 표현할 수 있다.

$$V = \frac{I_{\max} - I_{\min}}{I_{\max} + I_{\min}} = \frac{2k_{1c}k_{2c}k_{1t}k_{2t}}{k_{1c}^2 k_{2c}^2 + k_{1t}^2 k_{2t}^2}\gamma \tag{6.7}$$

$$I_1 = I_0[1 - V\cos(\phi_r - \phi_s)]$$

$$I_2 = I_0[1 + V\cos(\phi_r - \phi_s)] \tag{6.8}$$

여기서 γ는 광원의 코히런스 정도를 나타내는 파라미터로써 간섭계에서 사용하는 광원의 경우 충분히 코히런트 하므로 1로 가정할 수 있다. 식 (6.7)에서 알 수 있듯이 광검출기 1, 2에서의 빛의 세기는 서로 π의 위상 변화를 가지며 각 암에서의 위상차에 의해 변하게 된다. 또한 간섭계의 출력은 간섭무늬의 선명도가 클수록 증가함을 볼 수 있는데 선명도는 간섭 정도를 결정짓는 중요한 요인이 된다. 식 (6.6)에서 알 수 있듯이 가장 큰 선명도를 얻기 위해서는 각 암을 진행하는 빛의 크기가 동일한 비율이 되도록 조절해야 한다.

이러한 간섭계를 구성하여 온도, 압력(음압), 전계, 자계, 진동, 가속도 등의 물리량을 감지할 수 있다.

나. Michelson 간섭계

그림 6.12은 Michelson 간섭계의 개략도를 나타내고 있으며 그림 6.13은 Michelson 간섭계의 구성도를 나타내고 있다.

이 간섭계는 접힌 Mach-Zehnder 간섭계로 간주되는 경우가 많다. Michelson 간섭계의 구성에는 광섬유 커플러가 하나만 필요하다. 빛이 감지 및 기준 광섬유를 두 번 통과하기 때문에 광섬유의 단위 길이 당 광학 위상 편이가 두 배가 된다. 따라서 Michelson은 본질적으로 더 나은 감도를 가지고 있다. Michelson의 또 다른 분명한 장점은 센서가 소스와 소스 감지기 모듈 사이에 단일 광섬유로만 조사 될 수 있다는 것이다. 그러나 Michelson 간섭계에는 양질의 반사 거울이 필요하다.

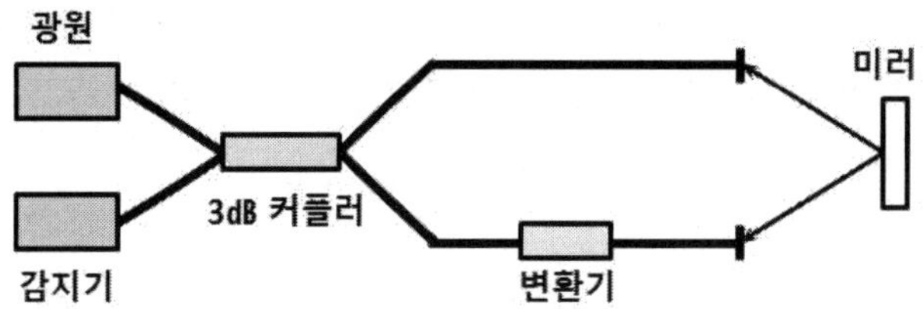

그림 6.12 Michelson 간섭계의 개략도

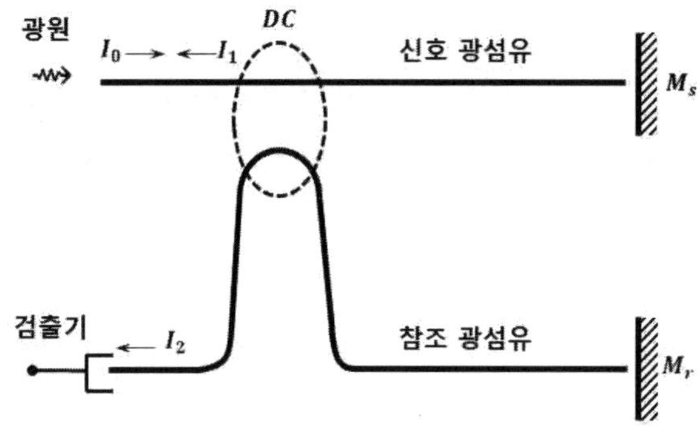

그림 6.13 Michelson 간섭계의 구성도

광섬유의 끝이 반사될 수 있도록 만들었기 때문에 방향성 커플러(DC)가 한 개면 충분하고 경로차 $\Delta L = 2(L_1 - L_2)$가 된다. 여기서 L_1은 신호 광섬유, L_2는 기준 광섬유의 길이이다. 앞의 Mach-Zehnder 간섭계 경우와 비슷한 분석에 의해 다음과 같이 나타낼 수 있다.

$$
\begin{aligned}
E_1 &= k_c m_s \exp(i\phi_s) k_t E_0(\tau_s) + k_t m_r \exp(i\phi_r) k_c E_0(\tau_r) \\
E_2 &= k_t m_s \exp(i\phi_s) k_t E_0(\tau_s) + k_c m_r \exp(i\phi_r) k_c E_0(\tau_r)
\end{aligned} \tag{6.9}
$$

따라서

$$
\begin{aligned}
I_1 &= I_0[1 + V\cos(\phi_s - \phi_r)] \\
I_2 &= I_0[1 - V\cos(\phi_s - \phi_r)]
\end{aligned} \tag{6.10}
$$

$$
V = 2m_s m_r \gamma / (m_s + m_r) \tag{6.11}
$$

으로 표시할 수 있다.

여기서 m_s와 m_r은 신호 광섬유 및 기준 광섬유 끝단에서 각각 반사되는 반사계수를 뜻한다. 즉, 선명도(V)는 방향성 결합기의 광 결합 정도와는 무관하고 광섬유 끝단의 반사율과 광원의 코히런스에 의해 결정된다. 따라서 Michelson 간섭계를 구성할 때 주의해야 할 점을 광원으로 돌아가 입력되는 빛에 대한 영향을 고려해 줘야 하므로 광아이솔레이트를 사용하여 극복할 수 있다.

한편 광섬유의 양끝을 거울 M으로 코팅시켜 무한정 반사가 일어나면서 간섭 현상에 의해 외부 물리량을 감지하는 것을 **Fabry-Perot 간섭계**라 한다(그림 6.14).

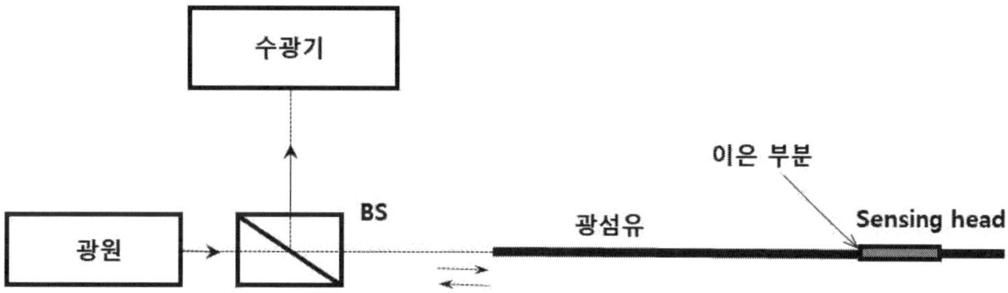

그림 6.13 Michelson 간섭계의 구성도

다. Sagnac 간섭계

각 회전이나 각속도의 정확한 측정이 항공기, 군사 장비, 산업계, 로보틱스 등에서 많이 요구되고 있다. 최초의 구성은 1963년 Davis 등에 의해 고안된 He-Ne 레이저 자이로스코프이다.

(1) Sagnac 효과

폐회로로 구성된 간섭계에서 빛이 서로 역방향으로 진행할 때 이 시스템을 회전시키면 서로 역방향으로 진행하는 두 빛 사이에 간섭무늬가 검출된다. 이러한 효과를 **Sagnac 효과**라 하고 1913년 G.Sagnac이 발표한 간섭계를 **Sagnac 간섭계**라 한다.

이 효과를 설명하기 위해 그림 6.15에서와 같이 레이저 광원은 BS(Beam Splitter)에 의해 CW 방향으로 진행하는 광(P_1)과 CCW 방향으로 진행하는 광(P_2)로 분리되고 360° 회전한 P_1, P_2는 BS에 의해 다시 결합되어 PD(Photo Detector)로 입사된다. 이 때 광학계 전체가 광로의 중심축 주위를 CW 방향으로 각속도 Ω로 회전하면 회전 방향과 같은 방향인 P_1은 정지하고 있을 때보다도 긴 거리를 진행하며 역으로 반대 방향인 P_2는 짧은 거리를 진행한다. 두 광파간의 경로차 ΔL은 광선으로 둘러싸인 면적을 A, 광속을 C라 하면 다음과 같다.

$$\Delta L = \frac{4A}{C}\Omega \tag{6.12}$$

이것에 대한 위상 이동은 다음과 같이 나타난다.

$$\Delta\phi_s = \frac{8\pi A}{\lambda_0}\Omega \tag{6.13}$$

이 효과를 **Sagnac 효과**라 한다. 여기서 λ_0는 레이저 빔의 공기 중에서의 파장이며 A는 광선으로 둘러싸인 면적이다. 이 위상차를 검출하면 회전 각속도 Ω를 측정할 수 있을 뿐만 아니라 그 데이터를 적분 등의 처리를 하면 회전각이나 방위의 측정도 가능하다.

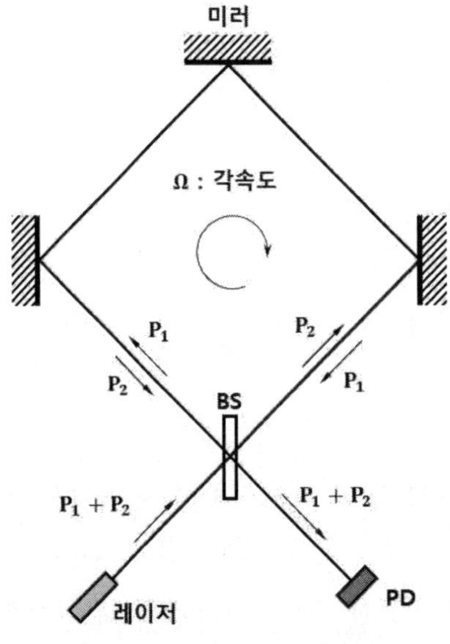

그림 6.15 Sagnac 효과

(2) 광섬유 자이로스코프

항공기나 인공위성 등의 이동체를 안전하고 정확하게 목적지로 유도하기 위해서는 고정밀도의 위치 제어 센서와 항법 장치가 필요하다. 광섬유 자이로스코프는 종래 기계식 자이로스코프와 비교하여 가동 부분이 없고, 기동 시간이 짧고, 고직선성, 저소비전력 및 구조가 간단하다는 등의 특징이 있다. 앞에서 서술한 Sagnac 효과를 이용한 광섬유 자이로스코프의 한 예를 그림 6.16에 나타내었다.

여기서 광섬유를 이용한 위상 변조기를 만들기 위해 PZT를 광섬유 센싱 코일 근처에 두어 광섬유의 길이 l이나 스트레스에 의한 굴절률 n의 변화에 의해 위상을 변조시킨다. 이는 압전 물질로 만들어진 원통에 광섬유를 수십 바퀴 정도 감아서 만든다. 이 원통에 전압을 가해 주면 원통이 반경 방향으로 수축 및 팽창이 되어 광섬유의 광로의 길이가 변하게 되며 위상이 변조된다. 이때의 전체 위상 변화는 다음과 같다.

$$\Delta\phi = k_0 n \Delta l + k_0 l \Delta n \tag{6.14}$$

단, $k_0 = 2\pi/\lambda_0$이다.

즉, 식 (6.14)에서 위상 변화는 광섬유의 길이 변화와 코어 굴절률 변화에 의한 것으로 나타난다. 또한 그림 6.16의 수광 소자(검지기)에서 검출되는 출력 전류는 다음과 같이 나타난다.

$$\begin{aligned} I = I_0 + I_0[J_0)\Phi_m) + 2\sum_k j_{2k}(\Phi_m)\cos 2k\omega_m t]\cos\Phi_s \\ + I_0[2\sum_k J_{2k-1}(\Phi_m)\cos(2k-1)\omega_m t]\sin\Phi_s \end{aligned} \tag{6.15}$$

이러한 광섬유 자이로스코프를 구성하여 0.1~1°/h의 미소한 회전 속도량도 감지할 수 있다.

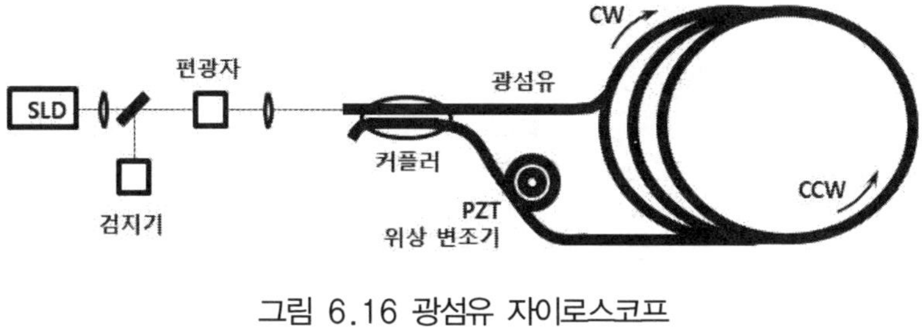

그림 6.16 광섬유 자이로스코프

6.2.4 주파수 변조에 의한 측정 방법

식 (6.3)에서 주파수를 변조의 신호 처리로 사용하고 이 주파수를 전기적 신호로 변환하여 측정 대상물로부터 물리량의 변화를 측정하는 방법이다.

주파수 변조 광섬유 센서는 광섬유 레이저 도플러 속도계(LDV: Laser doppler velocimeter)가 대표적이다.

광섬유 LDV는 크게 두 가지, 즉 참조광형(fiber optic reference beam LDV)과 차동형(fiber optic doppler difference LDV)으로 나뉘며 이들의 원리에 대해 알아본다.

(1) 참조광형 LDV

그림 6.17처럼 레이저 광(파장 λ)은 BS1(beam splitter1)에서 두 개로 분리되는데, 하나는 또 BS2를 거쳐 측정 대상물에 조사되고, 다른 하나는 참조용 광으로 이용한다.

측정 대상물에 조사되어 산란된 빛은 주파수가 바뀌어서 돌아오므로 도플러 주파수 f는 다음 식과 같다.

$$f = \frac{2v}{\lambda} \cos\theta \tag{6.16}$$

여기서 v는 측정 대상물의 속도이며 θ는 조사광과 측정 대상물의 속도가 이루는 각이다. 이 산란광과 참조 광을 BS2로 합하면 비트 주파수(두 주파수의 차)가 나올 것이다. 이를 통해 도플러 주파수 f를 바로 검출해 낼 수 있다.

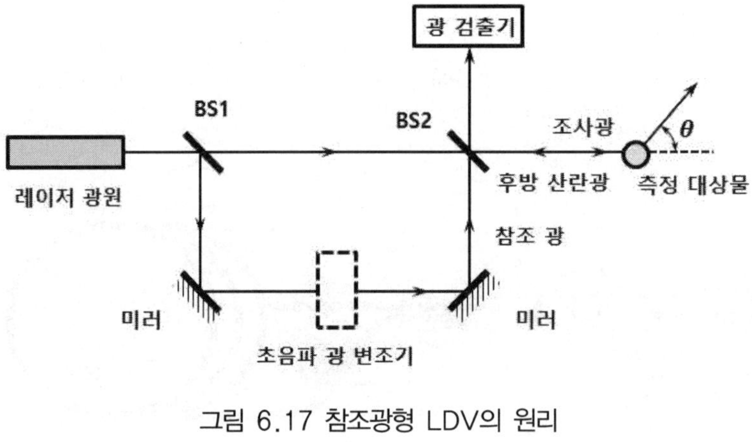

그림 6.17 참조광형 LDV의 원리

(2) 차동형 LDV

그림 6.18처럼 빔 분리기에 의해 2개로 분기된 광은 교차각(δ)에서 측정대상을 향해 사출되며 그 산란광은 다른 집광용 광학계를 거쳐 광 검출기에서 광 헤테로다인 검파가 된다. 이 때 전기신호로 얻어지는 비트 신호 주파수(f_b)는 다음과 같다.

$$f_b = \frac{2v}{\lambda}\sin\frac{\delta}{2} \tag{6.17}$$

이 비트 신호의 주파수를 측정함으로써 이동물체의 속도(v)를 알 수 있게 된다.

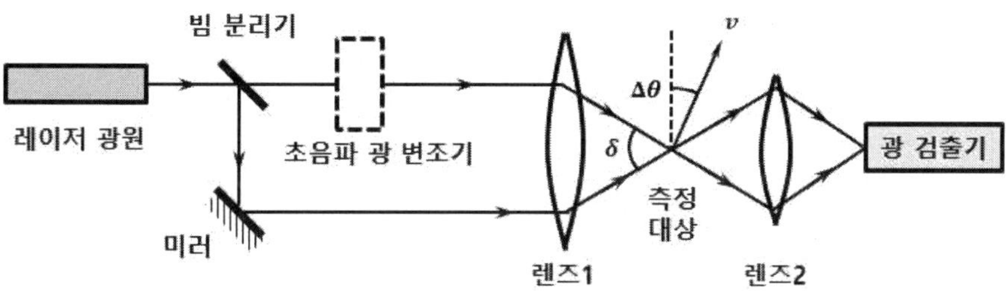

그림 6.18 차동형 LDV의 원리

6.3 광섬유 센서의 특징

광섬유 센서가 다른 센서들에 비해 갖는 장점들은 전자소자 대신에 빛을 이용해 측정한다는 사실과 이 측정 신호의 전달 역시 빛으로 하고 있는데서 기인한다.

표 6.3 광섬유의 특징과 센서로서의 이점

광섬유의 특징	센서로서의 이점/응용
· 저손실 1dB/km 이하	· 원거리 리모트 센싱, 분포 계측
· 광대역, 평탄한 베이스 밴드 전송 특성	· 다파장 계측, 다점 계측
· 유연성	· 구조물에 내장(삽입) 가능

광섬유의 특징	센서로서의 이점/응용
· 가늘고 가벼움	· 부설의 자유도가 큼
· 기계적 고강도	· 변형 계측에 적합
· 고융점 재료	· 고온 환경 계측
· 도파 구조를 가짐	· 모드의 동작을 이용한 계측, 간섭계를 원리로 한 계측 가능
· 전자 유도가 적음, 절연체	· 고전계, 자계 환경에서의 계측
· 각종 특수 섬유, 광섬유 부품 제작 가능	· 편파유지 파이버, 높은 베르데 상수 파이버, 광섬유 격자(Fiber Grating), 섬유 결합기(파이버 커플러) 등이 고도의 센싱을 지원함

우선 전기가 통하는 전도체가 포함되어 있지 않으므로 주변의 여러 장치에서 발생할 수 있는 전자파 장애에 의한 잡음이 없고, 전기적인 접지, 누전, 감전 등의 염려가 없다. 크기가 작고 가벼우며, 거의 모든 종류의 물리량 측정에 이용할 수 있다. 특히 파장이 매우 짧은 빛을 기준으로 측정하게 되어 매우 높은 감도를 보장하고 있다. 뿐만 아니라 통신의 경우와 마찬가지로 광 손실이 적고 정보전송 대역폭이 넓어 많은 수의 센서를 광섬유 한 가닥에 연결하여 동시에 측정할 수 있는 배열형 센서가 가능하며, 수십 km 떨어진 거리에서도 원격측정을 할 수 있고, 위치에 따른 물리량의 분포를 측정하는 분포계측이 가능하다.

이러한 특징들과 함께 언급해야 될 점은, 광섬유 센서를 이용하면 기존의 기술로는 센서의 동작이 불가능한 환경에서도 사용할 수 있다는 점이다. 예를 들면 전자파 장애가 많은 환경(발전소, 변전소, 전기용접 등이 이루어지는 공장 등), 전자레인지 내부, 환자 혈액의 실시간 모니터링, 고온 다습 고압력의 환경, 폭발위험이 있는 환경 등이 있는 곳에 광섬유 센서는 특별한 어려움 없이 사용될 수 있다.

이러한 장점들을 바탕으로 광섬유 센서는 지난 여러 해 동안 꾸준히 발전해 왔으며, 지금은 주로 군사용, 산업용, 그리고 의료용뿐만 아니라 다양한 분야에 응용되고 있다.

광섬유 센서가 가지는 많은 특징과 그를 활용한 광섬유 센서의 주요 이용 형태를 표 6.3에 나타내었다.

6.4 광섬유 센서에 의한 물리량 측정

광섬유 센서는 광섬유가 사용되는 방식에 따라 두 종류로 대별된다. 즉, 순수 광섬유 센서(intrinsic or all fiber optic sensor)와 광 전송로형 광섬유 센서(extrinsic fiber optic sensor)로 대별된다.

순수 광섬유 센서는 그림 6.19 (a)와 같이 광섬유 자체를 센서(즉 신호 변환기)로써 사용하기 때문에 센서 작용이 광섬유 내에서 일어난다. 광섬유 내를 전파하는 광의 속성(강도, 위상, 편광)이 측정하고자 하는 외부 신호(기계적, 열적 자극 등)에 따라 변화하는 것을 이용한다. 광의 강도변화를 이용하는 경우에는 주로 멀티모드 광섬유가 사용되고, 광의 위상과 편광 변화를 이용하는 경우에는 단일 모드 광섬유가 사용된다. 광의 위상변화를 이용하는 방식에서는 각종 광섬유 간섭계를 구성하여 검출하므로 고감도 계측이 가능하게 되었다.

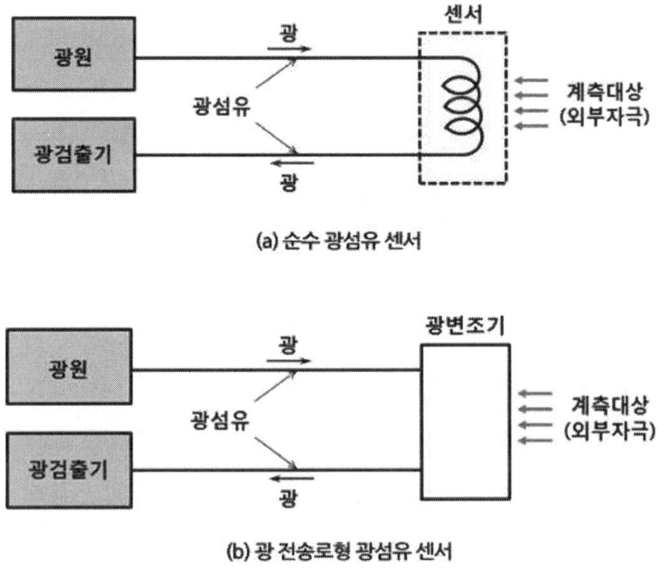

그림 6.19 광섬유 센서의 두 가지 방식

광 전송로형 광섬유 센서는 그림 6.19 (b)와 같이 광섬유는 외부자극에 응답해서 통과하는 광을 변조시키는 광변조기(light modulator)가 사용되고 있다. 광변조기에서 빛의 강도(intensity), 위상(phase), 주파수(frequency), 편광(polarization), 스펙트럼(spectral content)

등이 변한다. 이 방식의 광섬유 센서는 구성이 간단하며 신뢰성이 높은 점 등의 특징을 가지며 이미 각종 센서가 상용화되어 있다.

그러면 이러한 광섬유 센서가 앞에서 언급한 기본 변환에 의해 어떤 물리량을 측정하는지에 대해 알아본다.

6.4.1 온도 측정

가. 광강도 변조에 의한 온도 측정

광강도의 변화를 온도로 바꾸는 센서를 **광섬유 온도 센서**라 한다. 즉, 온도 정보를 포함한 광속을 광섬유에 의하여 검출기로 유도하고 광강도의 변화에 따라 온도를 검출하는 센서를 **광섬유 온도 센서**라 한다. 측정 방법에 따라 적외선 방사 검출형, 반도체 필터형(에너지 갭형) 패브리 · 페로형(간섭형), 형광 강도 검출형, 광로 차단형 등 5종류가 있다.

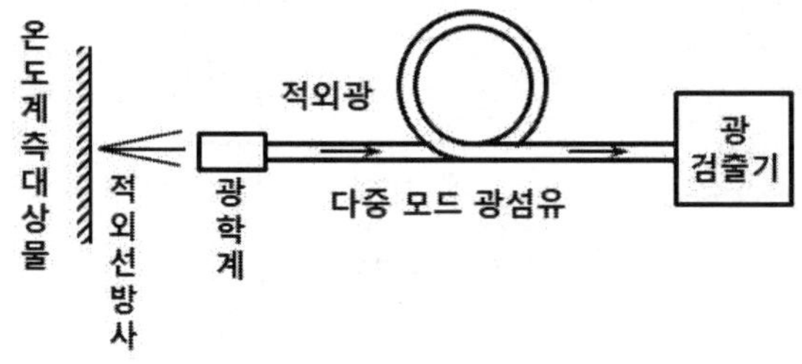

(a) 적외선 방사 검출형

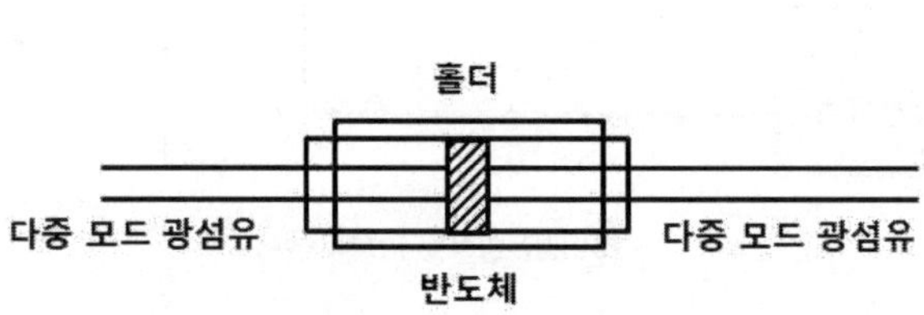

(b) 반도체 필터형

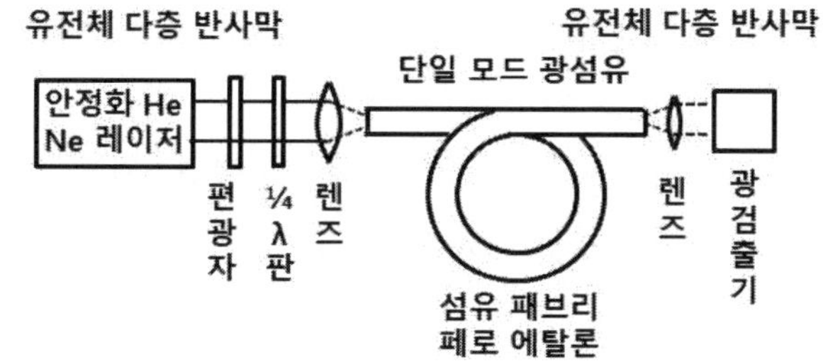

(c) 패브리 페로형

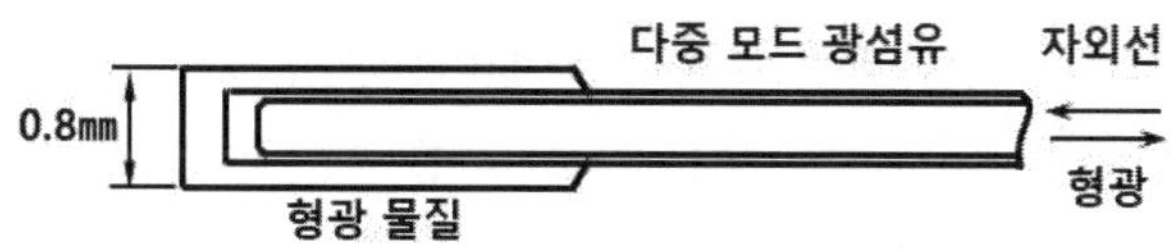

(d) 형광 강도 검출형

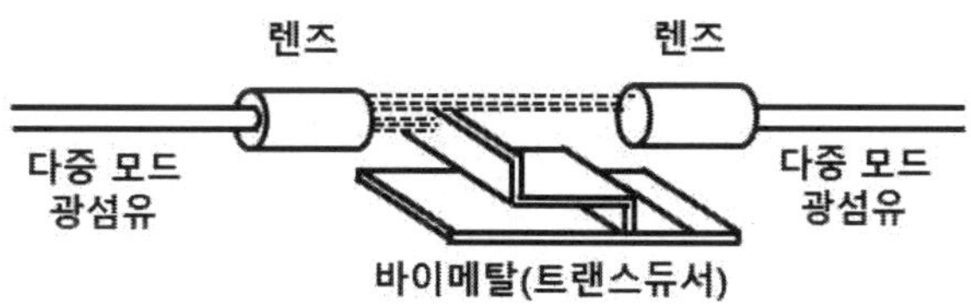

(e) 광로 차단형

그림 6.20 광섬유 온도 센서의 종류

적외선 방사 검출형은 그림 6.20 (a)와 같으며 물질을 구성하는 원자의 열진동에 의하여 방출되는 적외선을 다모드 광섬유에 의하여 검출기로 유도, 그 강도로부터 물체의 온도를 측정한다.

반도체 필터형은 그림 6.20 (b)와 같으며 반도체 에너지 갭이 온도와 더불어 변화하는 것을 이용하여 반도체를 투과한 빛의 강도변화에 의해 온도를 검출한다. 반도체로서 GaAs, CdTe 등이 사용된다.

패브리·페로형은 그림 6.20 (c)와 같으며 단일모드 섬유의 양단에 유전체 다층 반사막을 코팅하여 광섬유 패브리·페로 에탈론을 만듦으로써 빛을 간섭시킨다. 단일 모드 광섬유의 광학적 길이가 온도에 의해서 $\lambda/2$ 변화할 때마다 빛의 펄스가 나타나고, 이 빛의 펄스를 셈으로써 단일모드 광섬유의 온도, 혹은 이와 열평형에 있는 물체의 온도를 검출한다.

형광 강도 검출형은 그림 6.20 (d)와 같으며 다모드 광섬유의 선단에 고정시킨 형광물질을 자외선으로 자극하면 형광을 발하지만, 이 형광 강도가 온도에 의존하는 것을 이용하여 온도를 검출한다.

광로 차단형은 그림 6.20 (e)와 같으며 송신용 다모드 광섬유와 수신용 다모드 광섬유 사이에 온도 센서(바이메탈, 자기 페라이트 등)를 삽입하여 광로를 차단함으로써 빛의 강도를 변화시켜 온도를 검출한다.

산업 환경 및 열악한 환경에서의 온도 측정을 위한 광섬유 센서의 장점은 다음과 같다.

① 대형 모터, 변압기, 용접기 및 그와 유사한 제품에 의한 전자파 간섭(EMI)의 영향을 받지 않음

② 무선 통신 및 번개에 의한 무선 주파수 방해(RFI)의 영향을 받지 않음

③ 접근하기 어렵거나 관측이 힘든 장소에 위치시킬 수 있음

④ 작거나 정밀한 위치를 측정하는데 집중할 수 있음

⑤ 전류를 전달하지 않음(폭발 위험이 있는 위치에 이상적임)

⑥ 섬유 케이블은 기존의 도관, 케이블 트레이에서 사용하거나 기둥, 배관 또는 도관에 묶어서 사용할 수 있음

⑦ 특정 케이블은 상온부터 공기나 물이 제거된 300℃ 이상의 환경에서도 처리 가능함

나. 광섬유 분산에 의한 온도 측정

(1) 측정 원리

라만 효과를 사용한 기술로서 영국의 Southampton 대학에서 1980년을 시작으로 발전되었다. 이것은 광섬유에 광을 입사 시키면 광섬유 내의 석영(Silicon Dioxide SiO_2) 격자들에 의해 산란(Scattering), 흡수 등의 현상이 일어난다. 산란광 중에는 입사광과 동일한 파장 성분의 **레일리 산란광**과 다른 파장 성분의 산란광이 존재하며 다른 파장의 성분들은 파장 천이에 따라서 명칭이 다른데, 그 중에 구성물질의 격자 열 진동 중에서 횡파 모드와 상호 작용으로 인한 산란광을 **라만 산란광**이라 부른다. 이 라만 산란광은 석영 분자가 가지는 다양한 진동 상태 사이에 존재하는 맥스웰-볼츠만 에너지 분배로 인하여 강한 온도 종속성을 보이게 된다. 즉, 온도에 따라 특성이 변한다.

광섬유 내부에서의 입사광은 석영 분자에 흡수되어 열 진동의 횡파 모드를 발생시킨 후, 재 발광(다시 빛을 내어)하여 광 에너지를 잃으면서 입사광 보다 장파장(긴 파장을 갖는)의 스톡스광(λ_a)로 변환된다.

그림 6.21은 입사광이 분자에 의해 산란 되는 예를 보여주며, 일정 거리 X만큼 떨어진 곳에서 반사되는 라만 산란광의 위치는 식 (6.18)로부터 구할 수 있다.

$$X = V \times \frac{t}{2} \tag{6.18}$$

즉, 광이 입사되고 난 후에 돌아온 시간을 알면 산란광이 반사되어 온 지점을 정확히 알아낼 수 있다.

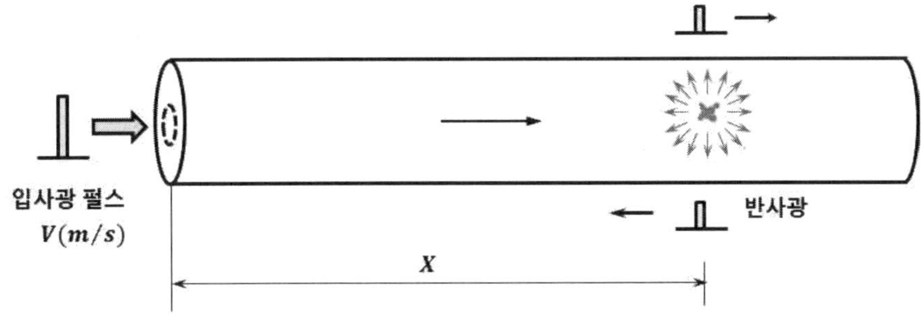

그림 6.21 광섬유 내에서의 구성 입자에 의한 광의 산란

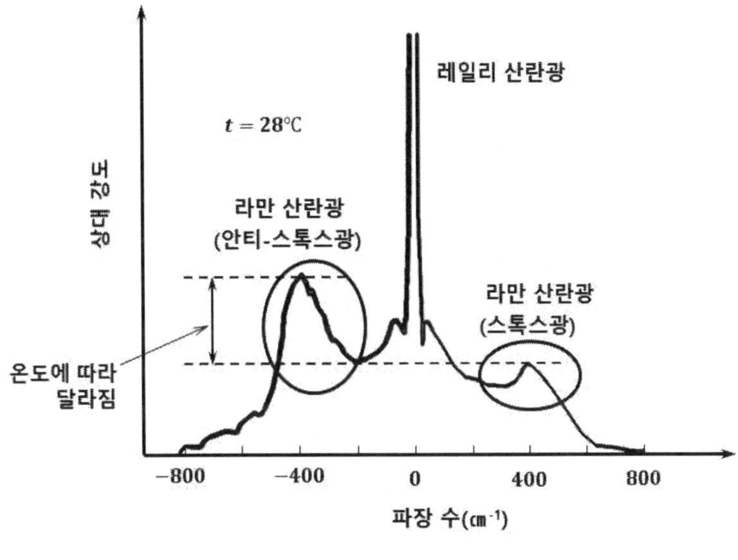

그림 6.22 레일리 산란광과 라만 산란광 스펙트럼

그림 6.22는상온에서의 라만과 레일리 스펙트럼을 나타낸 그림이다. 그림 6.22처럼 레일

리 광으로부터 주파수 분리 간격이 같은 라만 산란광 중에서 스톡스광과 안티-스톡스광의 강도 비 $R(T)$는 식 (6.19)와 같다.

$$R(T) = \left(\frac{\lambda s}{\lambda a}\right)^4 \exp\left(-\frac{hcv}{kT}\right) \tag{6.19}$$

여기서 h와 k는 각각 플랭크 상수와 볼츠만 상수이고, c는 진공 중의 광속도, T는 산란광을 수신한 광섬유 구간에서 코어의 절대온도, v는 입사광의 주파수이다.

따라서 광섬유 주위의 온도(t_i)는 식 (6.20)으로부터 구할 수 있다.

$$t_i = \frac{K_0}{\left(\frac{K_0}{t_r}\right) + f(r) - f(i)} \tag{6.20}$$

여기서 $f(i) = K_1[j] + \log 2\left(\frac{AS[j] - K_2[j]}{S[j] - K_3[j]}\right)$

t_r =기준점(분포 온도 센서 내부에 있는 기준용 광섬유) 절대온도

r =기준 광섬유 내에서 기준 위치

$AS[j]$ =안티-스톡스광의 가산치

$S[j[$=스톡스광의 가산치

K_1, K_2, K_3는 상수값

광섬유 내의 스톡스광과 안티-스톡스광의 역 산란광 비를 측정하면 광 강도나 입사 조건, 광섬유의 구조, 재질의 조성에 상관없이 매체의 절대온도를 계측할 수 있다. 단, 실제 시스템에서는 스톡스광과 안티-스톡스광 파장 사이의 광섬유 감쇄 차가 있고, 파장 차이로 인해 광섬유 내에서의 빛의 진행 속도가 다르므로 약간의 보상이 필요하다.

(2) 측정 시스템 구성

그림 6.23은 광섬유 분산 온도 측정 시스템의 구성도를 나타낸다. 레이저에서 나온 광 펄스(Pulse)는 분광 광학계를 지나서 광섬유로 입사되고 광섬유 안에서는 여러 요인으로 인해 라만 역 산란광이 발생하여 입사 단으로 돌아오면 분광 광학계에 의해서 스톡스광과 안티-스톡스광으로 분리된 후에 검출 소자(APD : Avalanche Photo Diode)를 거치면서 전기 신

호로 변환된다.

이 신호는 아날로그 앰프에 의해서 증폭된 후 A/D(Analog to Digital) 변환기로 디지털화되어 한 번 측정 때마다 메모리에 기억되며, S/N비(Signal to Noise Ratio) 개선을 위하여 디지털 평균화기에서 평균화 처리된다. 이 과정을 수만 번 반복하여 전체 측정 데이터를 가산 평균하면 랜덤 노이즈는 감소하며 평균화 처리한 Data는 컴퓨터로 전송하여 최종적으로는 온도 데이터로 환산된다.

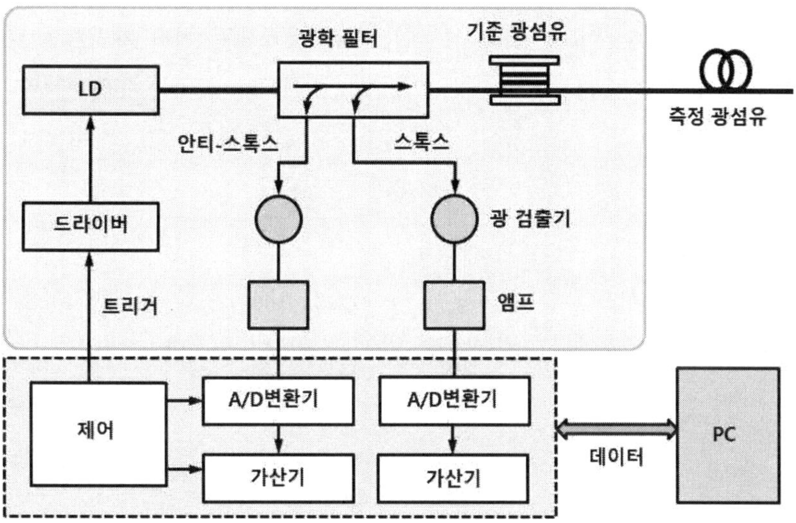

그림 6.23 광섬유 분산 온도 측정 시스템의 구성도

이와 같은 구성법을 사용하면 원리적으로 각 지점간의 온도 차 즉, 상대치는 간단히 측정할 수 있지만 절대치를 측정하기는 어렵기 때문에 센서 내부에 온도 기준용 광섬유를 내장하고 있으며, 피 측정 광섬유와 동시에 온도를 계측하고 내장한 기준 광섬유의 온도는 열전대를 이용해서 측정된 온도와 비교함으로써 피 측정 광섬유 전체 길이의 온도 절대치를 결정한다.

분산형 온도 센서의 특성을 나타내는 파라미터로는 일반적으로 온도 정밀도 및 측정 온도 범위 외에도 거리 분해능, 응답 거리 및 측정 가능거리 등이 있다. 이와 같은 여러 특성들은 상호 밀접하게 관련되어 있기 때문에 어느 한 가지의 특성을 극단적으로 뛰어나게 하면 다른 특성이 나빠지게 된다. 광케이블을 이용하여 실시간 감시 및 60㎞에 걸쳐 1m 단위까지 높은 부분 해결을 가지는데 40,000 분산 온도점까지 측정이 가능하다.

PC 기반 모니터에서는 그림을 이용한 상태 및 경보 등의 표시, 계산 등을 수행하며 운전자에게 필요한 정보를 제공한다.

6.4.2 자계 및 전류 측정

편광 변조(polarization modulation)를 일으키는 효과를 이용하여 자계나 전류로 바꾸는 센서를 **광섬유 자계(전류) 센서**라 한다. 편광(polarization)이란 진동방향이 한 방향으로 치우쳐 있는 광을 의미하는데, 어떤 광섬유는 한 방향의 편광만을 전파하는 성질을 갖는 것이 있다. 편광변조(polarization modulation)를 일으키는 효과에는 여러 가지가 있으나 여기서는 **패러데이의 자기광 효과**(Faraday magneto optic effect)를 이용한 자계 센서, 전류 센서에 대해서 설명한다.

가. 패러데이 효과

패러데이 자기광 효과는 그림 6.24와 같이 자성체 내를 직선 편광파가 전파될 때 빛의 진행방향과 같은 방향으로 자계가 존재하면 빛의 편파면이 회전하는 현상을 말한다.

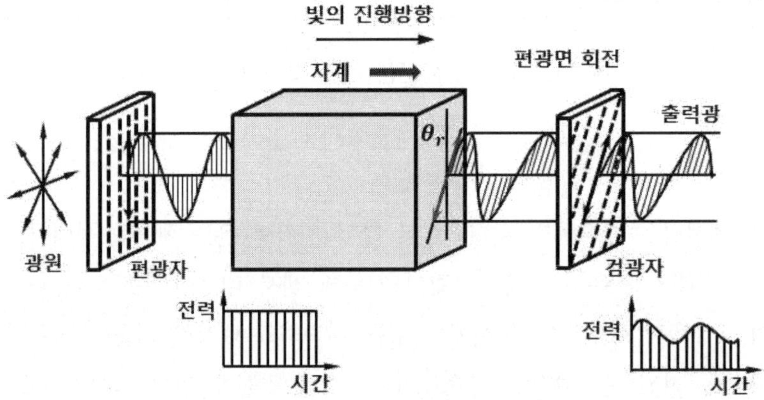

그림 6.24 패러데이 효과

1845년 Michael과 Faraday는 강한 자계에 의해 유리가 광학적으로 활성화됨을 발견하였다. 이러한 자기 광학 효과가 광섬유 내에 얼마나 있는지를 검출하기 위해 그림 6.25와 같은 실험 장치를 구성하였다. 그림 6.24와 같이 일정한 방향으로 편광 된 빛이 단일 모드 광섬유 내를 통과할 때 이 빛의 진행 방향으로 자계(H)가 인가되면 편광각이 회전하게 되며 이러한 자기 광학 효과를 **패러데이 효과**하고 한다. 이때 편광각의 회전량(Ω)은 다음과 같이 표시된다.

$$\Omega = V \int_l H \cdot dL \tag{6.21}$$

여기서 V는 베르디 정수(Verdet constant)이며 l은 자계의 영향을 받는 광섬유의 길이이다.

한편 신호 처리에 의해 다음의 식으로 표시되는 값 R을 구할 수 있으며 R은 자계에 의해 편광각이 회전한 정도를 상대적으로 나타내는 파라미터이다.

$$R = \frac{I_1 - I_2}{I_1 + I_2} \tag{6.22}$$

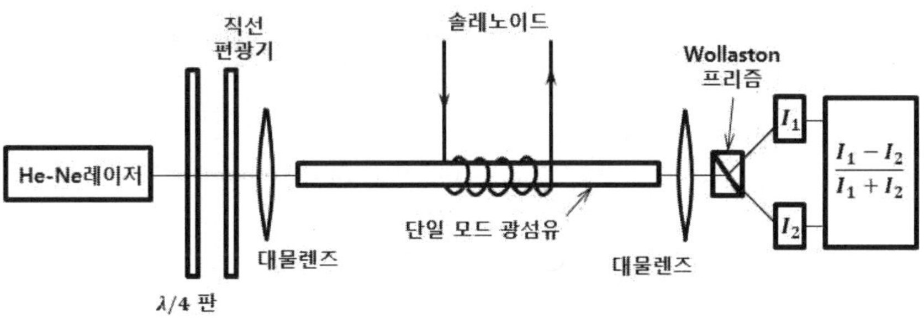

그림 6.25 단일 모드 광섬유의 패러데이 효과

또한 여기서 구한 R은 편광각의 회전량 Ω와 광섬유의 복굴절량 δ에 의해 다음과 같이 표시할 수 있다.

$$R \simeq 2\Omega\left(\frac{\sin\delta}{\delta}\right) \tag{6.23}$$

광 패러데이 효과에 의해 회전하는 그림 6.24의 편광면의 회전각(θ_r)은 다음과 같이 주어진다.

$$\theta_r = V_r HL \tag{6.24}$$

여기서 L은 광섬유의 자성체 광로 길이, V_r은 베르디 상수로서 패러데이 효과의 크기를 나타내는 물질 고유 상수이다. 이와 같이 패러데이 효과는 광섬유 자체에서도 일어난다.

나. 편광 변조에 의한 자계 측정

편광자를 이용한 광섬유 센서는 자속밀도에 따라 패러데이 효과에 의해 광 강도가 변하는데 이러한 패러데이 효과를 이용하여 편광 변조에 의해 자계를 측정하는 센서를 **광섬유 자계 센서**라 한다. 광섬유 자계 센서는 그림 6.26 (a)와 같이 구성되어 있으며 센서 소자부는 편광자(polarizer), 패러데이 소자, 검광자이며, 광섬유 자계 센서의 출력 특성은 그림 6.26 (b)와 같다.

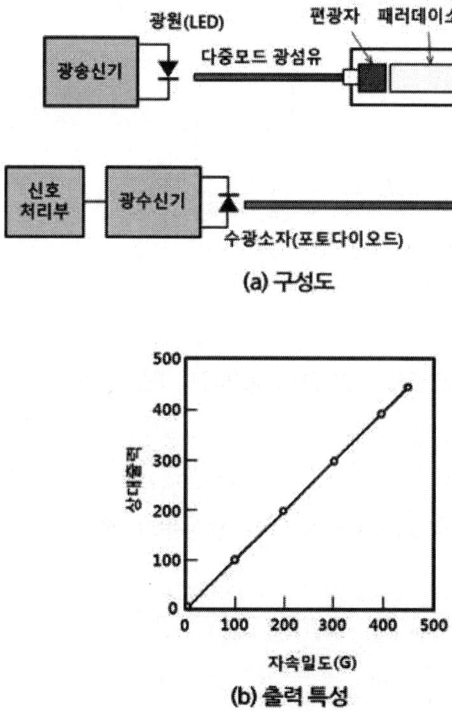

그림 6.26 자계 센서

어떤 종류의 결정에 전계를 인가하면 전계 강도에 비례하는 굴절률 변화가 생기는데 이러한 현상을 **전기 광학 효과**라고 하며, 일명 **포켈스 효과**(Pockels effect)라 한다. 만일 길이가 L이고 전기 광학 계수가 γ_{41}인 $\bar{4}3m$에 속하는 결정, 예를 들어 패러데이 재료 BGO_{12}에 전계 E를 $<110>$방향으로 인가해 줄 때 $<\bar{1}10>$방향으로 진행하는 두 성분 사이에 생기는 위상차 δ는 다음과 같이 표시된다.

$$\delta = \frac{2\pi}{\lambda_0} n_0^3 \gamma_{41} EL = \pi \frac{V_a}{V_\pi} \tag{6.25}$$

여기서 V_π는 반파장 전압으로써 $\lambda_0 / 2n_0^3 \lambda_{41}$과 같고 $V_a(=EL)$은 인가 전압이다.

또한 수광 소자에서의 광 강도 P는 다음으로 나타낼 수 있다.

$$P = P_0\left(1 + \sin\frac{\pi V_a}{V_\pi}\right) \tag{6.26}$$

식 (6.26)에서 P_0는 인가전압이 0일 때의 광 강도이다. 이때 주로 사용하는 다중 모드 광섬유는 광의 전송로로써만 사용하고 결정을 센서로 이용한다.

패러데이 재료에는 납유리, BGO(Bi12SiO20), BSO (Bi12GeO20), ZnSe 단결정 등의 반자성체 재료와 YIG, (YSmLuCa)3(FeGe)5 O12 등의 강자성체 재료가 있다.

다. 편광 변조에 의한 전류 측정

편광자를 이용한 광섬유 센서는 전류의 세기에 따라 패러데이 효과에 의해 광 강도가 변하는데 이러한 패러데이 효과를 이용하여 편광 변조에 의해 전류를 측정하는 센서를 **광섬유 전류 센서**라 한다. 광섬유 전류 센서는 그림 6.27과 같이 광섬유가 전류가 흐르는 전선에 감겨있고 편광 시킨 광이 광섬유 속을 흐르며 편광 된 광이 전류의 세기에 따라 패러데이 효과에 의해 편광각이 변하여 검광자의 광 강도가 다르게 된다.

전류 I에 의해서 전선 주위(반경 r)에 발생하는 자계는 암페어 법칙에 따라 $H = I/2\pi r$이며 이 자계에 의해 편광의 회전각(θ)은 다음 식으로 주어진다.

$$\theta = V_r H l \ \ (l;\ \text{광섬유 길이}) \tag{6.27}$$

편광자는 입사광과 동일 방향의 편광만을 통과시키므로 광센서의 출력 I_p는 다음과 같이 표현된다.

$$I_p = kP\cos\theta = kP\cos(V_r Hl) = kP\cos(KI) \tag{6.28}$$

위 식에서 k는 광센서의 감도이며 P는 광의 강도, K는 정수이다.

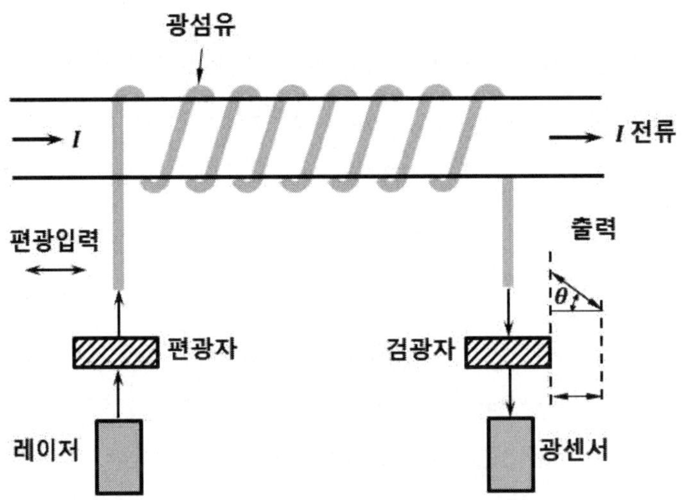

그림 6.27 편광 변조형 전류 센서

6.4.3 전계-전압 측정

가. 패러데이 효과(전기광학 효과)

전기광학 효과(electrooptic effect)란 어떤 결정(강유전체)에 외부전계를 인가할 때 발생하는 **굴절률의 변화**를 말한다. 특히, 굴절률 변화가 전계 강도에 비례하는 현상을 **포켈스 효과**라고 부르며, 포켈스 효과를 식으로 나타내면 굴절률 변화는 다음과 같이 된다.

$$\Delta n = \alpha_1 E \tag{6.29}$$

α_1은 선형 전기-광학 효과 계수(linear electro-optic effect coefficient)이며 E는 인가 전계이다.

이방성 결정(異方性結晶anisotropic crystal; 그 성질이 방향에 따라 다른 결정)의 굴절률은 전기적 주축(主軸 principal axes; 결정축과 동일) x, y, z에 대응하는 주 굴절률 n_1, n_2, n_3를 사용하여 다음과 같이 굴절률 타원체로 된다.

$$\frac{x^2}{n_1^2}+\frac{y^2}{n_2^2}+\frac{z^2}{n_3^2}=1 \tag{6.30}$$

예를 들어 LiNbO3(lithium niobate) 결정은 $n_1 = n_2 \neq n_3$ 결정으로 되며 x-y 평면에서 나타내면 그림 6.28 (a)와 같다. 여기서 y축 방향으로 전계 E_a를 인가하면 포켈스 효과에 의해서 굴절률 n_1, n_2는 그림 6.28 (b)와 같이 각각 $n_1 \rightarrow n'_1$, $n_2 \rightarrow n'_2$로 변화한다.

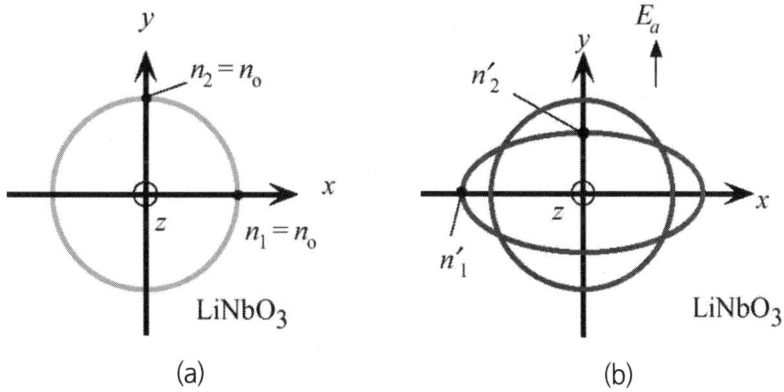

그림 6.28 포켈스 효과에 의한 굴절률

그림 6.28 (b)와 같이 LiNbO3결정 속을 z축 방향으로 광파가 전파해 가는 경우를 생각해 보자. 전계 E_a는 광파의 진행방향에 수직하게 인가된다. 포켈스 효과에 의해서 굴절률 n_1, n_2는 각각 다음과 같이 변화한다.

$$n_1' \approx n_1 + \frac{1}{2}n_1^3 r_{22} E_a \tag{6.31}$$

$$n_2' \approx n_2 + \frac{1}{2}n_2^3 r_{22} E_a \tag{6.32}$$

R_{22}는 포켈스 계수라고 부르는 상수이며 그 값은 결정구조와 재료에 의존한다.

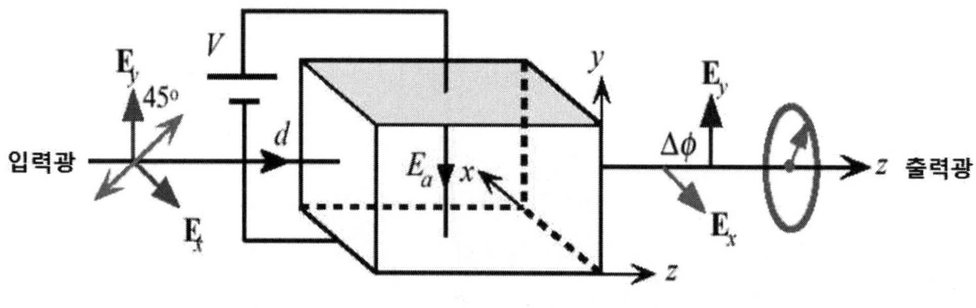

그림 6.29 포켈스 셀 위상 변조기

그림 6.29의 포켈스 셀 위상 변조기는 입사된 직선편광파가 포켈스 셀 위상 변조기를 통과한 후 원형(타원) 편광파로 변환되었다.

외부 전계에 의해서 굴절률을 제어하면 포겔스 결정을 통해 위상 변조가 가능해 진다. 이와 같은 위상 변조기를 **포켈스 셀**(Pockels cell)이라고 부른다.

그림 6.29에서 입사광 E는 y-축에 대해 45°만큼 직선 편파 되었다고 가정하자. 입사광 E는 x-축 편파 E_x와, y-축 편파 E_y로 나타낼 수 있다. 이 두 성분은 각각 굴절률 $n_1^{'}$, $n_2^{'}$를 거치게 된다. 따라서 E_x와 E_y가 거리 L만큼 진행하게 되면 그들의 위상은 각각 다음 크기만큼 변한다.

$$\phi_1 = \frac{2\pi n_1^{'}}{\lambda} L \tag{6.33}$$

$$\phi_2 = \frac{2\pi n_2^{'}}{\lambda} L \tag{6.34}$$

두 전계 성분 사이의 위상차 $\Delta\phi$는 다음 식으로 주어진다.

$$\Delta\phi = \phi_1 - \phi_2 = \frac{2\pi}{\lambda} n_0^3 r_{22} \frac{L}{d} V \tag{6.35}$$

이와 같이 인가 전계 E_a는 두 전계 성분 사이에 조정 가능한 위상차를 만든다. 그러므로 출력 광파의 편광 상태는 인가전압 V에 의해 제어될 수 있으며, 이러한 이유에서 포켈스 셀은 **편광 변조기**(polarization modulator)이다.

나. 위상 변조에 의한 전계(전압) 측정

포켈스 소자를 이용한 광섬유 센서는 전계에 따라 포켈스 효과에 의해 위상이 변하는데 이러한 위상 변조를 전계의 측정에 이용한 센서를 **전계(전압) 센서**라 한다. 전계의 전계(전압) 센서의 구성은 그림 6.30과 같이 광원, 광섬유 전송로, 센서 소자부, 수광소자, 신호 처리부로 이루어져 있다. 광원(LED)으로부터 세기가 일정한 방출광은 석영유리 다중모드 광섬유에 의해서 센서 소자부까지 전송된다. 포켈스 소자에 인가된 측정 전계(전압)에 의해서 광 강도 변조가 발생한다. 포켈스 재료에는 산화물 단결정(LiNbO3, LiTaO3, Bi12GeO20, Bi12SiO20), 화합물 반도체(ZnS, CdTe)가 있다. 센서 소자부에서 강도가 변조된 빛은 다중모드 광섬유를 통해 수광 소자 (포토다이오드)에 들어가 전기신호로 변환된다. 이때 수광소자 면에서 광 강도(I)는 다음 식으로 된다.

$$I = I_0\left[1 + \sin\left(\frac{\pi V}{V_\pi}\right)\right] \tag{6.36}$$

여기서 V는 인가전압, I_0는 인가전압이 0일 때의 수광 강도, V_π는 2개의 직선 편광 모드 사이의 위상차가 $\Delta\phi = \pi$로 되는 반파장 전압(half voltage)이다.

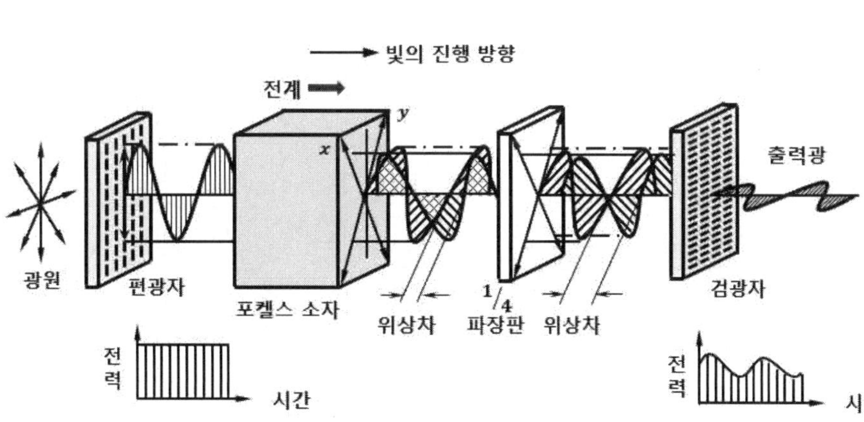

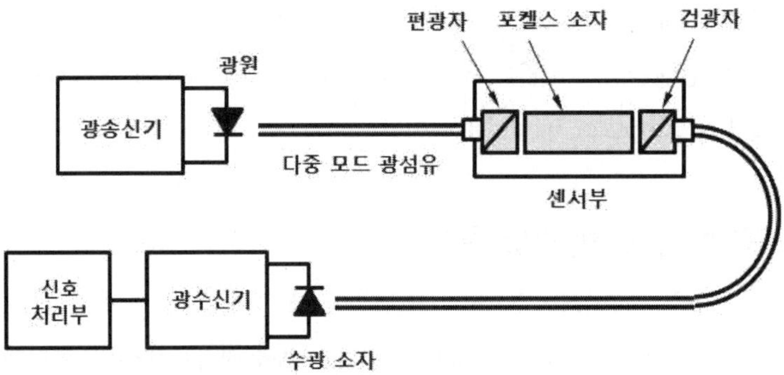

그림 6.30 포켈스 소자를 이용한 광섬유 전기 센서의 구성과 원리

6.4.4 변위/위치 측정

가. 광강도 변조의 광 손실을 이용한 변위 측정

광섬유 축의 어긋남에 기인하는 광 손실을 이용하여, 즉 광 손실에 의한 광강도 변조를 변위로 바꾸는 **광섬유 변위 센서**를 말한다. 광섬유 변위 센서는 그림 6.31 (a)와 같이 2개의 동일한 코어를 갖는 광섬유를 미소 간격(2~3㎛)으로 결합시키고 빛을 통과시키면 결합손실은 축 어긋남에 비례해서 증가하고 그 결과 수광용 광섬유의 출력 강도는 축이 어긋난 정도 즉 변위의 크기에 따라 감소한다. 그림 6.31 (b)는 광섬유 단면에 불투명막으로 된 스트라이프를 등간격으로 만들면 격자 간격만의 축 어긋남 변위에 의해서 투과 강도가 최대에서 최소까지 변화하므로 변위 센서의 감도를 크게 증가시킬 수 있다. 예를 들면 코어 직경이 50㎛일 때 S=10㎛의 격자를 형성하면 격자가 없는 것에 비해 감도를 최대 5배까지 증가시킬 수 있다.

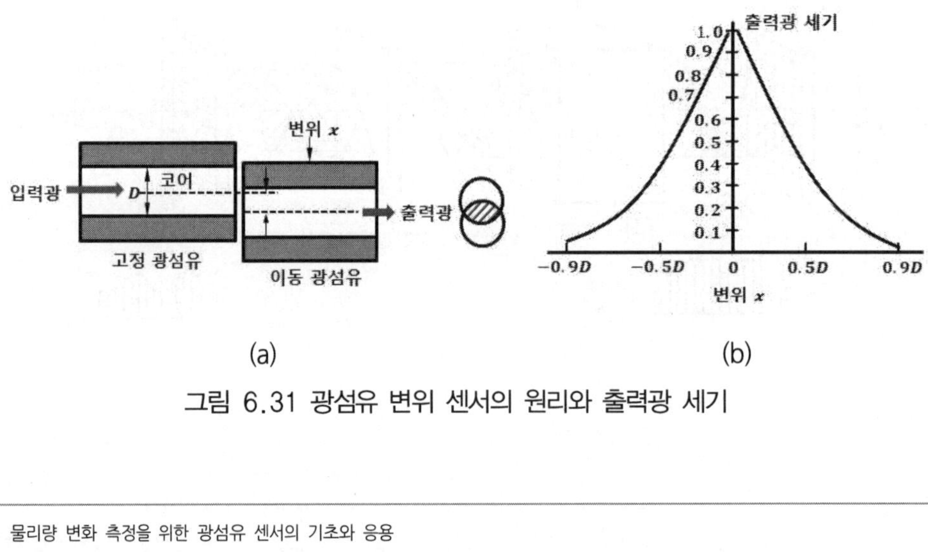

그림 6.31 광섬유 변위 센서의 원리와 출력광 세기

나. 광강도 변조의 차폐판을 이용한 변위 측정

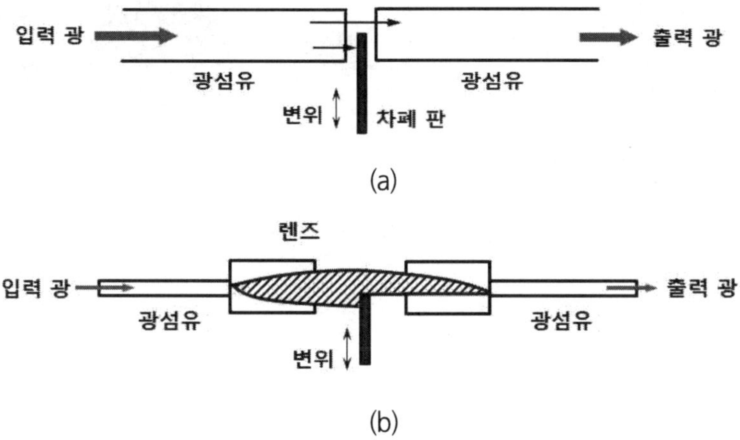

그림 6.32 차폐판을 이용한 광섬유 변위 센서

그림 6.32 (a)는 광섬유 자체를 움직이는 대신에 차폐판(shutter)을 이용한 것으로 차폐판의 변위에 따라 광강도가 변하며, 이러한 광강도 변조를 변위로 바꾼 **광섬유 변위 센서**를 말한다. 또한 그림 6.32 (b)와 같이 광섬유 단면에 렌즈를 장착하여 차폐판의 변위에 따라 광 빔의 직경을 확대시켜 측정 범위와 감도를 향상시킨 광섬유 변위 센서도 있다.

다. 광강도 변조의 산란 반사광을 이용한 변위 측정

측정대상으로부터 산란되는 반사광은 변위에 따라 수광부의 광강도가 변하는데 이 광강도 변조를 변위로 바꾼 **광섬유 변위 센서**를 말한다. 이것은 산란면(scattering surface)으로부터 거리(변위)의 자승(L^2)에 반비례하여 감소하는 현상을 이용한 센서이다. 프로브는 투광 광섬유와 수광 광섬유로 구성된다. 산란광을 수광하는 광섬유의 묶음 배열에는 그림 6.33과 같이 분할형, 동축형(투광중심형), 분포형 등 여러 방식이 사용된다. 측정 대상표면에서의 투광원과 수광원이 겹쳐진 부분의 반사광만이 수광 광섬유에 수광이 된다. 수광량은 산란점에서 광섬유 단면까지의 거리(변위)에 따라 변화한다.

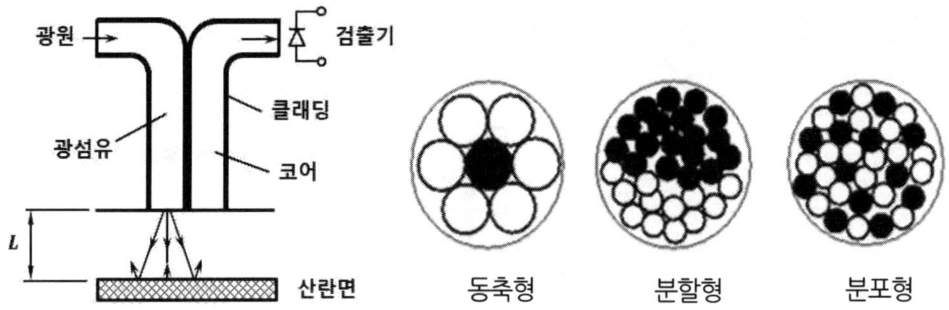

그림 6.33 반사를 이용한 변위센서

(1) 평면의 변위 측정 원리

레이저 또는 LED로부터 입사한 단일 플라스틱 광섬유가 발광할 때에는 일정 퍼짐각(α)을 갖는다. 이것은 입사광이 광섬유 내에서의 반복 반사, 광섬유의 재질(플라스틱)과 공기와의 굴절, 더구나 광의 회절에 의해 단일 광섬유로부터 나온 광선 다발은 수° 정도의 퍼짐각 α를 갖는다고 생각할 수 있다. 퍼짐각 α로 입사한 광선 다발은 평면 시료 표면에서 $2\alpha+\theta$의 각도로 반사하며 단일 광섬유 단면상에 어떤 크기의 퍼짐을 갖는다. 여기서 θ는 반사 한계각이며 일반적으로 반사면의 표면 거칠기에 따라 그 크기가 결정된다. 따라서 반사광의 조도 (I_0)는 반사면과 단일 광섬유 단면의 거리가 멀어짐에 따라 반사 조도가 거리에 따라 작아짐을 볼 수 있다. 이러한 반사 조도 곡선을 나타낸 것이 그림 6.34이며 그림과 같이 사다리 형태의 반사 조도 곡선이 얻어진다.

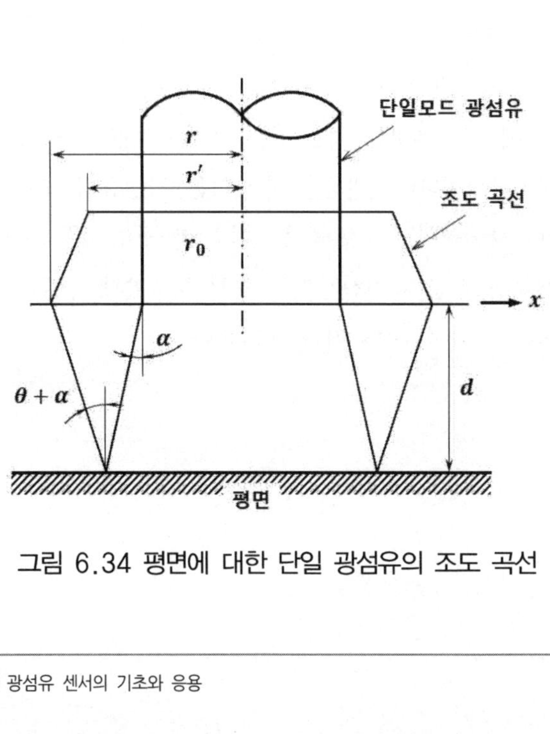

그림 6.34 평면에 대한 단일 광섬유의 조도 곡선

단일 광섬유 반경을 r_o , 입사광 조도를 E_o , 시료 표면의 반사율을 ρ 라 하면 단일 광섬유에 의한 반사면으로부터의 반사광 조도 I_o 는 다음과 같이 나타낼 수 있다.

$$I_o = \frac{3\rho r_0^2}{r^2 + rr' + r'^2} E_0 \tag{6.37}$$

여기서, r' 와 r 은 식 (6.38) 그리고 식 (6.39)과 같다.

$$r' = r_o + d\tan\alpha \tag{6.38}$$

$$r = r' + d\tan(\alpha + \theta) \tag{6.39}$$

그림 6.35는 평면에 대한 반사형 광섬유 변위 센서의 기본 구조를 나타내고 있다. 광원인 레이저다이오드 또는 LED를 통해 발생한 빛은 투광섬유(transmitting optical fiber)를 통해 측정부로 전송되어 타겟 측정면에 조사되고 그 반사광은 투광섬유와 나란히 배치된 수광 광섬유(receiving optical fiber) 내부로 일부 입사된다. 이때 두 광섬유 끝단면과 타겟 측정면의 사이의 공극 크기에 따라 수광 광섬유 내로 입사되는 반사 광속이 변하게 된다. 이 광속 변화는 수광 광섬유를 통해 포토다이오드로 전송되어 전류 신호로 변환된다. 이 전류 신호는 다시 신호처리회로를 통해 센서 출력 전압 신호가 된다. 이때 단일 파장 광원의 빛에 대해서 포토다이오드의 응답특성은 거의 일정하게 유지되기 때문에 광섬유 센서의 변위 검출은 수광 광섬유로 입사되는 반사 광속의 변화로 이루어진다. 즉, 반사형 광섬유 변위 센서의 변위 응답특성은 변위와 수광 광섬유로 검출된 반사광속 크기의 관계로 고찰 할 수 있다.

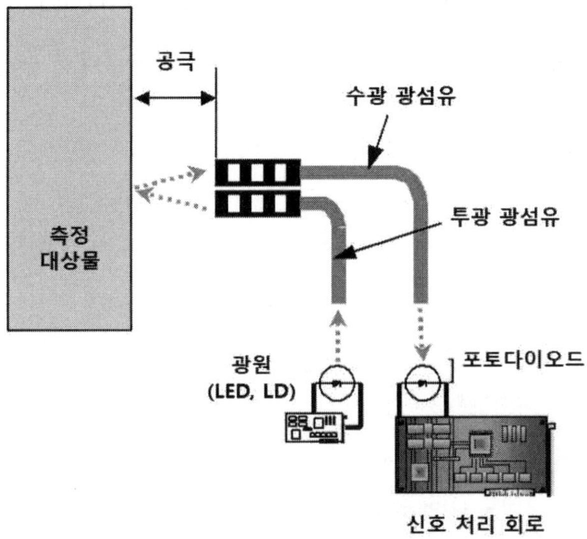

그림 6.35 반사형 광섬유 변위 센서의 기본 구조

그림 6.35를 바탕으로 광섬유 변위 센서는 공극 크기에 따라 이 두 가지 현상이 동시에 작용하여 그림 6.36과 같은 전형적인 변위 응답곡선을 그리게 된다. 여기서 전방경사(front slope) 영역은 공극 크기가 커질수록 수광 광섬유 끝 단면상에 반사광 입사 영역이 증가되는 현상과 그 영역내의 반사조도 변화에 의해 형성되는 부분이고 후방경사(back slope) 영역은 수광 광섬유의 끝 단면이 반사광 조사영역에 완전히 포함된 후에 공극이 커질수록 조도가 줄어드는 현상에 의해서만 형성되는 부분이다. 그리고 전방경사 영역과 후방경사 영역 사이에 피크 부분이 조성된다. 이 부분은 변위에 대한 감도는 매우 둔한 반면에 변위 신호에 영향을 미치는 외란에 대해서는 변위 측정영역과 동일한 영향을 받는 특징이 있다. 이 특징은 센서의 신호 외란에 대한 보정에 적용되기도 한다.

일반적으로 전방경사 영역의 측정구간 감도와 선형성이 후방경사 영역보다 좋기 때문에 변위 측정영역으로서 전방경사 영역을 주로 사용한다.

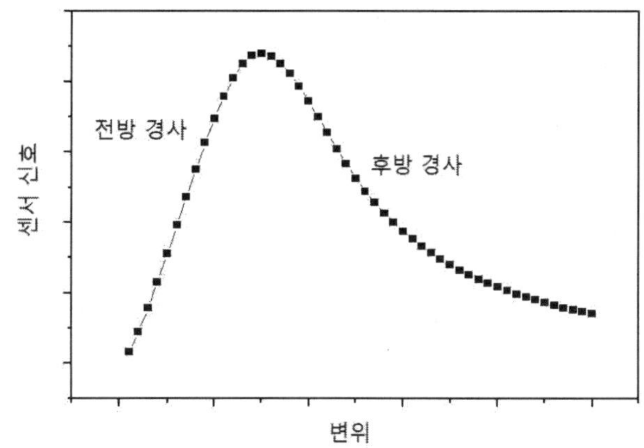

그림 6.36 반사형 광섬유 변위 센서의 전형적인 반응곡선

그림 6.37은 광섬유로부터 방사된 빛을 이미지 센서로 측정한 결과를 보여주고 있다. 그림 6.37 (a)에서 중앙 윗부분 역삼각형 모양의 백색 영역이 투광 조도분포 중 가장 큰 값을 가지며 영역 내에서 일정하게 분포 된다. 그리고 코어 단면에서 멀어질수록 조도가 줄어드는 분포를 갖는다. 그림 6.37 (b)에서는 평면에서 본 이미지 사진을 나타낸 것이다.

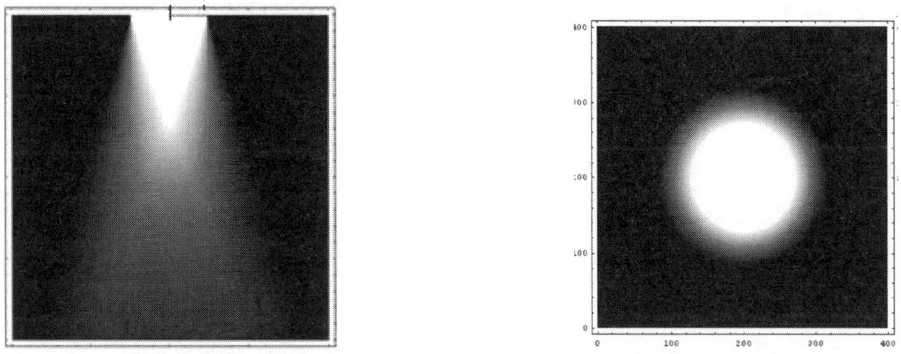

(a) 측면도 (b) 평면도

그림 6.37 광섬유로부터 방사된 빛의 이미지 사진

(2) 원통면의 변위 측정 원리

그림 6.38은 원통면에 대한 단일 광섬유의 입사광 조도곡선(illumination curve)을 나타낸

것이다. 광섬유 끝단에서 광의 확산각 θ_O는 광섬유의 코어 및 클래딩, 공기와의 굴절률에 의해 결정된다.

$$\theta_o = \sin^{-1}(\sqrt{(n_1^2 - n_2^2)} / n_{air}) \qquad (6.40)$$

여기서 n_1은 광섬유의 코어 굴절률이고, n_2는 클래딩 굴절률이다.

그림 6.38에서 단일(single) 광섬유의 코어(core) 반경을 r_c , 입사광 조도를 E_0 , 원통 대상물의 표면 반사율을 ρ라 하면, 평면 대상물과 동일한 원리로 단일 광섬유에 의한 대상물 표면에서의 반사광속 Φ_0는 식 (6.41)과 같이 나타낼 수 있다.7

$$\Phi_0 = \rho \pi r_c^2 E_0 \qquad (6.41)$$

반사광 조도가 일정한 정반사 범위의 반경을 R_c ,이때의 반사광 조도를 I_0라 하고, 확산 반사광이 미치는 범위의 반경을 R_d라 하면 입사광에 의한 반사광속 Φ_0을 정반사 범위에서의 반사광속 Φ_c와 확산 반사광이 미치는 범위에서의 반사광속 Φ_d의 합으로 표현할 수 있다.

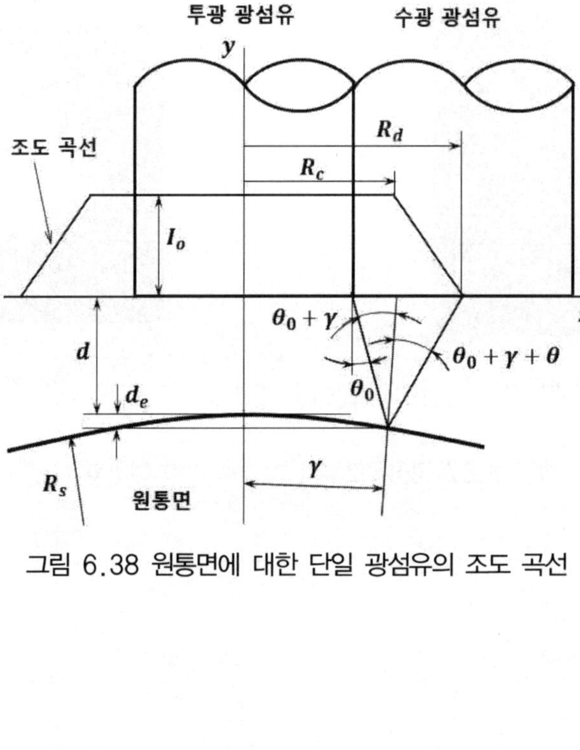

그림 6.38 원통면에 대한 단일 광섬유의 조도 곡선

$$\Phi_0 = \Phi_c + \Phi_d = 2\pi I_0 \left[\int_0^{R_c} x dx + \int_{R_c}^{R_d} \left(\frac{R_d - x}{R_d - R_c} \right) x dx \right] \tag{6.42}$$

식 (6.41)과 (6.42)는 등식이 성립하므로 이를 정리하여 반사광 조도 I_0를 구하면 식 (6.43)과 같다.

$$I_0 = \frac{3\rho r_c^{\,2}}{R_d^{\,2} + R_d R_c + R_c^{\,2}} E_0 \tag{6.43}$$

R_d와 d_e는 다음과 같다.

$$R_d = r_c + [d_e + d]\,[\tan(\theta_0) + \tan(\theta_0 + 2\gamma + \theta)] \tag{6.44}$$

$$d_e = R_c[1 - \cos(\gamma)] \tag{6.45}$$

여기서 γ는 측정면 곡률에 의한 경사각, θ는 표면조도에 따라 결정되는 반사 한계각이다. 식 (6.44)에서 반사광의 조도는 광섬유 단면의 거리가 측정 대상물에서 멀어짐에 따라 작아짐을 볼 수 있다.

이와 같이 단면으로부터 측정거리, 즉 변위에 따라 반사광의 조도가 다르게 되므로 이를 선형화 하여 변위를 측정할 수 있는 것이다.

6.4.5 압력 측정

압력에 의하여 광섬유가 광로를 벗어나게 하거나 차단함으로써 생기는 투과광이나 반사광의 변화를 이용한, 즉 광강도의 변조를 이용하여 압력으로 바꾸어 압력을 측정하는 **광섬유 압력 센서**를 말한다. 예컨대 압력에 의한 다이어프램이나 광탄성 소자의 변화를 이용하여 반사광의 변화로서 검출하거나, 혹은 액정의 압력에 의한 반사광의 변화를 검출하여 압력을 계측한다. 광섬유 자체를 센서로써 사용하는 광섬유 기능형 센서에는 광탄성 효과를 이용하여 간섭방식으로 계측하며 또한 마이크로벤드 손실을 이용한 것도 있다.

가. 광강도 변조에 의한 압력 측정

(1) 광강도 변조의 다이어프램 반사를 이용한 압력 측정

그림 6.39는 다이어프램의 변위에 의한 반사광의 변화를 검출해서 압력을 측정하는 광섬유 압력 센서이다. 다이어프램의 양측 압력이 평형되어 있는 상태(즉, 차압이 0)의 반사광을 검출하여 탱크내의 압력을 측정한다.

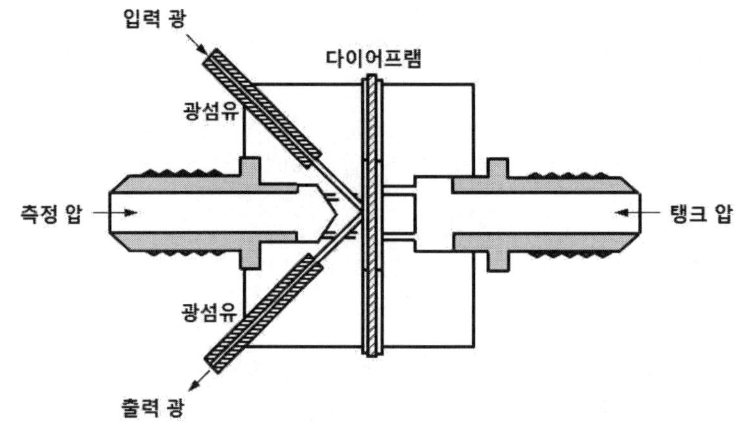

그림 6.39 다이어프램 반사형 압력 센서

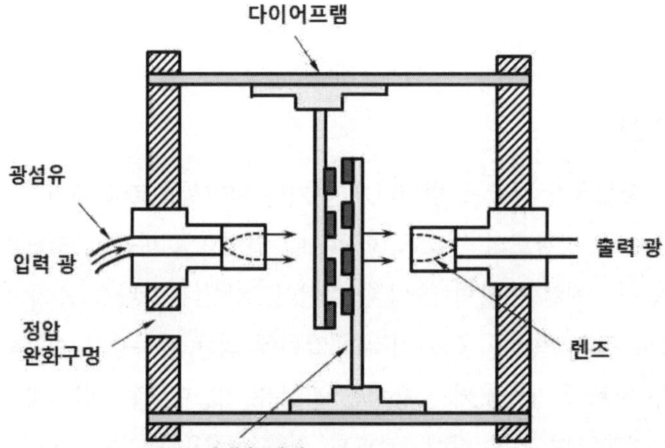

그림 6.40 가동격자를 갖는 다이어프램을 사용한 광섬유 압력 센서

그림 6.40과 같이 가동격자를 갖는 다이어프램을 사용한 광섬유 압력 센서는 격자가 달린

두 개의 그리드(grid)를 마주 보게 설치하고, 그 중 하나는 압력이 작용하는 다이어프램에 고정시킨다. 다이어프램에 압력이 가해지면 변형이 발생하고 이로 인해 출력광의 세기가 변하는 것을 검출한다. 이 압력 센서는 mPa 정도의 미소압력을 검출하는 데 사용될 수 있다.

(2) 광강도 변조의 마이크로벤드 손실을 이용한 압력 측정

이 형태의 센서는 마이크로 벤딩(Micro Bending)에 의하여 발생한 손실로 인한 광선의 감소량을 측정하여 원하는 물리량을 검출하는 방식으로, 프랑스의 에펠탑에 적용된 바 있다. 광원을 광섬유에 입사시키고 외력이 작용하면 인위적인 굴곡에 의하여 다중 모드 광섬유에 휨 거동이 발생하며, 광선의 양은 거리에 따라 감소한다. 그림 6.41과 같이 주기적인 둥근 톱니를 가진 두 판(압력 판) 사이에 광섬유를 넣고 맞물린 후 압력을 가하면 발생하는 마이크로 벤딩 효과(micro-bending effect)에 의해서 광섬유를 전파하는 광이 손실된다. 광의 강도 변화를 검출하여 평판 상에 가한 압력(음압)을 측정할 수 있다. 즉, 압력 판에 압력이 가해지면 광섬유의 중심축은 거기 대응하여 변형이 발생하여 굴절률이 변화하기 때문에 전파모드의 수가 변화한다. 광섬유로 전송되는 전광량 수는 모드 수에 비례하기 때문에 압력 등으로 전송손실이 변동하여 광강도 변조 신호를 얻게 된다.

제작과정이 간단하고, 경제적이지만, 상대적으로 민감도와 정확도가 떨어지며, 변형률의 측정범위가 제한되어 있다.

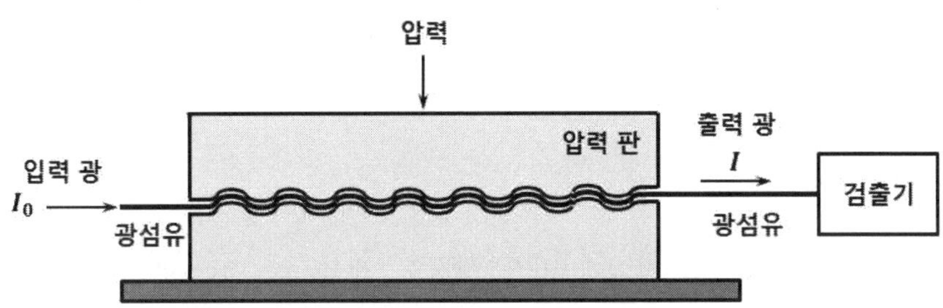

그림 6.41 마이크로벤드 손실에 의한 압력센서

나. 위상 변조에 의한 압력 측정

반면에 빛의 위상변화를 이용하는 단일 모드 광섬유를 사용한 것이 있는데 이것은 정밀도 높은 계측이 가능하지만, 복잡한 광학계나 검출회로가 필요하다. 그림 6.42는 단일모드 광섬유를 사용한 음압측정의 구조를 나타내고 있다. 먼저. 레이저 빔을 빔 스플리터에 의해 둘로 나누고, 한쪽은 참조용 단일 모드 광섬유(A)에 통하고, 다른 쪽은 음압의 영향을 받는 단일 모드 광섬유(B)에 통한다.

단일 모드 광섬유(B)는 음압에 의한 광탄성 현상이나 광섬유의 신축에 의해 광학적 길이가 달라진다. 그 결과 단일 모드 광섬유(A)와 단일 모드 광섬유(B)를 통과한 빛에서는 위상이 $\Delta\phi$ 만큼 변화하게 된다. 이 $\Delta\phi$의 위상변조를 받은 빛과 참조용 단일모드 광섬유로부터 빛을 간섭시켜 광학적인 호모다인 검파에 의하여 비트 신호를 검출하여 음압을 측정한다.

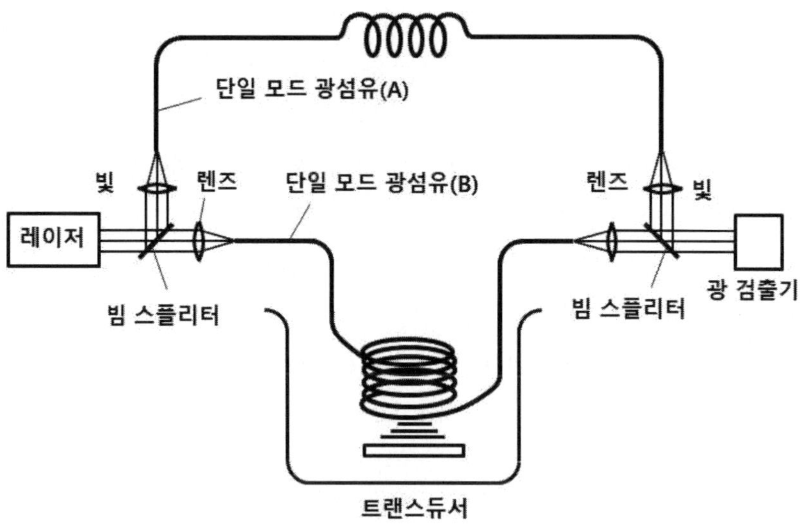

그림 6.42 광섬유 음압 센서

6.4.6 변형률 측정

광섬유 변형률 센서는 측정방식에 따라 광강도 센서(Intensity Sensor)와 간섭형 센서(Interferometric Sensor), 그리고 광섬유 브래그 격자 센서(Fiber Bragg Grating Sonsor, FBG)로 구분할 수 있다.

가. 광강도 변조를 이용한 변형률 측정

광강도 센서는 단순히 광섬유를 통해 검출되는 빛의 양에 기초를 두고 검출부에서 손실된 광량을 직접 검출하기 때문에 제작이 쉽고, 견고하며, 신호처리가 단순하다는 장점이 있지만, 간섭형 센서에 비하여 측정 감도가 낮은 단점이 있다. 이러한 형태의 광섬유 센서는 광원,

광섬유, 그리고 광검출기(Photodetector) 또는 스펙트럼 분석기로 구성되며, OTDR(Optical Time Domain Reflectometry)과 Micro-bend type 광섬유 센서 등의 종류가 있다.

(1) OTDR

OTDR(Optical Time Domain Reflectometry: 광시간 영역 반사 측정법)은 그림 6.43과 같이 펄스광을 광섬유 내부에 입사시키고 외부자극으로 인하여 광섬유에 인장 또는 굽힘이 발생되면 그 정도에 따라 광 손실이 증가하며, 균열 등으로 인하여 광섬유가 절단될 경우에는 그 절단면에서 반사광이 나타난다. 후방산란(Back Scattering)되어 되돌아온 빛의 광섬유 길이에 따른 광 손실을 측정함으로써 변형률을 관측할 수 있으며, 절단면에서의 반사광을 이용하여 절단지점을 측정하여 균열발생 위치를 추정할 수 있다. 광 손실 증가량으로부터 변형률을 얻기 위해서는 실구조물의 광케이블 설치조건에 의하여 도출된 변형률과 광 손실 증가와의 상관관계를 나타내는 데이터를 사전 입수하여 광 감지기의 기억장치에 저장해 두었다가 광 감지기의 중앙 처리부가 이를 근거로 하여 변형률을 검출하여야 한다.

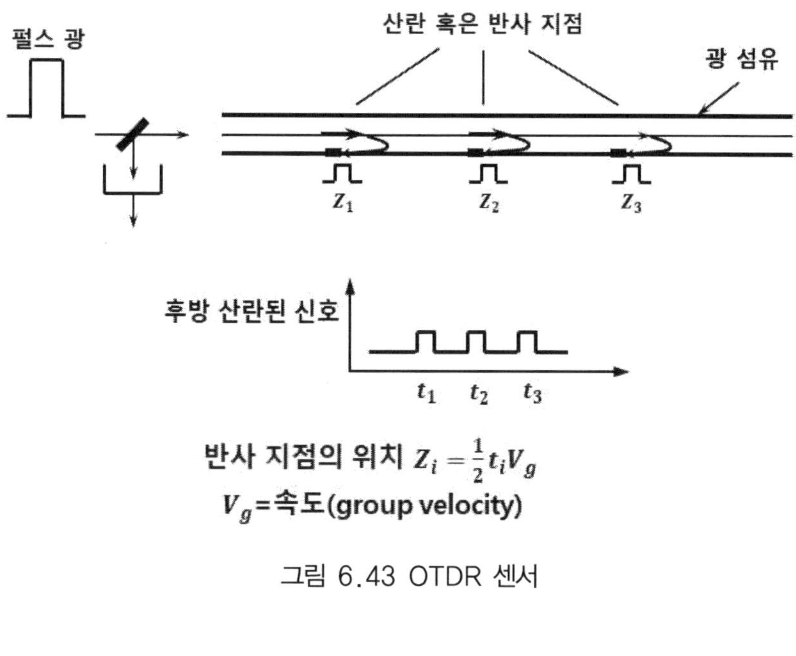

반사 지점의 위치 $Z_i = \frac{1}{2} t_i V_g$

V_g**=속도(group velocity)**

그림 6.43 OTDR 센서

(2) Micro-bend type

이 형태의 센서는 압력 센서에서도 설명했듯이 마이크로 벤딩에 의하여 발생한 손실로 인한 광선의 감소량을 측정하여 원하는 물리량을 검출하는 방식이다(그림 6.44 참조). 광원을 광섬유에 입사시키고 외력이 작용하면 인위적인 굴곡에 의하여 광섬유에 휨거동이 발생하며, 광선의 양은 거리에 따라 감소한다. 제작과정이 간단하고, 경제적이지만, 상대적으로 민감도와 정확도가 떨어지며, 변형률의 측정범위가 제한되어 있다.

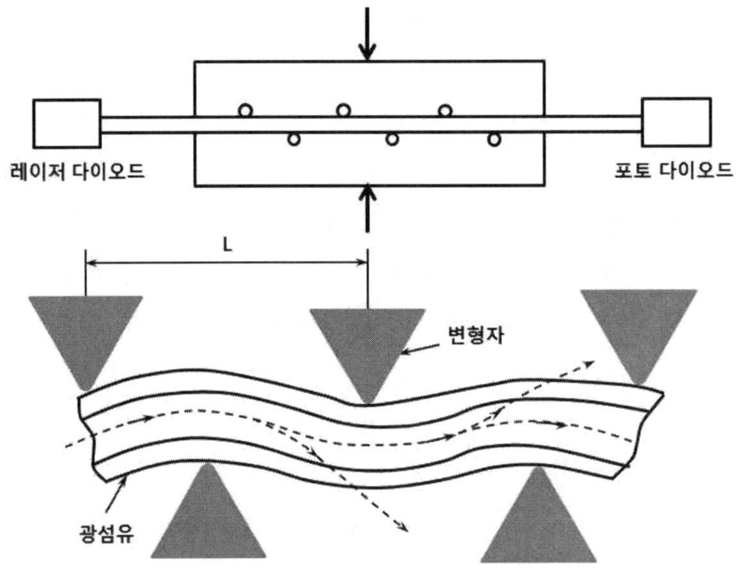

그림 6.44 Micro-bend type 광섬유 센서

나. 위상 변조를 이용한 변형률 측정

광강도 센서에 비하여 높은 민감도를 갖는 간섭형 센서는 측정 광섬유와 기준 광섬유로 구성되며, 출력신호는 광검출기에서 간섭되고 간섭된 신호의 위상차(Phase) 및 크기는 외부 물리량(변형률, 온도, 압력 등)과 연관성을 갖게 된다. 광원과 기타 다른 변동은 측정 광섬유와 기준 광섬유에 동일하게 작용되고, 기준 광섬유를 기준으로 측정 광섬유를 보정하여 원하는 물리량만을 취득하므로 정확도는 뛰어나지만 복잡한 출력신호 처리가 요구되며 편광을 고려해야 하는 어려움이 있다. 가장 대표적인 간섭형 센서로는 마하-젠더, 마이켈슨, 그리고 패브리-페롯 등이 있다.

(1) 마하-젠더 간섭형 변형률 센서

마라-젠더 간섭형 변형률 센서의 기본 원리는 광원에서 발생하는 광을 커플러로 세기가 같은 두 개의 광으로 나누어 그 중 하나는 주위 환경에 민감한 측정 광섬유의 역할을 하며 다른 하나는 환경변화에 무관한 기준 광섬유로서의 역할을 하게 하는 것이다. 이 두 가지 유형의 광은 각각 측정 광섬유와 기준 광섬유를 통과한 후 두 번째 커플러에 의해 재조합된다. 여기서 발생되는 두 광 사이의 간섭신호가 광검출기에 의해 감지되는 것이다(그림 6.45). 이 센서 시스템은 변형률에 매우 민감한 장점이 있지만, 측정 영역이 분산되는 단점이 있다.

그림 6.45 마하-젠더 간섭형 변형률 센서의 계략도

(2) 마이켈슨 간섭형 변형률 센서

마이켈슨 광섬유 센서는 끝단을 거울 도금한 두 개의 광섬유를 게이지 길이만큼 거리 차를 두어 구조물에 부착한 후 레이저 다이오드에서 빛을 광섬유에 입사시키면 광섬유 커플러를 통과하면서 분할되어 빛은 측정 광섬유와 기준 광섬유로 각각 입사된다는 원리를 이용한다. 두 개의 광섬유 끝단에 설치된 거울 도금 부에서 반사된 빛은 다시 광섬유 커플러를 만나면 간섭을 일으키고 광검출기로 검출될 때는 변형률에 비례하는 정현파(Sinusoidal Wave) 광신호를 출력하게 된다.

마이켈슨 간섭형 변형률 센서의 경우 신호의 입출력 부분에서 상당히 적은 광섬유가 사용되며, 또한 다중화(Multiplexing)가 용이한 이점이 있으나 신호 대 잡음비(S/N비)가 광원의 피드백 현상에 의해 감퇴되는 문제점도 가지고 있다. 그림 6.46은 마이켈슨 간섭형 변형률 센서의 개략도를 나타낸 것이다.

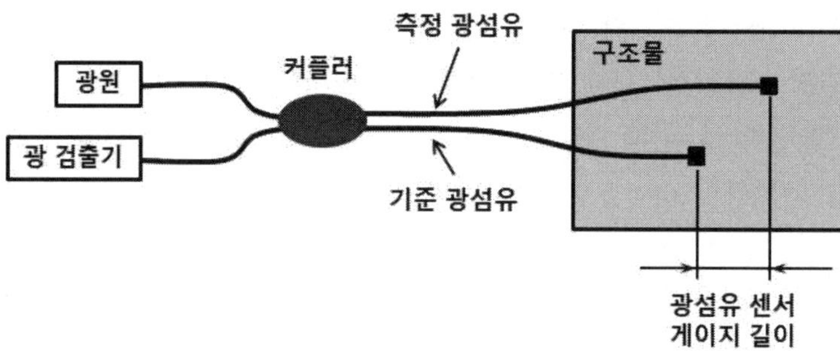

그림 6.46 마이켈슨 간섭계 변형률 센서의 개략도

(3) 마이켈슨 간섭형 센서를 이용한 SOFO 시스템

SOFO 시스템은 1995년에 Inaudi 외 다수에 의하여 마이켈슨 간섭형 센서를 응용하여 구축된 시스템으로 토목구조물에 다양한 적용연구가 수행되었다. SOFO란 프랑스어로, Surveillance d'Ouvrages par Fibres Optiques의 약자이며, '광섬유에 의한 구조물의 감시'란 의미를 갖는다.

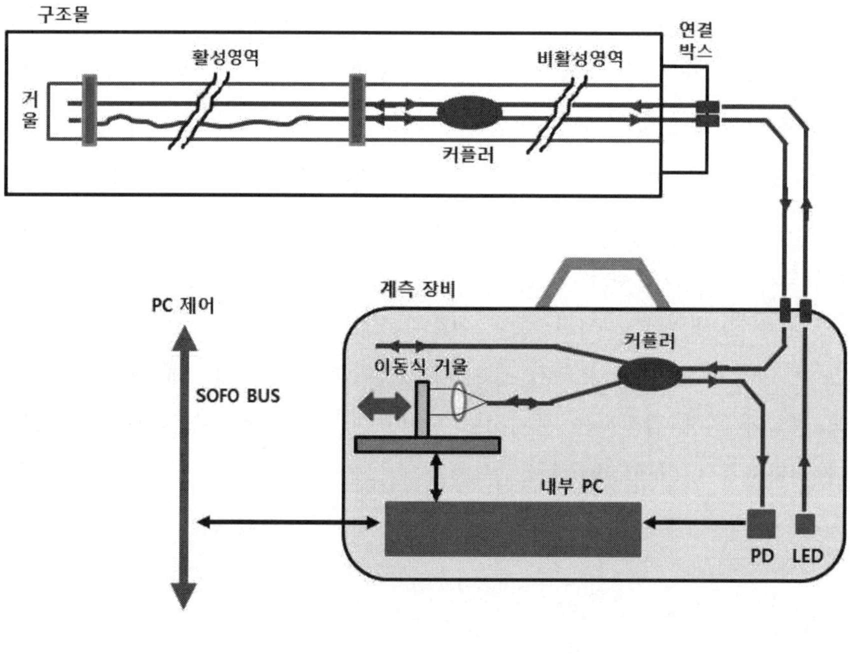

그림 6.47 SOFO 시스템의 개략도

SOFO 시스템은 광원(LED)을 단일모드 광섬유에 입사시키면 광원은 커플러를 통하여 50:50의 비율로 대상구조물에 위치한 두개의 단일모드 광섬유로 분할되는 특성을 이용하여 구축되었다. 측정 광섬유는 대상구조물에 부착되어 압축 및 인장 변형을 감시하며, 기준 광섬유는 측정 광섬유와 인접한 파이프 속에 느슨한 형태로 설치되므로 구조물의 모든 변형은 이 두 가지 형태의 광섬유 길이 차에 의해 측정된다. 그러므로 구조물에 변형이 발생하였을 경우에만 측정값에 영향을 줄 것이며, 온도에 의한 영향은 두 가지 형태의 센서에 동일하게 작용되어 온도 보정용 기준 광섬유에 의하여 제거되므로 결과 값에는 영향을 미치지 않게 된다.

그림 6.47에 나타난 바와 같이 두 개의 광섬유 끝단에 설치된 거울은 입사된 광원을 반사하여 커플러로 보내는데, 이 커플러는 반사된 광선을 재결합하여 계측장비로 전달한다. 계측장비 또한 두 개의 광섬유로 구성되어 있으며, 이동식 거울을 사용하여 두 광섬유 사이의 알고 있는 경로차(Path Difference)를 측정하는 방식으로 되어 있다.

(4) 패브리-페롯 간섭형 센서

이는 광섬유 기술이 변형률 게이지의 형태와 기능을 조합하여 발전된 것으로서, 크게 내부 패브리-페롯(Intrinsic Fabry-Perot, IFP) 간섭형 센서와 외부 패브리-페롯(Extrinsic Fabry-Perot, EFP) 간섭형 센서로 나누어진다. 그림 6.48은 패브리-페롯 간섭형 센서 중 IFP 간섭형 센서와 EFP 간섭형 센서의 신호전달 경로를 나타낸 것이다.

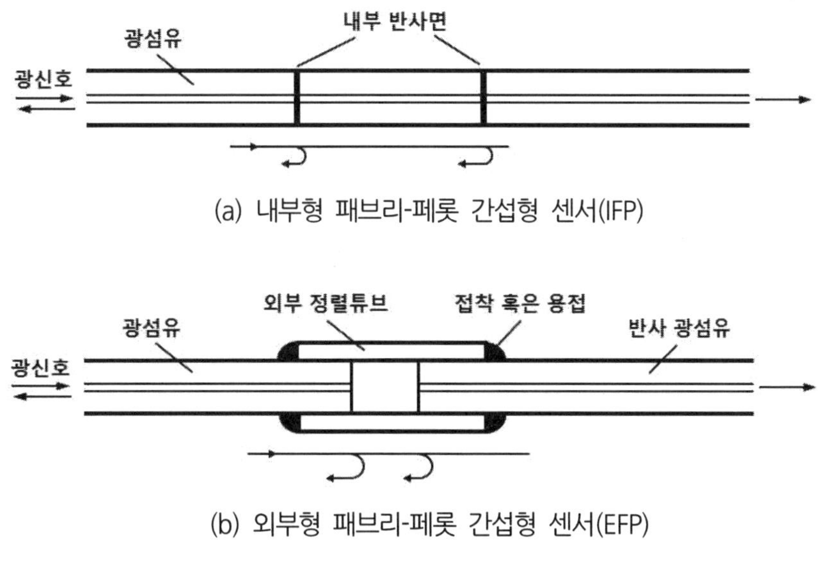

(a) 내부형 패브리-페롯 간섭형 센서(IFP)

(b) 외부형 패브리-페롯 간섭형 센서(EFP)

그림 6.48 패브리-페롯 간섭계

(a) IFP 간섭형 센서

그림 6.49에서 보여지는 IFP 센서 시스템에서의 작용원리는 광원으로부터 발생된 광은 커플러를 거쳐 광섬유 내에 삽입된 두 개의 얇은 거울 막에 의해 형성된 공동(Cavity)에 전달된다. 여기서 광의 일부는 첫 번째 막에 의해 반사되고, 이를 통과한 광이 공동에 전달되어 두 번째 막에 의해 반사됨으로써, 커플러에 연결된 출력 시스템에서 두 광의 세기 차이에 의해 결과가 산출된다. 이 두 광의 간섭은 공동에 도달하는 광이 첫 번째 막에 의해 반사되는 광보다 더 멀리 전달되기 때문에 발생하게 된다. 이 센서의 특징은 광 위상 차가 공동 내에서의 변형률과 온도영역에 의해 지배된다는 것이다. 이 현상을 Sirkis 외(1991)는 다음과 같은 식 (6.46)로 제안하였다.

$$\Delta\phi = \frac{4\pi nL}{\lambda}\{P_e[\epsilon_1 + (a_s - a_f)\Delta T] + \xi\Delta T\} \tag{6.46}$$

여기서, a_s, a_f: 구조물과 광섬유의 온도 팽창계수

ξ : 열광학 계수로서 $6.8\mu\epsilon/℃$

P_e : 변형률 광학 계수로서 0.79

L : 공동의 길이

λ : 광원의 파장

단, 식 (6.46)은 센서가 구조물의 표면에 설치되었을 시 적용 가능한 식으로 센서가 매설되었을 경우에는 적용하기 어려우며, IFP 센서가 온도에 상당히 민감하다는 것을 보여주고 있다. IFP 센서에서의 다중화는 공간 분할 다중화(Spatial Division Multiplexing)라 불리는 시스템으로 이루어진다.

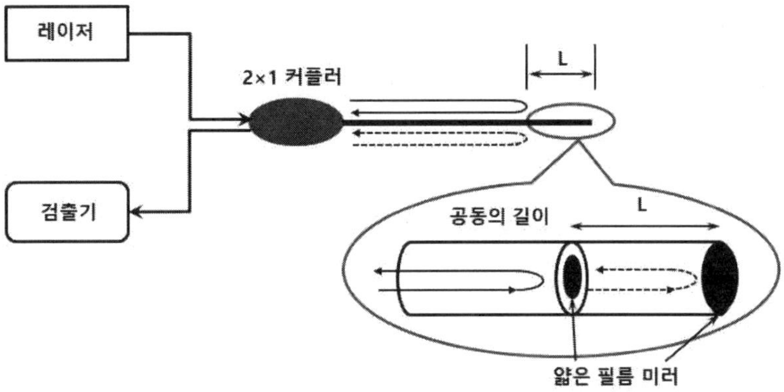

그림 6.49 IFP 센서 시스템

(b) EFP 간섭형 센서

EFP 센서는 IFP 센서와 매우 유사하며, 차이점은 공동이 IFP 센서와는 달리 광섬유 내에 존재하는 것이 아니라, 외부에 존재한다는 것이다. EFP 센서의 기본적인 시스템은 그림 6.50에 제시되어 있다. EFP 센서의 전형적인 특징은 센서의 세기가 공동 길이의 함수인 점으로, 이는 공동 내의 광이 공극(air-gap)을 통과할 때 자유롭게 분산되기 때문이다. EFP 센서에서의 온도와 변형률에 대한 반응을 나타내는 식은 다음과 같다.

$$\Delta\phi = \frac{4\pi}{\lambda}\{[\epsilon + (a_s - a_f)\Delta T]L_g + \xi_{air}\Delta T L_c\} \tag{6.47}$$

여기서, ξ_{air} ; 열광학 계수로서 $0.1\mu\epsilon/℃$

L_g ; 광섬유의 부착지점마다의 코어간의 간격

L_c ; 공동의 길이

이외의 계수들은 IFP 센서에서 정의된 것과 동일하다. 식 (6.47)에서 주의 깊게 생각할 것은 변형률 광학 계수인 P_e을 포함하고 있지 않다는 점인데, 이는 EFP 센서가 내재적으로 횡방향 변형률에 독립적인 성격을 띠고 있다는 것을 뜻한다. 즉, 광 위상차는 오직 공동 내에서 형성되는 공기와 유리의 접합면의 물리적인 차이에 영향을 받는 것이다. 식 (6.47)에서 또 하나 주목할 점은 L_g와 L_c가 온도와 변형률에 대한 응답을 지배한다는 것으로, 이는 EFP 센서의 온도 보상효과를 가능하게 하는 요소이다. 온도보상의 과정은, 즉 물리적인 외부자극에 의하여 발생된 변형률을 제외하고 온도에 의하여 발생된 변형률을 제거하는 과정이다. EFP 센서의 경우에 더미(Dummy)로서 금속성분의 와이어(Metalic Wire)를 같이 설치하여 온도보상효과를 얻을 수 있다.

EFP 센서에서의 센서 다중화는 IFP 센서에서의 공간 분할 다중화와 같은 기법으로 이루어진다. 그러나 이 센서 시스템에서의 문제점은 공극 내에서 광의 팽창현상이 센서 시스템 파워를 제한하고, 신호상의 혼선(Cross-Talk)을 유발하기도 한다.

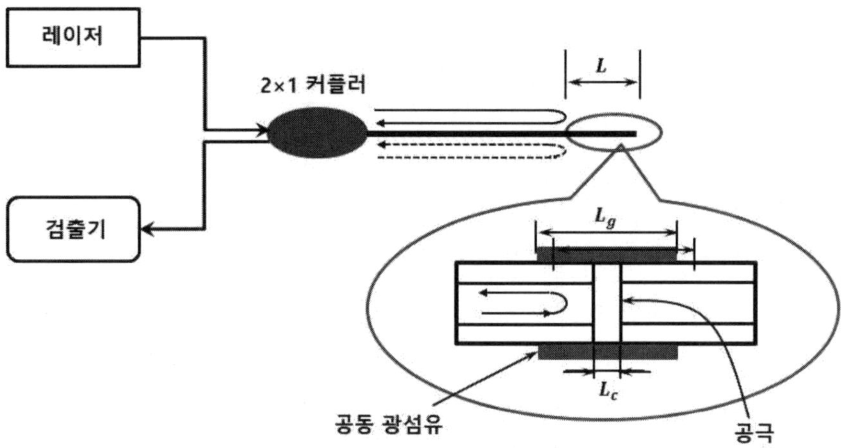

그림 6.50 EFP 센서 시스템

다. 파장 변조의 광섬유 브래그 격자를 이용한 변형률 측정

1978년 K. O. Hill 그룹에서는 게르마늄이 첨가된 광섬유에 488㎚의 강한 단일모드 Ar+ 레이저를 입사시켜 몇 분후에 반사되는 빛의 강도가 증가하며 거의 모든 빛이 반사되는 현상을 관측하였다. 이러한 현상은 광섬유 끝단에서의 반사(Fresnel reflection 4%)된 빛과 입사한 빛이 정상파를 형성하여 주기적인 에너지 변화를 주어 광섬유 코어 내에 주기적인 굴절률 변화를 유도했기 때문이다. 이러한 현상을 **광민감성**(Photosensitivity)이라고 하며 사용한 광섬유의 길이는 1m이었다. 광섬유 격자 소자는 게르마늄이나 붕소 등이 첨가되어 있는 광섬유 코어 부분을 자외선 레이저에 노출시키면 굴절률이 변하는 광민감성을 이용하는 광자 소자이다. 즉, 광섬유 격자 소자는 광민감성을 기반으로 광섬유 코어 부분에 주기적인 굴절률 변화를 유도하여 빛이 반사 또는 투과율 변화를 유도할 수 있다. K. O. Hill 그룹에서 구현한 격자의 경우에는 외부의 조작에 의해 형성된 격자가 아니고 UV 레이저의 정상파에 의한 격자이므로 **자기유도 격자** 또는 **Hill 격자**라고 한다. 1981년에 Lam과 Garside는 이

격자의 경우에 격자의 강도는 이 광자 과정(two-photon process)라 하여 빛의 강도의 제곱에 비례한다는 것을 보였다.

Hill 격자는 브래그파장이 입사하는 레이저 파장에 제한되어 있고 사용된 광섬유의 길이가 길어 실제 사용하기에는 무리가 있었다. 1989년에 Meltz는 광섬유 측면에 두 개의 244 ㎚의 UV빔을 조사하여 간섭을 일으키는 격자를 형성하였다. 이 방법은 단 광자 과정(single-photon process)를 기반으로 굴절률을 효과적으로 변화시킬 수 있으며 두 UV빔의 각도를 변화시켜서 원하는 파장을 반사시키는 격자를 제작할 수가 있다. 그러나 이러한 홀로그래픽 방법은 간섭을 일으키는 두 빛의 경로상의 작은 변화에도 큰 영향을 받기 때문에 높은 안정성이 요구되고, 또한 공간 간섭성(spatial coherence)이 큰 레이저를 사용해야 한다는 단점이 있었다. 1993년에 Hill 등과 Anderson 등은 위상 마스크를 이용하여 격자를 새기는 방법을 동시에 발표하였다. 이 방법은 간섭이 회절 소자인 위상마스크에 의해 UV빔의 가간섭 길이에 관계없이 광섬유 격자를 만들 수 있고 시스템이 간단하고 안정적이기 때문에 광섬유 격자를 대량으로 제작할 수 있다는 장점이 있다. 그 후 단순히 격자를 새기는 것이 아닌 격자의 굴절률 분포와 주기를 미세하게 조절하여 그 특성을 개선하는 연구가 다양하게 이루어지고 있다.

(1) 광섬유 격자의 특성

광섬유 격자는 굴절률 변화의 주기의 크기에 따라 단주기 격자(Fiber Bragg grating, FBG)와 장주기 격자(Long-period fiber grating, LPFG)의 두 가지 종류로 나누어진다. 단주기 격자는 앞으로 진행하는 코어 모드가 단주기 격자를 만나면 브래그(Bragg) 위상 정합 조건 ($\lambda_B = 2n\Lambda$)을 만족하는 파장에서 반사를 유도할 수 있다. 단주기 격자에서는 굴절률의 변화 주기가 매우 짧으며 1.55㎛의 경우 주기는 대략 0.5㎛ 정도이다.

그림 6.51에서 보는 것과 같이 위상 정합 조건을 만족하는 파장에서 반사가 일어나서 투과도가 낮은 것을 알 수 있으며 투과 스펙트럼에서 알 수 있듯이 코어 모드의 반사 신호 외에 다수의 작은 공진 파장들이 단파장에 위치함을 알 수 있다. 이것은 코어 모드와 클래딩 모드 사이의 커플링에 의한 것으로 단주기 광섬유 격자의 통신용 필터로써의 성능을 저하시키므로 반드시 억제시켜야 한다. 단주기 광섬유 격자에서 클래딩 모드 커플링을 억제하는 방법에는 광민감성 영역을 증가시켜 코어 모드와 클래딩 모드 사이의 오버랩을 증가시켜서 상호 커플링 세기가 감소하도록 하는 기술과 압축 클래딩 구조를 갖는 특수 광섬유를 이용하여 코어 모드와 클래딩 모드 사이의 커플링 세기를 감소시키는 기술이 대표적이라고 할 수 있다. 단주기 격자는 빛을 반사시킬 수 있으므로 파장대역 반사필터, 파장 투과 필터, 광섬유 레이저 및 반도체 레이저의 외부반사거울, 광섬유 격자 패브리 페로 에탈론, 광

섬유 격자센서 등에 가장 많이 응용되고 있다. 단주기 광섬유 격자 제조를 위해 사용되는 자외선 레이저로는 KrF 엑시머 레이저(248㎚), XeCl 엑시머 레이저로 여기된 dye 레이저의 2차 하모닉 레이저(244㎚), Argon 레이저의 2차 하모닉 레이저(244㎚), 그리고 Nd-YAG 레이저의 4차 하모닉 레이저(265㎚) 등이 사용되고 있다. 이러한 자외선 레이저를 사용하여 간섭 현상을 유도하여 단주기 격자를 제조한다.

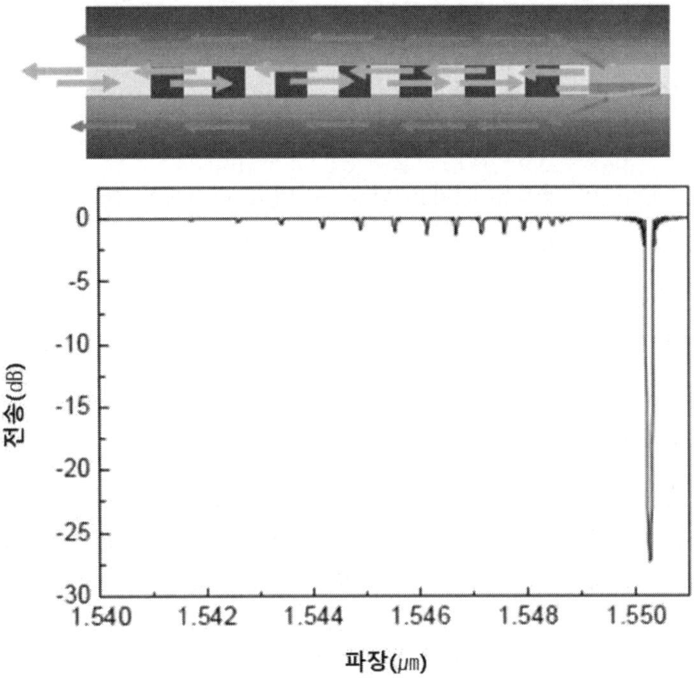

그림 6.51 FBG 원리 및 투과 특성

(2) 광섬유 격자 센서 원리

그림 6.52는 FBG의 원리를 도시한 것으로, 광원을 광섬유에 입사시킬 경우, 브래그 조건에 의한 파장성분은 광섬유 브래그 격자에서 반사되고 나머지 파장성분은 그대로 통과한다. 광섬유에 전달된 광원의 스펙트럼, 브래그 격자를 통과한 광신호의 스펙트럼, 그리고 브래그 격자에서 반사된 광신호의 스펙트럼이 그림 6.52에 나타나 있다.

이러한 신호전달 특성은 다음 식 (6.48)과 같이 정의할 수 있다.

$$\lambda_B = 2n\Lambda \tag{6.48}$$

여기서 n은 광섬유격자의 유효 굴절률, Λ는 격자의 간격, λ_B는 브래그 파장이다.

식 (6.48)에서 알 수 있듯이 격자에서 반사되는 브래그 파장은 유효 굴절률과 격자 간격의 함수이며, 광섬유 격자에 온도나 변형률 등의 외부 물리량을 가할 경우 이들 값이 변하여 브래그 파장은 달라진다.

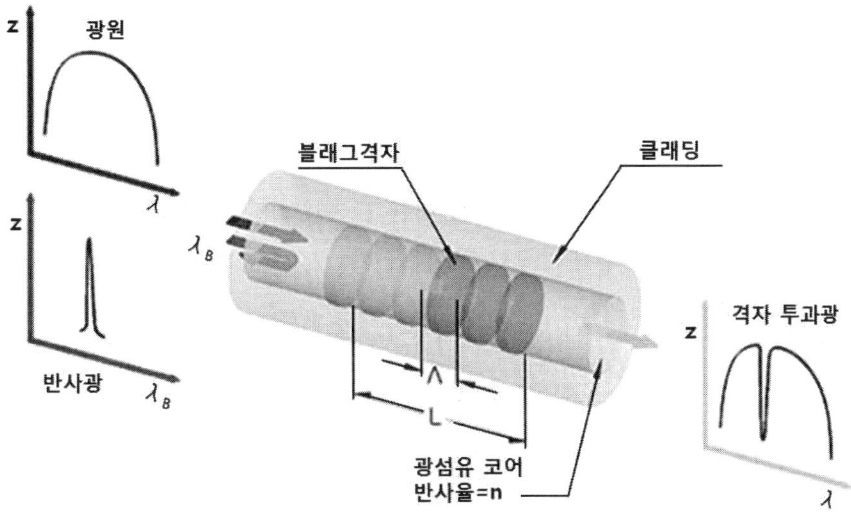

그림 6.52 광섬유 브래그 격자의 구조

그러므로 격자에서 반사되는 브래그 파장은 유효 굴절률과 격자 간격의 함수이며, 광섬유 격자에 온도나 변형률 등의 외부 물리량을 가할 경우 이들 값이 변하여 브래그 파장은 달라진다.

브래그 파장의 변화를 정밀하게 측정한다면 광섬유 격자에 가해진 미지의 물리량 (온도, 변형률)을 다음 식 (6.48)을 통하여 역으로 계산할 수 있으며, 이것이 광섬유 격자가 센서로 사용될 수 있는 기본 원리이다.

$$\Delta\lambda_B = \lambda_B[(a+\xi)\Delta T + (1-p_e)\Delta\varepsilon] = K_T\Delta T + K_e\Delta\varepsilon \tag{6.49}$$

$$P_e = \left(\frac{n^2}{2}\right)[p_{12} - \nu(p_{11}+p_{12})]$$

여기서, $\Delta\lambda_B$; 브래그 파장 변화량

λ_B ; 브래그 파장

a ; 광섬유의 온도에 따른 팽창계수 (실리카의 경우 0.5×10-6)

ξ ; 온도에 의한 광섬유의 굴절률 변화를 나타내는 열광학계수 (실리카의 경우 8.3×10-6)

ΔT ; 광섬유격자의 온도 변화

$\Delta\varepsilon$; 광섬유격자의 변형률 변화

K_T, K_e ; 선형계수

P_e ; 광탄성 상수 (게르마늄-실리카 유리의 경우 대략 : 0.22)

p_{11}, p_{12} ; 변형률 광학 텐서의 성분

n ; 코어의 굴절률

광섬유 격자의 온도 및 변형률의 변화에 대한 브래그 파장의 변화는 광섬유로 측정이 가능한 범위에서는 대체로 선형적이며 단순화된 선형 계수 와 만으로도 센서 특징을 표현할 수 있다. 광섬유 브래그 격자 센서는 측정량이 브래그 반사파장의 변화량이므로 측정이 간편하며, 광섬유 격자의 광 반사파장의 선폭이 좁기 때문에 분해능이 높은 센서를 구성할 수 있다. 또한 브래그 반사 파장이 서로 다른 광섬유 격자들은 서로 영향을 받지 않으므로 하나의 광섬유를 이용한 다중점 측정이 가능하다.

6.4.7 진동 측정

가. 위상 변조를 이용한 진동 측정

(1) 광섬유 자체의 위상 변조를 이용한 진동 측정

이 형태의 센서는 광섬유에 압력, 진동을 가함에 의해 코어의 길이, 광탄성 효과에 의한 코어의 굴절률 등이 변화하여 전송된 광의 위상량이 변동하는 것을 원리로 한 것이다. 대표적인 예로서 수중에서의 초음파 진동센서를 들 수 있다(그림 6.53).

레이저 광원으로부터 나온 광은 빔스플리터에 의해 두 방향으로 분리되고 한 쪽은 수중의 센서부에 다른 쪽은 참조 광용 광섬유에 입사된다. 센서부에 음압을 가함에 따라 광섬유 내의 광의 위상 변화가 일어난다. 이 위상 변화가 일으킨 광과 참조광을 마하젠더 간섭계로 간섭시켜 수광 소자로 검파함으로써 음파 진동을 검출할 수 있다.

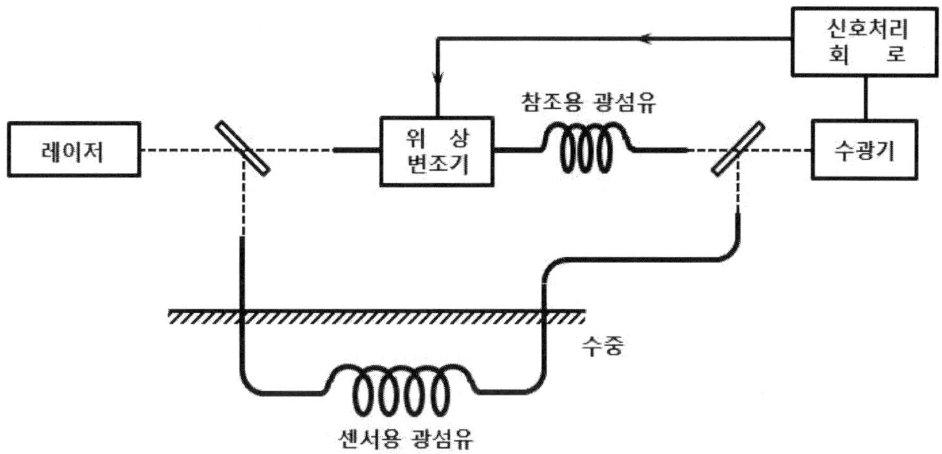

그림 6.53 초음파 진동 센서

이와 같은 위상 변화를 이용한 진동 센서는 감도, 재현성에 우수한 특성을 나타낸다. 그러나 초음파 센서에 한정하지 않고 2선식 광섬유 센서는 온도 변화가 두 가닥의 광섬유에서 다르고 신축의 차가 생기기 때문에 안정성에 결점이 있다는 단점이 있다. 온도 변화에 의한 드리프트를 경감하기 위해서는 그림 중에 나타냈듯이 드리프트 성분에 대해 피드백을 거는 위상보상 회로를 부가하는 방법이 있으며 안정한 출력을 얻을 수 있다.

(2) 듀얼 코어 광섬유의 위상 변조를 이용한 진동 측정

이 밖에 온도 변화에 대해 안정성이 높은 간섭형 센서로서 듀얼코어 광섬유를 이용한 차동식의 진동 센서가 있다(그림 6.54). 이것은 광섬유 클래드 내에 2가닥의 코어를 갖고 있으므로 섬유 일부를 어느 각도 비틀고, 이 부분과 광섬유 축에 수직방향으로 변이를 줌으로써 2가닥의 코어 길이에 차를 발생시켜 전파하는 두 개의 광의 위상차를 변화시킨다. 이 구성에 의하면 주위 온도 변화가 2가닥의 코어 사이에서 같으며 위상 변동을 없앨 수 있다. 그림은 한 개의 간섭무늬의 변화를 1펄스로서 디지털적으로 취출하여 진동 측정하는 회로 예이다.

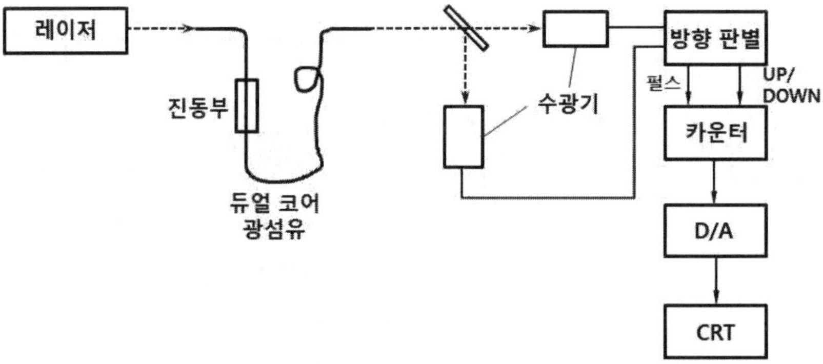

그림 6.54 듀얼 코어 광섬유를 이용한 차동식 진동센서

나. 광강도 변조를 이용한 진동 측정

(1) 마이크로밴드를 이용한 진동 측정

다음에 광섬유의 굽힘 손실을 이용한 진동 센서를 나타낸다(그림 6.55). 마이크로밴드에 의해 미세한 굽힘을 주면 굽힘의 정도에 따라 전파하는 광의 일부가 섬유 밖으로 누설된다. 이 전파 손실을 검출함으로써 저주파 진동을 측정할 수 있다.

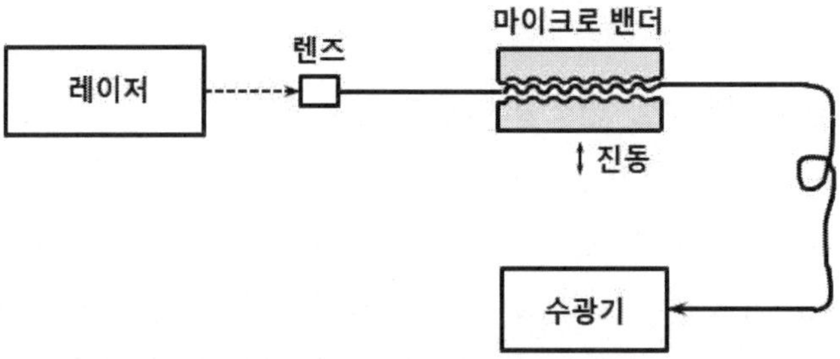

그림 6.55 마이크로밴드에 의한 진동 센서

(2) 광 손실을 이용한 진동 측정

그림 6.56과 같이 투광 섬유로부터 방사되는 빛은 일정한 α각으로 퍼져나가며 일정거리 b만큼 떨어진 수광면의 r_r인 원형 조사면적을 가지므로 그 일부분만 수광 섬유로 입사된다.

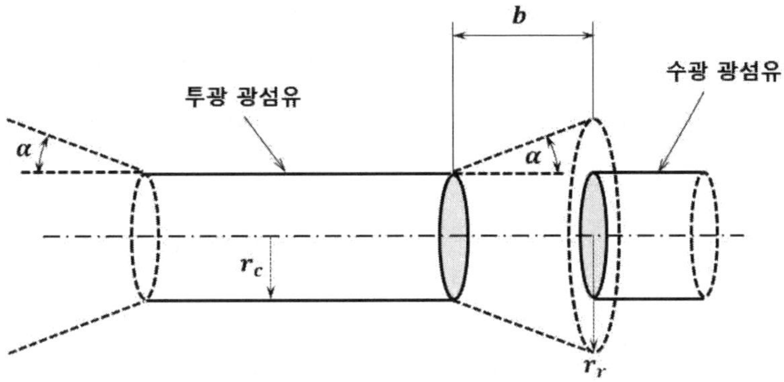

그림 6.56 광섬유 진동 센서의 기본 구조

광섬유로부터 나오는 광속(Φ_t)과 상평면에 조사된 광속이 보존됨을 전제로 일정한 광량의 크기 E를 다음 식으로 나타낼 수 있다.

$$E = \frac{\Phi_t}{\pi r_r^2} \tag{6.50}$$

식 (6.50)에 $r_c = r_r + b\tan\alpha$을 적용하면 거리 b에 대한 조도 분포를 해석할 수 있다.

α이내에 방사 각도 θ 내에 존재하는 동일한 거리 b에서의 방사 각도 θ에 따른 x는 다음과 같은 관계를 갖는다.

$$x = b\tan\theta \tag{6.51}$$

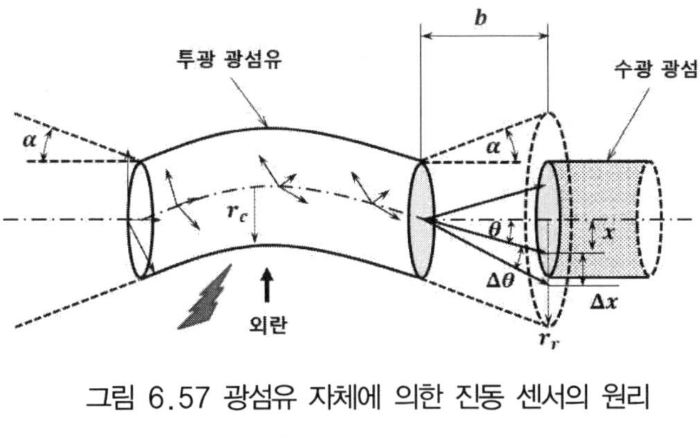

그림 6.57 광섬유 자체에 의한 진동 센서의 원리

이에 투광파이버에 외란을 가하면 그림 6.57과 같이 투광파이버에서 방사되는 빛이 외란에 비례하는 만큼 θ각에서 $\Delta\theta$ 만큼의 변화를 유발하여 Δx의 거리만큼의 조도분포 변화가 광량의 손실 변화로 이어져 다음과 같은 광 강도의 변화로 유발된다.

$$E = \frac{\Phi_t}{\pi(\Delta x + x)^2} \tag{6.52}$$

이러한 변화는 외란의 주파수 특성과 동일한 주파수 성분을 갖는다.

다. 위상 변조에 의한 진동 측정

이 형태의 센서에는 비접촉 측정에 특징이 있는 것이 많고 광변환의 방식에 여러 궁리가 보여진다. 대표적인 것으로는 고주파 미소진폭의 진동 검출에 유효한 레이저 간섭법을 이용한 센서가 있다(그림 6.58). 레이저 광을 SELFOC lens에 의해 단일모드 광섬유에 입사된다. 전파한 광의 일부는 광섬유 출사 단면에서 반사되어 돌아온다. 다른 광은 출사하여 진동자 판면상의 반사 거울에 의해 위상 변조되고 재차 원래 광로로 돌아와 단면에서의 반사광과 간섭을 일으킨다. 입사부까지 돌아온 쌍방의 광을 빔스플리터와 수광 소자에 의해 검출한다. 이 때 진동 진폭이 광의 파장보다 충분히 작으면 검출된 신호의 진폭과 진동 진폭은 비례관계가 된다. 또한 노이즈 경감을 위해 PZT 등에 의해 광섬유를 통과하는 광에 주파수 시프트를 주는 것이 많다. 이 방식에서 10^{-2} Å 오더의 진폭 측정이 가능하다.

같은 원리를 이용한 3차원 진동의 측정도 있다(그림 6.59). 이 측정 장치에서는 반사판면에 대해 평행한 진동 성분을 검출하기 위해 2가닥의 단일 모드 광섬유를 이용하여 서로 45°의 각도에서 한 점에 레이저를 조사시킨다.

산란 반사광 가운데 판면에 수직한 성분을 공통의 단일 모드 광섬유에 의해 검파부로 유도한다. 여기서 판면에 수직한 진동에 의한 위상 변동은 서로 소멸 되지만 평행한 진동에 대해서는 각각 역극성의 위상 변조를 받게 되어 두 개의 광 사이에서 배의 변조를 나타낸다.

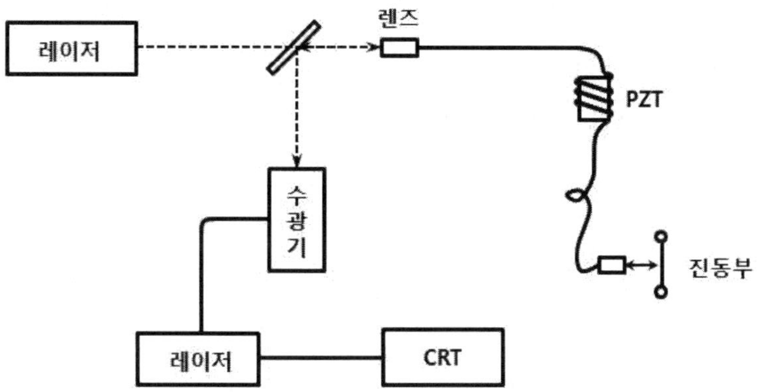

그림 6.58 광섬유 간섭계 형식의 진동 센서

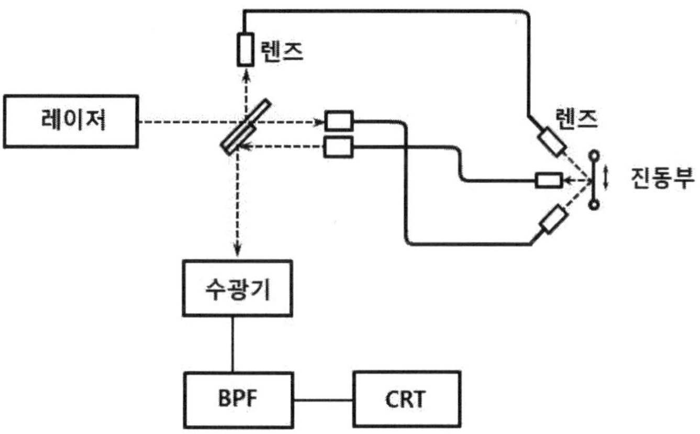

그림 6.59 면내 진동의 측정

6.4.8 음향 측정

가. 광강도 변조에 의한 음향 측정

광강도 변조에 의한 음향 측정 센서는 매우 다양한 변환 메카니즘에 기초를 두고 있다. 이 변환기술은 적용된 신호에 비례하여 광감도를 변화시키며 이점에서 광강도 변조에 의한 음향 측정 센서는 광섬유 간섭계 또는 위상 센서와는 성격이 다른 것이다. 이것의 변조지수는 다음과 같다.

$$Q = \Delta I / I_0 P \tag{6.53}$$

여기서 ΔI는 광파워의 변화분, I_0는 출력 광파워, 그리고 P는 압력이다. 변조지수 Q는 센서 응답과 최소 감지 문턱치(threshold)를 결정한다. 전통적인 방법에 따른 센서응답 S는 압력의 변화에 따른 전압의 변화를 의미하며 S는 다음과 같다.

$$S = qI_0RQ \tag{6.54}$$

여기서 q는 검출기 응답도 [A/W]. R은 검출기 부하 저항 [Ω]이다. 산탄 잡음(shot noise) 한계에 의한 검출 문턱치(threshold)는 다음과 같다.

$$P_{\min} = 1/Q(2eB/qI_0)^{1/2} \tag{6.55}$$

여기서 e는 전하량이고, B는 검출 대역폭이다.

(1) 광섬유 마이크로 벤드 음향 센서

광섬유 마이크로 벤드 음향 센서는 광섬유의 벤딩 손실을 이용한 것으로 그림 6.60과 같다. 광섬유의 빛의 손실은 도파모드로부터 방사모드로의 결합에 의하여 발생된다. 광섬유의 변형이나 불균일성에 의하여 모드간에 결합이 발생하여 광 파워 전달이 이루어진다. 광섬유 마이크로벤딩 광강도 센서를 제작하기 위해서는 클레딩 모드를 제거하여 클래딩에서 코어로 돌아오는 광 결합을 금지하여야 한다. 두 개의 융기면을 이용하여 벤드의 진폭을 변화시킴에 의하여 광강도 변조를 얻을 수 있다. 이것의 변조 지수는 다음과 같다.

$$Q = \frac{dT}{dx}\frac{dx}{dP} \tag{6.56}$$

여기서, T는 광섬유 전송도, x는 변위이고, dT/dx는 광섬유의 특성에 따른 파라미터, dx/dP는 디바이스의 기계적 설계에 의존한다.

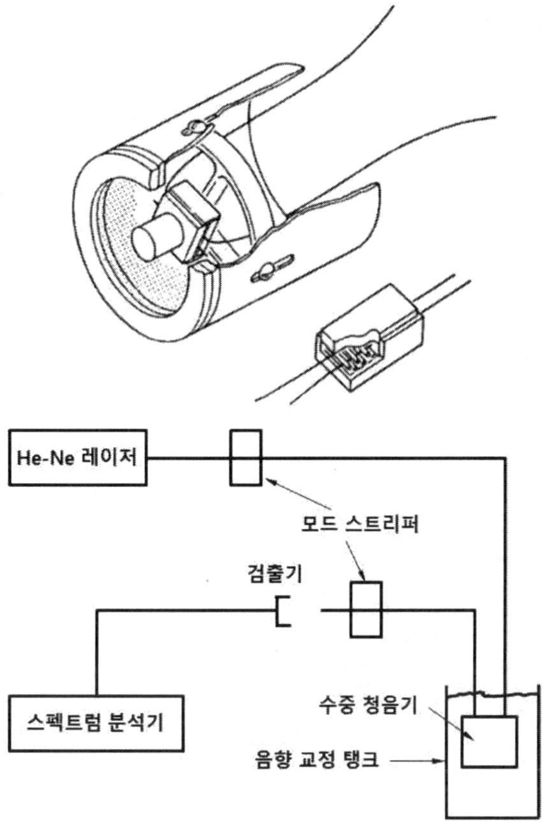

그림 6.60 광섬유 마이크로 벤드 음향 센서

$$\beta - \beta' = \pm \frac{2\pi}{\Lambda} \tag{6.57}$$

여기서 β는 전파모드 전파정수, β'는 방사모드 전파정수, Λ은 주기적 변형에 의한 기계적인 파장이다. 최소 감지 압력은 다음과 같다.

$$P_{\min} = \frac{1}{Q} \frac{(2eI_{dc}B)^{1/2}}{qI_0} \tag{6.58}$$

여기서 I_{dc}는 검출기 암전류이다. 마이크로벤드 음향 센서의 가장 큰 장점은 광섬유 파워가 광섬유 내에서 유지되는 것이며 이 변환 메커니즘은 다중모드 광섬유에서도 이용되며 대략 60dB re 1μPa 보다 낮은 검출 문턱치를 제공한다.

(2) Evanescent(결합 도파) 음향 센서

두 광섬유의 클래딩을 제거한 후 서로 가까이 놓으면 두 코어 사이에 빛의 결합이 발생하게 되어 가우어 변환을 얻을 수 있으며 그림 6.61과 같다. 코어에 전송되는 에너지는 두 코어 사이의 거리에 의존한다.

$$Q = \sin\left(\frac{\pi L}{l}\right)\frac{\pi L}{Vl}[\frac{WV}{\rho}|C_d + (3 + VD_0)|\frac{2\pi\rho}{\lambda}\left(n_1^2 - n_2^2\right)^{-1/2}(n_1 C_{n1} - n_2 C_{n2})$$

$$+ 3 + VD_0)\left(\frac{2\pi}{\lambda}\right)\left(n_1^2 - n_2^2\right)^{1/2} C_\rho]) + \frac{2\pi C_L}{l}] \qquad (6.59)$$

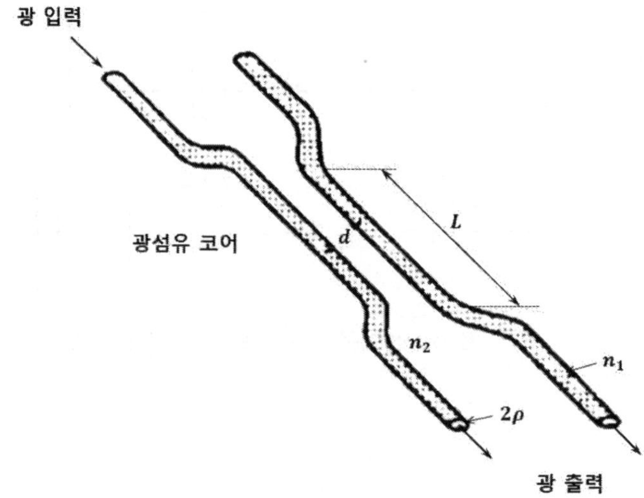

그림 6.61 Evanescent 음향 센서

여기서 L은 상호작용 길이, l은 비트 길이, V와 W는 광섬유 특성에 따른 파라미터, n_1은 코어의 굴절률, n_2는 코어 사이 매체의 굴절률, C_d는 압력에 따른 코어 거리의 변화율, C_{n1}은 코어 굴절률의 변화율, C_{n2}은 매체 굴절률의 변화율, C_ρ는 코어반경의 변화율, C_L은 상호작용 길이의 변화율이다 이 형태의 센서는 다중모드 광섬유에서 좋은 결과를 얻을 수 있다. 다중모드 광섬유 경우 50dB re 1μPa 정도의 검출 문턱치가 얻어진다.

(3) 이동 광섬유 수중 청음기

이 형태 센서의 구조는 그림 6.62와 같고 두 가닥의 광섬유 끝을 2~3㎛ 정도로 가까이 놓고 이중 한 가닥의 광섬유는 자유롭게 움직이게 되어 있다. 음파 또는 다른 섭동에 의하여 자유로운 광섬유의 움직임에 의한 두 광섬유 사이에 결합되는 빛의 변화량을 측정하는 방식이다.

변조 지수는 다음과 같다.

$$Q = \frac{1}{\pi\omega\rho ca \sin\theta}(1-\cos 2\theta) \tag{6.60}$$

여기서 $\cos\theta = d/2a$, d는 광섬유 변위, a는 코어 직경, ω는 각 주파수이고, ρc는 음향 임피던스이다.

이 센서의 단점은 단일모드 광섬유가 이용되기 때문에 기계적 제작에 있어서 허용오차가 작고, 특히 어려운 점은 빛을 광섬유로 집광하기 힘든 점이다. 이 센서는 80dB re 1μPa 정도의 검파 문턱치를 갖는다.

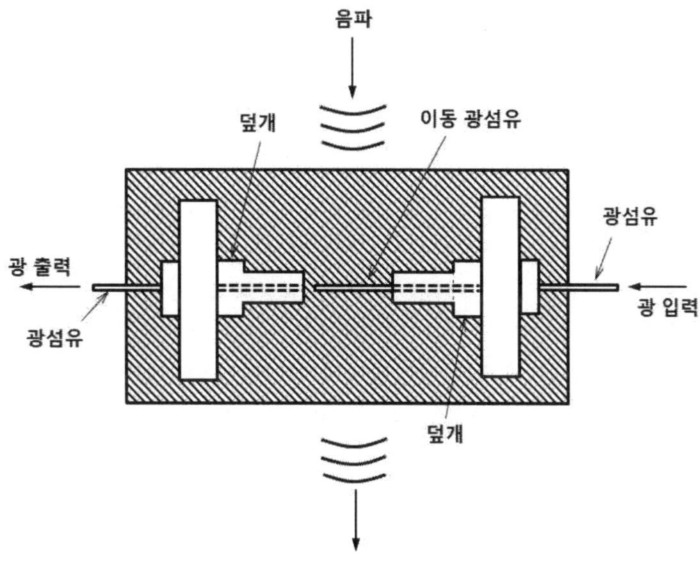

그림 6.62 이동 광섬유 수중 청음기

(4) 슐리렌(Schlieren) 격자 음향 센서

음압파에 따라 움직이는 진동판에 광학 격자를 고정하고 격자 사이의 상대적 이동으로 지나는 빛의 변조를 얻을 수 있으며, 그림 6.43과 같다. 이것의 변조지수는 다음과 같다.

$$Q = \frac{2}{\rho c \omega \Gamma} \tag{6.61}$$

여기서 ρc는 매체의 음향 임피던스이고, ω는 각 주파수이고, Γ는 격자주기이다. 이때 감도는 격자주기에 반비례하고, 변위에 대한 변화 범위는 격자주기에 비례한다. 이 센서는 에바네센트(evanescent) 디바이스처럼 엄격한 기계적 오차를 필요치 않는다.

(5) 프러스트레이티드 전반사 음향 센서

프러스트레이티드 전반사(frustrated total internal reflection; FTIR) 음향 센서의 동작원리는 음파가 진동판에 압력을 가하면 그 압력에 의해 스프링이 축소되어 광섬유의 변위가 달라지며, 구조는 그림 6.63과 같다. 이 광섬유는 모든 도파모드가 전반사 할 수 있는 각도로 자른 두 가닥의 광섬유를 충분히 가깝게 하여 광섬유 사이에 빛이 잘 통과할 수 있도록 한다. 한 광섬유가 고정되어 있고 다른 광섬유가 수직으로 이동한다면 광섬유 사이에 결합되는 광파워는 광섬유 사이의 변위에 따라 달라지고 출력 광섬유에 의해 전달되는 빛은 변조되는데 이것의 변조지수 다음과 같다.

$$Q = \frac{(Z^2+\delta^2)^2\left[4Z^2\delta^2\coth(\beta/2)\operatorname{csch}^2(\beta/2)\right]}{\left[(Z^2+\delta^2)^2+4Z^2\delta^2\coth^2(\beta/2)\right]^2} \cdot \left(\frac{4\pi}{\omega\rho c\lambda}\right)(n^2\sin^2\theta-1)^{1/2} \tag{6.62}$$

여기서 ω는 음향의 각 주파수, ρc는 음향임피던스, $\beta = [4\pi/\lambda](n^2\sin^2\theta-1)^{1/2}$, Z는 광섬유 간격, λ는 광파장, n은 매체의 굴절률이다. FTIR은 약 60dB re 1μPa의 좋은 검출 문턱치를 얻을 수 있으나 엄격한 기계적 허용오차와 빛이 광섬유 내에서 유지되지 못한다는 단점이 있다.

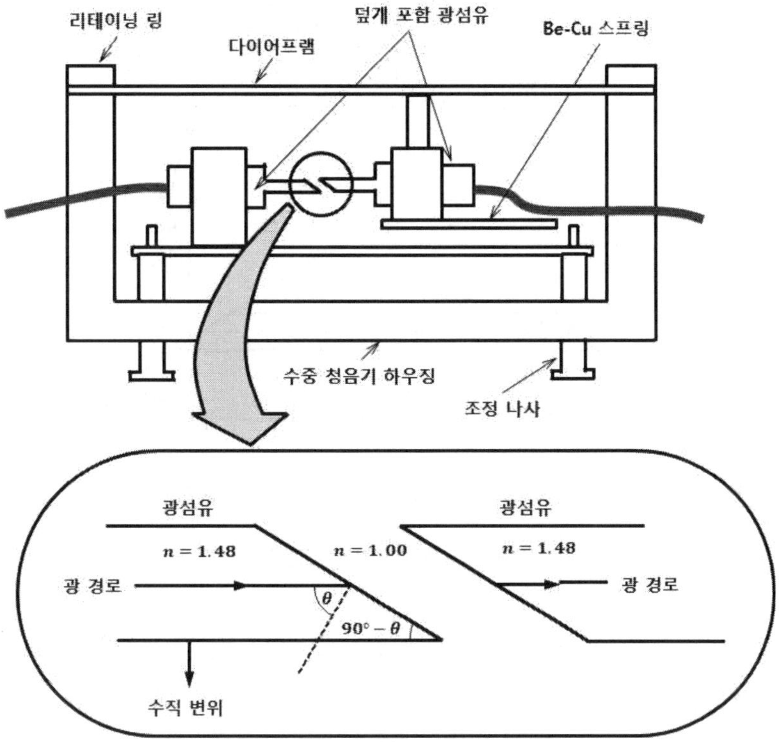

그림 6.63 Frustrated-전반사 음향 센서

(6) 근접 전반사 음향 센서

근접 전반사(near total internal reflection; NTIR) 음향 센서는 FTIR과 매우 유사한 형태로 단일모드 광섬유를 임계각에 가깝도록 자른다. 구조는 그림 6.64와 같다. 음압에의 한 굴절률 n_1과 n_2의 변화율이 다를 때는 임계각의 미세한 변동을 가져오기 때문에 반사되는 빛의 양이 변조된다. 변조지수는 다음과 같다.

$$Q = \frac{2hn_2^{\,4}\cos\theta\left[\cos\theta - (n^2 - \sin^2\theta)^{1/2}\right]}{\rho c^2 n_1^{\,2}(n^2 - \sin^2\theta)^{1/2}\left[\cos\theta + (n^2 - \sin^2\theta)^{1/2}\right]^3} \tag{6.63}$$

여기서 n_2는 외부매체의 굴절률, n_1은 광섬유의 굴절률, c는 음속, θ는 입사각, h는 광탄성 상수, ρ는 매체의 밀도이다. 변조지수 Q는 센서의 임계각의 바이어스에 의존하며 임계각에 가까울수록 Q는 증가한다. NTIR은 지금까지 설명한 센서들과는 달리 기계적 설계가 필요 없고 광학적 메커니즘에 기초를 두고 있다.

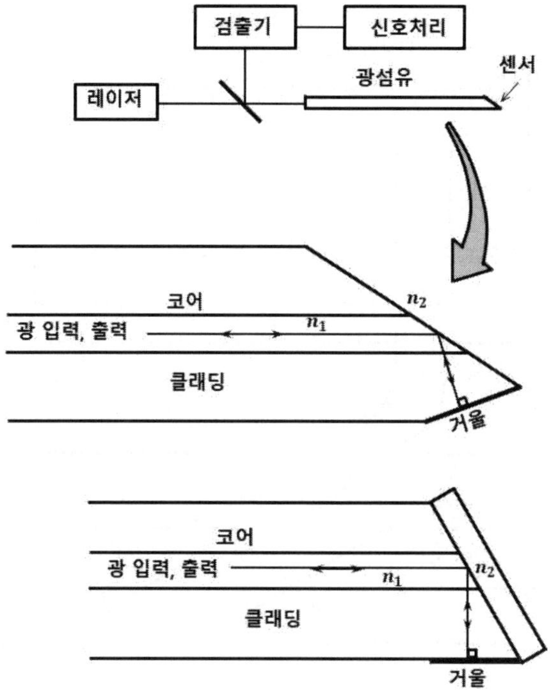

그림 6.64 근접 전반사 음향 센서

나. 위상 변조를 이용한 음향 측정

(1) 마하-젠더 간섭 음향 센서

(가) 호모다인 검파

광 위상 센서는 주로 마하-젠더 간섭계를 이용한다. 이 간섭계를 이용한 음향 센서는 그림 6.65와 같다. 레이저빔은 빔 스플리터에 의해 나누어지고 그 중 하나는 수중음파에 영향을 받는 단일모드 광섬유로 집광되며, 이 광섬유를 **신호 암**이라 한다. 나머지는 **기준 암**이라고 불리는 광섬유 도파로에 의하여 전달된다. 복잡성을 피하기 위해 신호는 단지 신호 암에만 작용하고 검파 시스템의 신호는 단지 기준 암에만 작용한다고 가정한다. 광섬유를 포함한 광학장치 내에서 선형적으로 편광 됐다고 가정하고 외부 신호에 따른 편광은 불변이라고 가정한다.

이 경우에 신호 암에서 전장은 다음과 같다.

$$E_s = E_{s0} \exp\left[j\omega t + s(t) + \phi_s\right] \tag{6.64}$$

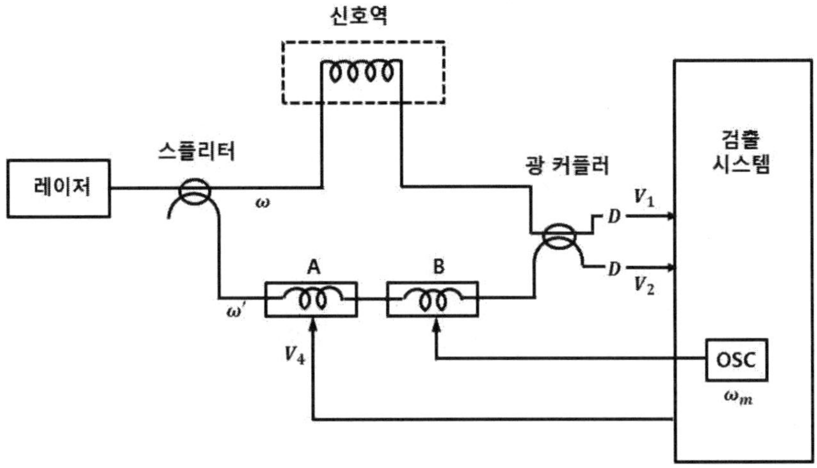

그림 6.65 마하-젠더 간섭 호모다인 음향 센서

그리고 기준 암에서의 전장은 다음과 같다.

$$E_r = E_{r0}\exp\left[j\omega' t + A(t) + B(t) + \phi_r\right] \tag{6.65}$$

여기서 $S(t) = 2\pi n L_{opt}/\lambda$은 신호 진폭에 비례하며 전형적으로 $S(t) \ll \pi$이고 L_{opt}는 간섭계 두 암을 통과하는 광학 경로차이고, n은 광섬유 코어의 굴절률이다. 신호 암과 기준 암에서 임의의 위상은 각각 ϕ_s와 ϕ_r이다. 이상적인 경우에 ϕ_s와 ϕ_r은 상수이나 간섭계의 광섬유에서 준랜덤 형태로 변화된다. 몇 초 동안에 이 표류의 진폭은 2π 또는 그 이상이다.

두 위상 변조장치(A와 B)는 기준 암의 위상에 포함된다. 이 위상 변화는 압전 원통에 광섬유를 감고 이 원통에 전압신호를 인가함에 의하여 만들어진다. A와 B의 사용은 검파 시스템의 종류에 따라 결정된다. A는 구적법(quadrature) 조건에서 간섭계를 유지하기 위하여 사용되고 B는 $\phi_m \sin\omega_m(t)$의 형태를 갖는다.

평형 광 커플러에서 E_r과 E_s의 간섭은 커플러에 의하여 이루어지고 두 광다이오드에 의해 만들어지는 두 전기신호 V_1과 V_2는 다음과 같다.

$$V_1 = V_0\left[1 + \alpha\cos(s(t) + \phi_s - \phi_r)\right] \tag{6.66}$$

$$V_2 = V_0\left[1 - \alpha\cos(s(t) + \phi_s - \phi_r)\right] \tag{6.67}$$

$$V_3 = V_1 - V_2 \tag{6.68}$$

신호는 입력광 전력에 비례한다. 혼합 효율은 편광상태와 결합력의 광 파워 분배율에 의존한다. 압력 P에 대한 광검파기의 출력 전압은 다음과 같다.

$$\delta V = \pm 2\pi\left(\frac{L_{opt}}{\lambda}\right)V_0\left(\frac{\partial n}{\partial P} + \frac{n}{L_{opt}}\frac{\partial L_{opt}}{\partial P}\right)dP \tag{6.69}$$

코어직경 이 2.5㎛이고 손실이 0.25 dB/m인 4m 길이의 두 개의 광섬유를 사용하고, 그 중 하나는 5m 직경의 원통에 감겨져 수중에 놓이고 기준 암은 음파로부터 차단된다. He-Ne 레이저가 사용되었을 때 음향 센서의 감도는 260dB $1V^{-1}\mu Pa^{-1}$이다. 파장이 0.5145㎛인 광원을 사용했을 때 대략 140∽180dB $1V^{-1}\mu Pa^{-1}$의 감도를 갖는다. 이것은 보고된 최고 성능의 압전 수중 청음기 보다 개선된 결과이다.

호모다인 검파 시스템의 첫 번째 방식은 수동 호모다인 방식이다. 구 조건에서 $\phi_s - \phi_r = \pi/2$이고 $S(t) \ll \pi$일 때 V_s는 $S(t)$에 비례한다. ϕ_s와 ϕ_r의 큰 변동에 의하여 신호소멸이 발생되고 $\phi_s - \phi_r = 0$일 때 완전히 소멸된다. 만일 $\sin[S(t) + \phi_s - \phi_r]$에 비례하는 신호가 얻어진다면 이 문제의 해결이 가능하다. V_3는 코사인(cosine)에 비례하는 신호라 하고 V_3'는 사인(sine)에 비례하는 신호라 할 때 다음과 같다.

$$V_3\frac{d}{dt}V_3' - V_3'\frac{d}{dt}V_3 \propto \frac{d}{dt}[S(t) + \phi_s - \phi_r] \tag{6.70}$$

미분과 승산의 연산은 아날로그 회로로 만들어진다. 이 식의 결과는 $S(t)$와 $\phi_s - \phi_r$의 합이다. 만일 ϕ_s와 ϕ_r의 변화가 $S(t)$의 다른 주파수 대역에서 이루어지면 여파기를 사용해 제거할 수 있다. 90° 위상차를 갖는 신호를 만들기 위해서 2×2 결합기 대신에 3×3 결합기를 사용한다.

호모다인 시스템의 다른 유형인 위상추적 호모다인 선파방식에는 PTDC와 PTAC 방식이 있고, 구적법 조건을 만족시키기 위해 압전 크리스탈을 사용한다. PTDC의 동작은 두 유형 중 더욱 간단한다. 이 경우에서 식 (6.68) 신호 V_3은 다음과 같다.

$$V_3 = 2V_0\alpha\cos[s(t) + \phi_s - \phi_r - A] \tag{6.71}$$

이 식은 구적법 조건하에서 다음과 같다.

$$V_3 = 2V_0\alpha\left[s(t)+\phi_s-\phi_r-A-\frac{2}{\pi}\right]=2V_0\alpha(+\epsilon-A) \tag{6.72}$$

구적법 조건에서 V_3이 영이 되기 때문에 선형 제어이론의 관점에서 볼 때 이상적인 에러 신호이다. 만약 적당한 궤환 전압이 V_3로 생성될 수 있고 압전 소자에 인가된다면 위상 A는 정확하게 ϵ을 상쇄할 수 있고 에러 신호를 영으로 만들 수 있다. 이 같은 궤환 신호는 다음과 같다.

$$V_4 = g\int V_s(t')\,dt' \tag{6.73}$$

PTAC 구조는 PTDC 구조의 변형이다. 이 시스템은 궤환 위상 변조기 뿐만 아니라 발진 위상 변조기도 사용한다. 발진 위상변조기는 V_1과 V_2 신호에 주파수 ω_m 신호와 그 고조파 신호를 나타나게 한다. 발진 신호 V_3는 B 압전소자를 구동하는 국부 발진기와 혼합된다. 이 혼합은 $\cos[s(t)+\phi_s-\phi_r-A]$에 비례하여 천천히 변화하는 신호를 만든다. 이것은 PTDC 구조에서 V_3와 같은 동일한 형태이다. 궤환 회로의 세부적인 것들은 PTDC 검파 시스템과 근본적으로 일치한다. PTDC 구조에 비하여 PTAC는 복잡하다는 단점과 이득 대역폭의 제어가 쉽다는 장점이 있다.

(나) 헤테로다인 검파

광섬유에 가해지는 기계적 압력은 기계적 변형과 광탄성 효과에 의하여 광섬유 내를 지나는 코히런트 광의 위상을 변화시킨다. 이러한 위상 변조를 검출하기 위하여 광섬유에 입사시킨 광을 주파수 시프트 시킨 빛의 주파수차와 같은 주파수가 광검파기에 검출된다. 광검출기로부터의 비트 신호는 광섬유 내의 위상변조 신호와 같고 광섬유에 인가된 압력과 선형적으로 비례하는 신호를 복조하기 위하여 전기적으로 위상 복조된다.

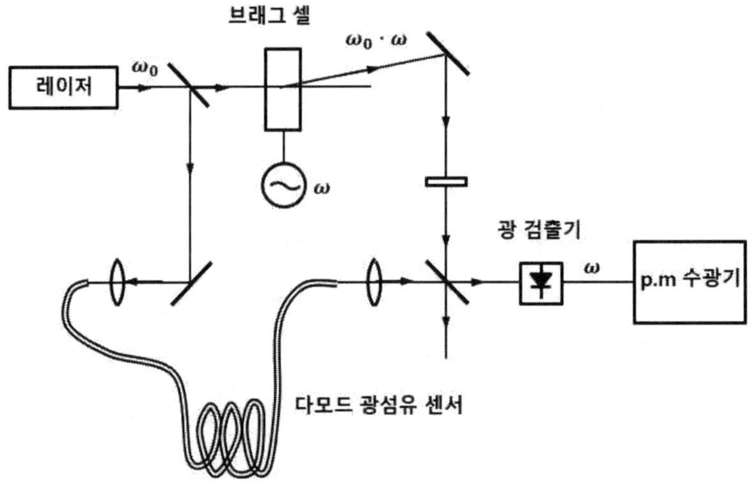

그림 6.66 Mach-Zehnder 간섭 헤테로단인 음향 센서

이 헤테로다인 검파시스템은 그림 6.66과 같으며 한 암은 신호 암이고 다른 암에는 브래그 셀을 갖는 마하-젠더 간섭계로 구성된다. 브래그 셀은 기준 암에서 광 발진 주파수의 시프트를 만든다.

이때 출력신호 V_3는 다음과 같다.

$$V_3 = 2V_0 \alpha \cos\left[(\omega - \omega')t + s(t) + \phi_s - \phi_r\right] \tag{6.74}$$

이 식은 위상변조 캐리어의 고전적 형태이다. 이러한 신호에서 $s(t)$를 얻어내기 위한 몇 가지 방법이 있다. 아마 가장 간단한 방법은 $\omega - \omega'$에 동조된 FM 변별기를 사용하는 것이다. 그 때 출력은 $d/dt\left[s(t) + \phi_s - \phi_r\right]$이다.

FM 복조의 여러 방법을 논의하기 전에 식을 얻기 위한 다른 방법을 고려한다. 이것은 브래그 셀이 수 와트(watt)의 전력을 소모하고 정렬 문제가 있는 바람직하지 않은 대형 광학 소자이기 때문이다. 이 새로운 방법은 합성 헤테로다인 검파시스템(SHET)이다.

이 경우에 신호 V_3는 다음과 같다.

$$V_3 = 2V_0 \alpha \cos\left[\phi_m \sin\omega_0 t + s(t) + \phi_s - \phi_r\right] \tag{6.75}$$

여기서 ϕ_m은 거의 1이고, 헤테로다인 신호를 만들기 위해 발진기로 부터의 $2\omega_m$과 V_3으로부터 ω_m으로, 발진기로부터의 ω_m과 V_3으로부터 $2\omega_m$으로 $3\omega_m$을 각각 만들 수 있다. 이렇게 해서 얻어진 신호의 합 V_H는 다음과 같이 된다.

$$V_H = \sin\left[3\omega_m t + s(t) + \phi_s - \phi_r\right] \tag{6.76}$$

이 신호는 식 (6.74)의 헤테로다인 신호와 동일한 형태를 갖는다. 이 방법은 헤테로다인 신호를 합성하며, 장점은 대형 광학소자를 사용하지 않고 헤테로다인 신호를 만드는데 있다. 단, 압전 세라믹이 사용되고, 이 신호로부터 $s(t)$를 추출하기 위한 가장 간단한 방법은 ω_m에서 동조된 FM 변별기의 사용이다.

헤테로다인 신호를 처리하기 위한 또 다른 방법은 모든 전자 궤환회로를 이용한 위상 추적 방법이다. 이 방법에서 헤테로다인 신호는 전기적으로 조절된 위상을 갖는 주파수 ω_m이 국부발진기와 혼합된다. 이 혼합 결과는 식 (6.72)의 형태를 갖는다. 그 궤환회로는 국부발진기의 위상이 전기적으로 제어된 다른 것을 제외하면 PTDC 접근에서 사용한 것과 매우 유사하다.

헤테로다인 검파 시스템의 주요한 장점은 간섭계에 궤환이 필요치 않다는 것이다. 이것은 두 PTDC와 PTAC 검파 시스템에서 공통적인 문제이다. 그러므로 헤테로다인 접근은 위상 변동율이 매우 클 때 유리하다.

헤로다인 방식의 결점은 저 주파의 위상잡음을 갖는 발진기에 있다. 그 외에 FM 변별기는 높은 주파수 신호에서 보다 낮은 주파수 신호에서 본래 감도가 떨어진다. 그러므로 헤테로다인 방식은 10Hz 보다 낮은 신호에서 사용될 수 없다.

(2) Michelson 간섭 음향 센서

Michelson 간섭계를 사용하여 거울의 진동을 측정하는 장치는 그림 6.67과 같다. 레이저는 포트 1로 입사되고 커플러를 통과하여 출력포드 3과 4로 나누어진다. 포트 4로부터 나온 빛은 렌즈를 통하여 음성 코일에 부착된 진동하는 거울에 비춰지고 위상변조 된 빛은 다시 포트 4로 집광된다. 이 빛과 거울에 반사된 포트 3으로부터 반사된 빛은 다시 커플러를 통해 포트 2로 나온다. 이 때 진동에 의하여 야기되는 위상정보는 광 증배관에 의하여 검출한다. 측정 가능한 변위는 0.01㎛ 정도이다.

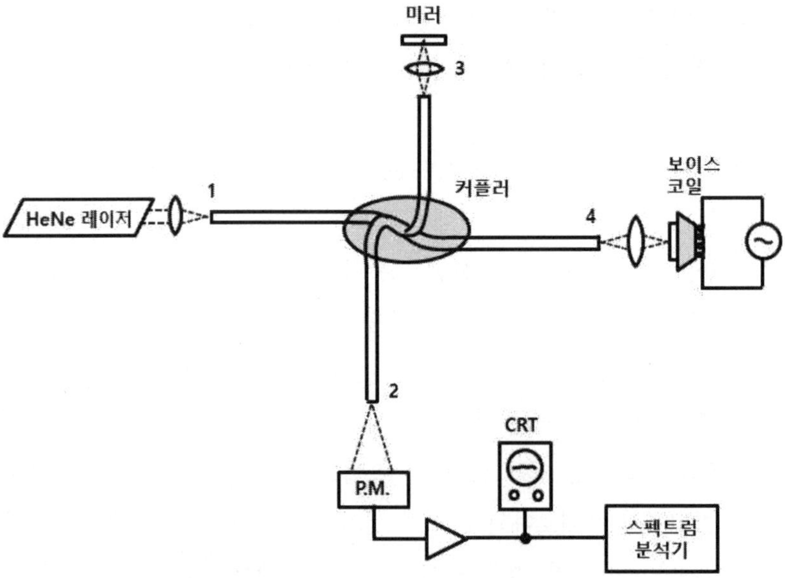

그림 6.67 Michelson 간섭 음향 센서

(3) 패브리-페롯 간섭 음향 센서

패브리-페롯 간섭계를 이용한 마이크로폰 센서는 그림 6.68과 같다.

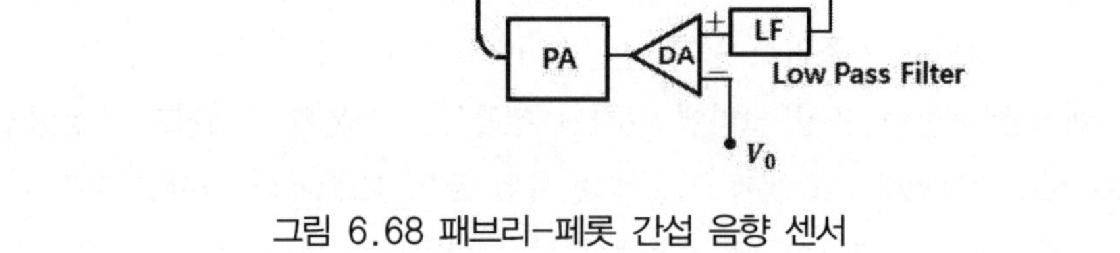

그림 6.68 패브리-페롯 간섭 음향 센서

레이저는 렌즈를 통해 간섭계로 입사된다. 빔 스플리터를 사용하여 빔이 나누어지고 각 빔은 단일모드 광섬유에 집광된다. 출력 광의 세기는 저역 여파기를 통해 간섭계 안정점에 대응되는 전압 V_0와 차동 증폭되고 이 신호는 전력 증폭기 PA를 통해 스피커 콘을 구동하는 음성코일에 전달된다. 간섭계의 일부분은 콘의 위치에 따라 광섬유 길이가 변화되도록 콘에 부착된다. 이 때 외부의 음성신호는 간섭계 길이를 변조하여 출력 광의 세기를 변화시킨다.

다. 편광 음향 센서

편광 음향 센서는 빛이 광섬유를 진행하는 동안 복굴절의 변화에 근거한다. 음향 센서의 경우 그림 6.69와 같이 호환(Compliant) 실린더에 감긴 광섬유 내에 유도되는 압력 변화를 통하여 광섬유 코일의 복굴절이 변화된다. 광섬유 내에서 전파되는 빛의 편광 회전을 적절한 분석기를 이용하여 진폭 변화로 변경한다.

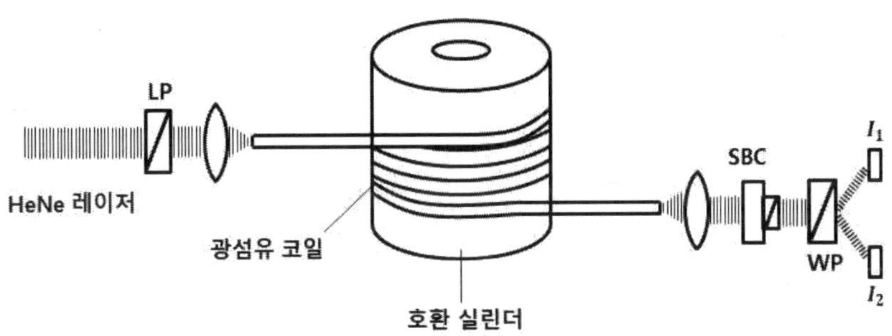

그림 6.69 편광 음향 센서

이것의 변조지수 Q는 다음과 같다.

$$Q = \frac{4.9 \times 10^6 a l}{E b (1 - a^2/b^2)} (1 - 0.27 a/b) \cdot \left[(1 - 2\nu) + (1 + \nu) a^2/b^2 \right] \tag{6.77}$$

여기서 a는 광섬유 반지름, l은 광섬유 길이, E는 실린더 Young 계수, ν는 실린더 포아송율, 그리고 b는 실린더 반지름이다. 이런 편광 센서는 단일 광섬유 내에서 조절되며 다른 간섭 센서들보다 이론적으로 간단하다는 장점이 있으나, 단점으로는 간섭 음향 센서와 같이 단일모드 광섬유로 설계되는 점이다.

제 7 장
광섬유 센서의 응용

POINT

앞 장에서 광섬유 센서의 원리와 물리량 측정에 대해 설명하였다. 이 장에서는 앞 장의 광섬유 센서를 산업 현장 또는 생활주변 등에 응용한 예가 상당히 많다.

여기서는 주로 광섬유 변위 센서, 광섬유 진동 센서, 광섬유 온도 센서, 및 광섬유 음향 센서에 대해 간단히 알아보기로 한다.

chapter 7

광섬유 센서의 응용

7.1 광섬유 변위 센서의 응용

7.1.1 간이 비접촉 표면 조도 측정기에의 응용[35-36]

레이저를 이용한 비접촉 측정 장치는 비접촉식으로 가공 중 혹은 가공 후 공작물의 표면에 흠집이 없이 레이저 반사광을 이용하여 공작물의 표면거칠기를 측정하기 때문에 수㎚까지도 측정을 할 수 있으나 가격이 고가이므로 현장에서 쉽게 접할 수 없는 장비이다. 실시간 측정이 가능한 광섬유 센서를 이용하여 비접촉 및 고속 측정이 가능하고 간단히 설치할 수 있는 저가형, 소형 측정 장비에 대한 연구를 소개하기로 한다.

앞의 그림 7.3의 변위 감지 메커니즘을 살펴보면 측정 재질이 같고 일정한 표면 거칠기일 경우 공극의 크기가 커질수록 수광 광섬유 끝 단면상의 반사광 영역이 확장되어 수광 광섬유 내로 입사되는 반사광속은 증가되고 빛이 조사되는 수광 광섬유 끝단 사이의 상 거리(image distance)가 길어지게 되므로 수광 광섬유 끝 단면에 조사되는 반사광의 조도 크기가 줄어드는 현상이 일어난다고 하였다.

역으로 수광 광섬유 끝단 사이의 상 거리가 일정하고 측정 재질은 같지만 표면의 거칠기 상태가 변하면 이것 역시 수광 광섬유 끝 단면에 조사되는 반사광의 조도 크기가 줄어드는 현상이 일어나는데 이런 원리를 이용한 것이 표면 조도 측정기이다.

가. 측정 프로브의 설계와 제작

이 연구에서는 중앙에 투광부, 그 둘레에 수광부 광섬유를 배열하는 방식인 동심형을 선정하여 제작이 용이하고 간편한 비접촉 광섬유 센서 표면조도 측정기를 개발하는 것이 목적인 것이다.

이 목적을 달성하기 위해 측정 높이, 즉 수광 광섬유 끝단 사이의 상 거리를 일정하게 하기 위하여 거울 면에 대해 가장 반사광 조도가 좋은 최적 변위 감도 거리를 구해야 한다.

연구에서는 투광부에 사용한 광섬유는 레이저다이오드(LD)에서 일정한 입력값이 나올 수 있도록 하기 위해 클래딩을 포함한 외경이 125㎛인 단일모드(Single mode) 광섬유를 선정하고 투광부 광섬유의 외경이 너무 작아 그 외경 둘레에 수광부 광섬유의 배열이 불가능하므로 피복제를 감아 직경 1㎜로 제작한 다음 직경 0.25㎜의 수광부 광섬유 19개를 둘러싸는 방식으로 제작하였다. 그림 7.16은 광섬유 센서 표면조도 측정기 프로브의 끝단 설계 단면도이다.

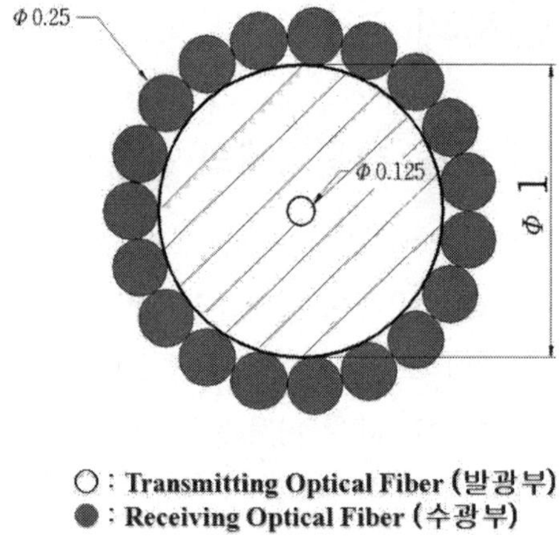

그림 7.16 결정된 측정 프로브의 단면 형태

광섬유 센서 표면측정기의 프로브를 제작하기 위해 먼저 거울면에 대해 광섬유 센서의 변위의 성능을 평가하고 가장 반사광 조도가 좋은 최적 변위 감도 거리가 7㎜인 것을 찾아내고 이것을 표면 조도 측정기의 프로브 측정 높이로 정하였다. 이 때 발광부의 파장은 635㎚, 출력은 2.95㎽인 레이저 다이오드를 사용하였다.

위의 결과를 바탕으로 그림 7.7과 같이 검사대상 표면으로부터 거리가 7㎜ 되도록 측정 프로브를 제작하였다.

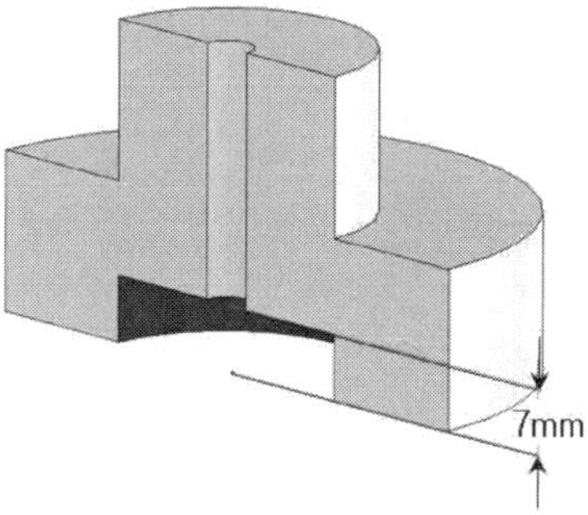

그림 7.7 측정 프로브의 모습

이 연구에서는 표면조도 시편 재료로는 일반적으로 절삭에 많이 사용되고 있는 고탄소강(SM45C), 스테인리스강(STS303), 알루미늄(Al60계열)을 사용하였으며 평면의 표면조도 측정을 목적으로 하고 있으므로 밀링가공을 한 시편을 제작하였다. 시편 제작에는 공구가 Φ100 ㎜인 3날 커터를 사용하였다. 또한 절삭 깊이는 0.5㎜, 이송속도는 일정하게 유지하면서 절삭속도를 변경하여 4가지 조건으로 하였다. 그림 7.8은 시편 제작한 3가지 재료의 대표적 사진을 나타낸 것이다. 표면조도 시편은 가공방법에 따라 4가지 종류로 만들었다.

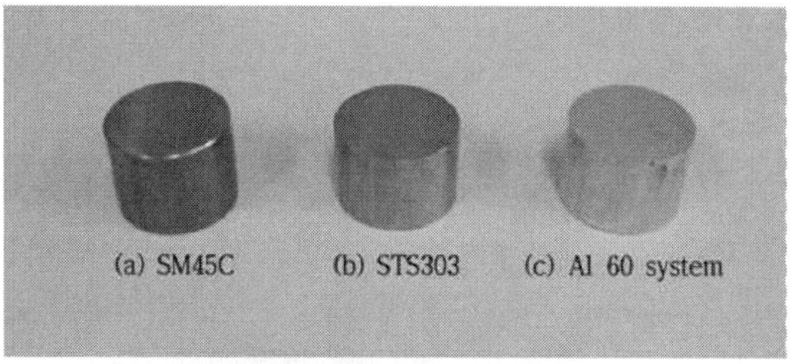

그림 7.8 3가지 시편 모습

표 7.2 시편의 표면조도 측정 결과

unit : ㎛		#1	#2	#3	#4
SM45C	Ra	0.266	0.336	0.403	0.810
	Rz	2.72	3.19	4.57	5.56
	Rmax	2.99	3.48	5.00	6.19
STS303	Ra	0.219	0.238	0.374	0.63
	Rz	2.59	2.84	3.18	3.73
	Rmax	2.96	3.42	3.57	4.21
Al60type	Ra	0.714	1.04	1.28	1.49
	Rz	4.85	4.93	6.65	7.83
	Rmax	5.29	5.48	7.15	8.15

표면조도 데이터는 한국기초과학지원연구원의 초정밀 비접촉 3차원 표면측정기인 WYKO NT-2000을 이용하여 측정하였으며 이들 데이터를 정리하여 나타낸 것이 표 7.2이다.

나. 측정 결과와 근사 표면조도 곡선

표면조도는 일반적으로 이송방향으로 평가되어진다. 가공면의 거칠기에 영향을 미치는 인자로서 가공속도, 이송, 절삭 깊이, 절삭공구의 재질 및 공구선단의 노즈(nose) 형태와 그의 여러 인자가 있으며 가공면의 거칠기를 측정하는 방법에는 원주 방향으로 하는 방법과 이송방향으로 측정하는 방법이 있는데 이 연구에서는 이송 방향의 Ra값에 관해 측정하였다.

그림 7.7을 바탕으로 제작한 프로브와 측정 모습을 그림 7.9에 나타내었으며 그림과 같이 제작된 센서 프로브를 가공된 공작물 위에 얹어 놓은 것만으로 바로 센서 출력 즉, 측정값을 얻을 수 있다. 이 때 광 파워는 1.2㎛를 사용하였다.

그림 7.9 제작된 측정프로브와 측정 모습사진

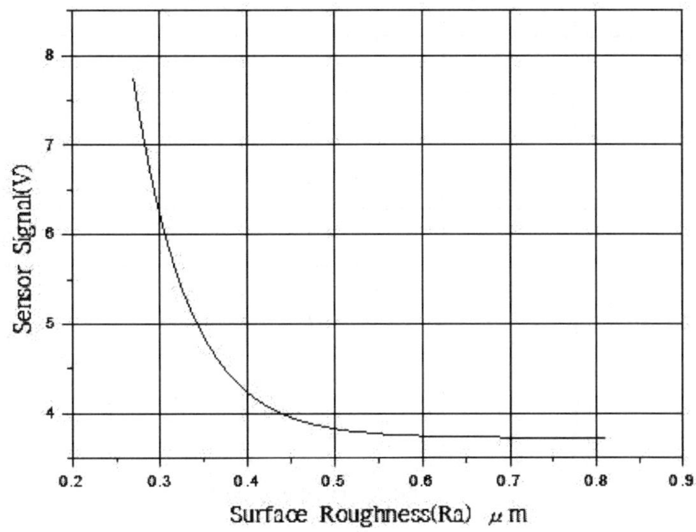

그림 7.10 SM45C의 근사 표면조도곡선

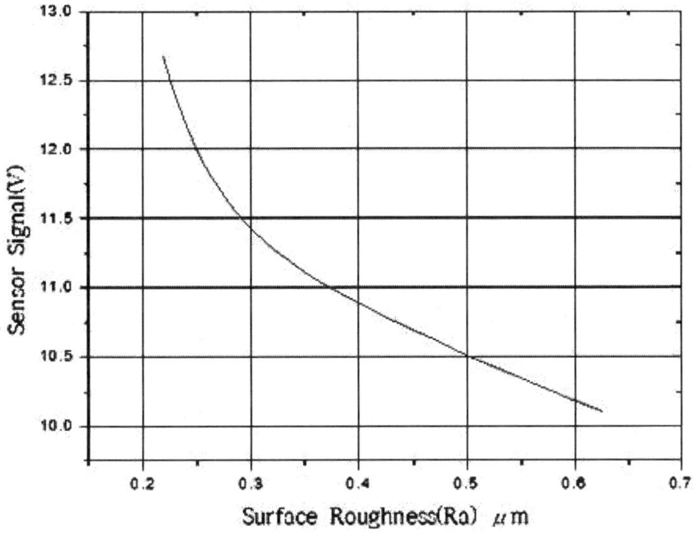

그림 7.11 STS303의 근사 표면조도곡선

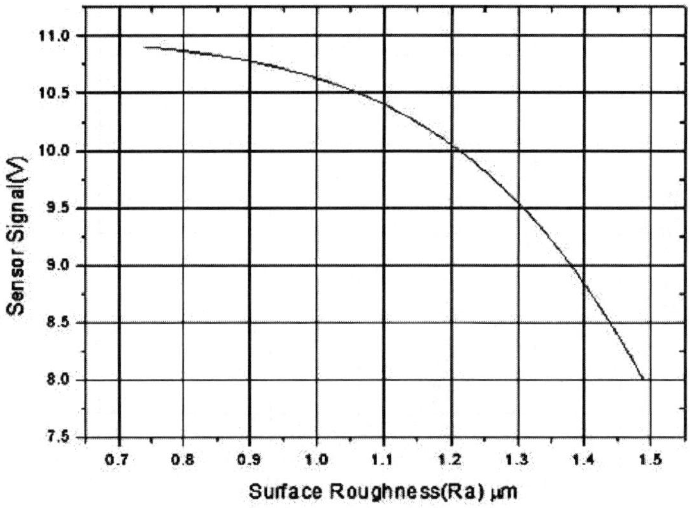

그림 7.12 Al60의 근사 표면조도곡선

그 결과 SM45C는 그림 7.10, STS303은 그림 7.11 그리고 Al60계열은 그림 7.12와 같이 나타났다. 그림에서 가로축의 표면조도 값 Ra는 한국기초과학지원연구원(K.B.S.I)의 비접촉 3차원 표면형상측정기(WYKO NT-2000장비)를 사용하여 측정한 값이며 세로축은 광섬유 센서의 출력 값이다.

그림 7.10, 그림 7.11 그리고 그림 7.12의 곡선은 4개의 가공 조건에 따라 제작된 시편의 표면조도 측정 결과를 커브 피팅한 근사 곡선을 나타낸 것이다. 그림에서 보면 알 수 있듯이 3가지 재료 가운데 SM45C와 STS303에서는 Hiraguchi 등이 주장인 것처럼 지수 함수적으로 나타나는 특징을 보였지만 Al60 계열의 경우는 가우시안 분포로 나타나는 특징을 보이고 있다.

이러한 특징을 다음과 같은 근사 표면 조도식으로 나타내었다.

SM45C의 경우

$$x = -0.063\ln(-0.013 + 0.003y) \tag{7.1}$$

STS303의 경우

$$x = -0.172\ln(-0.965 + 0.099y) \tag{7.2}$$

Al60의 경우

$$x = 1.557 + (2 \times -9.752/\pi) \times \left[0.955/\{4 \times (y - 12.179)^2 + 0.955^2\}\right] \quad (7.3)$$

여기서 y는 광섬유 센서의 출력값(V)이고, x는 표면조도 측정값(Ra;㎛)이다.

앞에서 구한 근사 표면 조도식을 검증하기 위해 시편의 표면조도와 다른 3가지 재료를 임의 가공하여 실험 검증하였으며 표 7.3에 상용 3차원 표면측정기와 광섬유 센서 이용 간이 표면조도 측정기의 측정값을 비교한 것이다.

표 7.3 상용 3차원 표면측정기와 광섬유 센서 이용 간이 표면조도 측정기의 측정값 비교

	X_m	X_s	error
SM45C	0.40㎛	0.47㎛	0.07㎛
	0.39㎛	0.34㎛	0.05㎛
	0.29㎛	0.27㎛	0.02㎛
STS303	0.62㎛	0.27㎛	0.05㎛
	0.59㎛	0.49㎛	0.10㎛
	0.26㎛	0.33㎛	0.07㎛
AL60 Type	1.29㎛	1.23㎛	0.06㎛
	1.16㎛	1.15㎛	0.01㎛
	1.17㎛	1.24㎛	0.07㎛

X_m ; 제작된 표면조도 측정기에 의한 측정값, X_s ; 상용 초정밀 표면조도 측정기에 의한 측정값

표 7.3에서 알 수 있듯이 초정밀 3차원 표면형상측정기로 측정한 표면조도와 실제 제작한 광섬유 센서 이용 표면조도 측정기로 측정한 측정값과의 사이에는 오차가 소수점 둘째 자리이하로 작으므로 실제 제작한 광섬유 센서 이용 간이 표면조도 측정기는 충분히 유효하다는 연구이다.

7.1.2 소형 이송테이블의 운동 진직도 측정에의 응용[37]

가. 기본 원리

미크론대 정밀도로 이송 테이블의 진직도를 측정하는 데 있어 협소한 공간에서도 측정이 가능하기 위해 간소한 구조와 전자파 방해에 의해 노이즈 발생이 없는 광강도 변조방식의 광섬유 센서를 구성하고 비교적 용이하게 측정할 수 있는 방법을 설명하고자 한다. 광섬유 변위 센서를 이용한 이송 테이블 운동 진직도 측정 방법은 길이 측정 방식을 따르며 기본 구성을 그림 7.12에 보이고 있다. 측정 대상인 테이블은 재질이 같으므로 테이블에 변위 측정용 광섬유 센서 프로브를 고정하고 테이블 측면에는 일정 최적 감지 범위 이내 크기의 공극(airgap)을 유지한 상태로 진직자(straight edge)를 설치한다. 그런 다음 이송 테이블을 구동시키면 센서는 이송구간 내의 테이블과 진직자 사이의 상대변위를 측정하게 된다. 진직자 측정면의 프로파일이 기하학적 직선이라면 광섬유 센서가 측정한 상대 변위값은 테이블의 운동 진직도 측정값이 된다. 그러나 현실적으로 기하학적 직선의 기준을 얻기는 불가능하므로 정확한 진직도 평가를 위해서는 진직자 측정면의 형상 프로파일에 대한 보정이 필요하다.

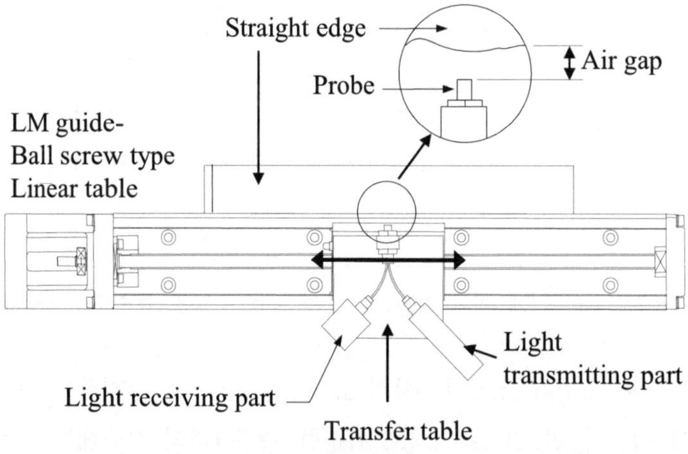

그림 7.12 광섬유 변위 센서를 이용한 진직도 측정의 개략도

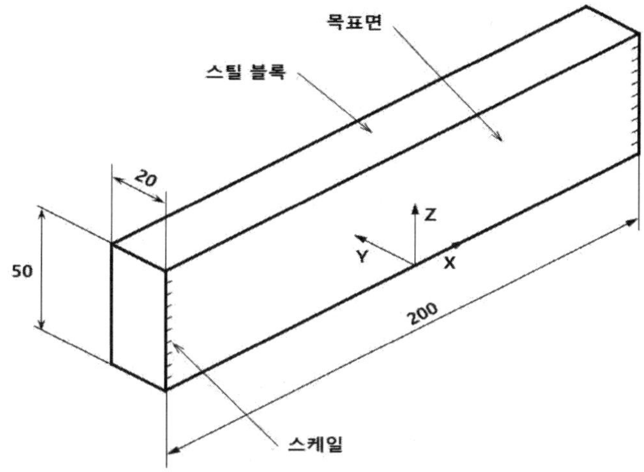

그림 7.13 강제 진직자의 치수(unit : ㎜)

나. 반전법 적용

여러 방법을 고려할 수 있겠지만 여기서는 제작된 SM45C 재질인 강제 진직자(그림 7.13)의 프로파일 보정에 반전법을 적용하기로 한다. 반전법은 동일한 구간에 대해 대칭되는 방향으로 두 번 측정함으로써 측정기준이 지닌 오차를 측정결과에서 제거하는 보정법이다. 반전법에 의한 진직자의 기준면 프로파일 보정개념을 그림 7.14에 나타내고 있다. 진직자 기준면을 테이블에 고정된 센서 프로브와 일정 간격이 되게 테이블 한 쪽 측면에 위치한 다음에 테이블을 이송시키면 센서는 기준면과의 상대변위를 연속적으로 측정하게 된다. 그 다음 동일한 이송구간에 대해 진직자를 테이블 반대쪽 측면으로 대칭되게 이동하여 고정시키고 프로브도 반대 측정 방향으로 고정하여 동일하게 기준면과의 상대변위를 연속적으로 측정한다. 각각의 측정값을 S_1, S_2라 하면 아래식과 같이 정의할 수 있다.

$$S_1 = e + p$$
$$S_2 = e - p \tag{7.4}$$

여기서 e는 기준면의 형상 프로파일을 나타내고 p는 이송 테이블의 진직도 운동오차를 나타낸다. 따라서 다음식을 통해 기준면 형상 프로파일을 보정한 테이블의 진직도 운동오차를 얻을 수 있다.

$$p = (S_1 - S_2)/2 \tag{7.5}$$

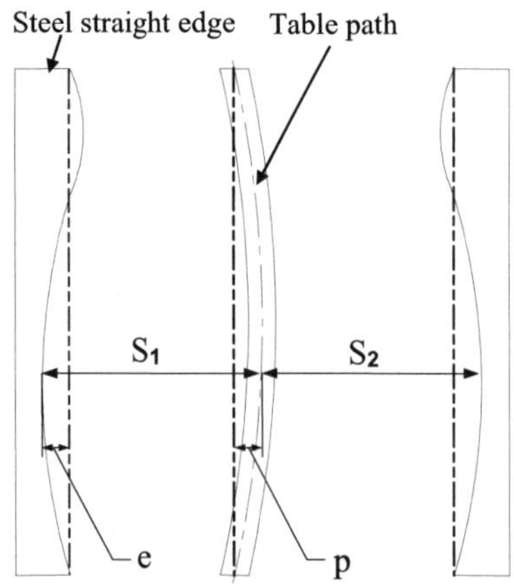

그림 7.14 반전법의 측정 원리

다. 진직도 측정 장치의 유효성 검증

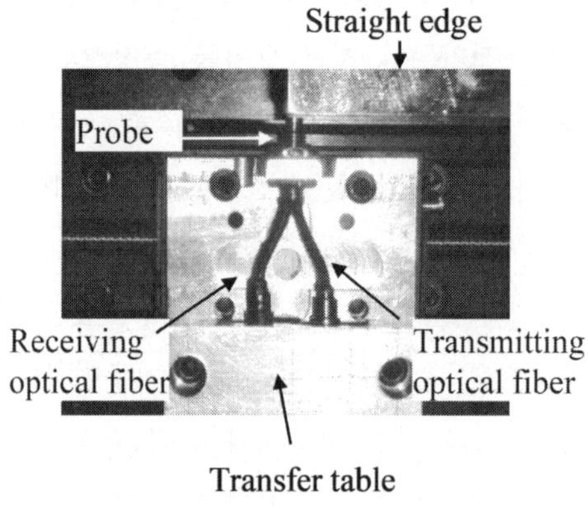

그림 7.15 광섬유 센서 측정 장치 셋업

제안한 측정기와 측정법으로 미크론대의 운동 진직도 측정이 가능한지 상용 이송 테이블을 대상으로 유효성 검증 측정실험을 한다. 그림 7.15는 제작된 광섬유 변위센서로 이송 테이블에 장착된 측정장치 셋업 모습을 보여주고 있다. 그리고 예를 들어 진직도 측정대상은 THK사 정밀급 이송 테이블로(볼스크류, LM가이드 타입 등) 하며 스트로크는 임의대로 정한다(예, 25mm). 그리고 측정 공극은 가장 감도가 좋은 간극으로 설정하며(예, 공극 0.4mm)

테이블 이송 중에 1mm 정도 간격으로 샘플링 하여 연속적으로 측정 데이터를 획득하는 방식으로 이루어지도록 한다.

그림 7.16은 광섬유 변위 센서를 이용한 상용 테이블의 운동 진직도 측정 결과이다. 측정 결과에 존재하는 고주파 노이즈 성분은 광섬유 센서가 강제 진직자의 측정면을 연속적으로 측정하는 과정에서 상대변위뿐만 아니라 표면의 미세한 가공 패턴들도 검출한 결과라 할 수 있다. 특히, 반전법 보정과정을 거치면서 두 배 이상 증폭되거나 상쇄된 피크점으로 나타고 있다. 이런 고주파 노이즈 성분은 진직도 평가시 무시되어야 하므로 저역통과 필터처리 후 진직도를 평가하면 된다.

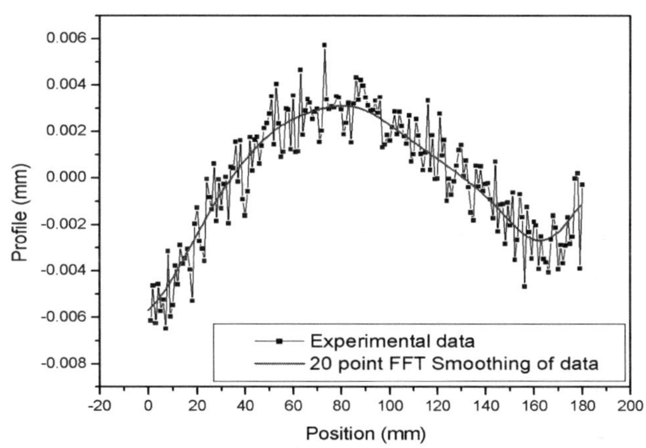

그림 7.16 광섬유 센서에 의해 측정된 진직도 프로파일 데이터

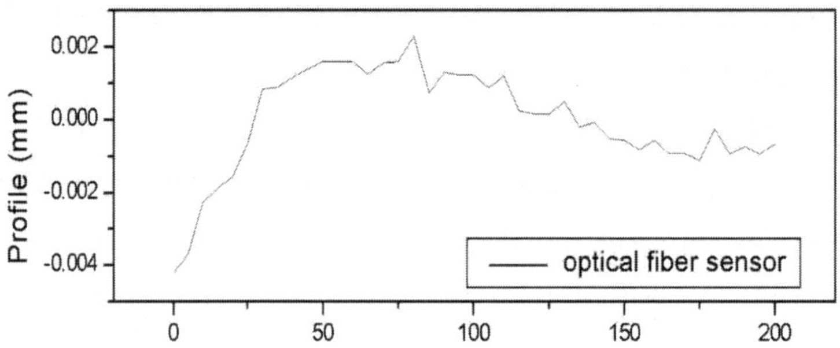

(a) 레이저인터페로미터에 의한 측정 결과 그래프

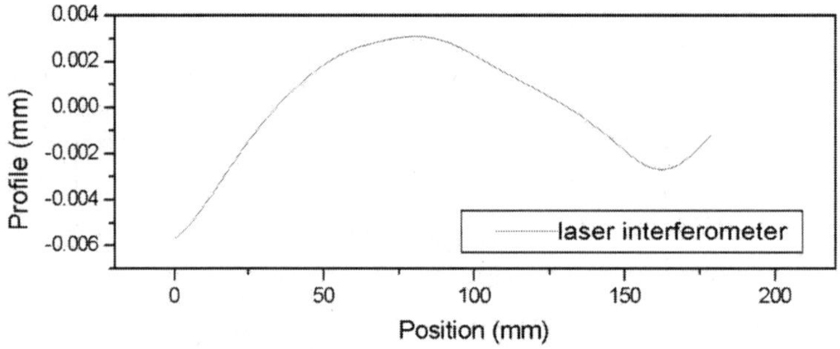

(b) 광섬유 센서에 의한 측정 결과 그래프

그림 7.17 레이저 인터페로미터와 광섬유 센서의 측정 결과 비교

광섬유 센서 표면조도 측정기의 진직도 측정결과를 검증하기 위해 이송계의 운동 진직도 측정에 널리 사용되는 레이저인터페로미터의 측정결과와 비교한 것이 그림 7.17이다. 측정 결과를 보면 레이저인터페로미터 결과는 필터처리를 하지 않아 다소 작은 굴곡이 보이나 프로파일의 기본형상은 대체로 일치함을 확인할 수 있다. 진직도 평가결과 레이저인터페로미터 경우 6.5㎛, 광섬유 변위 센서 경우 8.5㎛로 나타났으며 오차의 원인으로서 레이저인터페로미터에 비해 광섬유 변위센서의 정밀도가 다소 떨어지는 점과 강제 진직자의 표면거칠기에 의한 노이즈가 영향을 미친 것으로 사료된다. 또한 반전법 구현 시 실험 셋업오차도 존재했을 것으로 사료된다. 적용한 상용 테이블의 사양서를 보면 10㎛이하의 운동 정밀도가 기재되어 있는 것을 볼 때 산업현장에서 신뢰할 만한 수준의 결과로 판단되어지며 간소한 측정기와 측정법으로 고가의 상용 측정 장비의 결과와 근접한 결과를 얻을 수 있다는 점에 의미를 둘 수 있다.

7.1.3 비접촉 얇은 투명체의 두께 측정에의 응용[38]

사람의 눈은 녹내장을 앓게 되면 안구의 내압이 정상적인 사람에 비해 증가하게 된다. 이러한 안구의 내압의 증가로 각막의 두께에 변화가 일어난다. 즉, 녹내장이 심하게 되면 각막의 두께가 내압으로 정상적일 때보다 얇아지게 되므로 시신경의 손상을 일으킬 수 있어 실명으로 이어질 수 있다. 따라서 녹내장의 징후를 미리 검진할 수 있으면 녹내장의 치료에 많은 도움을 줄 수 있다. 녹내장의 검진을 위해 사용해 왔던 Tonometer는 눈에 진동을 주어 정상적인 사람의 진동에 대해 변화의 양을 측정하는 것[1-3]으로 대부분이 접촉식으로 눈병을 전염시킬 수 있는 문제점과 정확성에서 떨어지며 휴대하기가 어려우며 매우 비싸다는 문제점이 있다. 이러한 문제점을 해결하기 위해 비접촉식의 측정이 필요하며 가격이 저렴하고 휴대가 간편하며 정확성을 가지고 있어야 한다. 이러한 문제점을 상당 부분 해결해 줄 수 있는 측정 방법으로 광섬유를 이용한 측정 방법에 대해 연구한 것을 소개하기로 한다.

가. 투명체의 두께검출 모델링

투명체에 대한 광섬유 센서에서의 빛의 굴절 및 반사 모양을 보면 투명체 표면에서 미량의 반사가 있으며 대부분은 반사체에서 반사된다.

이러한 투명체 표면의 반사량은 재질에 따라 다르므로 재질에 따라 보정하면 되므로 두께 검출 해석 모델링을 투명체에 대해서 반사량이 없는 것으로 가정하고 그림 7.18과 같이 기하 광학적으로 나타내었다. 그림은 얇은 두께를 가진 투명체 표면에 투광섬유를 수직으로 빛을 조사해서 반사되는 빛을 수광 섬유로 검출하는 모습을 2차원적으로 모델링 한 것이다.

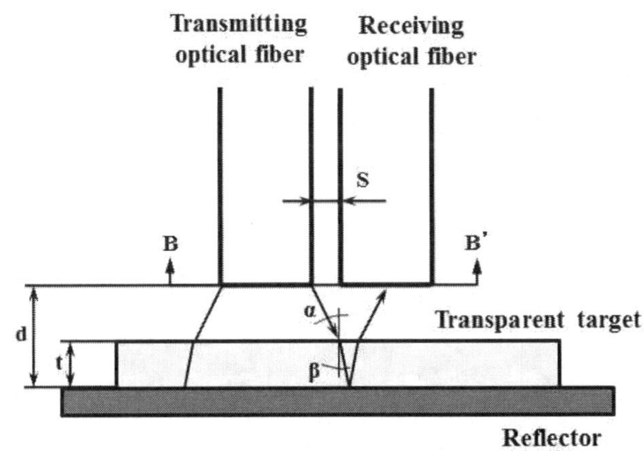

그림 7.18 얇은 투명체에 대한 두께 측정 모델

그림 7.18에서 반사체와 광섬유 센서 끝단까지의 거리를 일정하게 놓으면 투명체의 두께에 따라 굴절되어 반사체로부터 반사되는 빛의 양이 변하므로 반사광 조사영역이 변하며 이를 도식적으로 나타낸 것이 그림 7.19이다. 여기서 중요한 변수는 투광섬유의 방사각, 투명체의 굴절각, 광섬유 사이의 간격, 검출물의 두께 및 수광섬유의 직경이 된다. 이 모델은 광 강도 변조방식5에서 변위를 일정하게 놓고 중간의 투명체에 의한 반사 빛의 변화를 투명체의 두께와 대응시키는 방법이다.

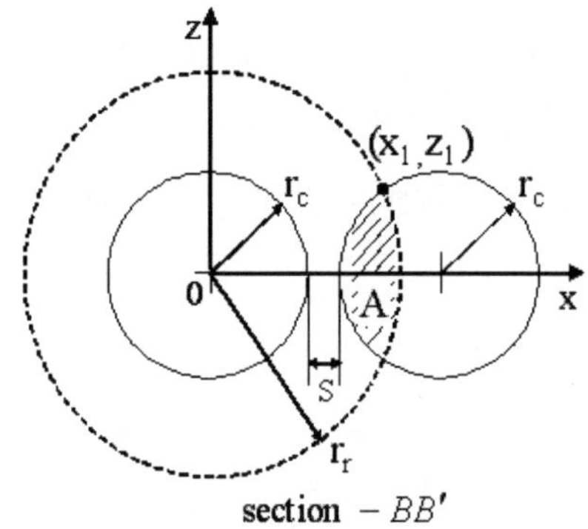

그림 7.19 발광 및 수광 광섬유 센서 프로브 끝단의 빛의 분포

나. 투명체의 두께 검출 이론식

그림 7.19를 토대로 반사광의 조사 면적은 기하광학 해석을 통해 구할 수 있다. 관계변수로는 반사체까지의 거리 d, 수광 섬유 코어반경 r_c,두 광섬유 사이의 간격 S 그리고 광섬유의 최대 한계 방사각 α에 의해 결정된다. α는 선정된 광섬유의 개구수(NA)를 통해 결정된다. 두께 t인 투명체와 대기(air) 사이의 굴절각 β 역시 스넬의 법칙에 의해 결정된다. 반사면을 전반사면으로 가정할 경우 반사광 조사영역의 반경 r_r은 다음 식으로 나타낼 수 있다.

$$r_r = r_c + 2(d-t)\tan\alpha + 2t\tan\beta \tag{7.6}$$

광섬유 단면과 반사면 사이의 거리 및 투명체의 두께가 커짐에 따라 반사광의 반경이 점점 커지다가 수광 섬유 최외곽 경계에 일치하는 경우의 r_r은 $3r_c + S$이다. 이 의미는 광섬유단면과 반사면 사이 거리 d 및 투명체 두께 t가 더 커지더라도 반사광의 조사영역이 수

광 섬유 단면을 이미 모두 포함한 상태이기 때문에 수광 섬유로 입사되는 반사광의 광량이 더 이상 증가하지 않는 시점이 된다.

따라서 r_r크기에 따른 조사 영역 A크기는 다음 식과 같다.

$r_r \le 3r_c + S$일 때,

$$A = 2\int_0^{z_1}\int_{2r_c+S-\sqrt{r_c^2-z^2}}^{\sqrt{r_r^2-z^2}} dx\,dz \tag{7.7}$$

$r_r > 3r_c + S$일 때

$$A = \pi r_c^2 \tag{7.8}$$

앞서 언급한 바와 같이 수광 섬유 내로 입사되는 광속의 크기는 그림 7.22에서 빗금 친 영역인 수광 섬유 끝 단면상의 반사광 조사영역 면적 A와 그 영역 내의 방사조도의 곱으로 유추할 수 있다. 반사광의 조도분포가 일정크기로 분포한다고 가정할 경우 반사거리에 따른 조도크기 E_r은 다음 식에 의해 결정된다.

$$E_r = \frac{r_c^2}{r_r^2}E_t \tag{7.9}$$

여기서 E_t는 투광섬유로부터 방사되는 조도크기를 의미한다.

결과적으로 수광 섬유 입사 광속 ϕ_r은 다음과 같이 나타낼 수 있다.

$$\phi_r = AE_r \tag{7.10}$$

다. 투명체의 두께 검출 시뮬레이션

센서에서 중요한 정적 특성의 하나가 직선성을 가져야 한다. 한편 반사체와 센서 프로브 끝단까지의 거리가 일정해야 하는 센싱 형태이므로 반사체와 센서 프로브 끝단까지의 거리를 최적으로 하기 위한 시뮬레이션이 필요하다

투명체의 굴절각은 스넬의 법칙에 의해 구한다. 즉, 광섬유의 방사 임계각 α는 실험을 통해 알아 본 결과 20°이었으며 투명체(광학유리; CaF2)의 반사율 n_2를 1.399(제조사 제공), 공기의 굴절률 n_1을 1로 하면 투명체의 굴절각 β는 다음과 같다.

$$\sin\beta = \frac{n_2}{n_1}\sin\alpha = \frac{1.00}{1.399}\sin 20° = 0.24453$$

$$\therefore \beta = 14°$$

따라서 해석 시뮬레이션에 적용된 관련 변수는 실제로 두께검출 실험에 사용할 광섬유 센서와 투명체에 대한 것으로 표 7.4와 같이 하였다.

표 7.4 Variables in analysis simulation

Variables		Size	Unit
Optical fiber	Core radius(rc)	0.5	mm
	Limit diffusion angle(α)	20	degree
	Gap between two fibers(S)	0.01	mm
Transparent target	Intensity of illumination in radiation (Et)	1	lx
	Refraction angle(β)	14	degree

이 시뮬레이션 결과 센서 프로브 끝단과 반사판 사이의 거리가 2㎜부터 3㎜사이에서 좋은 직선성을 나타냈으나 그 가운데 2.5㎜의 경우가 가장 표준편차가 작고 기울기가 좋은 것을 확인하였다. 따라서 실험에서는 이 거리를 적정거리로 설정하고 실험을 행하기로 하였다.

라. 실험 결과

실험은 시뮬레이션에서 얻은 센서 프로브 끝 단과 반사판 사이의 최적 검출 거리인 2.5㎜를 유지한 체 각각 두께 0.5㎜와 1.0㎜의 광학유리에 대해 x, y 스테이지를 움직이면서 10번씩 측정하였다. 또한 반사판 대신에 반투명한 반사판 위에 투명체의 측정물이 올려 있을 경우도 어떠한 결과가 검출 되는지를 알기 위해 반사판 위에 반투명한 습자지를 올려놓고 x, y 스테이지를 움직이면서 10번씩 측정하였다.

반사면 위에 투명체의 측정대상물을 올려놓고 투명체의 두께를 측정한 실험 결과치와 이론에 의해 시뮬레이션 한 결과치를 비교한 것이 표 7.5이다. 여기서 이론치는 투명체를 올려 놓지 않은 경우의 실험치를 기준으로 보정을 한 것이다. 이 결과로부터 이론적으로 고찰한 두께에 따른 결과치와 실험적으로 나온 결과치가 최대 24.1의 차이를 나타냈다. 이 차이의 경우는 이론적 모델에서 완전 투명체로 가정하여 투명체로부터의 반사광이 없는 것으로 간주하였기 때문으로 사료된다. 실제로 광학유리의 경우 표 7.5에서 알 수 있듯이 투명체의 두께가 1㎜인 경우 투명체의 반사량을 고려하지 않은 이론치와의 차이가 5.44%이었다. 이 차이를 분석하면 측정 시스템에서 반사체까지의 거리가 2.5㎜이고 투명체의 두께가 1㎜이므로 반사체까지의 거리를 1.5㎜로 하여 반사체로부터의 출력 량을 검출한 결과 455.5㎼가 나왔으며 이것의 5.4%(광학유리의 반사율)는 24.597㎼가 되므로 표 10.6에서 이론치와 실험치와의 차이가 1㎜인 경우 24.1㎼인 것을 감안하면 이론치와 차이가 거의 나지 않는 것을 알 수 있다. 두께가 0.5㎜인 경우는 투명체로부터의 반사광의 일부가 센서의 구조상 수광섬유로 모두 수광되는 것이 아니므로 이론치와의 차이가 5.4%보다 작게 나왔다고 판단할 수 있다.

결과적으로 이 논문에서 제안한 광섬유 센서 이용 투명체 두께 측정 모델은 투명체의 반사에 의한 영향은 생각하지 않았지만 충분히 투명체 두께의 측정에 유용하다는 것을 입증하였다고 할 수 있다.

표 7.5 The error of two average results

Thickness(mm)	Theoretical results(㎼)	Experiment results(㎼)	Error(%)
0.0	392	391.8	0.00
0.5	405.1	415.9	2.61
1.0	418.3	442.4	5.44

7.1.4 지폐 계수 및 위조지폐 감별에의 응용[39-40]

가. 광학식 지폐 계수에의 응용

지폐계수기(Bill counter)는 조폐공사, 은행, 개인 등 이 화폐를 계수하기 위해 사용하는 장치를 말하며 일정 매수 이상의 지폐를 계수 하는데 매우 편리하여 널리 사용되고 있다. 기존의 계수기는 마찰식(Ro1ler Type) 지폐계수기 형태와 흡입식(Vacuum Type) 지폐계수기 형태이다. 이러한 흡입식 및 마찰식 지폐계수기는 롤러와 지폐의 마찰로 수량을 감지하는 형식이기 때문에 흡입이나 마찰에 의해 먼지가 발생하고 소음이 발생 하여 환경 및 위생 상태가 취약한 단점이 있다. 실제로 마찰식이나 흡입식 계수기에는 계수시 발생되는 오염된 먼지 등을 제거하기 위해서 정화기능을 추가로 장착하는 실정이며 그에 대한 연구도 활발히 진행 중이다. 그러나 이러한 정화기능이나 집진 창치를 장착하여서는 본래의 문제인 각종 미세 먼지나 소음에 대한 원천적인 문제 해결이 이루어질 수 없다.

비접촉식 측정방식은 측정 시 마찰이 발생하지 않고 전기신호로 측정결과가 출력되기 때문에 고속측정 및 측정 자동화에 용이한 장점을 지니고 있다. 이 가운데 빛을 이용한 측정방식은 비접촉성에 의해 빠른 측정 속도, 측정 대상체와의 비파괴성, 특히 광섬유를 적용한 경우 비교적 구조가 간단하고 절연이 불필요한 여러 장점을 가지고 있다. 무엇보다도 측정 대상이 비금속일 경우도 측정이 가능하고 측정면이 거울 면일 필요가 없어 넓은 적용 영역을 지닌다.

이러한 장점을 살려 기존의 계수기가 갖고 있는 문제점을 광섬유를 이용하여 비접촉식으로 계수하고자 하는 연구가 있어 소개하고자 한다.

그림 7.20은 광섬유 변위 센서를 이용한 비접촉 지폐 계수기의 기본 구성 개략도를 보여주고 있다. 광원인 레이저 다이오드(Laser diode, LD) 또는 LED를 통해 발생한 빛은 투광섬유(Transmitting optical fiber)를 통해 측정부로 전송되어 지폐 측정면에 조사되고 그 반사광은 투광섬유와 나란히 배치된 수광 섬유(Receiving optical fiber) 내부로 일부 입사된다. 이때 두 광섬유 끝 단면과 지폐 측정면 사이의 거리는 일정하므로 지폐와 지폐 사이 요철의 단차(거칠기)에 따라 수광 섬유 내로 입사되는 반사각이 달라지며 반사 광속이 변하게 된다. 이 광속 변화는 수광 섬유를 통해 포토다이오드(Photodiode, PD)로 전송된다. 포토다이오드는 광 신호를 전기 신호로 변환하는 기능을 하며 변환된 전기 신호는 신호처리회로(Signal processing circuit)를 통해 센서 신호로서 적당한 전압 신호로 출력된다. 즉, 광섬유 변위 센서의 변위 응답 특성은 변위와 수광 섬유의 검출된 강·약의 크기로 고찰할 수 있다.

여러 장의 지폐에 대해 표면에 단차(거칠기)를 주기 위해 그림 7.21과 같이 여러 장의 지폐를 넣고 왼쪽에서 지폐를 P의 힘으로 밀어 위로 굽어지게 하는 기구를 제작하였다. 그림 7.21은 실제로 제작된 기구로 지폐 다발을 구부린 측정면 모습과 광섬유 센서의 스캐닝 모습 사진이다.

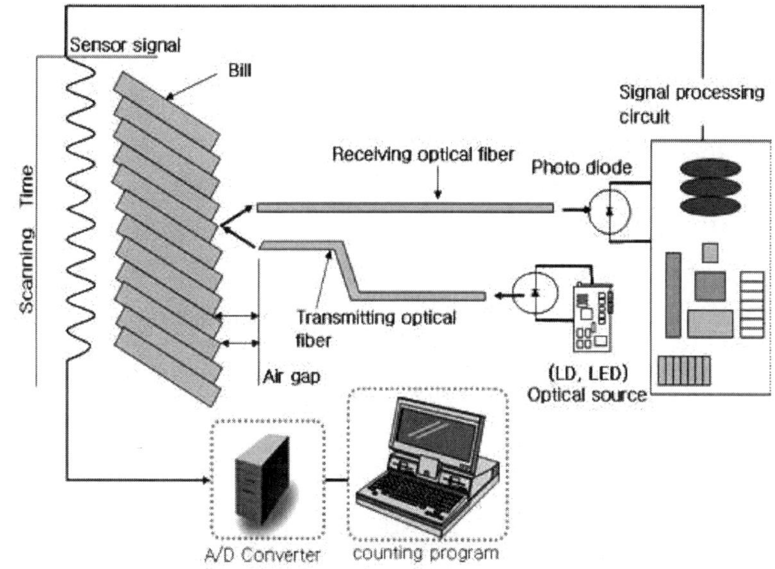

그림 7.20 비접촉 지폐계수기의 개략도

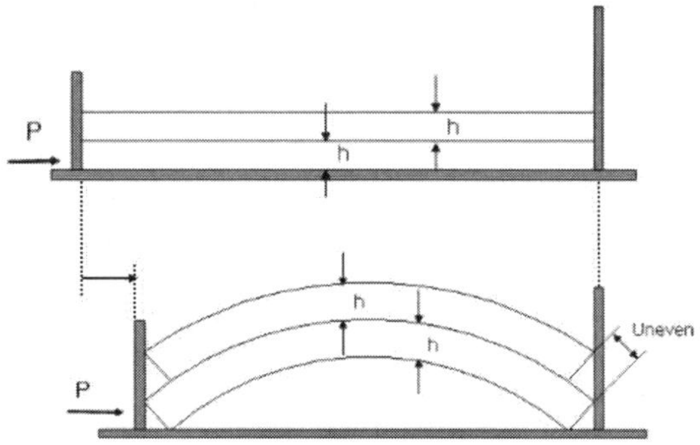

그림 7.21 지폐 다발에 단차를 만들기 위한 기구의 기본 개념

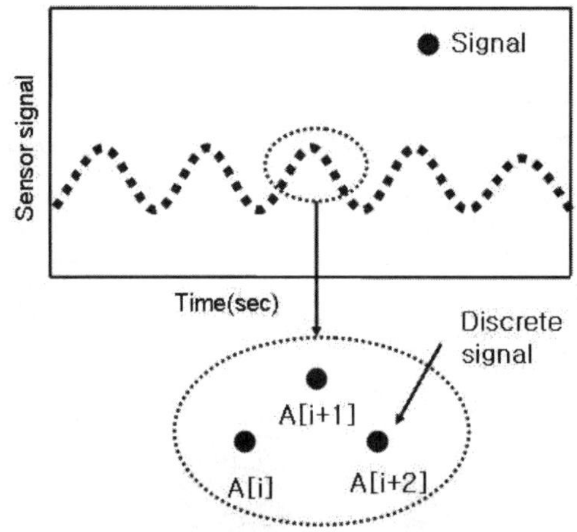

그림 7.22 지폐 계수 알고리즘

지폐 다발 측정 표면으로부터 반사된 광이 수광용 광섬유를 통해 입사되고 입사된 광량을 전기신호인 전류로 변환하는 A/D Converter를 통하여 계수프로그램에 입력된다. 계수 알고리즘은 그림 7.22와 같으며 식은 다음과 같다.

$$((A[i+2] \langle A[i+1]) \&\& (A[i+1] \rangle A[i])) \tag{7.11}$$

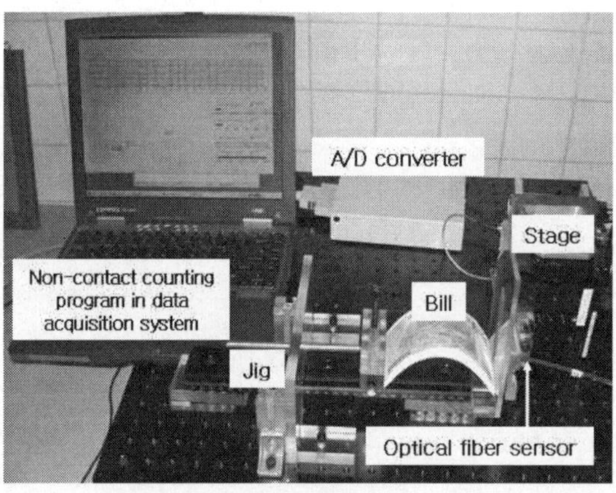

그림 7.23 비접촉 지폐계수 시스템 구성

비접촉식 계수기의 시스템은 그림 7.23과 같으며 제작된 비접촉식 계수 장치에 Lap windows로 개발된 계수 프로그램을 적용하여 비접촉식 계수기의 성능 및 신뢰성을 확인하였다.

20장의 지폐를 거치하고 50회의 상향과 50회의 하향으로 총 100회의 반복성 실험을 하였고 그 결과를 그림 7.24에 보여주고 있다. 상·하로 스캐닝 하여 광학식 계수 프로그램에 적용한 결과 100회 에러율이 0(Zero)로 나타났다. 다만, 접혀진 지폐나 헌 지폐의 경우는 카운터의 에러가 있을 수 있다고 판단된다.

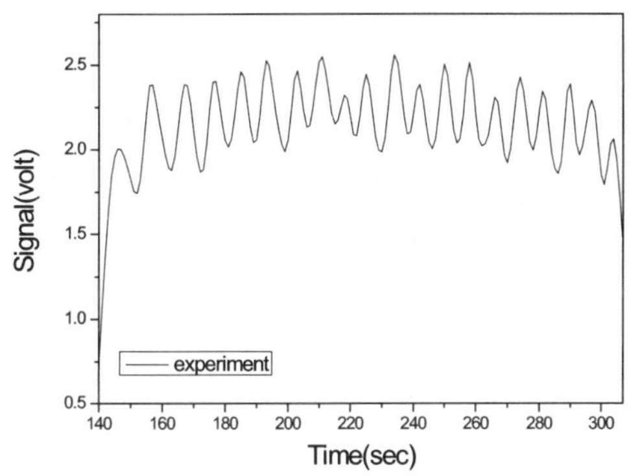

그림 7.24 지폐계수 시스템의 출력 파형

나. 5만원권 위조지폐 판별에의 응용

최근 정보산업의 급속한 발달로 저렴한 가격의 뛰어난 성능과 사용이 간편한 첨단 복사 장비 및 인쇄 장비가 대중화 되면서 화폐의 위·변조 수법이 첨단화되어 신뢰성에 위협을 주고 있다.

특히 최근에 고액권인 5만원권이 출시되면서 일반인 및 전문가들도 속을 정도로 화폐의 위·변조 수법이 첨단화되어 그 정교함에 따라 새로운 사회 문제로 떠오를 수 있다.

이러한 위폐 감별을 위한 많은 연구가 있었지만 기존의 위조지폐 판별기는 주로 UV(자외선), IR(적외선)등 광학과 마그네틱 기술을 기반으로 개발된 제품이 주를 이루고 있다. 기존의 자외선, 적외선 센서 및 자성 센서는 상대적으로 고가이며, 눈에 보이지 않는 비 가시광 영역을 사용하여 특수한 장치를 통해 위폐 감별이 이루어졌다. 따라서 일반인들이 손쉽게 사용하기에는 그 한계가 있다고 할 수 있다. 그러나 가시광 센서는 지폐 표면의 인쇄 안료 및 염료에 의한 반사를 이용할 수 있으나, 현재까지는 지폐의 노후와 색상에 따른 출력 특성으로 위폐 감별에 용이하지 않았지만 우리나라 신권 은행권에 여러 가지 광학적 위조방지 기술이 적용되어 가시광 센서의 위폐 감별 가능성이 제기 되어 이에 대한 것을 소개하고자 한다.

즉, 광섬유 센서를 이용하여 가시광 영역의 파장에서 오만원권 위조지폐의 위폐를 감별하는 방법을 소개하고자 한다.

이 연구에도 광섬유 변위 센서를 이용하였으며 기본 구성 개략도는 이미 앞에서 많이 소개했으므로 여기서는 생략하기로 한다.

광섬유 변위 센서 원리에서 변위를 일정하게 고정하면 광섬유 변위 센서는 측정물의 표면 상태(표면 거칠기, 색 및 형상)에 따라 수광 섬유의 수광 반사 강도가 다르게 된다. 따라서 변위를 고정하고 5만원 지폐의 표면 거칠기도 일정하게 하면 색이나 형상 등에 의해 광섬유 센서의 출력량이 달라지므로 이 원리를 지폐의 위폐 감별에 이용하는 것이다.

5만원 지폐의 위폐 판별을 위한 측정 프로브를 제작하였는데 그 단면은 플라스틱 광섬유로 투광섬유와 수광섬유 하나씩으로 구성된 H형 단면의 광섬유 프로브이다. 광섬유 변위 센서 프로브는 직경 1㎜의 플라스틱 광섬유는 A사의 FD 620-10를 사용하였으며, 레이저다이오드 모듈은 L사의 LM-6505NG를, 포토다이오드는 T사의 DET B36/A/M을 사용하였다.

또한 광섬유 변위 센서의 취약점인 진동 문제를 최소화시키고, 센서 단면에서 측정대상물에 수직하게 빛이 조사되면서 일정한 공극(Air gap)으로 변위를 유지할 수 있도록 위폐 감별 광섬유 센서 프로브 제작하기 위해 그림 7.25와 같이 지폐 표면으로 부터 거리가 항상 일정하게 유지되도록 만들었으며 이 때 공극이 1㎜이었다.

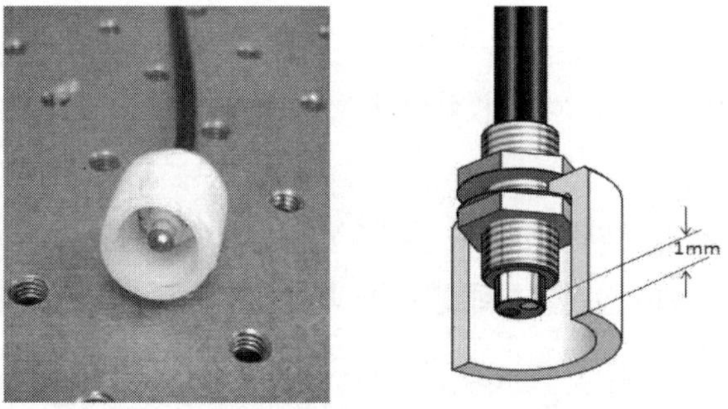

그림 7.25 위폐 감별 센서 프로브

그림 7.26은 제작된 기구부의 실험 지그 3차원 형상으로 모델링한 모습이다. 신권 지폐는 구겨지지 않고 형상이 비교적 평탄하여 감지하기가 용이하지만 시중에서 사용 중인 지폐는 구겨지거나 굴곡이 형성되어 감지하기가 용이하지 않기 때문에 그림 7.26과 같이 상판과 밑판을 제작하여 그 사이에 지폐를 넣어 구겨지거나 굴곡이 있는 지폐도 평탄한 상태에서 감지할 수 있도록 설계, 제작되었다.

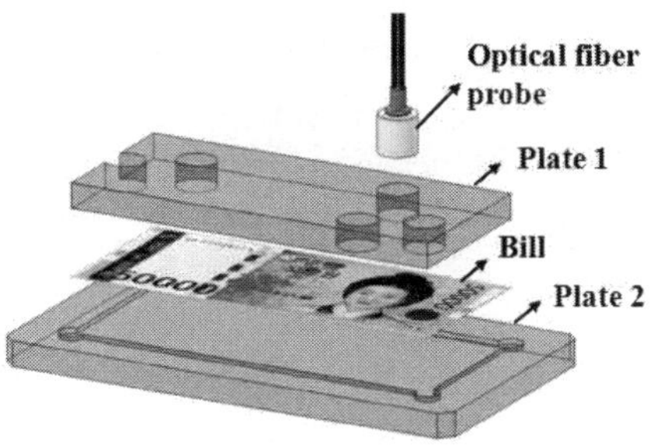

(a) part

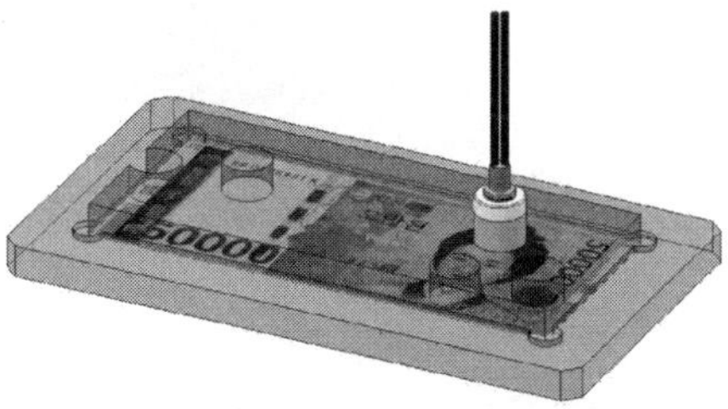

(b) compiled

그림 7.26 실험 지그 모델링

제작된 광섬유 센서, 프로브, 기구부 등을 조합하여 위폐감별 시스템은 그림 7.27과 같으며 레이저 모듈에 전원을 공급함으로써 투광 광섬유를 통해 프로브 끝 단면의 투광 광섬유를 통해 빛이 지폐 표면에 조사되고 조사된 빛은 지폐 표면의 색, 형상 등에 반응하게 시스템 구성되었다. 광량의 변화된 빛이 다시 수광 광섬유로 입사되면서 포토다이오드로 전달되며 전달된 빛은 전기적인 값으로 변환되어 오실로스코프를 통해 출력되며 이 출력된 값을 분석하여 위폐 감별을 할 수 있도록 시스템 구성하였다.

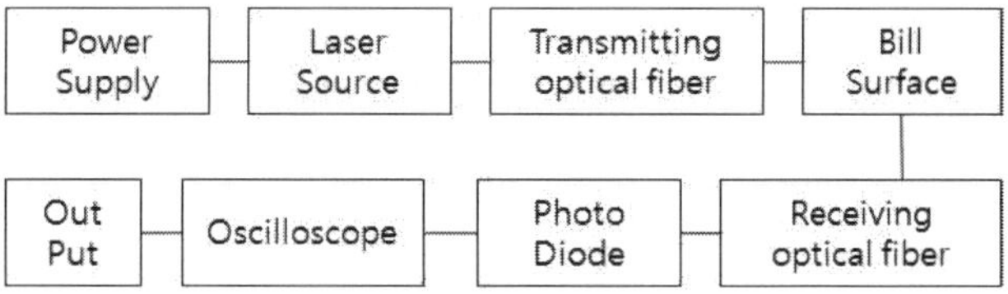

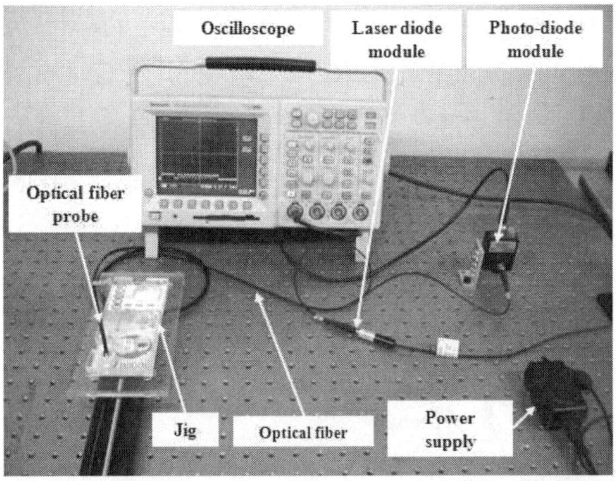

그림 7.27 5만원권 위폐 감별을 위한 정적 감지 시스템

제작된 위폐감별 광섬유 센서는 가시광 영역을 사용하므로 컬러프린터나 복사에 의해 제작된 위조지폐는 이런 광학적 요소가 작동하지 않는 점을 고려하였으며 그림 7.28과 같이 4군데의 측정 부위를 선정하였다.

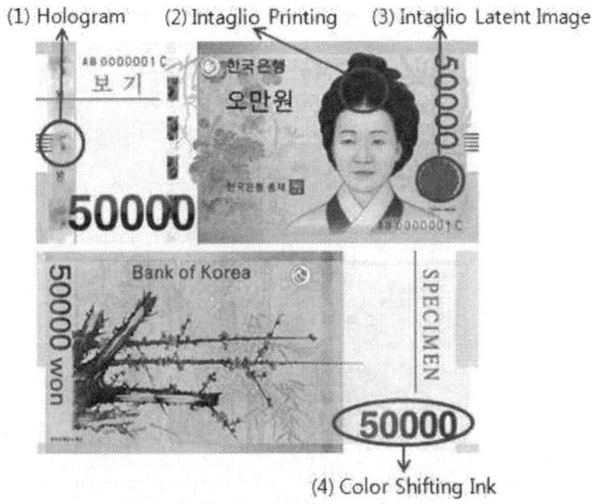

그림 7.28 5만원권의 측정 부위

선정한 측정 부위에 대해 위폐 측정의 기준값을 선정하기 위해 시중은행에서 현재 유통 중인 오만원권 100장 실험 대상으로 위폐감별 광섬유 센서를 이용하여 측정하였으며 확연히 판별되는 것을 확인할 수 있었다.

특히, 위폐 감지를 위해 5만원권을 복사하여 실험용 샘플을 만들었으며 표 7.8은 기준값과 위조지폐의 각각의 부분을 비교한 데이터이다. 표 7.8에서 볼 수 있듯이 홀로그램과 색변환 잉크는 프린터 된 위조지폐에서는 진폐와 달리 광학적 반사요소가 없어서 측정값이 낮은 것을 볼 수 있다. 즉, 광섬유 센서를 이용한 위조지폐의 판별이 가능한 것으로 판명되었다.

표 7.8 진폐와 위폐의 비교 결과 값

using printer	resolution (dpi)	Hologram	Intaglio Printing	Intaglio Latent Image	Color Shifting Ink
Minimum References		4920	320	390	1340
Fuji	600	290	380	370	330
	1000	320	410	410	350
Hp	600	260	300	300	350
	1000	280	280	270	320
Sam sung	600	200	210	200	290
	1000	180	190	180	320

7.2 광섬유 진동 센서의 응용

7.2.1 능동 자기베어링 주축의 상태 모니터링[41-42]

고속 회전체의 대표적인 능동 자기베어링 시스템의 원리는 회전체가 회전 중심선 위치(centerline position)에서 벗어난 회전중심 오차를 센서로 감지하고 제어기의 제어 신호에 따라 각각의 전자석에 공급되는 전류를 제어함으로써 회전체의 안정된 부상 회전을 이루는 것이다. 따라서 자기 부상체의 중심 위치를 측정하기 위한 센서가 필요하다. 지금까지 연구 및 실용화되어 온 자기베어링 주축 모니터링용으로는 와전류형 센서가 많이 사용되어 왔는데 와전류형 센서가 고가이므로 이를 대신에 저가가 가능한 광섬유 변위센서를 능동 자기베어링 시스템에 적용하고자 하는 연구가 있어 이를 소개하고자 한다.

가. 기본 구조 및 센싱 시스템

자기베어링 주축 회전 모니터링 시스템의 기본 구조는 그림 7.29와 같다.

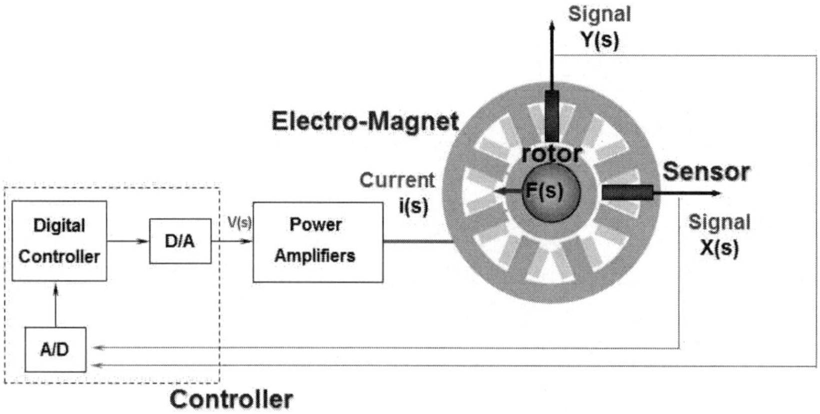

그림 7.29 자기베어링의 주축 회전 모니터링 시스템

그림 7.29에서 센서는 지금까지 와전류 변위 센서를 주로 사용해 왔으나 이것을 광섬유 변위센서로 대체할 때 주축으로부터의 런아웃을 측정하는 측정시스템의 대략도를 그림 7.30에 나타내고 있다. 그 구성은 레이저다이오드(LD)와 구동회로로 빛을 발생시켜 투광용 광섬유를 통해 대상물 표면까지 전달시키는 투광부, 대상물 표면에서 반사된 광을 수광용 광섬유를 통해 입사된 광량을 전기신호인 전류로 변환하는 포토다이오드(PD)인 수광부, 그리고 변환된 전류신호를 전압신호로 변환 및 증폭기능을 가진 신호처리회로로 되어 있다.

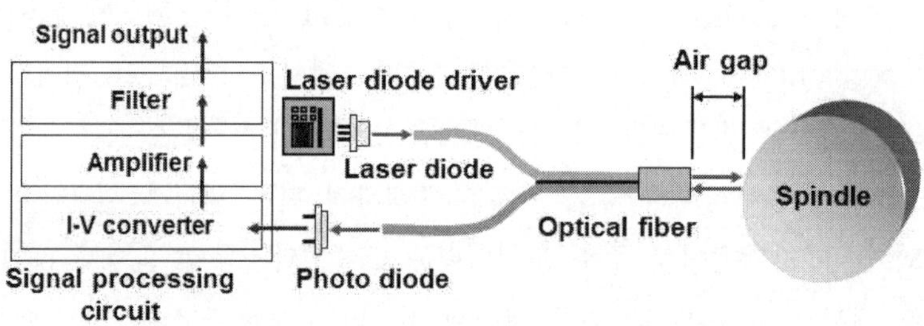

그림 7.30 광섬유 변위 센서의 측정 시스템 개략도

나. 센서 설계 및 제작

머시닝 센터는 고정 베드에 주축이 3축 이송되는 컬럼 운동식(column moving type)이므로 주축 내부의 센서 측정부와 외부의 센서 신호처리부 사이를 연결하는 광섬유는 주축 이송 시 굽힘 변화와 흔들림이 크게 발생하게 된다. 광섬유는 센서 측정부의 소형화와 취부의 유연성을 갖게 하는 이점을 주지만 흔들림 발생 시 센서 출력신호가 왜곡되는 문제점이 있다.

이점을 고려하여 광섬유 변위 센서 구조를 주축계 내부로 집적시킨 형태로 재설계하였고 이 새로운 설계 형태는 주축내부의 제한된 공간상에 센서 구성요소들을 집적시키기 위해 파이버가 과하게 휘어지게 되어 센서 감도가 떨어지는 영향이 나타난다. 또한 주축계 적용 시 센싱 위치가 주축 구조상 직경이 가장 작은 부분에서 이루어지게 되어 이로 인한 센서 감도와 선형성이 떨어지게 되는데 이런 적용환경에 따른 센서 성능 변화를 고려하여 설계 제작되었다.

머시닝센터의 주축이 X, Y, Z축 이송되며 이와 같은 주축계와 연결된 케이블의 흔들림은 불가피하다.

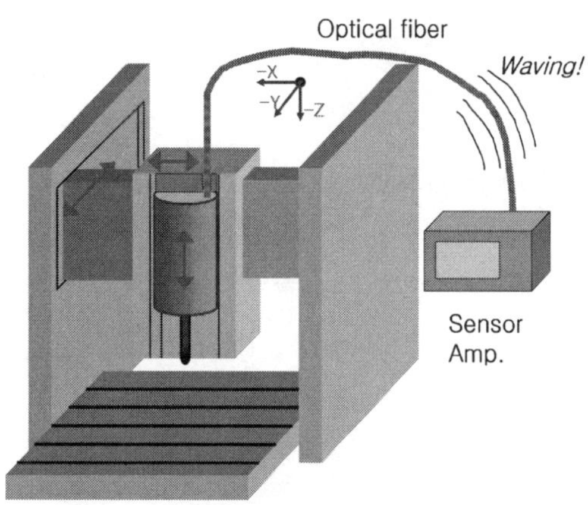

그림 7.31 컬럼 이동형 머시닝센서에 의한 광섬유의 진동 형태

그림 7.31과 같이 특히 광파이버 센서의 신호선이 되는 광파이버가 흔들리면 센서 출력신호에 왜곡을 일으킨다. 이러한 광파이버 흔들림은 주기적인 미소 굽힘(microbending)을 일으켜 광전송에 손실을 가져오기 때문이다. 결국 센서 출력 신호에 파이버 흔들림과 동기적인 파형 실리게 되어 변위 신호의 오차를 발생시킨다.

광파이버 흔들림을 최소화하기 위한 방법으로서 광파이버 센서의 발광부, 수광부, 측정부를 주축계 내부로 집적한 구조 설계를 하였다. 그래서 주축계와 제어부 사이의 센서 신호선을 광파이버에서 전선으로 대체 할 수 있게 되었다. 그 결과 광파이버는 주축 내부에 매우 짧게 구성될 수 있을 뿐만 아니라 광파이버 모든 부분이 주축계와 상대운동을 하지 않게 되어 주축계가 이송 운동을 하여도 파이버 흔들림이 크게 줄어 들 수 있다.

그림 7.32 (a)는 주축 안으로 내장하기 위해 센서 브래킷에 X-Y 광파이버 센서들을 집적한 3D 형상 모델링이며 그림 7.32 (b) 실제 제작된 센서 브래킷 사진을 보여주고 있다. 그리고 그림 7.33은 제작된 광파이버 센서가 집적된 브라켓을 주축계 내부로 조립되는 모습을 보여주고 있다.

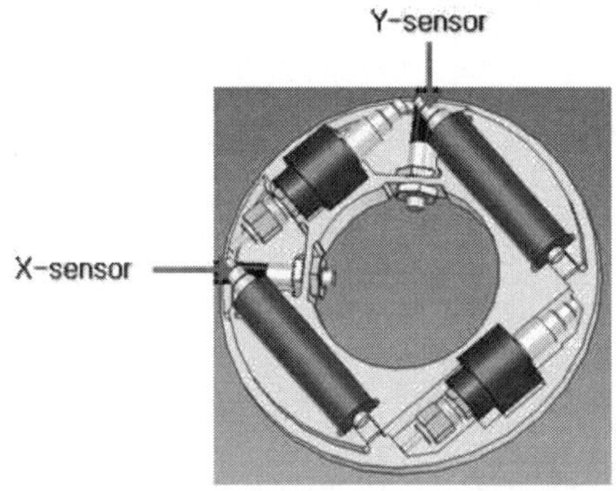

(a) 센서 브래킷 3D 형상모델

(b) 제작된 센서 브래킷 실제 사진

그림 7.32 주축에 장착할 광섬유 변위 센서 사진

그림 7.33 센서 주축 조립 사진

다. 성능 평가

머시닝센터 주축의 직경 34.7㎜에 대해 측정한 결과 제작된 광파이버 센서의 선형성은 1.7%FSO로 평가되었으며 측정 범위는 공극 0.1~0.6㎜이고 광파이버 센서의 감도는 실험결과와 선형회귀 곡선에 의해 12.3 V/㎜로 평가되었다. 또한 제작된 광파이버 센서의 노이즈 크기는 4.5㎷(peak-to-peak)이며 분해능은 0.37㎛로 평가되었다. 한편 고속 회전의 주축을 모니터링 하는데 중요한 요소인 동적 특성은 그림 7.34와 같이 6.3㎑로 평가되어 60,000rpm까지는 이론적으로 가능한 것으로 판명되었다. 비록 하나의 시험적인 연구이지만 광섬유 변위 센서를 이용한 주축의 런아웃 모니터링이 가능함을 보인 것에는 틀림없으며 앞으로 신뢰성 등에 대한 연구가 더욱 진행되면 충분히 주축 모니터링용 센서로서 사용 가능하리라고 생각한다.

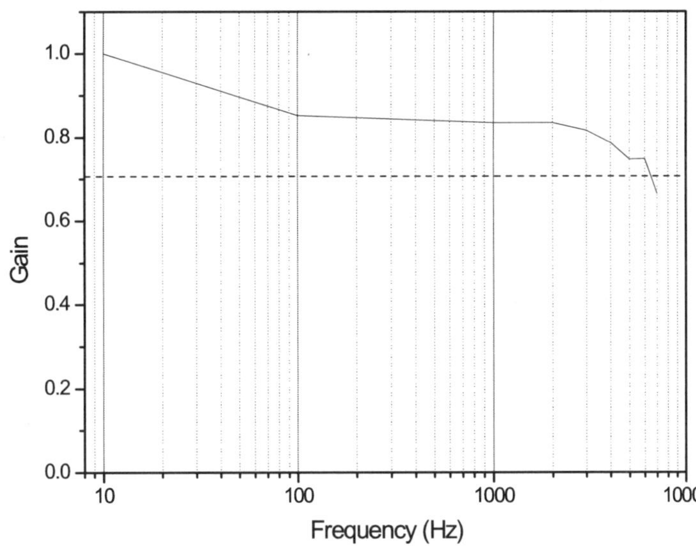

그림 7.34 동적 특성

7.2.2 보링 가공의 진동 상태모니터링(43-44)

가. 보링 가공의 진동 이론

현재까지 무수히 많은 형태의 공작기계들이 전 세계에 공급되고 있으며, 특히 중앙아시아의 급속한 경제발전을 주축으로 기계가공분야의 지속적인 발전이 이루어지고 있다.

특히 선반가공에서 보링가공(internal cutting system)은 많은 연구가 이루어지고 있으나 보링바(boring bar)의 오버행(overhang)에 대한 한계로 인하여 소비자의 욕구를 충족하지 못하고 있다. 보링가공 시 오버행은 그림 7.35와 같이 나타내며 이 오버행에 따라 변화하는 동적 특성은 진동 주파수 성분에 직접적인 영향을 미치며 제품의 품질까지도 영향을 미치기 때문이다. 오버행의 한계는 보링바의 재질이 강(steel)의 경우 보링바 직경의 4배, 초경(tungsten carbide)의 경우 6배 정도를 보장하는 것이 일반적이며, 그 이상의 오버행이 필요한 깊은 홀(deep hole)가공에서는 절삭조건(회전속도, 이송, 절삭깊이)을 낮추어 사용되고 있기 때문에 생산성 감소로 이어지고 있다. 다른 대책으로 오버행을 보링바 직경에 7~10배를 보장하는 경우가 있는데 이는 일반 보링바에 비해 상당히 고가이며, 능동적인 방진(active damping)이 아닌 수동적인 방진(passive damping)의 형태로 이루어진다.

이는 각 현장마다 다른 작업조건(절삭조건, 장비, 작업자, 소재, 기타)에 따라 보링 가공 시 발생하는 동적 특성인 자려 진동에 대한 직접적인 감시(monitoring)가 곤란하기 때문에 능동적인 방진 바(active damping bar)의 개발이 어려운 실정이다.

진동에 관한 연구는 다양하게 이루어지고 있으나 공작기계, 공구, 공작물 등이 매우 복잡한 동적 특성을 갖고 있으므로 이들이 상호 운동할 때 각종 원인에 의해 진동이 발생한다.

특히 보링공정에서는 공구와 공작물의 주기적인 상대진동이 원인이 되어 정밀도와 공구 수명에 영향을 주며 여러 손실을 초래하게 된다.

따라서 보링 가공 시 발생하는 진동에 대한 실시간 감시측정이 가능한 센서의 개발이 요구된다.

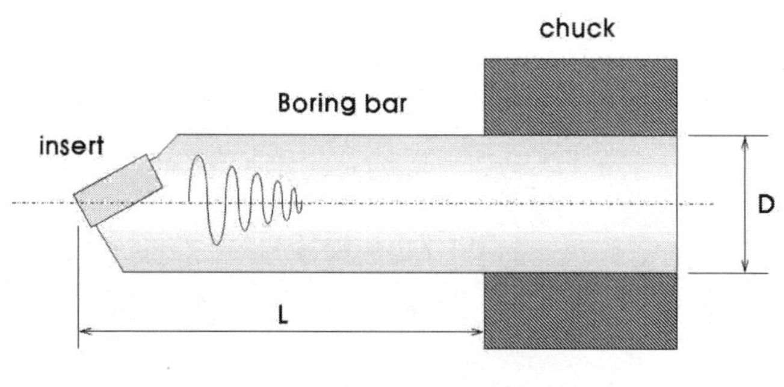

그림 7.35 보링바의 오버행

나. 충격 실험

진동 특성을 실험하기 위한 준비로 충격 실험을 하여 고유주파수를 결정해야 한다. 그림 7.36은 충격 실험을 하기 위한 보링바의 내부에 광섬유 변위 센서를 삽입한 형태의 보링바 구성 요소를 나타낸 것으로 보링바 앞 단에 조립되는 부분을 Head라 명칭하였다. 그리고 Head에서 보링바에 삽입되는 구간을 헤드 치수 즉, 10㎜, 20㎜ 및 30㎜로 설정하고 감도 실험을 실시한 결과 헤드의 치수가 10㎜인 헤드가 가장 좋은 감도를 나타내어 이것을 충격 실험의 헤드로 적용하였다.

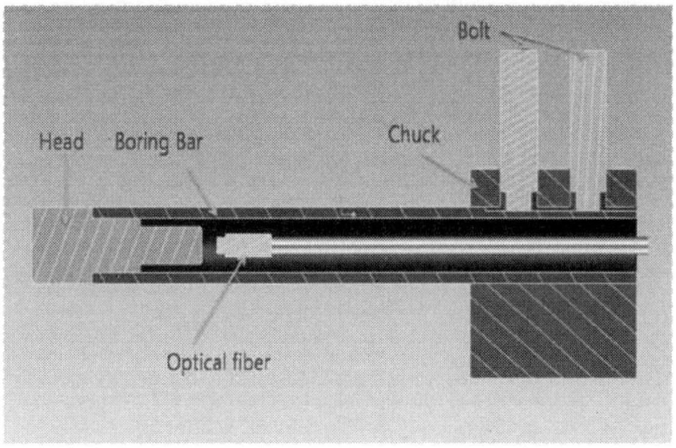

그림 7.36 광섬유 센서 삽입 보링바의 개념도

그림 7.37은 실제로 제작된 보링바 헤드의 사진을 나타내고 있다.

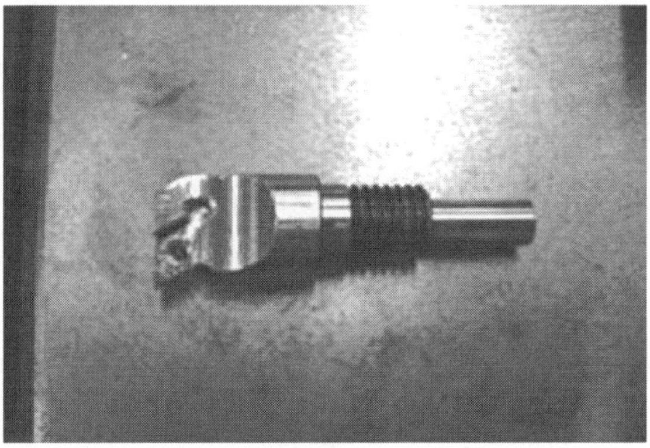

그림 7.37 제작된 보링바 헤드의 사진

그림 7.38은 제작된 보링바 헤드를 이용하여 충격 실험 장치를 구성한 사진이다. 그림에서 가속도 센서는 광섬유 센서의 진동 실험 결과의 신뢰성을 확보하기 위해 부가적으로 설치한 것이다.

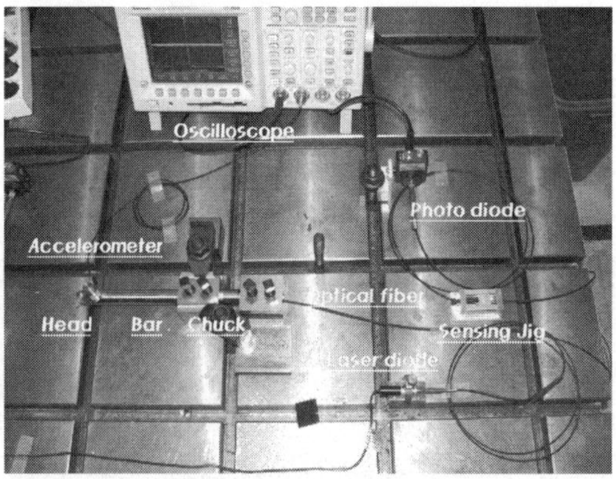

그림 7.38 충격 실험 장치 사진

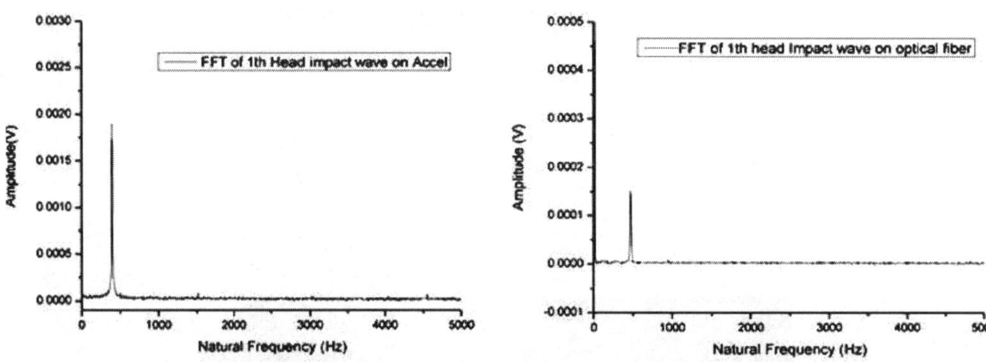

(a) 가속도 센서의 결과

(b) 광섬유 변위 센서의 결과

그림 7.39 절삭력에 대한 가속도 센서와 광섬유 센서 결과의 FFT 분석

충격 실험 결과 가속도 센서는 고유주파수가 400㎐를, 광섬유 센서는 고유주파수가 475㎐를 나타내었다. 이 고유 주파수 FFT분석 그래프를 그림 7.39 (a)와 그림 7.39 (b)에 나타내었다. 이 결과에서 보면 가속도 센서와 광섬유 센서가 약간의 차이 즉, 75Hz 정도의 차

이를 나타냈는데 이것을 연구에서는 광섬유 센서가 보링바 내부에 삽입된 형태이고 가속도 센서는 외부에 부착된 형태이므로 가속도 센서의 자체 질량과 부착 위치의 미세한 변수에 인한 것으로 판단하고 있다.

나. 절삭가공 실험

(1) 센싱 원리

광섬유 진동센서는 그림 7.40과 같이 발광 부의 빛을 보링바의 반사면에 반사시켜 단면의 진동에 의한 광량의 변화를 수광부에서 인식하는 형태로 되어 있다.

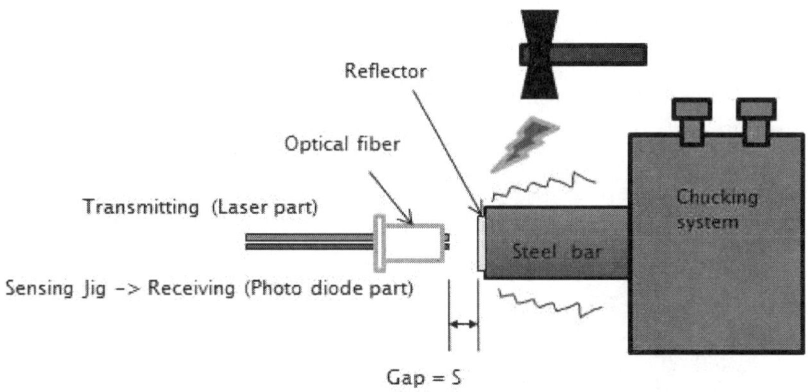

그림 7.40 광섬유 변위 센서에 의한 진동감지 시스템 구성도

그림 7.41과 같이 반사면에서 반사되어 수광부에 입사되는 즉, 센싱되는 광량은 정지 시에 A만큼의 크기를 갖는다. 그러나 진동을 하게 되면 반사면의 기울기가 변하여 반사광의 수광부에 입사되는 광량은 변하며 그에 대한 주파수 특성도 변하게 된다.

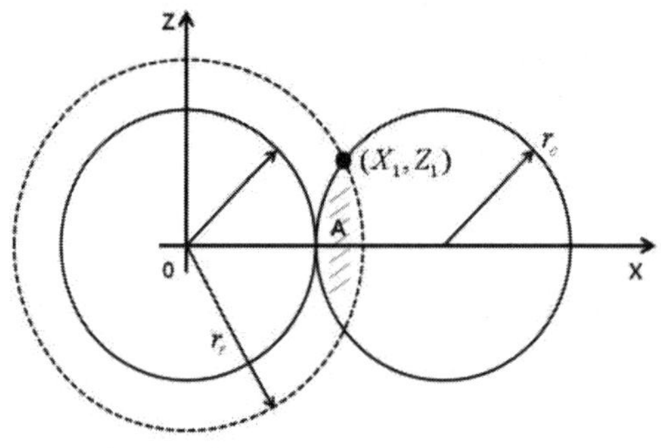

그림 7.41 수광 광섬유의 센싱 영역

(2) 장치구성

보링 절삭에 의한 진동특성을 측정하기 위해 그림 7.42와 같이 가공 진동 측정 시스템을 구성하였다.

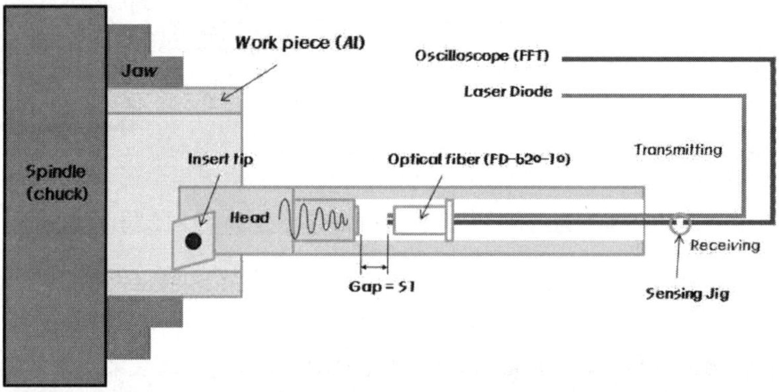

그림 7.42 보링 가공 진동 측정 시스템의 구성 개략도

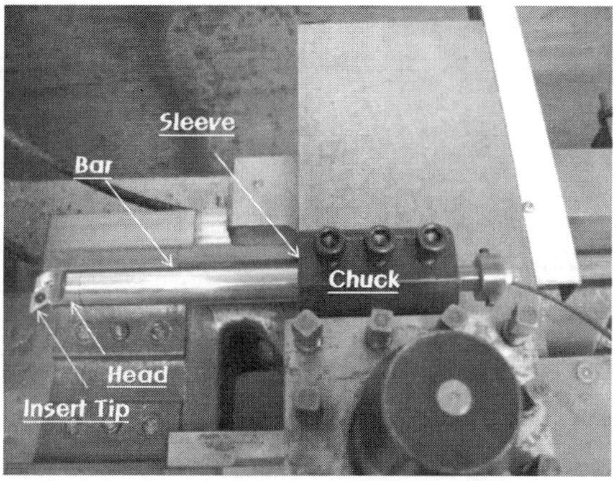

그림 7.43 보링 가공 진동 측정 장치 사진

(3) 실험

보링바의 직경은 ø20으로 설정하고 Head와 Body를 각각 제작하고 조립하였으며 공작기계는 범용선반(화천기계 400*750)을 사용하였으며 적용 인서트공구는 상용품으로 미쯔비시사의 DCMT 11T304-FV/UE 6020을 이용하였다. 그림 7.43에 보링 가공 진동 측정 장치 사진을 나타내었다. d; l 서 사용한 소재의 형태는 내경 ø30, 외경 ø60 그리고 길이 30㎜인 Tube형태이다.

보링바의 오버행은 보링바 직경의 7배 이상인 150㎜로 설정하였고 1차 실험은 회전속도를 1249rpm으로, 2차 실험은 620rpm으로, 그리고 3차 실험은 440rpm으로 고정하고 절삭깊이를 각각 0.2㎜와 0.5㎜로 하였다.

2차 실험과 3차 실험에 대해서도 신호 특성을 통해 FFT 분석한 결과 표 7.9와 같은 결과가 나타났으며 이 결과를 보면 절삭 깊이가 커짐에 따라 주파수 값이 작아졌으며 또한 회전속도가 감소함에 따라 주파수가 감소하는 것을 알 수 있었다. 이것은 절삭 깊이 및 회전속도, 즉 절삭력에 따라 주파수 특성이 변하는 것으로 판단할 수 있다.

이와 같이 보링 바 내부에 삽입된 상태로 보링 가공을 실험했고 그 결과 절삭조건에 따라 주파수 특성이 변하는 것을 관찰하였으며 더욱 실험을 하여야 하지만 이것은 실시간 모니터링의 가능성이 있다는 것을 의미한다.

진동에 대한 주파수 특성을 알면 발생 진동에 대해 방진 대책을 세울 수 있으며 따라서 보링바의 오버행의 길이에 관계없이 깊은 내면 홀 가공면의 표면조도가 많이 향상될 수 있을 것으로 사료된다.

표 7.9 보링 가공시 진동 측정 결과 주파수

	Depth of cut(mm)	FFT analysis(Hz)
Test1	0.2	700
	0.5	625
Test2	0.2	650
	0.5	525
Test3	0.2	525
	0.5	500

7.3 광섬유 온도 센서의 응용

7.2.1 광섬유 브래그 격자(FBG) 온도 센서의 응용[45]

가. 고전압 환경에서의 온도 측정

FBG 기술의 고유한 장점인 EMC 내성은 그림 7.44와 같은 전기 모터의 권선 내부의 온도 직접 측정을 가능하게 하였다.

고전압 환경 또는 전기-자동차 분야에서의 측정은 광섬유 기술을 통해 측정 정확도에 대한 확실한 이점을 얻을 수 있다. 광학적 측정 기술을 통해 고전압 환경에서의 측정과정에서 문제가 되었던 정전기 및 전자기파 간섭에 의한 데이터의 부정확성이 해소되었으며 그림 7.45와 같이 주변 노이즈의 영향 없이 깨끗하고 정확한 데이터를 얻을 수 있다.

이것은 이전까지 고압 전기를 절연하기 위해 두껍고 정교한 전기적 센서 케이블이 필요했지만 FBG 광섬유 센서는 고전압 환경에서 케이블을 절연할 필요가 없고 지름이 1mm 미만으로 아주 얇게 제작이 가능하기 때문이다. 따라서 직경이 3~4mm 이상인 기존의 고전압 케이블보다 면적이 90% 정도 감소되며 이는 곧 수 백 개의 센서를 사용하는 다 채널 측정을 위한 시스템에서 장점으로 부각할 수 있는데 센서 케이블 및 하네스를 좀 더 간편한 방법으로 설치할 수 있고 좁은 공간에서도 가능하기 때문이다.

최소 0.5mm의 지름을 가진 xxs 사이즈의 FBG 온도 센서는 아주 얇은 장점으로 활성 구역에서 설치하기 쉬운 장점으로 완전히 새로운 응용을 가능하게 한다. 작은 크기 덕분에 모터의 특성(전기량)에 영향을 주지 않고 그림 7.46과 같이 전기 모터의 권선 사이로 직접 설치할 수 있으며 FBG 센서의 매우 빠른 응답 속도도 열전대 등의 이전 온도 센서 기술로는 거의 해결할 수 없었던 동적 부하 조건에서 권선의 열을 정확히 순간적으로 측정하는 것이 가능하게 되었다.

그림 7.44 전기차 모터 및 권선 형태

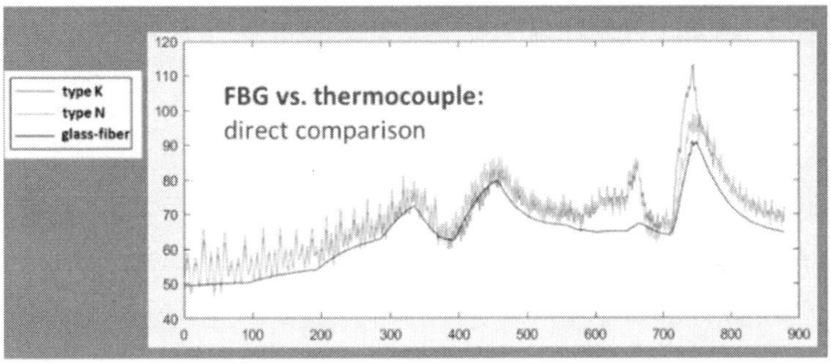

그림 7.45 EMC환경에서 열전대와 FBG 센서의 데이터 비교

그림 7.46 모터 권선 내부 온도 측정을 설치 예

현대 기술을 위한 전기 모터는 높은 토크, 긴 수명, 낮은 발열과 같은 까다로운 요구 사항에 직면해 있다. 제품의 성능과 수명을 검증하고 성능을 만족시키려면 개발 중에 수많은 테스트와 측정이 필요하다. 작동 중인 모터의 권선 온도를 관찰하면 이것들을 위한 중요한 정보를 얻을 수 있다.

사실 이러한 측정 방법은 지금까지 기존의 고전압 용 열전대로는 거의 달성할 수 없었다. 전기 모터 내부의 강한 전기장 및 자기장은 EMI 및 ESD 간섭으로 인해 측정 신호의 잡음을 크게 발생 시킨다. 또한 두꺼운 고전압 센서 프로브를 설치하면 권선 형상이 변형되고 전자기 분포가 왜곡되게 된다. 이것은 모터의 대칭과 동심도를 방해하고 결과적으로 예측하지 못한 소음이나 성능 저하를 유발할 수 있다. 따라서 측정을 위한 테스트 중인 개체의 이러한 형상의 변형과 데이터의 왜곡은 전체의 테스트를 신뢰할 수 없게 만들 수 있다.

그러나 0.5㎜ 직경의 슬림한 광섬유 FBG 온도 센서는 위에서 언급한 전기모터의 영향 없이 권선에 직접 설치할 수 있는 장점이 있다.

나. 철도 차량의 팬터그래프 온도 측정

그림 7.47의 철도 차량의 팬터그래프(pantograph)는 작동 중 과도한 스트레스를 받는다. 접촉 스트립은 주행 중에 전차선과 영구적으로 접촉해야 한다. 팬터그래프의 접촉 스트립은 전차선이 너무 빨리 마모되지 않도록 부드러운 재료로 만들어졌다. 일반적으로 탄소 또는 알루미늄 합금이 혼합된 재료이다. 이동하는 동안 마찰, 전기 아크등으로 인해 높은 열에너

지를 받는다.

광섬유 FBG 온도 센서를 통해 팬터그래프의 카본 브러시의 실제 온도를 안정적이고 정확하게 측정할 수 있다. FBG 온도 센서의 빠른 응답 동작과 1000Hz의 높은 샘플링 속도 덕분에 전기 아크, 번 오프 등의 동적 온도 곡선도 검사할 수 있다.

그림 7.47 철도의 팬터그래프

7.2.2 광섬유 분산형 온도 센서의 응용[46]

측정온도 범위 및 측정 환경 등에 따라 설치 목적에 적합한 시스템을 구성하게 되는데, 여러 분야에 적용된 사례를 보면 다음과 같다.

- LNG Terminal 저장 설비 누설 모니터링 및 배관의 Leak/Cool Down 모니터링
- Power Cable 및 선로 이상 온도 감시
- 각종 화재감시
- 지열 발전 증기 정 및 온천 정 온도 모니터링
- 의약품 / 식품 창고 극저온 온도 모니터링
- 제철 설비 온도 모니터링
- 노면 동결 상태 모니터링

등의 다양한 응용분야에 설치되어 사용되고 있는데 그 특징과 장점을 살펴보면 설치 온도 센서의 수량이 많을 때 효과적이고 온도 센서의 정확한 위치를 몰라도 된다는 점이다. 또한 전기적 온도 감시가 불가능한 경우나 모니터링이 안전하지 않은 상황 등에 적용하면 특별히 유용하다.

다음은 각 유형별로 설치사례를 좀 더 상세히 살펴보기로 한다.

가. LNG Terminal 저장(TANK) 설비 Leak

모니터링 및 배관 Leak/Cool Down Monitoring PTT LNG Terminal에 설치된 Fiber Optic Distributed Temperature Sensing System의 개략적인 사양 및 목적 등의 개요는 다음과 같다.

(1) 그림 7.48의 개략도와 같이 탱크 바닥의 LNG 누설을 감지 할 수 있으며 시운전시 배관의 Cool Down 상태를 파악하여 Start-Up을 시작할 수 있다. 또한 대형 배관의 파손 등에 의한 Leak를 감지하여 대형 사고의 위험에 즉각 대처할 수 있게 한다.

(2) ESD(Emergency Shut Down), PCS(Process Control System)과도 연계하여 Shut Down Cause로 입력되고 모든 데이터를 PCS에 제공하여 경보 기능과 연계된다.

(3) 그림 7.49와 같이 더블 앤드(Double end)로 구성하여 단선 등의 사고에 대처 할 수 있도록 안전도를 제고 하였다. 즉, 한쪽의 광케이블이 끊어지더라도 반대 루프가 감시 기능을 계속하게 된다.

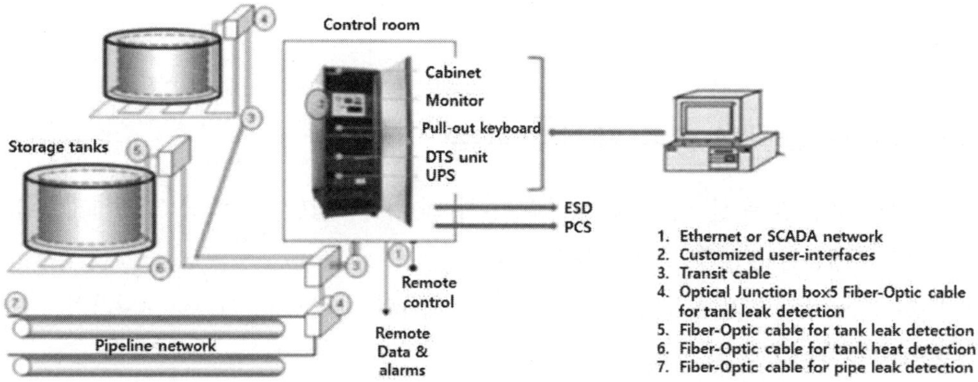

그림 7.48 System 개략도

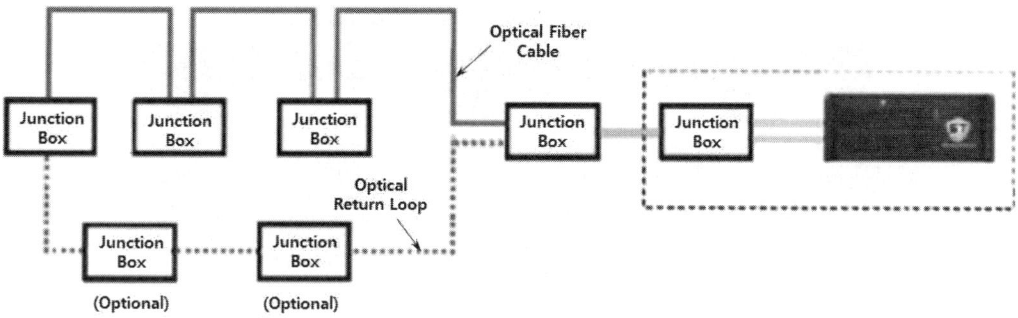

그림 7.49 Double end System

(4) 기존에 사용되었던 RTD(Resistance Temperature Detector) Spot Detector를 사용하는 것 보다는 총체적 감시 시스템이 설치됨으로써 안정적인 시스템의 구현이 가능하다.
(5) 누출 LNG를 모으는 Terminal 내의 Impoundment Pit 및 Trench에도 배선하여 Leak를 감시한다.

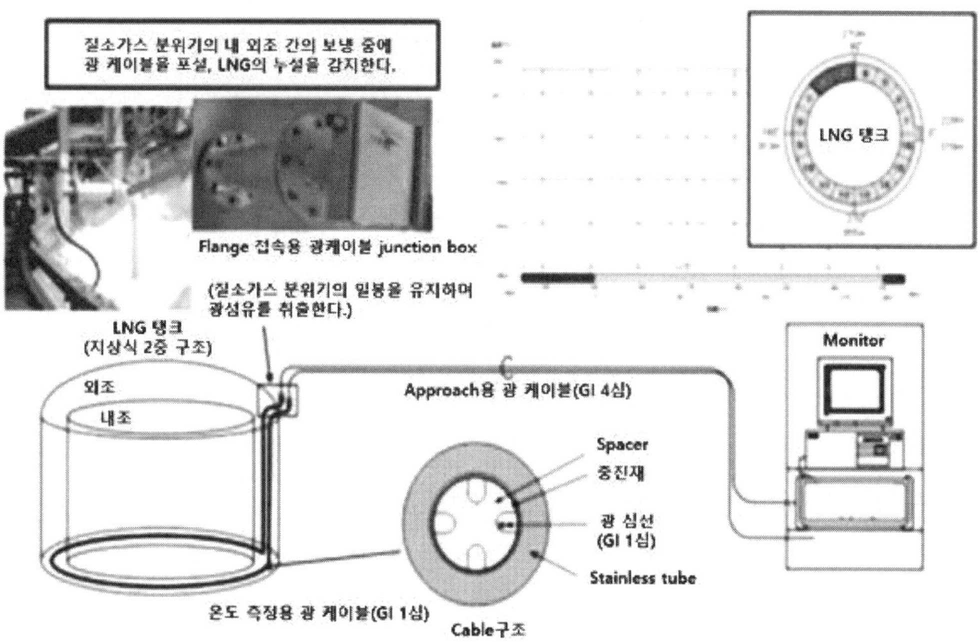

그림 7.50 탱크 바닥 케이블 설치도

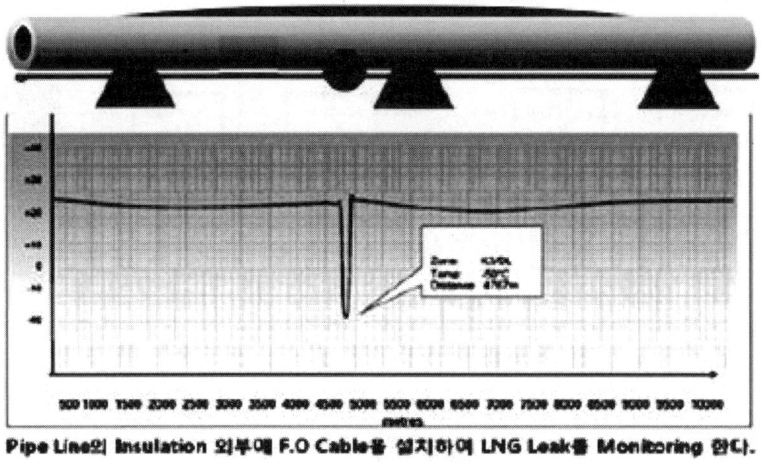

그림 7.51 파이프 라인 누설 모니터링

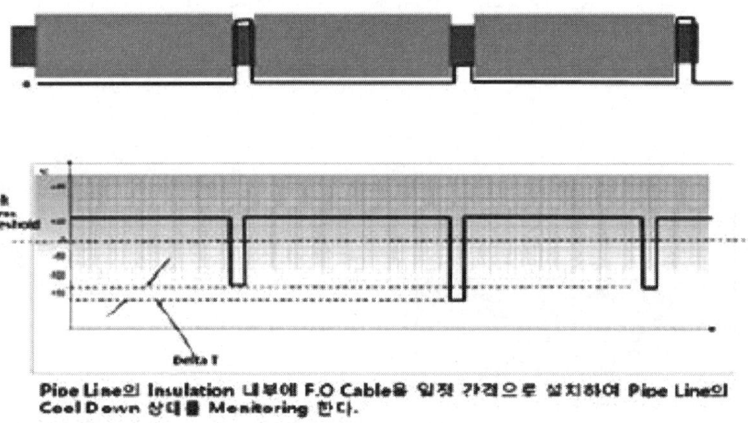

그림 7.52 파이프라인 Cool Down 모니터링

(6) 탱크 바닥의 LNG 누설(그림 7.50), 배관의 누설(그림 7.51) 및 Cool Down 모니터링 용으로 케이블 센서를 설치한 개략도는 그림 7.52와 같다.

(7) PTT LNG 터미널의 탱크 2기에 약 1,500m와 배관 및 Pit에 7,500m 등 총 10,000m 정도의 광케이블을 포설하여 모니터링 한다. 광센서 케이블은 1m 구간마다 온도 감지가 가능한 정밀측정이 가능하며, 배관의 Cool Down 측정은 100m 구간별로 측정한다.

(8) 운전자용 모니터에 내장된 그래픽은 아래 그림 7.53~7.56과 같다.

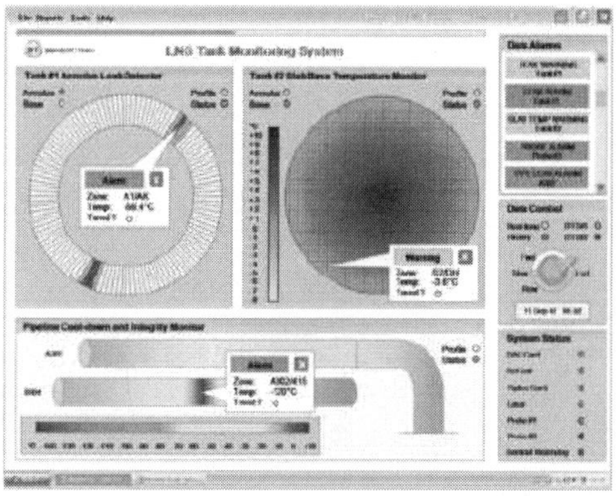

그림 7.53 LNG 탱크 모니터링

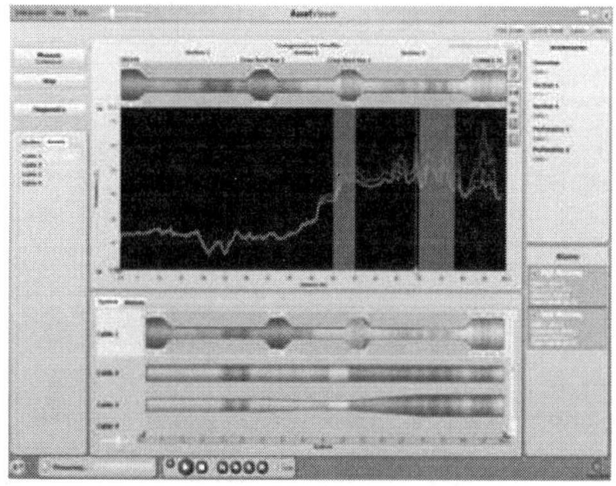

그림 7.54 온도 프로파일

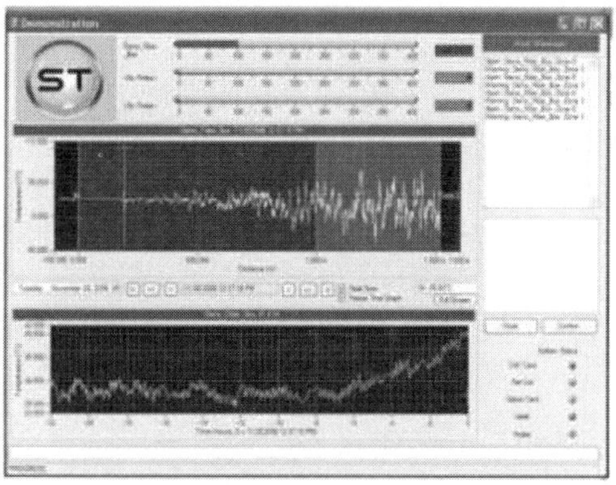

그림 7.55 컨덕터 온도 디스플레이

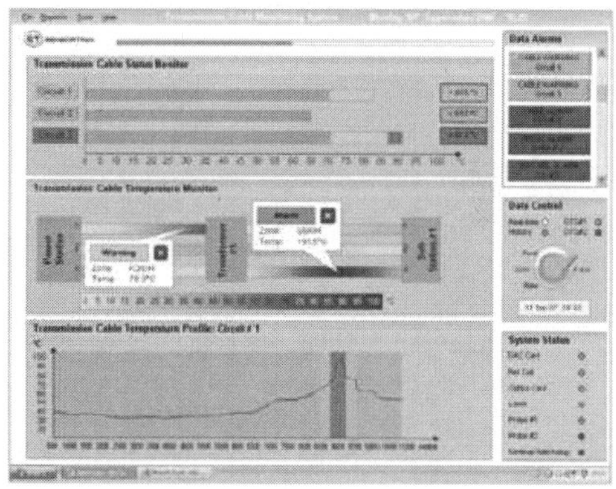

그림 7.56 케이블 모니터링 시스템

나. Power Cable 및 선로 이상감지

(1) 케이블 선로에 그림 7.57와 같이 광섬유 센서를 포설하여 온도를 모니터링 한다.

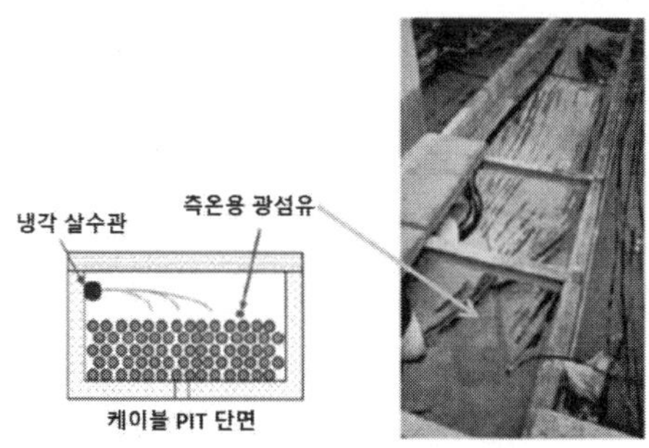

그림 7.57 케이블 피트 설치 예

(2) 케이블 온도와 전류정보로부터 도체온도를 계산하여 표시한다(그림 7.58).

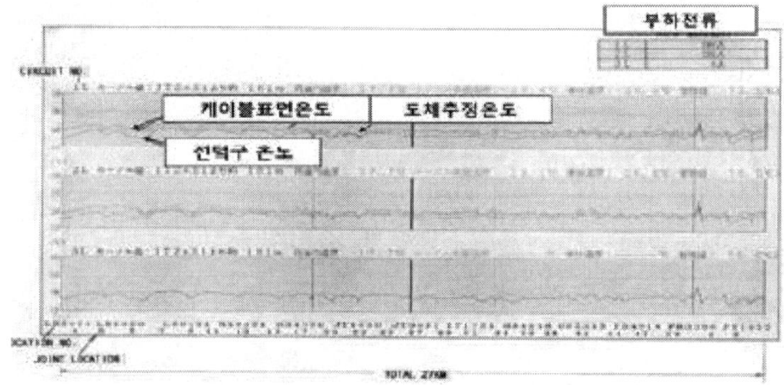

그림 7.58 케이블 표면온도와 도체 온도 추정

(3) 지락 사고 시의 이상온도 상승을 감지하고 지락점 위치를 확인한다(그림 7.59).

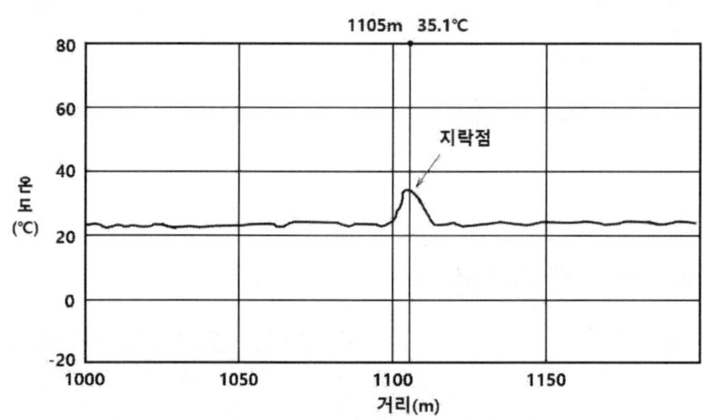

그림 7.59 지락 실험에 의한 온도 검지 표시

(4) 광섬유 센서를 내후성 테이프로 전력케이블에 고정하여 전선의 표면온도 측정이 가능하다(그림 7.60).

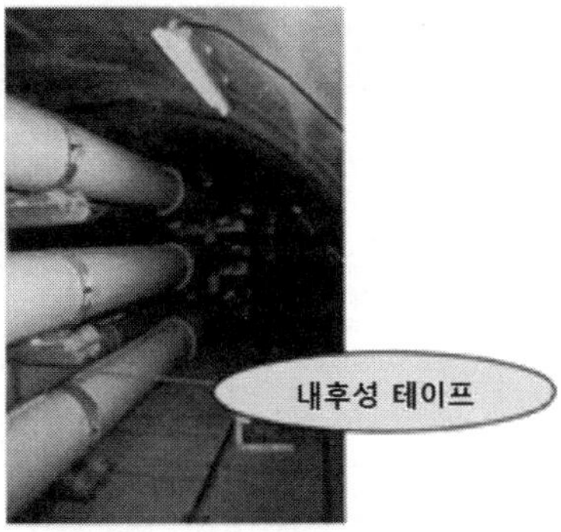

그림 7.60 관로 내 설치 예

다. 화재 감시

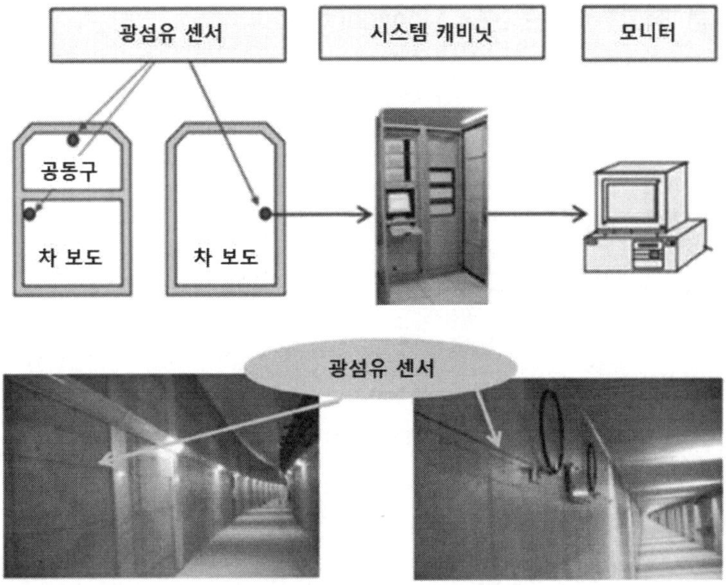

그림 7.61 차, 보도 설치 예

(1) 차도나 보도에도 설치하여 이상온도 및 화재 감시에 적용한다(그림 7.61).

(2) 터널 화재 감시에 적용하여 대형 인명사고를 사전 방지 할 수 있다.

(3) 화재 발생 지점의 검지가 가능하다(그림 7.62).

(4) 화재판정 알고리즘에 의하여 화재를 판정하고 다음과 같이 모니터에 표시한다.

그림 7.62 감시용 자동 경보 동작

라. 의약품/식품 창고 극저온 온도 Monitoring

엄격한 온도 폭으로 제어되는 창고 내 전역의 온도 변화를 감지/경보 출력한다(그림 7.63).

마. 제철 설비 온도 Monitoring

열풍로, 고로 등 설비표면의 온도감시 및 이상상태 발생 시 경보한다(그림 7.49).

바. 노면 동결 상태 Monitoring

동절기에 노면 상태를 감지 분석하여 교통사고를 사전 방지 할 수 있다(그림 7.65).

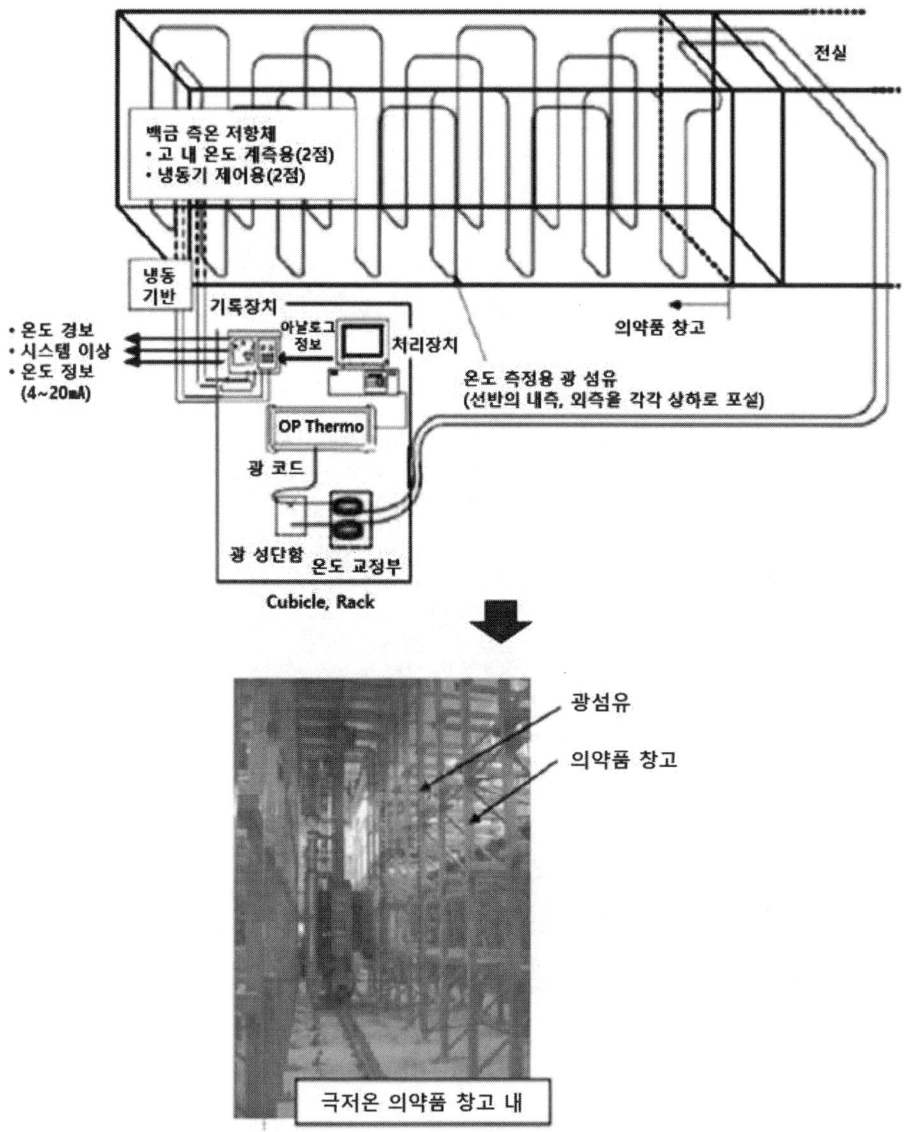

그림 7.63 극저온 모니터링 예

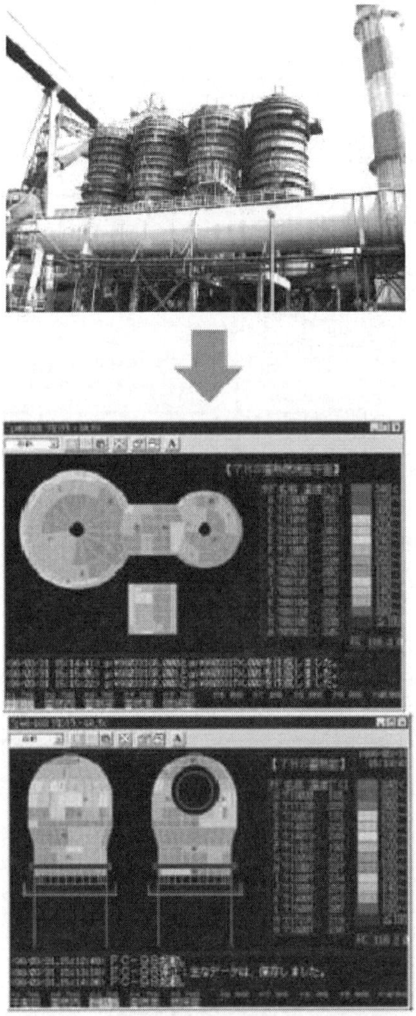

그림 7.64 제철 설비 모니터링 예

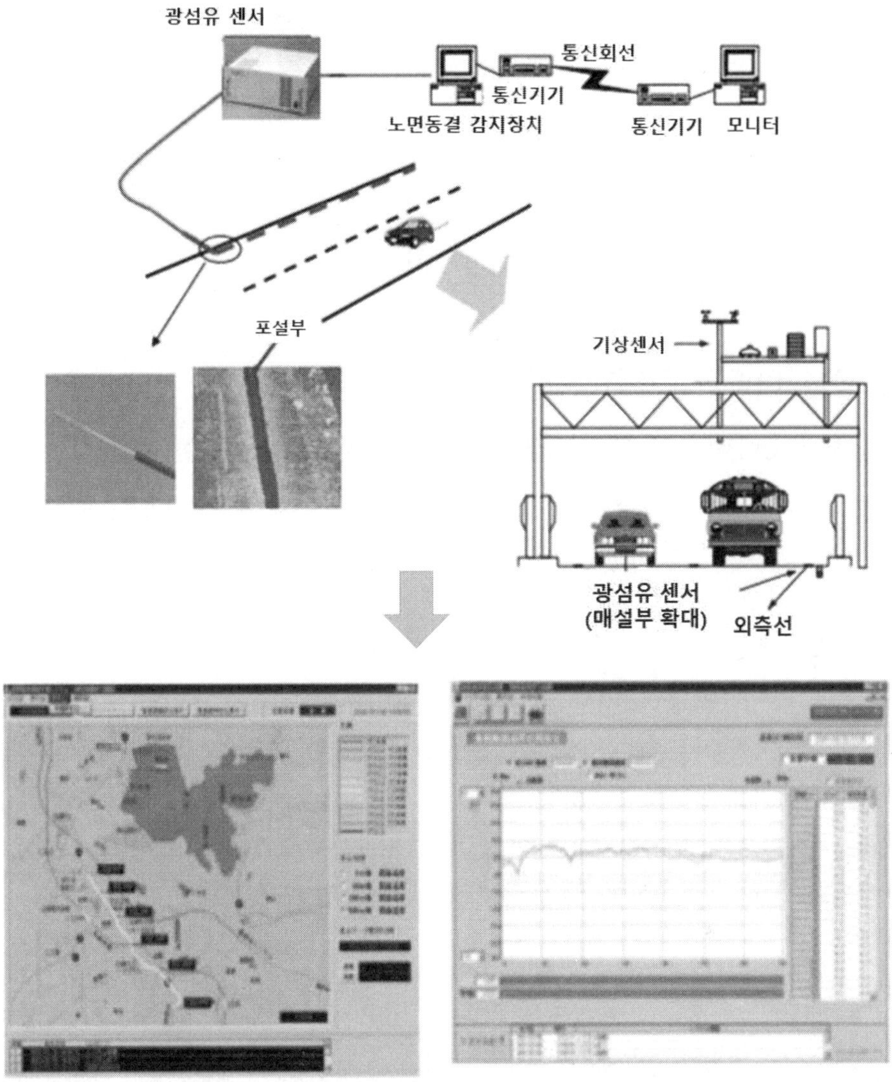

그림 7.65 노면 모니터링 예

이러한 면에서 광섬유를 전송로로 하는 감시시스템이 점차 증대되고 있으며, 최근에는 물리량을 측정하는 센서 자체에도 광섬유를 이용하는 시스템이 활발히 보급되고 있다. 이와 같은 필요성에 따라 광센서와 광전송이 모두 한꺼번에 가능한 광섬유 분산 온도 계측 시스템의 설치운영 사례에 대하여 알아보았다.

미국의 특정회사 제품은 ISO-9001 자격을 획득하였고, UL에도 등록되어 있다. 다양한 응용 분야를 갖고 있는 광섬유 분산형 온도 측정 시스템은 현재 미국, 일본 등의 선진국에서는 10년 전부터 상용화 하여 실제 사용 중에 있으며, 전력 케이블뿐만 아니라 산업전반의 다양한 분야에도 상당한 수요가 예상된다.

7.4 광섬유 음향 센서의 용용(47)

7.4.1 용접 비파괴검사를 위한 품질 모니터링

용접공정에 있어서 용접 완료전 공정 진행 중에 비파괴검사를 할 수 있다면 용접 완료 후의 부수적인 품질관리 공정을 최소화할 수 있다. 새로운 비접촉 비파괴검사를 실행하는 것은 기존의 품질관리 관점에서는 공정수와 원가가 증가하는 것으로 보이나 제조공정이후 발생하는 유지보수비용, 고객 Complaint 비용과 비교해서는 극히 적은 비용이 소요된다.

프랑스 Phonotics사의 "비접촉" 광섬유 음향센서는 기존 방식의 AE 센서와는 차별화되어 광섬유방식으로 인하여 EMI, RFI, MW(마이크로웨이브), MRI 그리고 높은 온도와 같은 가혹한 환경에서 사용이 가능하여 용접공정 진행 중에 유용한 음향정보를 캐치하여 용접의 품질이 좋은지 나쁜지를 판별할 수 있다.

광섬유 마이크로폰(Alphues series)와 컨디셔너(Myotis STD)를 아크 용접에 적용하여 용접 품질을 실시간으로 모니터링, 판별에 적용하였다(그림 7.66).

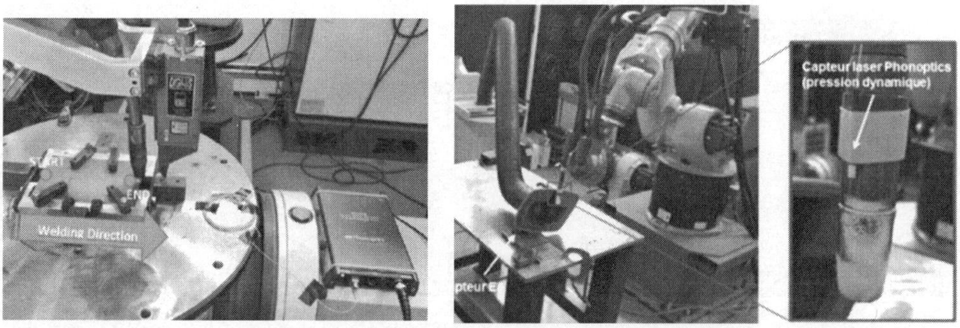

그림 7.66 Phonopticsㅅ의 광섬유 마이크로폰 아크 용접 공정 적용 사진

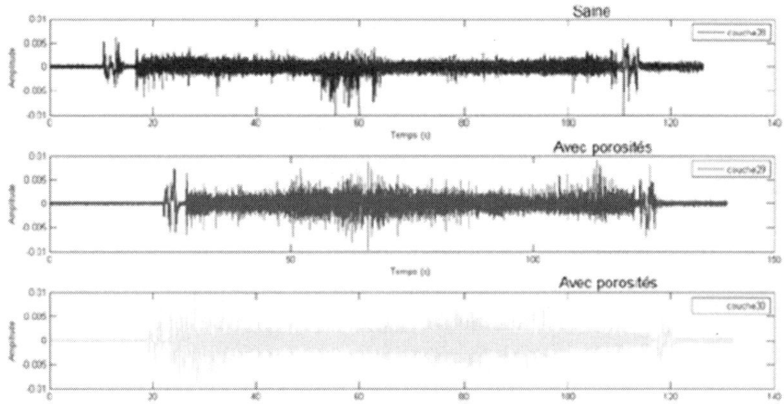

그림 7.67 신호 분석(시간 영역)

그림 7.67는 그림 7.66과 같이 아크 용접에 적용했을 때의 시간에 따른 신호 분석을 한 것이다. 그림에서 제일 위 것은 정상적인 신호이며, 아래 두 가지는 용접에 문제가 있는 신호이다.

그리고 그림 7.68은 주파수 분석으로 그림에서 시프트 된 것은 불량 신호로 주파수 분석으로 용접 불량을 검출할 수 있다.

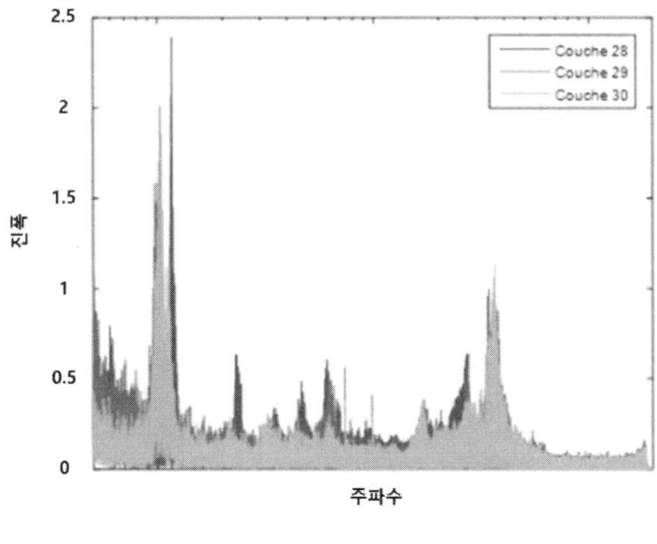

그림 7.68 주파수 분석(FFT)

참고문헌

참고 문헌

제1장 참고문헌

1. Thomas G. Giallorenzi, Joseph A. Bucaro, Anthony Dandridge, G. H. Sigel, Jr., James H. Cole, Scott C. Rashleighm and Richard G. Priest. "Optical Fiber Sensor Technology." IEEE J. Quantum Electron. 4, no.4(April 1982) : 626-65.
2. George Shortley and Dudley Williams. Elements of Physics. 5th ed. Englewood Cliffs, N. J. : Prentice-Hann, Inc., 1971. p.744.
3. Ibid. pp.748-50.
4. Ibid. p.788.
5. Teiji Uchida, Motoaki Furukawa, Ichiro Litano, Ken Koizumi, and Hiroyoshi Matsumura, "Optical Characteristics of a Light-Focusing Fiber Guide and Its Applications." IEEE J. Quantum Electron. 6, no.10(October 1970) : 606-12.
6. Jurgen R. Meyer-Arendt, Introduction to Classical and Modern Optics. Englewood Cliffs, N. J : Prentice-Hall, Inc., 1972. pp.136-137.
7. S. H. Wemple. "Material Dispersion in Optical Fibers." Appl. Opt. 18, no.1, 1979. pp.31-35.

제2장 참고문헌

8. L. A. Coldren and S. W. Corzine, "Diode lasers and Photonic Integrated Circuits", Wiley Interscience, 1995.
9. P. W. Milonni and J. H. Eberly, "Lasers", Wiley Interscience, 1988.
10. G. R. Fowles, "Introduction to Modern Optics", 2nd Ed., Holt, Rinehart and Winston, 1975.
11. 加藤和利(일본 전신전화), "광검출기의 원리와 응용-고속 포토다이오드의 화제를 중심으로", 월간 자동화기술, 2007.11. pp.117-123.
12. E. Hecht, "Optics", 4th Ed., Addison Wesley, 2002.
13. Joseph C.Palais 저, "Fiber Optic Communications", Prentice-Hall, Inc., 1984.

제3장 참고문헌

14. 片岡照栄외 3인 공저, 백수현역, “센서 핸드북”, 도서출판 세화, 1990. pp.81-89, pp.131-138.

제4장 참고문헌

15. D. Gloge and E. A. J. Marcatili. “Multimode Theory of Graded-Core Fibers.” Bell Syst. Tech. J.52. 1973. pp1563-1578.
16. Donald B. Keck. “Optical Fiber Waveguides.” In Fundamentals of Optical Fiber Communications. 2nd ed., edited by Michael K. Barnoski. New York : Academic Press, Inc., 1981. p.18.
17. Gloge. “Weakly Guiding Fibers.” p.2256.
18. Dietrich Marcuse. Light Transmission Optics. New York : Van Nostrand Reinhold Company, 1972. pp.263-272.
19. A. K. Ghatak and K. Thyagarajan. Contemporary Optics. New York : Plenum Press, 1978. pp.301-308.
20. Gloge. “Multimode Theory of Graded-Core Fibers.” pp.1565-1569.

제5장 참고문헌

21. Haruhiko Tsuchiya, Hiroshi Nakagome, Nobuo Shimizu, and Seiji Ohara. “Double Eccentric Connectors for Optical Fibers.” Appl. Opt.16, no.5, 1977, pp.1323-1331.
22. Tsuchiya. “Double Eccentric Connectors for Optical Fibers.” pp.1324-1326.
23. Marcuse. “Guiding Properties of Fibers.” pp.71-72.
24. Dietrich Marcuse. “Loss Analysis of Single-Mode Fiber Splices.” Bell Syst. Tech. J.56. no.5, 1977. pp.703-718.
25. Jhon Joseph Esposito. “Optical Connectors, Couplers, and Switches.” In Handbook of Fiber Optics : Theory and Applications, edited by Helmut F. Wolf. New York : Garland Publishing, Inc., 1979. pp.241-303.
26. Detlef Gloge, Allen H. Cherin, Calvin M. Miller, and Peter W. Smith. “Fiber Splicing.” In Optical Fiber Telecommunications, edited by Stewart E. Miller and Alan G. Chynoweth. New York : Academic Press, Inc., 1979. pp.456-461.
27. Jack F. Dalgleish. “Splices, Connectors, and Power Couplers for Field and Office Use.” Proc. IEEE 68, no.10, 1980, pp.1226-1232.
28. Gloge. “Fiber Splicing.” pp.461-482.

제6장 참고문헌

29. 손정태, 이경식, “광섬유 센서 기술 : 원리 및 응용.” 전기학회지, 제 45권 9호, 1996, pp.9-17.
30. 이호준, 박병철, “광섬유 음향센서 기법.” 한국음향학회지, 제 9권 2호, 1990, pp.91-99.
31. 박한규, “광섬유 센서 기술.” 전자공학학회지, 제 11권 3호, 1984, pp.41-46.
32. 佐々木清人, “わかるセンサ技術”, 工業調査会, 1986, pp. 185-188.
33. 네이버블로그, “광섬유 센서를 이용한 철도 인프라 모니터 기술”, 2020.
34. 용태순, 우주성, 정의철, “광섬유(光纖維) 분산형 온도 측정 시스템 소개”, 대우 엔지니어링 기술보 제26권 제1호, pp.164-165.

제7장 참고문헌

35. 홍준희, “광섬유센서에 의한 간이 비접촉 표면조도 측정기의 개발”, 대한공업교육학회지, 제 34권 제 2호, pp.346-362, 2009.
36. 홍준희, “간이 표면조도 측정기와 진직도 측정 응용”, 월자동화기술, Vol.27, No.12, pp.38-45, 2011.12
37. 정황영, 이현석, 홍준희, 신우철 “소형 이송 테이블의 운동 진직도 측정에 적합한 간이 측정 장치 개발”, 한국정밀공학회 2007년도 추계 학술대회 논문집, pp275-276, 2007.11.
38. 홍준희, 정석규, Simon S. Park, “비접촉 얇은 투명체의 두께 측정에 관한 기초 연구”, 한국정밀공학회지, Vol.26 No.12, pp62-68, 2009.12.
39. 홍준희, 강대화, 신우철, 송두상, 장탁순 “광섬유센서를 이용한 지폐 계수 장치에 관한 연구”, 한국공작기계학회, Vol.16 No.6, pp.231-236, 2007.12.
40. 홍준희, “화폐계수 및 위조지폐 감별을 위한 광섬유 변위센서 응용”, 월자동화기술, Vol.28, No.2, pp.26-31, 2012.2
41. 홍준희, 신우철, 박찬규, “주축 상태 모니터링용 광파이버 변위센서 제작 및 성능 평가”, 한국공작기계학회, Vol. 14, No. 6, pp.37-44, 2005. 12.
42. 홍준희, “고속 주축 상태 모니터링용 광파이버 변위 센서 설계 제작 및 성능 평가”, 고속 지능형 가공시스템기술 워크숍, 2004.
43. Song, D.S., Hong, J.H., Jeong, H.Y., Kang, D.H., Kim, B.I., “A Study of the Boring Bar Vibration Measurement using Optical Fiber Sensor” Journal of the Korean Society of Precision Engineering, Vol.26, No.4, pp.107-113, 2009.
44. 홍준희, 송두상, 곽양양, “광섬유 센서의 보링바 삽입에 의한 진동 측정”, 한국정밀공학회지, Vol.28 No.6, pp.709-715, 2011.6.
45. imc Korea 블로그, “E-모빌리티의 고전압 환경에서 광섬유 FBG 센서를 이용한 온도 측정”, 2022.7.

46. 용태순, 우주성, 정의철, "광섬유(光纖維) 분산형 온도 측정 시스템 소개", 대우 엔지니어링 기술보 제26권 제1호, pp.166-171.
47. 용접 비파괴검사를 위한 품질 모니터링에 응용되는 비접촉 광섬유음향센서-AE센서, 작성자 더블이엔.